户口板

螺母

合页

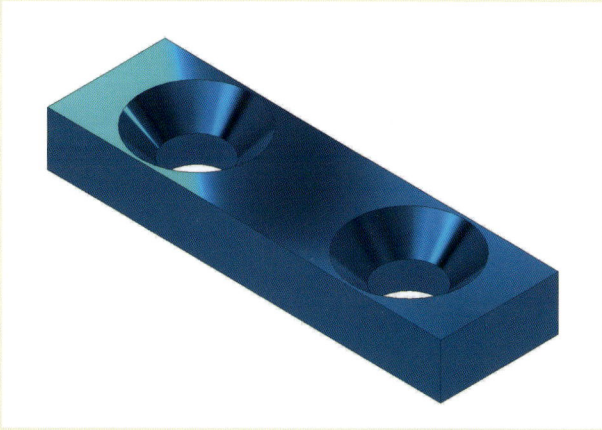

吊板

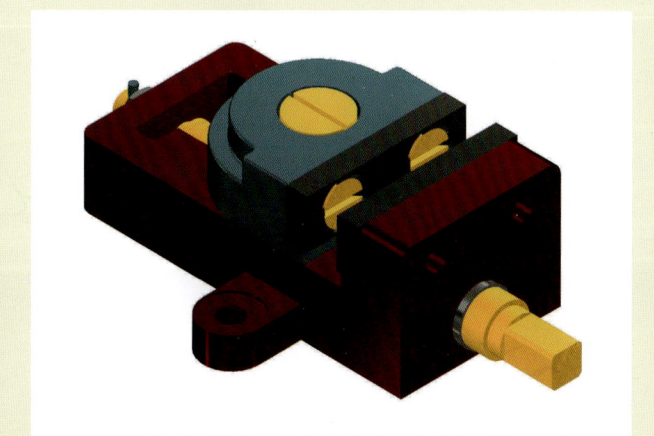

虎钳装配

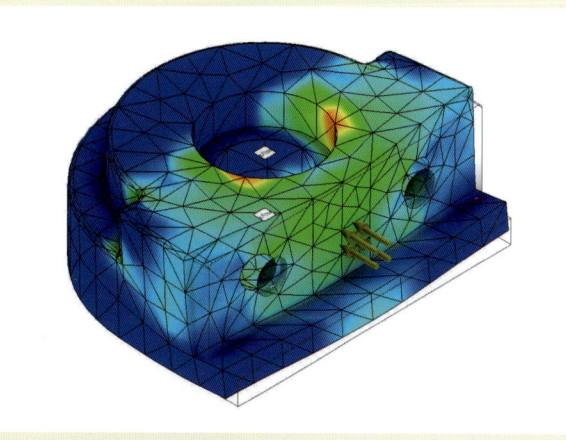

活动钳口分析

Autodesk Inventor 2020
中文版从入门到精通
本书部分实例

相框

螺钉

螺杆

小推车

销

Autodesk Inventor 2020
中文版从入门到精通
本书部分实例

传动轴组件

吹风机

电气箱下箱体

活动钳口

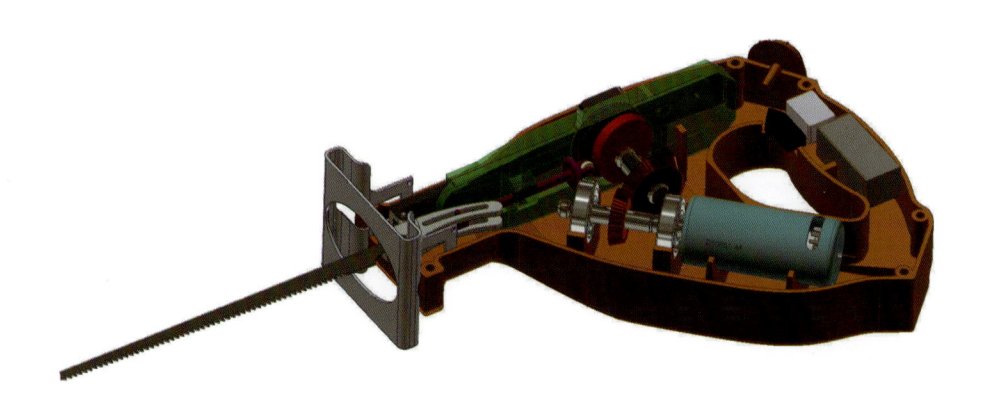

电锯

Autodesk Inventor 2020 中文版从入门到精通

本书部分实例

垫圈

箱体

软驱底座

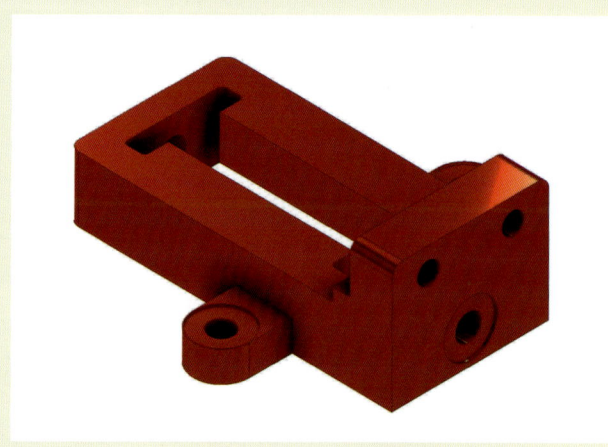

钳座

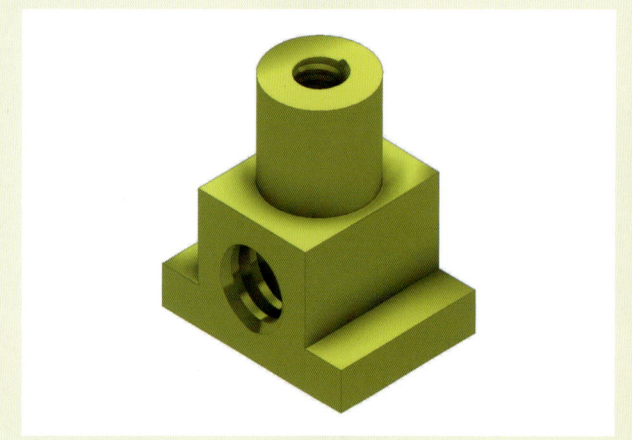

方块螺母

飞机

清华社"视频大讲堂"大系
CAD/CAM/CAE技术视频大讲堂

Autodesk Inventor 2020 中文版从入门到精通

CAD/CAM/CAE 技术联盟　编著

清华大学出版社

北　京

内 容 简 介

《Autodesk Inventor 2020 中文版从入门到精通》重点介绍了 Autodesk Inventor 2020 在工程设计中的应用方法与技巧。全书共 12 章，主要讲解 Inventor 2020 入门、绘制草图、基础特征、放置特征、曲面造型、钣金设计、部件装配、零部件设计加速器、创建工程图、焊接设计、运动仿真、应力分析等内容。全书内容由浅入深，从易到难，图文并茂，语言简洁，思路清晰。书中知识点搭配同步视频讲解，以加深读者对知识点的理解。

另外，本书还配备了丰富的学习资源，具体内容如下。

1. 36 集高清同步微课视频，可像看电影一样轻松学习，然后对照书中实例进行学习。
2. 27 个经典中小型实例，用实例学习上手更快，更专业。
3. 9 种综合实例案例，学以致用，实战才是硬道理。
4. AutoCAD 疑难问题汇总、AutoCAD 绘图技巧大全、AutoCAD 常用图块集、AutoCAD 经典练习题、AutoCAD 快捷键速查、AutoCAD 快捷命令速查和 AutoCAD 工具按钮速查等手册，能极大地方便学习，提高学习和工作效率。
5. 14 套不同领域的大型工程图集及其配套的源文件和视频演示，可以增强实战，拓展视野。
6. 全书实例的源文件和素材，方便按照书中实例操作时直接调用。

本书适合工程设计入门级读者学习使用，也适合有一定基础的读者参考使用，还可用作职业培训、职业教育的教材。

本书封面贴有清华大学出版社防伪标签，无标签者不得销售。

版权所有，侵权必究。 举报：010-62782989，beiqinquan@tup.tsinghua.edu.cn。

图书在版编目（CIP）数据

Autodesk Inventor 2020 中文版从入门到精通 / CAD/CAM/CAE 技术联盟编著. —北京：清华大学出版社，2020.9（2025.8重印）

（清华社"视频大讲堂"大系 CAD/CAM/CAE 技术视频大讲堂）

ISBN 978-7-302-56023-4

Ⅰ.①A… Ⅱ.①C… Ⅲ.①机械设计－计算机辅助设计－应用软件 Ⅳ.①TH122

中国版本图书馆 CIP 数据核字（2020）第 127073 号

责任编辑：贾小红
封面设计：李志伟
版式设计：文森时代
责任校对：马军令
责任印制：沈 露

出版发行：清华大学出版社
网　　址：https://www.tup.com.cn，https://www.wqxuetang.com
地　　址：北京清华大学学研大厦 A 座　　　邮　编：100084
社 总 机：010-83470000　　　　　　　　　邮　购：010-62786544
投稿与读者服务：010-62776969，c-service@tup.tsinghua.edu.cn
质量反馈：010-62772015，zhiliang@tup.tsinghua.edu.cn
印 装 者：涿州市般润文化传播有限公司
开　　本：203mm×260mm　　印　张：25　　插　页：2　　字　数：737 千字
版　　次：2020 年 10 月第 1 版　　　　　　印　次：2025 年 8 月第 4 次印刷
定　　价：79.80 元

产品编号：074125-01

前 言 Preface

Autodesk Inventor 是美国 Autodesk 公司于 1999 年年底推出的中端三维参数化实体模拟软件。与其他同类产品相比，Autodesk Inventor 在用户界面三维运算速度和显示着色功能方面有突破性进展。Autodesk Inventor 建立在 ACIS 三维实体模拟核心之上，摒弃许多不必要的操作而保留了最常用的基于特征的模拟功能。Autodesk Inventor 不仅简化了用户界面、缩短了学习周期，而且大大加快了运算及着色速度。这样就缩短了用户设计意图的展现与系统反应速度之间的距离，从而最大限度地发挥设计人员的创意。

目前，Autodesk Inventor 的最新版本是 Autodesk Inventor Professional 2020。与前期版本相比，新版本在草图绘制、实体建模、图面、组合等方面的功能都有明显的提高。

本书将以 Autodesk Inventor 软件的最新版本 Autodesk Inventor 2020 为基础进行讲解，该版本在装配设计、草图绘制、有限元分析、可视化设计等方面增加了一些新功能，可以更好地帮助企业和设计团队提高工作效率。

一、编写目的

鉴于 Autodesk Inventor 强大的功能和深厚的工程应用底蕴，我们力图开发一本全方位介绍 Autodesk Inventor 在工程中实际应用情况的书籍。我们不求将 Autodesk Inventor 知识点全面讲解清楚，而是针对工程设计的需要，利用 Autodesk Inventor 大体知识脉络作为线索，以实例作为"抓手"，帮助读者掌握利用 Autodesk Inventor 进行工程设计的基本技能和技巧。

二、本书特点

☑ **专业性强**

本书作者拥有多年计算机辅助设计领域的工作经验和教学经验，他们总结多年的设计经验以及教学中的心得体会，历时多年精心编著，力求全面、细致地展现 Autodesk Inventor 2020 在工程设计应用领域的各种功能和使用方法。在具体讲解的过程中，严格遵守工程设计相关规范和国家标准，这种一丝不苟的细致作风融入字里行间，目的是培养读者严谨细致的工程素养，传播规范的工程设计理论与应用知识。

☑ **实例丰富**

全书包含 36 个常见的、不同类型的实例案例，可让读者在学习案例的过程中快速了解 Autodesk Inventor 2020 的用途，并加深对知识点的掌握，力求通过实例的演练帮助读者找到一条学习 Autodesk Inventor 2020 的终南捷径。

☑ **涵盖面广**

本书在有限的篇幅内，包罗了 Autodesk Inventor 2020 常用的全部功能讲解，涵盖了 Autodesk Inventor 2020 入门、草图绘制、草绘特征、放置特征、曲面造型、钣金设计、装配零件、零部件设计加速器、生成工程图、焊接设计、运动仿真、应力分析等知识。可以说，读者只要有本书在手，就能对 Autodesk Inventor 知识全精通。

☑ **突出技能提升**

本书中有很多实例本身就是工程设计项目案例，经过作者精心提炼和改编，不仅保证读者能够学好知识点，更重要的是能帮助读者掌握实际的操作技能。全书结合实例详细讲解了 Autodesk Inventor 知识要点，让读者在学习案例的过程中潜移默化地掌握 Autodesk Inventor 软件的操作技巧，同时也培养工程设计实践能力。

三、本书的配套资源

本书提供了如下极为丰富的学习配套资源，可扫描封底的"文泉云盘"二维码，获取下载方式，以便读者朋友在最短的时间内学会并掌握这门技术。

1．高清同步微课视频

针对本书实例专门制作了 36 集同步微课视频，读者可以扫描书中的二维码观看视频，像看电影一样轻松愉悦地学习本书内容，然后对照课本加以实践和练习，可以大大提高学习效率。

2．AutoCAD 疑难解答、应用技巧等资源

（1）AutoCAD 疑难问题汇总：疑难解答的汇总，对入门者来讲非常有用，可以扫除学习障碍，少走弯路。

（2）AutoCAD 绘图技巧大全：汇集了 AutoCAD 绘图的各类技巧，对提高作图效率很有帮助。

（3）AutoCAD 常用图块集：在实际工作中，所积累大量的图块可以拿来就用，或者稍加改动就可以用，对于提高作图效率极为重要。

（4）AutoCAD 经典练习题：额外精选了不同类型的练习，读者朋友只要认真去练，到了一定程度，就可以实现从量变到质变的飞跃。

（5）AutoCAD 快捷键速查手册：汇集了 AutoCAD 常用快捷键，通常绘图高手会直接用快捷键。

（6）AutoCAD 快捷命令速查手册：汇集了 AutoCAD 常用快捷命令，熟记可以提高作图效率。

（7）AutoCAD 常用工具按钮速查手册：熟练掌握 AutoCAD 工具按钮的使用方法，也是提高作图效率的方法之一。

3．14 套工程图集及其配套的视频演示

为了帮助读者拓展视野，本书特意赠送 14 套不同领域的大型工程图集，以及其配套的源文件和视频演示，总时长 138 分钟。

4．全书实例的源文件

本书包含丰富的案例实例，配套资源包含实例的源文件和素材，读者可以安装 Autodesk Inventor 2020 软件，打开并使用它们。

5．Inventor 认证考试说明和大纲

本书附配 Inventor 2020 模拟试题（附答案），以及赠送 Inventor 认证考试的考试说明和大纲（配套资源中），助学习者认证考试一臂之力。

四、关于本书的服务

1．"Autodesk Inventor 2020 简体中文版"安装软件的获取

按照本书上的实例进行操作练习，以及使用 Autodesk Inventor 2020 进行绘图，需要事先在计算

机上安装 Autodesk Inventor 2020 软件。读者可以登录官方网站联系购买正版软件，或者使用其试用版。另外，当地电脑城、软件经销商一般有售这种软件。

　　2．关于本书的技术问题或有关本书信息的发布

　　读者朋友遇到有关本书的技术问题，可以扫描封底"文泉云盘"二维码查看是否已发布相关勘误/解疑文档。如果没有，可在页面下方寻找作者联系方式，我们将及时回复。

　　3．关于手机在线学习

　　扫描书后刮刮卡（需刮开涂层）二维码，即可获取书中二维码的读取权限，再扫描书中二维码，可在手机中观看对应教学视频。充分利用碎片化时间，随时随地提升。需要强调的是，书中给出的是实例的重点步骤，详细操作过程还需读者通过视频来学习并领会。

五、关于作者

　　本书由 CAD/CAM/CAE 技术联盟组织编写。CAD/CAM/CAE 技术联盟是一个集 CAD/CAM/CAE 技术研讨、工程开发、培训咨询和图书创作于一体的工程技术人员协作联盟，包含众多专职和兼职 CAD/CAM/CAE 工程技术专家。

　　CAD/CAM/CAE 技术联盟负责人由 Autodesk 中国认证考试中心首席专家担任，全面负责 Autodesk 中国官方认证考试大纲制定、题库建设、技术咨询和师资力量培训工作，成员精通 Autodesk 系列软件。其创作的很多教材成为国内具有引导性的旗帜作品，在国内相关专业方向图书创作领域具有举足轻重的地位。

六、致谢

　　在本书的写作过程中，策划编辑贾小红女士给予了很大的帮助和支持，提出了很多中肯的建议，在此表示感谢。同时，还要感谢清华大学出版社的所有编审人员为本书的出版所付出的辛勤劳动。本书的成功出版是大家共同努力的结果，谢谢所有给予支持和帮助的人们。

编　者

2020 年 10 月

目 录
Contents

第 1 章　Inventor 2020 入门 1
　1.1　参数化造型简介 2
　1.2　工作界面简介 3
　1.3　Inventor 的安装与卸载 5
　　1.3.1　安装 Inventor 之前要注意的事项 ... 5
　　1.3.2　安装 Autodesk Inventor 2020 的
　　　　　步骤 5
　　1.3.3　更改或卸载安装 7
　1.4　Inventor 基本使用环境 7
　　1.4.1　应用程序主菜单 7
　　1.4.2　功能区 10
　　1.4.3　鼠标的使用 11
　　1.4.4　观察命令 12
　　1.4.5　导航工具 13
　　1.4.6　全屏显示模式 14
　　1.4.7　快捷键 14
　　1.4.8　直接操纵 15
　　1.4.9　信息中心 16
　1.5　工作界面定制与系统环境设置 16
　　1.5.1　文档设置 16
　　1.5.2　系统环境常规设置 17
　　1.5.3　用户界面颜色设置 18
　　1.5.4　显示设置 19
　1.6　定位特征 21
　　1.6.1　工作点 21
　　1.6.2　工作轴 23
　　1.6.3　工作平面 24
　1.7　模型的显示 27
　　1.7.1　视觉样式 27
　　1.7.2　观察模式 29
　　1.7.3　投影模式 29

第 2 章　绘制草图 31
　　　　（视频讲解：18 分钟）
　2.1　草图综述 32
　2.2　草图环境 33
　　2.2.1　进入草图环境 33
　　2.2.2　定制草图工作区环境 35
　2.3　草图绘制工具 37
　　2.3.1　绘制点 37
　　2.3.2　直线 37
　　2.3.3　样条曲线 38
　　2.3.4　圆 38
　　2.3.5　椭圆 39
　　2.3.6　圆弧 39
　　2.3.7　矩形 40
　　2.3.8　槽 42
　　2.3.9　多边形 44
　　2.3.10　投影几何图元 44
　　2.3.11　倒角 45
　　2.3.12　圆角 45
　　2.3.13　实例——角铁草图 **46**
　　2.3.14　创建文本 47
　2.4　草图复制工具 48
　　2.4.1　镜像 49
　　2.4.2　阵列 49
　　2.4.3　实例——棘轮草图 **51**
　2.5　草图修改工具 52
　　2.5.1　偏移 52
　　2.5.2　移动 52
　　2.5.3　复制 53
　　2.5.4　旋转 54
　　2.5.5　拉伸 54

2.5.6	缩放	55
2.5.7	延伸	56
2.5.8	修剪	56
2.5.9	**实例——曲柄草图**	**57**
2.6	草图几何约束	58
2.6.1	添加草图几何约束	58
2.6.2	显示草图几何约束	60
2.6.3	删除草图几何约束	61
2.7	标注尺寸	61
2.7.1	自动标注尺寸	61
2.7.2	手动标注尺寸	62
2.7.3	编辑草图尺寸	63
2.7.4	联动尺寸	64
2.8	**综合实例——杠杆草图**	**64**
第3章	基础特征	67

（视频讲解：19分钟）

3.1	零件（模型）环境	68
3.1.1	零件（模型）环境概述	68
3.1.2	零件（模型）环境的组成部分	68
3.2	基本体素	69
3.2.1	长方体	69
3.2.2	圆柱体	70
3.2.3	球体	71
3.2.4	圆环体	72
3.3	创建特征	72
3.3.1	拉伸	72
3.3.2	**实例——垫圈**	**76**
3.3.3	旋转	77
3.3.4	**实例——销**	**78**
3.3.5	扫掠	79
3.3.6	放样	81
3.3.7	螺旋扫掠	84
3.3.8	**实例——螺钉**	**85**
3.3.9	凸雕	89
3.3.10	加强筋	90
3.4	**综合实例——螺杆**	**91**
第4章	放置特征	95

（视频讲解：52分钟）

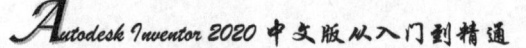

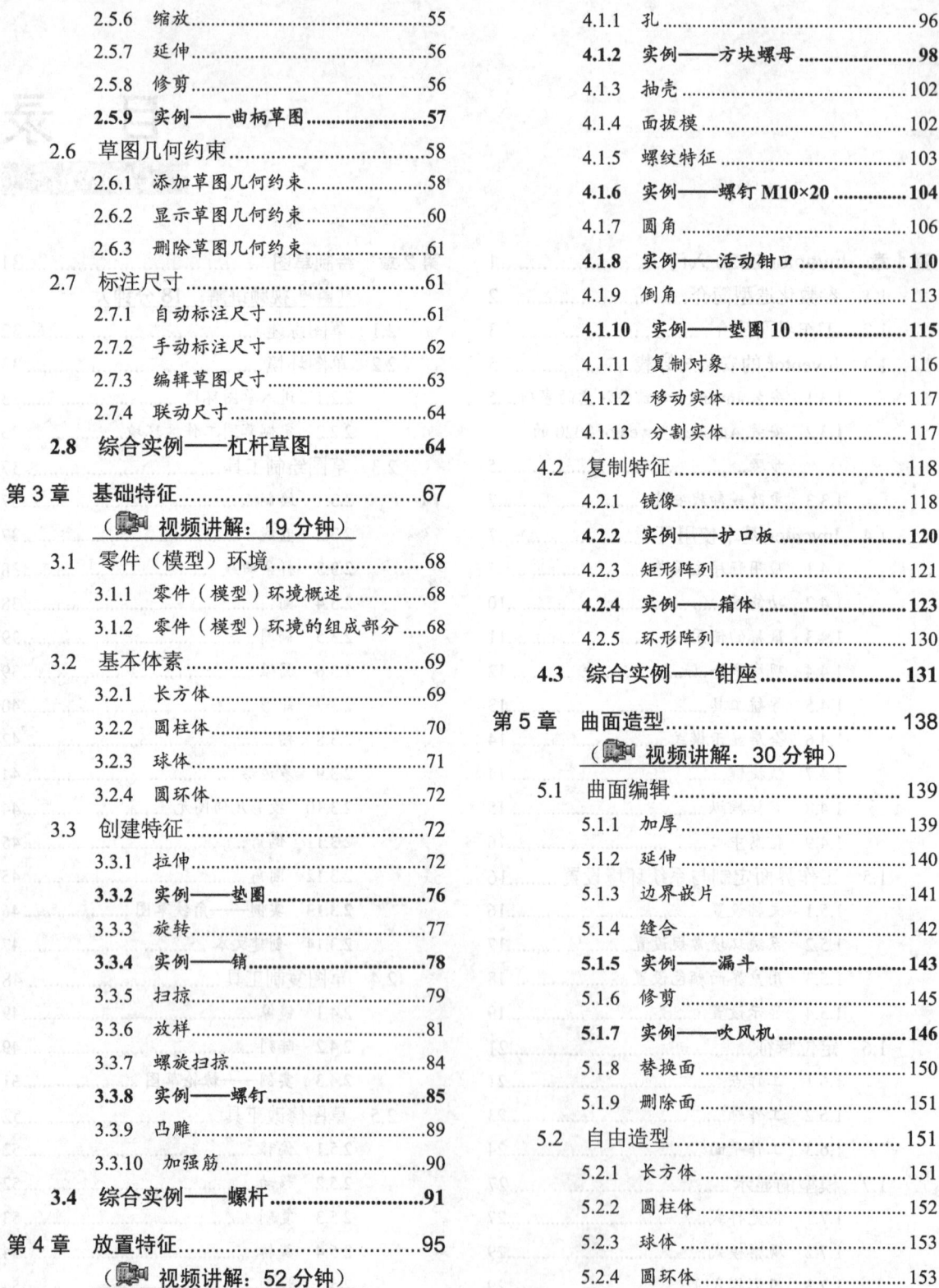

4.1	基于特征的特征	96

4.1.1	孔	96
4.1.2	**实例——方块螺母**	**98**
4.1.3	抽壳	102
4.1.4	面拔模	102
4.1.5	螺纹特征	103
4.1.6	**实例——螺钉 M10×20**	**104**
4.1.7	圆角	106
4.1.8	**实例——活动钳口**	**110**
4.1.9	倒角	113
4.1.10	**实例——垫圈 10**	**115**
4.1.11	复制对象	116
4.1.12	移动实体	117
4.1.13	分割实体	117
4.2	复制特征	118
4.2.1	镜像	118
4.2.2	**实例——护口板**	**120**
4.2.3	矩形阵列	121
4.2.4	**实例——箱体**	**123**
4.2.5	环形阵列	130
4.3	**综合实例——钳座**	**131**
第5章	曲面造型	138

（视频讲解：30分钟）

5.1	曲面编辑	139
5.1.1	加厚	139
5.1.2	延伸	140
5.1.3	边界嵌片	141
5.1.4	缝合	142
5.1.5	**实例——漏斗**	**143**
5.1.6	修剪	145
5.1.7	**实例——吹风机**	**146**
5.1.8	替换面	150
5.1.9	删除面	151
5.2	自由造型	151
5.2.1	长方体	151
5.2.2	圆柱体	152
5.2.3	球体	153
5.2.4	圆环体	153
5.2.5	四边形球体	154

5.2.6	编辑形状	154
5.2.7	细分自由造型面	155
5.2.8	桥接自由造型面	155
5.2.9	删除	156

5.3 综合实例——飞机 156

第6章 钣金设计 162
（视频讲解：55分钟）

6.1	设置钣金环境	163
6.1.1	进入钣金环境	163
6.1.2	钣金默认设置	164
6.2	创建钣金特征	165
6.2.1	平板	165
6.2.2	凸缘	166
6.2.3	卷边	168
6.2.4	**实例——合页**	**169**
6.2.5	轮廓旋转	171
6.2.6	钣金放样	172
6.2.7	异形板	173
6.2.8	**实例——消毒柜箱体底板**	**174**
6.2.9	折弯	175
6.3	修改钣金特征	176
6.3.1	剪切	177
6.3.2	**实例——吊板**	**178**
6.3.3	折叠	180
6.3.4	拐角接缝	181
6.3.5	冲压工具	182
6.3.6	接缝	184
6.3.7	展开	185
6.3.8	重新折叠	186
6.3.9	**实例——电气箱下箱体**	**187**
6.3.10	创建展开模式	193

6.4 综合实例——软驱底座 193

第7章 部件装配 204
（视频讲解：14分钟）

7.1	Inventor装配功能概述	205
7.2	装配工作区环境	206
7.2.1	进入装配环境	206
7.2.2	配置装配环境	207
7.3	零部件基础操作	208
7.3.1	添加零部件	208
7.3.2	创建零部件	210
7.3.3	替换零部件	210
7.3.4	移动零部件	211
7.3.5	旋转零部件	212
7.3.6	夹点捕捉	212
7.4	约束方式	215
7.4.1	配合约束	215
7.4.2	角度约束	216
7.4.3	相切约束	217
7.4.4	插入约束	217
7.4.5	对称约束	218
7.4.6	**实例——虎钳主体装配**	**218**
7.5	复制零部件	224
7.5.1	复制	224
7.5.2	镜像	226
7.5.3	阵列	227
7.5.4	**实例——虎钳装配螺钉**	**228**
7.6	观察和分析部件	229
7.6.1	部件剖视图	229
7.6.2	干涉检查	230
7.7	表达视图	231
7.7.1	进入表达视图环境	231
7.7.2	创建故事板	233
7.7.3	新建快照视图	233
7.7.4	调整零部件位置	234
7.7.5	创建视频	234

第8章 零部件设计加速器 236
（视频讲解：18分钟）

8.1	紧固件生成器	237
8.1.1	螺栓联接	237
8.1.2	带孔销	239
8.1.3	安全销	240
8.1.4	**实例——虎钳安装螺钉**	**241**
8.2	弹簧	243
8.2.1	压缩弹簧	243
8.2.2	拉伸弹簧	244
8.2.3	碟形弹簧	244

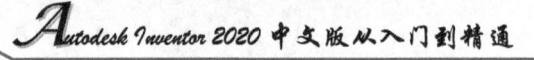

8.2.4	扭簧	245
8.2.5	动力传动生成器	246
8.2.6	轴生成器	246
8.2.7	正齿轮	249
8.2.8	蜗轮	251
8.2.9	锥齿轮	253
8.2.10	轴承	255
8.2.11	V型皮带	257
8.2.12	凸轮	258
8.2.13	矩形花键	260
8.2.14	O形密封圈	262
8.2.15	**实例——传动轴组件**	**263**
8.3	机械计算器	269
8.3.1	夹紧接头计算器	270
8.3.2	公差机械零件计算器	271
8.3.3	公差与配合机械零件计算器	271
8.3.4	过盈配合计算器	272
8.3.5	螺杆传动计算器	274
8.3.6	梁柱计算器	274
8.3.7	板机械零件计算器	276
8.3.8	制动机械零件计算器	277
8.3.9	工程师手册	278
8.3.10	**实例——夹紧接头**	**278**

第9章 创建工程图 280

（视频讲解：30分钟）

9.1	工程图环境	281
9.1.1	进入工程图环境	281
9.1.2	工程图环境配置	282
9.2	创建视图	284
9.2.1	基础视图	284
9.2.2	投影视图	287
9.2.3	斜视图	288
9.2.4	剖视图	289
9.2.5	局部视图	291
9.3	修改视图	292
9.3.1	打断视图	292
9.3.2	局部剖视图	293
9.3.3	断面视图	294
9.3.4	修剪	295
9.3.5	**实例——创建活动钳口工程视图**	**295**
9.4	尺寸标注	297
9.4.1	通用尺寸	298
9.4.2	基线尺寸	300
9.4.3	同基准尺寸	300
9.4.4	孔/螺纹孔尺寸	300
9.4.5	**实例——标注活动钳口尺寸**	**301**
9.5	添加符号和文本	304
9.5.1	表面粗糙度标注	304
9.5.2	基准标识标注	305
9.5.3	形位公差标注	305
9.5.4	文本标注	307
9.5.5	**实例——标注活动钳口工程图粗糙度**	**308**
9.6	添加引出序号和明细栏	309
9.6.1	手动引出序号	309
9.6.2	自动引出序号	311
9.6.3	明细栏	311
9.7	**综合实例——虎钳装配工程图**	**312**

第10章 焊接设计 320

（视频讲解：32分钟）

10.1	焊接件环境	321
10.2	创建焊接件	322
10.2.1	确定要在焊接件模板中包含的内容	323
10.2.2	设置特性	323
10.2.3	设置默认焊接件模板	323
10.2.4	创建焊接件模板	323
10.3	结构件生成器	324
10.3.1	插入结构件	324
10.3.2	更改结构件	325
10.3.3	斜接	325
10.3.4	修剪到结构件	326
10.3.5	修剪/延伸	327
10.3.6	延长/缩短结构件	327
10.3.7	开槽	328

10.3.8	删除末端处理方式	328
10.3.9	**实例——相框**	**328**

10.4 焊道特征类型 329
 10.4.1 创建角焊缝特征 330
 10.4.2 创建坡口焊特征 331
 10.4.3 创建示意特征 332
 10.4.4 端部填充 333

10.5 焊接表示方法 334
 10.5.1 焊接符号 334
 10.5.2 编辑模型上的焊接符号 334
 10.5.3 添加模型焊接符号 334

10.6 焊缝计算器 336
 10.6.1 计算对接焊缝 336
 10.6.2 计算带有连接面载荷的角焊缝 338
 10.6.3 计算承受空间荷载的角焊缝 338
 10.6.4 计算塞焊缝和坡口焊缝 339
 10.6.5 计算点焊缝 340

10.7 综合实例——小推车 340

第 11 章 运动仿真 349
（视频讲解：9 分钟）

11.1 AIP 2018 的运动仿真模块概述 350
 11.1.1 运动仿真的工作界面 350
 11.1.2 Inventor 运动仿真的特点 351

11.2 构建仿真机构 351
 11.2.1 运动仿真设置 351
 11.2.2 插入运动类型 352
 11.2.3 定义重力 356
 11.2.4 添加力和力矩 356
 11.2.5 未知力的添加 358
 11.2.6 动态零件运动 359

11.3 仿真及结果的输出 360
 11.3.1 运动仿真设置 361
 11.3.2 运行仿真实施 361
 11.3.3 仿真结果输出 362

11.4 综合实例——电锯运动仿真 365

第 12 章 应力分析 369

12.1 Inventor 2020 应力分析模块概述 370
 12.1.1 应力分析的一般方法 370
 12.1.2 应力分析的意义 371

12.2 网格划分 372
 12.2.1 查看网格 372
 12.2.2 网格设置 372
 12.2.3 本地网格控制 373

12.3 边界条件的创建 373
 12.3.1 验证材料 373
 12.3.2 力和压力 374
 12.3.3 轴承载荷 374
 12.3.4 力矩 375
 12.3.5 体载荷 375
 12.3.6 固定约束 376
 12.3.7 销约束 376
 12.3.8 无摩擦约束 377

12.4 模型分析及结果处理 377
 12.4.1 应力分析设置 377
 12.4.2 运行分析 378
 12.4.3 查看分析结果 378
 12.4.4 生成分析报告 380
 12.4.5 生成动画 381

12.5 综合实例——活动钳口应力分析 382

Inventor 2020 模拟试题 385

第1章

Inventor 2020 入门

本章学习 Inventor 2020 绘图的基本知识。了解 Inventor 中各个工作界面，熟悉如何定制工作界面和系统环境等，为进入系统学习准备必要的前提知识。

- ☑ 参数化造型简介
- ☑ 安装与卸载
- ☑ 定制与设置
- ☑ 模型显示
- ☑ 操作界面
- ☑ 基本使用环境
- ☑ 定位特征

任务驱动&项目案例

1.1 参数化造型简介

CAD 三维造型技术的发展经历了线框造型、曲面造型、实体造型、参数化造型以及变量化造型几个阶段。

1. 线框造型

最初的是线框造型技术，即由点、线集合方法构成的线框式系统，这种方法符合人们的思维习惯，很多复杂的产品往往仅仅用线条勾画出基本轮廓，然后逐步细化。这种造型方式数据存储量小，操作灵活，响应速度快，但是由于线框的形状只能用棱线表示，只能表达基本的几何信息，因此在使用中有很大的局限性。图 1-1 所示为利用线框造型做出的模型。

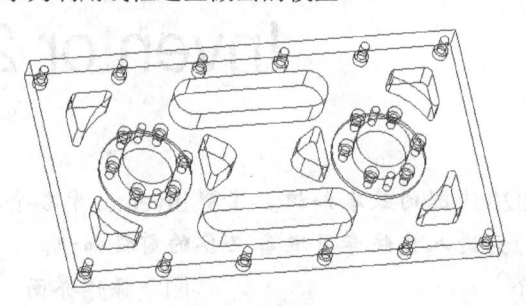

图 1-1 线框模型

2. 曲面造型

20 世纪 70 年代，在飞机和汽车制造行业中需要进行大量的复杂曲面的设计，如飞机的机翼和汽车的外形曲面设计，由于当时只能够采用多截面视图和特征纬线的方法来进行近似设计，因此设计出来的产品和设计者最初的构想往往存在很大的差别。法国人在此时提出了贝赛尔算法，人们开始使用计算机来进行曲面的设计，法国的达索飞机公司首先进入了第一个三维曲面造型系统 CATIA，是 CAD 发展历史上一次重要的革新，CAD 技术有了质的飞跃。

3. 实体造型

曲面造型技术只能表达形体的表面信息，要想表达实体的其他物理信息如质量、重心、惯量矩等信息时，就无能为力了。如果对实体模型进行各种分析和仿真，模型的物理特征是不可缺少的。在这一趋势下，SDRC 公司于 1979 年发布了第一个完全基于实体造型技术的大型 CAD/CAE 软件——I-DESA。实体造型技术完全能够表达实体模型的全部属性，给设计以及模型的分析和仿真打开方便之门。实体造型技术代表着 CAD 技术发展的方向，它的普及也是 CAD 技术发展史上的一次技术革命。

4. 参数化实体造型

线框造型、曲面造型和实体造型技术都属于无约束自由造型技术，进入 20 世纪 80 年代中期，CV 公司内部提出了一种比无约束自由造型更新颖、更好的算法——参数化实体造型方法。从算法上来说，这是一种很好的设想。它主要的特点是：基于特征、全尺寸约束、全数据相关、尺寸驱动设计修改。

（1）基于特征

基于特征是指在参数化造型环境中，零件是由特征组成的，所以参数化造型也可成为基于特征的造型。参数化造型系统可把零件的结构特征十分直观地表达出来，因为零件本身就是特征的集合。

图 1-2 所示为 Inventor 软件中的零件图以及零件模型，左边是零件的浏览器，显示这个零件的所有特征。浏览器中的特征是按照特征的生成顺序排列的，最先生成的特征排在浏览器的最上面，这样模型的构建过程就会一目了然。

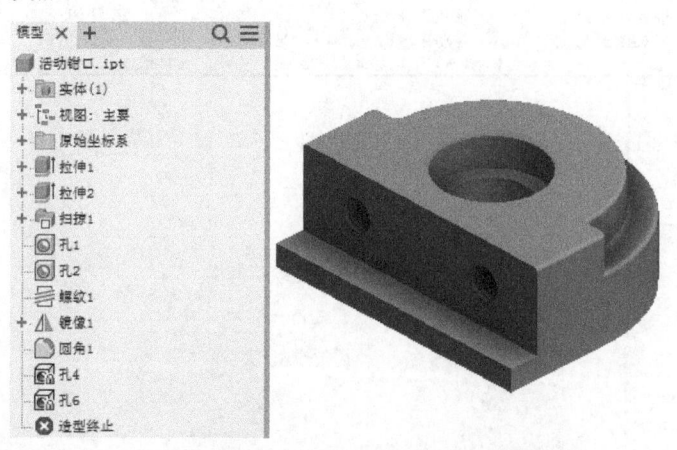

图 1-2 Inventor 软件中的零件图以及零件模型

（2）全尺寸约束

全尺寸约束是指特征的属性全部通过尺寸来进行定义。例如在 Autodesk Inventor 软件中进行打孔，需要确定孔的直径和深度；如果孔的底部为锥形，需要确定锥角的大小；如果是螺纹孔，那么还需要指定螺纹的类型、公称尺寸、螺距等相关参数。如果将特征的所有尺寸都设定完毕，那么特征就可成功生成，并且以后可任意进行修改。

（3）全数据相关

全数据相关是指模型的数据如尺寸数据等不是独立的，而是具有一定的关系。例如，设计一个长方体，要求其长 length、宽 width 和高 height 的比例是一定的（如 1∶2∶3），这样长方体的形状就是一定的，尺寸的变化仅仅意味着其大小的改变。那么在设计时，可将其长度设置为 L，宽度设置为 2L，高度设置为 3L。这样，如果以后对长方体的尺寸数据进行修改，仅仅改变其长度参数即可。如果分别设置长方体的 3 个尺寸参数，以后在修改设计尺寸时，工作量就增加了 3 倍。

（4）尺寸驱动设计修改

尺寸驱动设计修改是指在修改模型特征时，由于特征是尺寸驱动的，所以可针对需要修改的特征，确定需要修改的尺寸或者关联的尺寸。在某些 CAD 软件中，零件图的尺寸和工程图的尺寸是关联的，改变零件图的尺寸，工程图中对应的尺寸会自动修改，一些软件甚至支持从工程图中对零件进行修改，也就是说修改工程图中的某个尺寸，则零件图中对应特征会自动更新为修改过的尺寸。

1.2 工作界面简介

工作界面包括主菜单、快速访问工具栏、功能区、浏览器、ViewCube、导航栏和状态栏，如图 1-3 所示。

（1）主菜单：通过单击文件按钮，可以扩展以显示带有附加功能的弹出菜单，如图 1-4 所示。

（2）快速访问工具：和快速入门功能区一样。

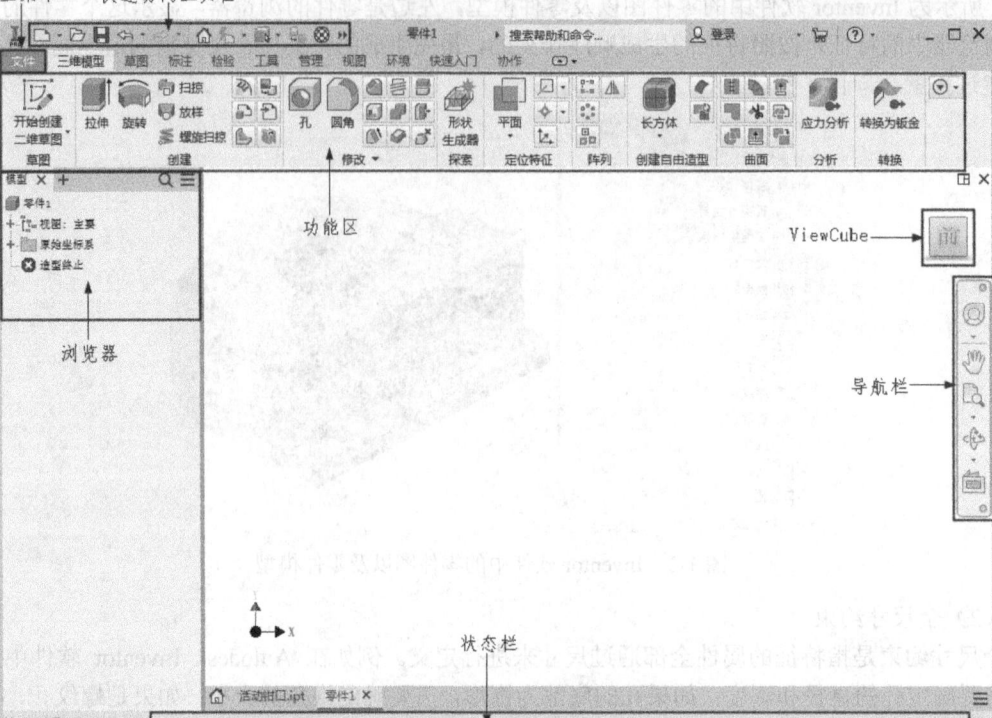

图 1-3 Autodesk Inventor 工作界面

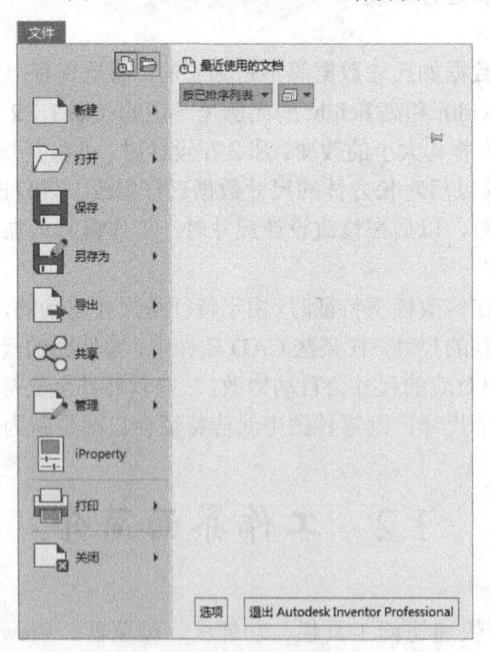

图 1-4 主菜单

（3）功能区：功能区以选项卡形式组织，按任务进行标记。每个选项卡均包含一系列面板。可以同时打开零件、部件和工程图文件。在这种情况下，功能区会随着激活窗口中文件的环境而变化。

（4）浏览器：浏览器显示了零件、部件和工程图的装配层次。浏览器对每个工作环境而言都是

· 4 ·

第 1 章 Inventor 2020 入门

唯一的，并总是显示激活文件的信息。

（5）ViewCube：ViewCube 工具是一种始终显示的可单击、可拖动的界面，可用于在模型的标准视图和等轴测视图之间切换。显示 ViewCube 工具时，显示在模型上方窗口的一角，且处于不活动状态。ViewCube 工具可在视图变化时，提供有关模型当前视点的视觉反馈。将鼠标光标放置到 ViewCube 工具上时，该工具会变为活动状态。可以拖动或单击 ViewCube、切换至一个可用的预设视图、滚动当前视图或更改至模型的主视图。

（6）导航栏：默认情况下，导航栏显示在图形窗口的右侧。可以从导航栏访问查看和操作导航命令。

（7）状态栏：状态栏位于 Inventor 窗口底端的水平区域，提供关于当前正在窗口中编辑的内容的状态，以及草图状态等信息等内容。

（8）绘图区：绘图区是指在标题栏下方的大片空白区域，绘图区域是用户建立图形的区域，用户完成一幅设计图形的主要工作都是在绘图区中完成的。

Inventor 具有多个功能模块，如二维草图模块、特征模块、部件模块、工程图模块、表达视图模块、应力分析模块等，每一个模块都拥有自己独特的菜单栏、功能区和浏览器，并且由这些菜单、功能区和浏览器组成了自己独特的工作环境，用户最常接触的 6 种工作环境是草图环境、零件（模型）环境、钣金模型环境、部件（装配）环境、工程图环境和表达视图环境。

1.3 Inventor 的安装与卸载

1.3.1 安装 Inventor 之前要注意的事项

☑ 使用本地计算机管理员权限安装 Inventor。如果登录的是受限账户，可用鼠标右击 Setup.exe 以管理员身份运行。
☑ 在 Windows Vista 上安装时应禁用"用户账户控制"功能；在 Windows 7 上安装时，应关闭"用户账户控制"或降低等级为"不要通知"。
☑ 确保有足够的硬件支持。对于复杂的模型、复杂的模具部件及大型部件（通常包含 1000 多个零件），建议最低内存为 5GB。同时应该确定有足够的磁盘空间。以 Inventor 2020 为例，它的磁盘需求约为 10GB。
☑ 在安装 Autodesk Inventor 2020 之前应先更新操作系统，如果没有更新则会自动提示用户更新。安装所有的安全更新后应重启系统。切勿在安装或卸载该软件时更新操作系统。
☑ 强烈建议先关闭所有的 Autodesk 应用程序，然后再安装、维护或卸载该软件。
☑ DWG TrueView 是 Inventor 必不可少的组件。卸载 DWG TrueView 可能导致 Inventor 无法正常运行。
☑ 安装 Inventor 时应尽量关闭防火墙、杀毒软件。

1.3.2 安装 Autodesk Inventor 2020 的步骤

（1）插入安装网盘，双击 Setup.exe 文件，弹出 Inventor 安装的欢迎界面，在右上角选择语言，如图 1-5 所示。

（2）单击"安装"按钮，进入"许可协议"界面，选中"我接受"单选按钮，如图 1-6 所示。

· 5 ·

图 1-5　Inventor 安装的欢迎界面

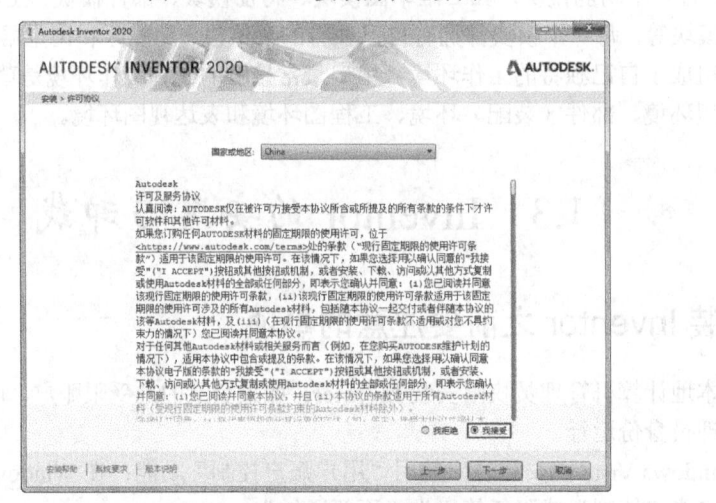

图 1-6　"许可协议"界面

（3）单击"下一步"按钮，进入选择要安装的产品及路径界面，如图 1-7 所示。

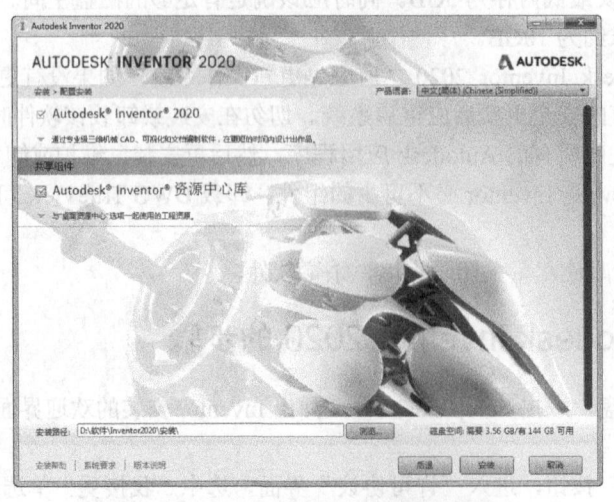

图 1-7　选择要安装的产品及路径界面

（4）选择好路径后单击"安装"按钮等待自动安装，最后单击"完成"按钮。

1.3.3 更改或卸载安装

Inventor 提供 3 种维护方式：卸载、更改和修复。

（1）关闭所有打开的程序。

（2）选择"开始"→"控制面板"→"程序和功能"命令，选择 Autodesk Inventor 2020，然后单击"卸载/更改"按钮，如图 1-8 所示。

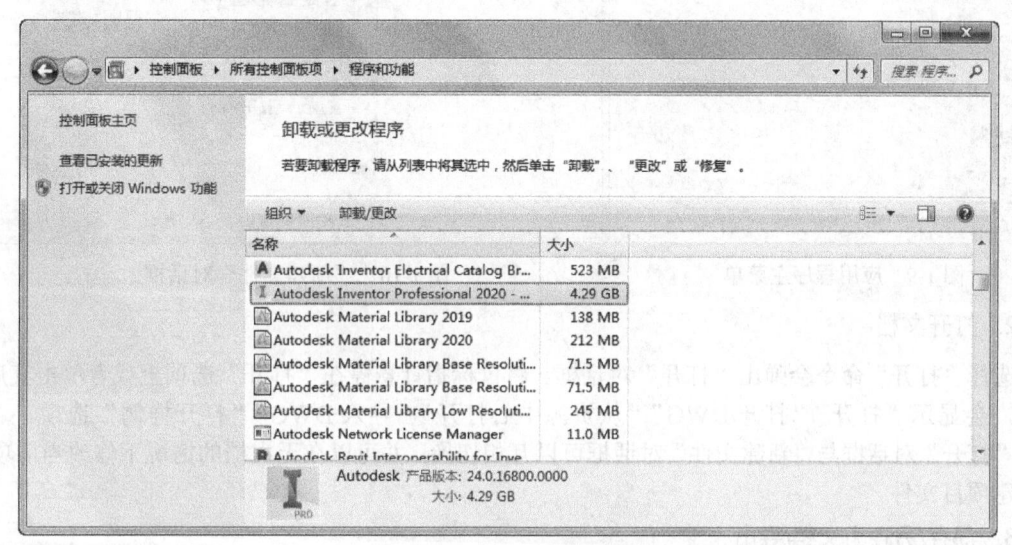

图 1-8 添加或更改程序

（3）在修改完成后需要重新启动系统来启用修改设置。

1.4 Inventor 基本使用环境

1.4.1 应用程序主菜单

单击位于 Inventor 窗口的左上角的"文件"按钮，会弹出应用程序主菜单，如图 1-9 所示。它整合了经典菜单界面下的"文件"菜单中的所有命令，同时提供搜索命令和应用程序选项。

应用程序菜单具体内容如下。

1. 新建文档

选择"新建"命令即弹出"新建文件"对话框（见图 1-10），单击对应的模板即创建基于此模板的文件，也可以单击其扩展子菜单直接选定模板来创建文件。当前模板的单位与安装时选定的单位一致。用户可以通过替换 Template 目录下的模板更改模块设置。

也可以将鼠标指针悬于"新建"选项上或者单击其后的▶按钮，在弹出的列表中直接选择模板。

当 Inventor 中没有文档打开时，可以在"新建文件"对话框中指定项目文件或者新建项目文件，用于管理当前文件。

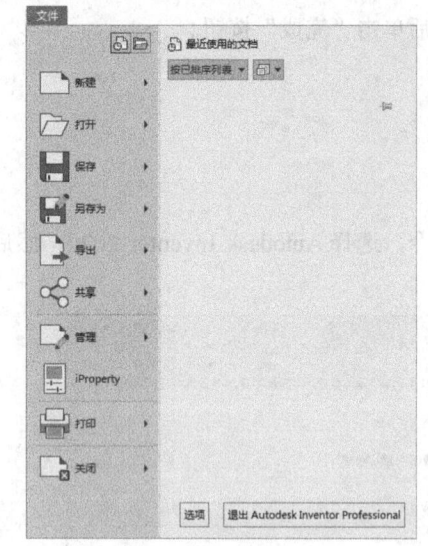

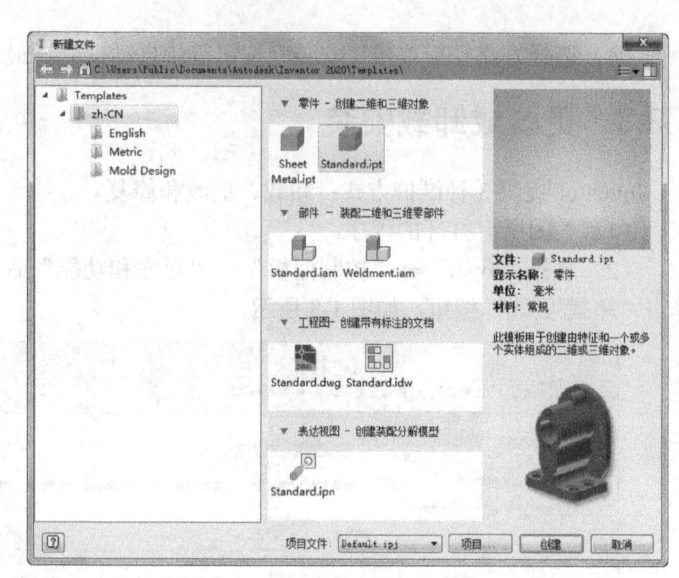

图 1-9　应用程序主菜单　　　　　　　　图 1-10　"新建文件"对话框

2. 打开文档

选择"打开"命令会弹出"打开"对话框。将鼠标指针悬停在"打开"选项上或者单击其后的▶按钮，会显示"打开""打开 DWG""从资源中心打开""导入 DWG""打开样例"选项。

"打开"对话框与"新建文件"对话框可以互相切换，并可以在无文档的情况下修改当前项目或者新建项目文件。

3. 保存/另存为文档/导出

将激活文档以指定格式保存到指定位置。如果第一次创建，在保存时会打开"另存为"对话框，如图 1-11 所示。"另存为"可用来以不同文件名、默认格式保存。"保存副本"则将激活文档按"保存副本"对话框指定格式另存为新文档，原文档继续保持打开状态。Inventor 支持多种格式的输出，如 IGES、STEP、SAT、Parasolid 等。

图 1-11　"另存为"对话框

另外，它还集成了一些功能。

第 1 章　Inventor 2020 入门

- ☑ 以当前文档为原型创建模板，即将文档另存到系统 Templates 文件夹下或用户自定义模板文件夹下。
- ☑ 利用打包（Pack and Go）工具将 Autodesk Inventor 文件及其引用的所有文件打包到一个位置。所有从选定项目或文件夹引用选定 Autodesk Inventor 文件夹中的文件也可以包含在包中。

4．管理

管理包括创建或编辑项目文件，浏览 iFeature 目录、查找、跟踪和维护当前文档及相关数据，更新旧的文档使之移植到当前版本，更新任务中所有过期的文件等。

5．iProperty

使用 iProperty 可以跟踪和管理文件，创建报告，以及自动更新部件 BOM 表、工程图明细栏、标题栏和其他信息，如图 1-12 所示。

6．设置应用程序选项

单击"选项"按钮会打开"应用程序选项"对话框，如图 1-13 所示。在该对话框中，用户可以对 Inventor 的零件环境、iFeature、部件环境、工程图、文件、颜色、显示等属性进行自定义设置，同时可以将应用程序选项设置导出到 XML 文件中，从而使其便于在各计算机之间使用并易于移植到下一个 Autodesk Inventor 版本。此外，CAD 管理器还可以使用这些设置为所有用户或特定组部署一组用户配置。

图 1-12　iProperty 对话框

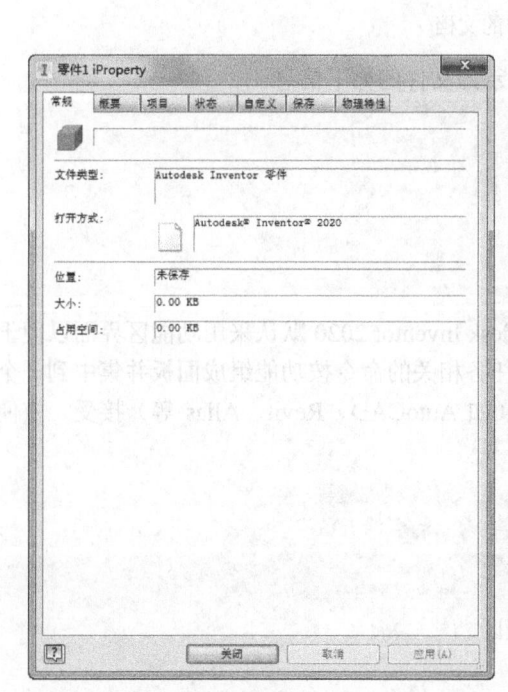

图 1-13　"应用程序选项"对话框

7．搜索命令

使用搜索命令可对位于快速访问工具栏、应用程序主菜单和功能区中的所有命令进行实时搜索。"搜索"字段显示在应用程序菜单顶部。搜索结果可以包含菜单命令、基本工具提示和命令提示文本字符串。可以使用任何支持的语言输入搜索词。

8. 预览最近访问的文档

通过"最近使用的文档"列表查看最近使用的文件，如图 1-14 所示。在默认情况下，文件显示在"最近使用的文档"列表中，并且最新使用的文件显示在顶部。

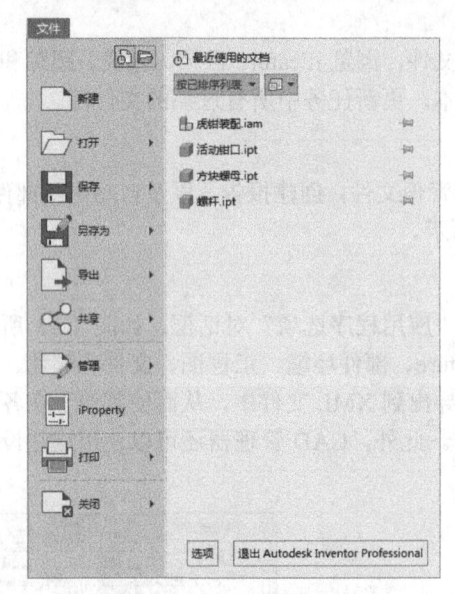

图 1-14 最近使用的文档

鼠标指针悬停在列表中其中一个文件名上时，会显示此文件的如下信息。
- ☑ 文件的预览缩略视图。
- ☑ 存储文件的路径。
- ☑ 上次修改文件的日期。

1.4.2 功能区

除了继续支持传统的菜单和工具栏界面之外，Autodesk Inventor 2020 默认采用功能区界面以便于用户使用各种命令，如图 1-15 所示。功能区将与当前任务相关的命令按功能组成面板并集中到一个选项卡。这种用户界面和元素被大多数 Autodesk 产品（如 AutoCAD、Revit、Alias 等）接受，方便 Autodesk 用户向其他 Autodesk 产品移植文档。

图 1-15 功能区

功能区具有如下特点。
- ☑ 直接访问命令：轻松访问常用的命令。研究表明，增加目标命令的大小可使用户访问命令的时间锐减（费茨法则）。
- ☑ 发现极少使用的功能：库控件（例如"标注"选项卡中用于符号的库控件）可提供图形化显示可创建的扩展选项板。

- ☑ 基于任务的组织方式：功能区的布局及选项卡和面板中的命令组，是根据用户任务和对客户命令使用模式的分析而优化设计的。
- ☑ Autodesk 产品外观一致：Autodesk 产品家族中的 AutoCAD、Autodesk Design Review、Autodesk Inventor、Revit、3ds Max 等采用了风格相似的界面。某一产品的用户只要熟悉一种产品就可以"触类旁通"。
- ☑ 上下文选项卡：使用唯一的颜色标识专用于当前工作环境的选项卡，方便用户进行选择。
- ☑ 应用程序的无缝环境：目的或任务催生了 Autodesk Inventor 内的虚拟环境。这些虚拟环境帮助用户了解环境目的及如何访问可用工具，并提供反馈来强化操作。每个环境的组件在放置和组织方面都是一致的，包括用于进入和退出的访问点。
- ☑ 更少的可展开菜单和下拉菜单：减少了可展开菜单和下拉菜单中的命令数，以此减少鼠标单击次数。用户还可以选择向展开菜单中添加命令。
- ☑ 快速访问工具栏：其默认位于功能区上，是可以在所有环境中进行访问的自定义命令组，如图 1-16 所示。

图 1-16 快速访问工具栏

若要删除则只需在快速访问工具栏上右击该命令，在弹出的快捷菜单中选择"从快速访问工具栏中删除"命令即可，如图 1-17 所示。

图 1-17 从快速访问工具栏中删除命令

- ☑ 扩展型工具提示：Autodesk Inventor 功能区中的许多命令都具有增强（扩展）的工具提示，最初显示命令的名称及对命令的简短描述，如果继续悬停鼠标指针，则工具提示会展开提供更多信息。此时按住 F1 键可调用对应的帮助信息，如图 1-18 所示。

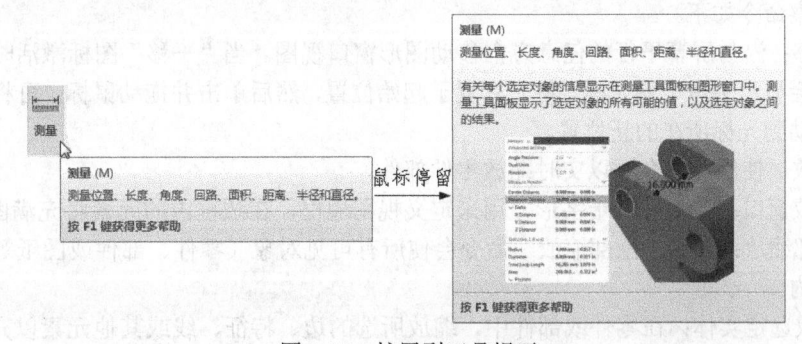

图 1-18 扩展型工具提示

可以在"应用程序选项"对话框中控制工具提示的显示。在"常规"选项卡中可进行"工具提示外观"设置。

1.4.3 鼠标的使用

鼠标是计算机外围设备中十分重要的硬件之一，用户与 Inventor 进行交互操作时几乎 80%的时间利用了鼠标。如何使用鼠标直接影响到产品设计的效率。使用三键鼠标可以完成各种功能，包括选择和编辑对象、移动视角、右击打开快捷菜单、按住鼠标滑动快捷功能、旋转视角、物体缩放等。具体的使用方法如下。

- ☑ 单击鼠标左键（MB1）用于选择对象，双击用于编辑对象。例如，单击某一特征会弹出对应的特征对话框，可以进行参数设置再编辑。
- ☑ 右击（MB3）用于弹出选择对象的关联菜单。
- ☑ 按下滚轮（MB2）来平移用户界面内的三维数据模型。
- ☑ 按下 F4 键的同时按住鼠标左键并拖动，则可以动态观察当前视图。鼠标放置轴心指示器的位置不同，其效果也不同，如图 1-19 所示。
- ☑ 滚动鼠标中键（MB2）用于缩放当前视图。

图 1-19 动态观察

1.4.4 观察命令

使用观察命令可以操纵激活零件、部件或工程图在图形窗口中的视图，或者在工程师记事本中的视图。在执行其他操作时，可以使用观察命令操纵视图。例如，在进行圆角操作时旋转零件，以便于选择隐藏的边。常用的观察命令位于"导航"面板和导航栏上，如图 1-20 所示。

导航栏　　　　　　　　　　　"导航"面板

图 1-20 观察命令

常用的观察命令如下。

- ☑ 平移：沿与屏幕平行的任意方向移动图形窗口视图。当"平移"图标激活时，在用户图形区域会显示手掌平移光标。将光标置于起始位置，然后单击并拖动鼠标，可将用户界面的内容拖动到光标所在的新位置。
- ☑ 缩放：使用此命令可以实时缩放零件部件。
- ☑ 缩放窗口：光标变为十字形，用来定义视图边框，在边框内的元素将充满图形窗口。
- ☑ 全部缩放：激活"全部缩放"命令会使所有可见对象（零件、部件或图纸等）显示在图形区域内。
- ☑ 缩放选定实体：在零件或部件中，缩放所选的边、特征、线或其他元素以充满图形窗口。可以在单击"缩放"之前或之后选择元素。该命令不能在工程图中使用。
- ☑ 受约束的动态观察：在模型空间中围绕轴旋转模型，即相当于在纬度和经度上围绕模型移动视线。
- ☑ 主视图：将前视图重置为默认设置。当在部件文件的上下文选项卡中编辑零件时，在顶级部件文件中定义的前视图将作为主导前视图。
- ☑ 观察方向：在零件或部件中，缩放并旋转模型使所选元素与屏幕保持平行，或使所选的边或线相对于屏幕保持水平。该命令不能在工程图中使用。
- ☑ 上一个：当前视图采用上一个视图的方向和缩放值。在默认情况下，"上一个"命令位于"视图"选项卡的"导航"面板中，可以单击导航栏右下角的下拉按钮，在弹出的"自定义"菜单中选择"上一视图"命令，将该命令添加到导航栏中。可以在零件、部件和工程图中使用"上一视图"命令。
- ☑ 下一个：使用"上一个"命令后恢复到下一个视图。在默认情况下，"下一个"命令位于"视图"选项卡的"导航"面板中，可以单击导航栏右下角的下拉按钮，在弹出的"自定义"菜单中选择"下一个"命令，将该命令添加到导航栏中。可以在零件、部件和工程图中使用"下一个"命令。

1.4.5 导航工具

1. ViewCube

ViewCube 是一种屏幕上的设备，与常用视图类似，如图 1-21 所示。在 R2009 及更高版本中，ViewCube 替代了常用视图，由于其简单易用，已经成为 Autodesk 产品家庭中如 AutoCAD、Alias、Revit 等 CAD 软件必备的"装备"之一。

与常见视图类似，单击立方体的角可以将模型捕捉到等轴测视图，而单击面可以将模型捕捉到平行视图。ViewCube 具有如下附加特征。

图 1-21 ViewCube

- ☑ 始终位于屏幕上的图形窗口的一角（可通过 ViewCube 选项指定显式屏幕位置）。
- ☑ 在 ViewCube 上拖动鼠标可旋转当前三维模型，方便用户动态观察模型。
- ☑ 提供一些有标记的面，可以指示当前相对于模型世界的观察角度。
- ☑ 提供了可单击的角、边和面。
- ☑ 提供了"主视图"按钮，以返回至用户定义的基础视图。
- ☑ 能够将前视图和俯视图设定为用户定义的视图，而且也可以重定义其他平行视图及等轴测视图。重新定义的视图可以被其他环境或应用程序（如工程图或 DWF）识别。
- ☑ 在平行视图中，提供了旋转箭头，使用户能够以 90°为增量，垂直于屏幕旋转照相机。
- ☑ 提供了使用户能够根据自己的配置调整立方体特征的选项。

2. SteeringWheels

SteeringWheels 也是一种便捷的动态观察工具，它以屏幕托盘的形式表现出来，包含常见的导航控件及不常用的控件。当 SteeringWheels 被激活后，它会一直跟随鼠标指针，无须将鼠标指针移动到功能区的图标上，便可立即使用该托盘上的工具。像 ViewCube 一样，用户可以通过"视图"选项卡的"导航"面板中的下拉菜单打开和关闭 SteeringWheels。而且与 ViewCube 一样，SteeringWheels 包含根据个人喜好调整工具的选项。与 ViewCube 不同，SteeringWheels 默认处于关闭状态，需在功能区"视图"选项卡的"导航"面板中选择"全导航控制盘"命令来激活它。

根据查看对象不同，SteeringWheels 分为 3 种表现形式：全导航控制盘、查看对象控制盘和巡视建筑控制盘，如表 1-1 所示。在默认情况下，将显示 SteeringWheels 的完整版本，但是用户可以指定 SteeringWheels 的其他完整尺寸版本和每个控制盘的小版本。若要尝试这些版本，可在 SteeringWheels 工具上右击，然后从弹出的快捷菜单中选择一个版本。例如，选择"查看对象控制盘（小）"，可以查看完整 SteeringWheels 的小版本。

表 1-1 SteeringWheels 的界面

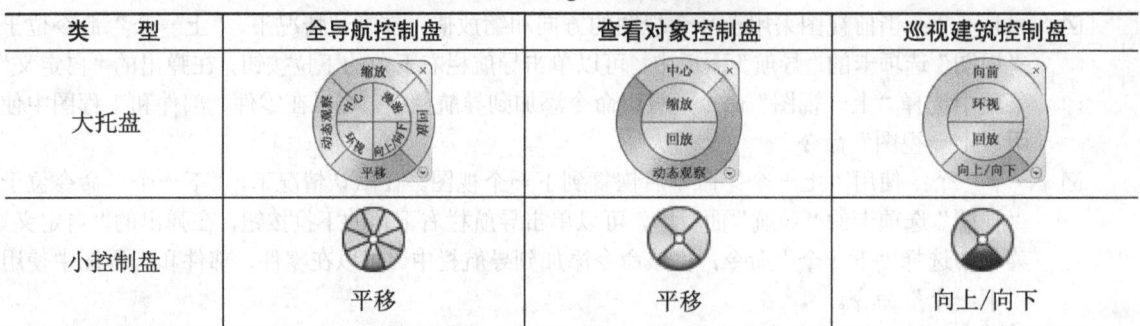

类型	全导航控制盘	查看对象控制盘	巡视建筑控制盘
大托盘	(缩放/漫游/回放/平移/动态观察/中心)	(中心/缩放/回放/动态观察)	(向前/环视/回放/向上/向下)
小控制盘	平移	平移	向上/向下

SteeringWheels 提供了以下功能。

- ☑ 缩放：用于更改照相机到模型的距离，缩放方向可以与鼠标运动方向相反。
- ☑ 动态观察：围绕轴心点更改相机位置。
- ☑ 平移：在屏幕内平移照相机。
- ☑ 中心：重定义动态观察中心点。

此外，SteeringWheels 还添加了一些 Autodesk Inventor 中以前所没有的控件，或功能上显著变化和改进的控件。

- ☑ 漫游：在透视模式下能够浏览模型，很像在建筑中的走廊中穿行。
- ☑ 环视：在透视模式下能够更改观察角度而无须更改照相机的位置，如同围绕某一个固定点向任意方向转动照相机一般。
- ☑ 向上/向下：能够向上或向下平移照相机，定义的方向垂直于 ViewCube 的顶面。
- ☑ 回放：能够通过一系列缩略图以图形方式快速选择前面的任意视图或透视模式。

1.4.6 全屏显示模式

单击"视图"选项卡"窗口"面板中的"全屏显示"按钮■，可以进入全屏显示模式。该模式可最大化应用程序并隐藏图形窗口中的所有用户界面元素。功能区在自动隐藏模式下处于收拢状态。全屏显示非常适用于设计检查和演示。

1.4.7 快捷键

与仅通过菜单选项或单击鼠标来使用工具相比，一些设计师更喜欢使用快捷键，从而可以提高效率。通常，可以为透明命令（如缩放、平移）和文件实用程序功能（如打印等）指定自定义快捷键。Autodesk Inventor 中预定义的快捷键如表 1-2 所示。

表 1-2 Inventor 预定义的快捷键

快捷键	命令/操作	快捷键	命令/操作
Tab	降级	Shift+Tab	升级
F1	帮助	F4	旋转
F6	等轴测视图	F10	草图可见性
Alt+8	宏	F7	切片观察
Shift+F5	下一页	Alt+F11	Visual Basic 编辑器
F2	平移	F3	缩放
F5	上一视图	Shift+F3	窗口缩放

第 1 章 Inventor 2020 入门

将鼠标指针移至工具按钮上或命令中的选项名称附近时,提示中就会显示快捷键,也可以创建自定义快捷键。另外,Autodesk Inventor 有很多预定义的快捷键。

用户无法重新指定预定义的快捷键,但可以创建自定义快捷键或修改其他的默认快捷键。具体操作步骤为:单击"工具"选项卡"选项"面板中的"自定义"按钮,在弹出的"自定义"对话框中选择"键盘"选项卡,可开发自己的快捷键方案及为命令自定义快捷键,如图 1-22 所示。当要用于快捷键的组合键已指定给默认的快捷键时,用户通常可删除原来的快捷键并重新指定给用户选择的命令。

图 1-22 "自定义"对话框

除此之外,Inventor 可以通过 Alt 键或 F10 键快速调用命令。当按下这两个键时,命令的快捷键会自动显示出来,如图 1-23 所示,用户只需依次使用对应的快捷键即可执行对应的命令,无须操作鼠标。

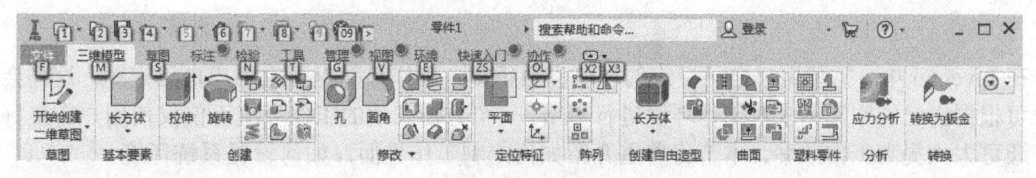

图 1-23 快捷键

1.4.8 直接操纵

直接操纵是一种新的用户界面,它使用户可以直接参与模型交互及修改模型,同时还可以实时查看更改。生成的交互是动态的、可视的,而且是可预测的。用户可以将注意力集中到图形区域内显示的几何图元上,而无须关注与功能区、浏览器和对话框等用户界面要素的交互。

图形区域内显示的是一种用户界面，悬浮在图形窗口上，用于支持直接操纵，如图 1-24 所示。它通常包含小工具栏（含命令选项）、操纵器、值输入框和选择标记。小工具栏使用户可以与三维模型进行直接的、可预测的交互。"确定"和"取消"按钮位于图形区域的底部，用于确认或取消操作。

- ☑ 操纵器：它是图形区域中的交互对象，使用户可以轻松地操纵对象，以执行各种造型和编辑任务。
- ☑ 小工具栏：其上显示图形区域中的按钮，可以用来快速选择常用的命令。它们位于非常接近图形窗口中的选定对象的位置。弹出的按钮会在适当的位置显示命令选项。小工具栏的描述更加全面、简单。特征也有了更多的功能，拥有迷你工具栏的命令有圆角、倒角、抽壳、面拔模等。小工具条还可以固定位置或者隐藏。
- ☑ 选择标记：是一些标签，显示在图形区域内，提示用户选择截面轮廓、面和轴，以创建和编辑特征。
- ☑ 值输入框：用于为造型和编辑操作输入数值。该框位于图形区域内的小工具栏中方。

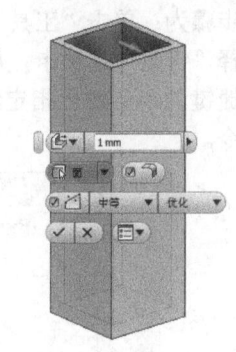

图 1-24 图形区域

- ☑ 标记菜单：在图形窗口中单击鼠标右键，会弹出快捷菜单，它可以方便用户建模的操作。如果用户按住鼠标右键向不同的方向滑动会出现相应的快捷键，出现的快捷键与右键菜单相关。

1.4.9 信息中心

信息中心是 Autodesk 产品独有的界面，它便于使用信息中心搜索信息、显示关注的网址、帮助用户实时获得网络支持和服务等功能，如图 1-25 所示。信息中心可以实现如下功能。

- ☑ 通过关键字（或输入短语）来搜索信息。
- ☑ 通过 Autodesk App Store 访问 Autodesk App Store 服务。
- ☑ 访问"帮助"中的主题。

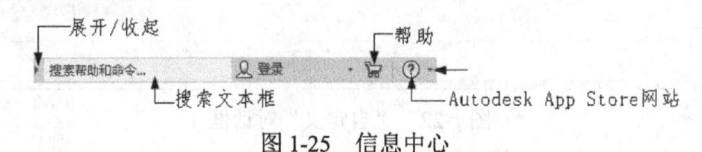

图 1-25 信息中心

1.5 工作界面定制与系统环境设置

在 Inventor 中，需要用户自己设定的环境参数很多，工作界面也可由用户自己定制，这样会使得用户可根据自己的实际需求对工作环境进行调节，一个方便高效的工作环境不仅仅使用户有良好的感觉，还可大大提高工作效率。本节将着重介绍如何定制工作界面，如何设置系统环境。

1.5.1 文档设置

在 Inventor 中，可通过"文档设置"对话框来改变度量单位、捕捉间距等。

单击"工具"选项卡"选项"面板中的"文档设置"按钮，打开如图 1-26 所示的"文档设置"对话框。

图1-26 零件环境中的"文档设置"对话框

(1)"标准"选项卡：设置当前文档的激活标准。
(2)"单位"选项卡：设置零件或部件文件的度量单位。
(3)"草图"选项卡：设置零件或工程图的捕捉间距、网格间距和其他草图设置。
(4)"造型"选项卡：为激活的零件文件设置自适应或三维捕捉间距。
(5)"BOM 表"选项卡：为所选零部件指定 BOM 表设置。
(6)"默认公差"选项卡：可设定标准输出公差值。

1.5.2 系统环境常规设置

单击"工具"选项卡"选项"面板中的"应用程序选项"按钮，在打开的"应用程序选项"对话框中选择"常规"选项卡，如图 1-27 所示。下面讲述系统环境的常规设置。

(1)启动：用来设置默认的启动方式。在此栏中可设置是否"启动操作"，还可以设置启动后默认操作方式，包含 3 种默认操作方式："打开文件"对话框、"新建文件"对话框和从模板新建。

(2)提示交互：控制工具栏提示外观和自动完成的行为。

❶ 显示命令提示（动态提示）：选中此复选框后，将在光标附近的工具栏提示中显示命令提示。

❷ 显示命令别名输入对话框：选中此复选框后，输入不明确或不完整的命令时将显示"自动完成"列表框。

(3)工具提示外观。

❶ 显示工具提示：控制在功能区中的命令上方悬停光标时工具提示的显示。从中可设置"延迟的秒数"，还可以通过选中"显示工具提示"复选框来禁用工具提示的显示。

❷ 显示第二级工具提示：控制功能区中第二级工具提示的显示。

❸ 延迟的秒数：设定能区中第二级工具提示的时间长度。

❹ 显示文档选项卡工具提示：控制光标悬停时工具提示的显示。

(4)用户名：设置 Autodesk Inventor 2020 的用户名称。
(5)文本外观：设置对话框、浏览器和标题栏中的文本字体及大小。

图 1-27 "应用程序选项"对话框

（6）允许创建旧的项目类型：选中此复选框后，Inventor 将允许创建共享和半隔离项目类。

（7）物理特性：选择保存时是否更新物理特性，以及更新物理特性的对象是零件还是零部件。

（8）撤销文件大小：可通过设置"撤销文件大小"选项的值来设置撤销文件的大小，即用来跟踪模型或工程图改变临时文件的大小，以便撤销所做的操作。当制作大型或复杂模型和工程图时，可能需要增加该文件的大小，以便提供足够的撤销操作容量，文件大小以 MB 为单位输入大小。

（9）标注比例：还可通过设置"标注比例"选项的值来设置图形窗口中非模型元素（例如尺寸文本、尺寸上的箭头、自由度符号等）的大小。可将比例从 0.2 调整为 5.0。默认值为 1.0。

（10）选择：设置对象选择条件。选中"启用优化选择"复选框后，"选择其他"算法最初仅对最靠近屏幕的对象划分等级。

1.5.3 用户界面颜色设置

单击"工具"选项卡"选项"面板中的"应用程序选项"按钮，在打开的"应用程序选项"对话框中选择"颜色"选项卡，如图 1-28 所示。下面讲述系统环境的用户界面颜色设置。

（1）设计：单击此按钮，设置零部件设计环境下的背景色。

（2）绘图：单击此按钮，设置工程图环境下的背景色。

（3）画布内颜色方案：Inventor 提供了 10 种配色方案，当选择某一种方案时，上面的预览窗口会显示该方案的预览图。

（4）背景。

❶ 背景列表：可以从列表中选择单色、梯度和图像作为背景。如果选择单色则将纯色应用于背景，选择梯度则将饱和度梯度应用于背景颜色，选择背景图像则在图形窗口背景中显示位图。

第 1 章 Inventor 2020 入门

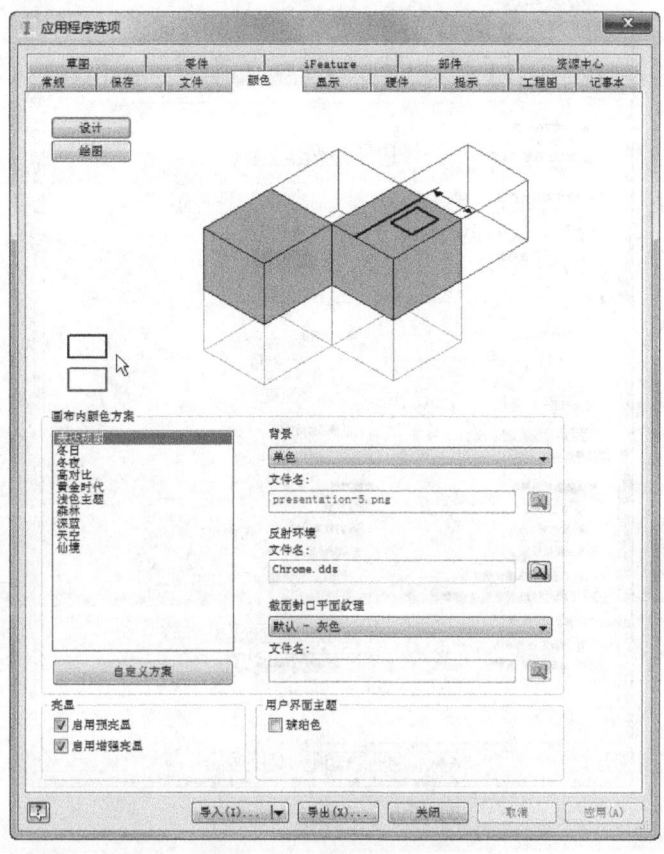

图 1-28 "颜色"选项卡

❷ 文件名：用来选择存储在硬盘或网络上作为背景图像的图片文件。为避免图像失真，图像应具有与图形窗口相同的大小（比例及宽高比）。如果与图形窗口大小不匹配，图像将被拉伸和裁剪。

（5）反射环境：指定反射贴图的图像和图形类型。

文件名：单击"浏览"按钮，在打开的对话框中浏览找到相应的图像。

（6）截面封口平面纹理：控制在使用"剖视图"命令时，所用封口面的颜色或纹理图形。

❶ 默认-灰色：默认模型面的颜色。

❷ 位图图像：选择该选项可将选定的图像用作剖视图的剖面纹理。单击"浏览"按钮，在打开的对话框中浏览找到相应的图像。

（7）亮显：设定对象选择行为。

❶ 启用预亮显：选中此复选框，当光标在对象上移动时，将显示预亮显。

❷ 启用增强亮显：允许预亮显或亮显的子部件透过其他零部件显示。

（8）用户界面主题：控制功能区中应用程序框和图标的颜色。

琥珀色：选中该复选框可使用旧版图标颜色，但必须重启 Inventor 才能更新浏览器图标。

1.5.4　显示设置

单击"工具"选项卡"选项"面板中的"应用程序选项"按钮，在打开的"应用程序选项"对话框中选择"显示"选项卡，如图 1-29 所示。下面讲述模型的线框显示方式，渲染显示方式以及显示质量的设置。

图 1-29 "显示"选项卡

（1）外观。

❶ 使用文档设置：选中此单选按钮，指定当打开文档或文档上的其他窗口（又称为视图）时，使用文档显示设置。

❷ 使用应用程序设置：选中此单选按钮，指定当打开文档或文档上的其他窗口（又称为视图）时，使用应用程序选项显示设置。

（2）未激活的零部件外观：可适用于所有未激活的零部件，而不管零部件是否已启用，这样的零部件又称为后台零部件。

❶ 着色：选中此复选框，指定未激活的零部件的面显示为着色。

❷ 不透明度：若选中"着色"复选框，可以设定着色的不透明度。

❸ 显示边：设定未激活的零部件的边显示。选中该复选框后，未激活的模型将基于模型边的应用程序或文档外观设置显示边。

（3）显示质量：此下拉列表中设置模型显示分辨率。

（4）显示基准三维指示器：在三维视图中，在图形窗口的左下角显示 X、Y、Z 轴指示器。选中该复选框可显示轴指示器，清除该复选框可关闭此项功能。红箭头表示 X 轴，绿箭头表示 Y 轴，蓝箭头表示 Z 轴。在部件中，指示器显示顶级部件的方向，而不是正在编辑的零部件的方向。

（5）显示原始坐标系 XYZ 轴标签：关闭和开启各个三维轴指示器方向箭头上的 X、Y、Z 标签的显示。默认情况下为打开状态。开启"显示基准三维指示器"时可用。注意在"编辑坐标系"命令的草图网格中心显示的 X、Y、Z 指示器中，标签始终为打开状态。

（6）"观察方向"行为。

❶ 执行最小旋转：旋转最小角度，以使草图与屏幕平行，且草图坐标系的 X 轴保持水平或垂直。

❷ 与局部坐标系对齐：将草图坐标系的 X 轴调整为水平方向且正向朝右，将 Y 轴调整为垂直方向且正向朝上。

（7）缩放方式：选中或清除这些复选框可以更改缩放方向（相对于鼠标移动）或缩放中心（相对于光标或屏幕）。

❶ 反向：控制缩放方向，当选中该复选框时向上滚动滚轮可放大图形，取消选中该复选框时向上滚动滚轮则缩小图形。

❷ 缩放至光标：控制图形缩放方向是相对于光标还是显示屏中心。

❸ 滚轮灵敏度：控制滚轮滚动时图形放大或缩小的速度。

1.6 定位特征

在 Inventor 中，定位特征是指可作为参考特征投影到草图中并用来构建新特征的平面、轴或点。定位特征的作用是在几何图元不足以创建和定位新特征时，为特征创建提供必要的约束，以便于完成特征的创建。定位特征抽象的构造几何图元，本身是不可用来进行造型的。

在 Inventor 的实体造型中，定位特征的重要性值得引起重视，许多常见的形状的创建离不开定位特征。

一般情况下，零件环境和部件环境中的定位特征是相同的，但以下情况除外。

（1）中点在部件中时不可选择点。

（2）"三维移动/旋转"工具在部件文件中不可用于工作点上。

（3）内嵌定位特征在部件中不可用。

（4）不能使用投影几何图元，因为控制定位特征位置的装配约束不可用。

（5）零件定位特征依赖于用来创建它们的特征。

（6）在浏览器中，这些特征被嵌套在关联特征下面。

（7）部件定位特征从属于创建它们时所用部件中的零部件。

（8）在浏览器中，部件定位特征被列在装配层次的底部。

（9）当用另一个部件来定位特征，以便创建零件时，便创建了装配约束。设置在需要选择装配定位特征时选择特征的选择优先级。

上文提到内嵌定位特征，在此略作解释。在零件中使用定位特征工具时，如果某一点、线或平面是所希望的输入，可创建内嵌定位特征。内嵌定位特征用于帮助创建其他定位特征。在浏览器中，它们显示为父定位特征的子定位特征。例如，可在两个工作点之间创建工作轴，而在启动"工作轴"工具前这两个点并不存在。当工作轴工具激活时，可动态创建工作点。

1.6.1 工作点

工作点是参数化的构造点，可放置在零件几何图元、构造几何图元或三维空间中的任意位置。工作点是用来标记轴和阵列中心、定义坐标系、定义平面（三点）和定义三维路径的。工作点在零件环境和部件环境中都可使用。

单击"三维模型"选项卡"定位特征"面板中的"工作点"下拉按钮 ，如图 1-30 所示。

（1）点 ：选择合适的模型顶点、边和轴的交点、3 个非平行面或平面的交点来创建工作点。

（2）固定点 ：单击某个工作点、中点或顶点创建固定点。例如，在视图中选择如图 1-31 所示的边线中点，可以在弹出的"三维移动/旋转"对话框中重新定义点的位置，单击"确定"按钮，在浏览器中显示图钉光标符号，如图 1-32 所示。

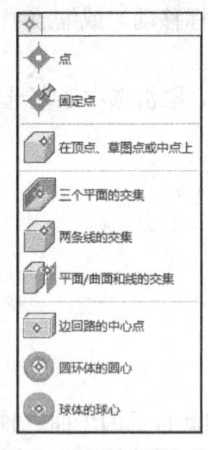

图 1-30 创建工作点方式 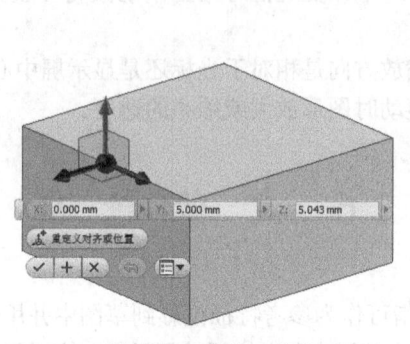　　图 1-31 定位工作点 　　图 1-32 创建固定点

（3）在顶点、草图点或中点上：选择二维或三维草图点、顶点、线或线性边的端点或中点创建工作点。如图 1-33 所示为在模型顶点处创建工作点。

（4）平面/曲面和线的交集：选择平面（或工作平面）和工作轴（或直线）。或者，选择曲面和草图线、直边或工作轴，在交集处创建工作点，如图 1-34 所示。

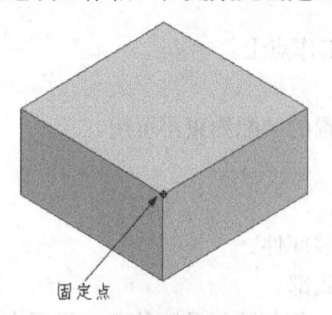

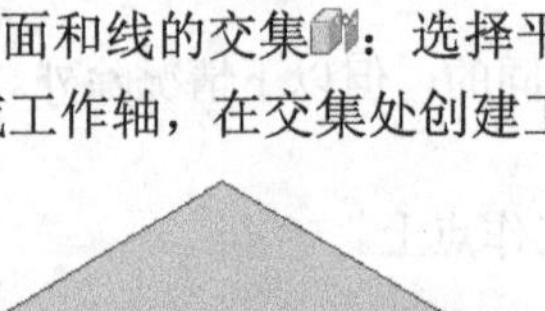

图 1-33 在顶点处创建工作点 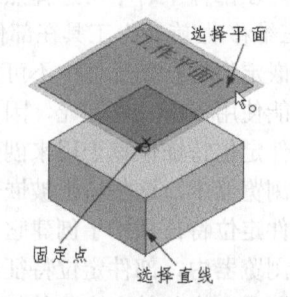　　图 1-34 在直线与工作平面的交集处创建工作点

（5）两条线的交集：选择任何两条直线，包括工作轴、二维或三维草图直线以及工作轴创建工作点，如图 1-35 所示。

（6）边回路的中心点：选择封闭回路的一条边，在中心处创建工作点，如图 1-36 所示。

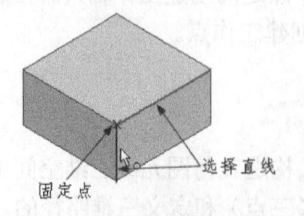

图 1-35 在两条线的交集处创建工作点 　　图 1-36 在回路中心创建工作点

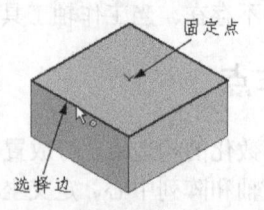

（7）三个平面的交集：选择 3 个工作平面或平面，在交集处创建工作点，如图 1-37 所示。

（8）圆环体的圆心：选择圆环体，在圆环体的圆心处创建工作点，如图 1-38 所示。

（9）球体的球心：选择球体，在球体的圆心处创建工作点。

· 22 ·

第1章 Inventor 2020入门

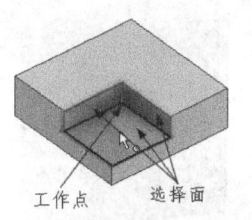

图1-37 在3个面交集处创建工作点

图1-38 在圆环体的圆心处创建工作点

提示：未固定工作点与固定工作点有何区别？
固定工作点删除了所有自由度，因此在空间中保持固定。非固定工作点可以通过尺寸和约束重定位。在零件文件中，使用"固定点"命令。在零件文件中创建固定工作点时，可以使用"三维移动/旋转"命令指定相对于固定工作点的某些操作。或者，以后使用关联菜单上的"三维移动/旋转"选项来重置工作点。在部件中，先创建工作点，单击鼠标右键，然后从关联菜单中选择"固定"。"三维移动/旋转"命令在部件文件中不可用。

1.6.2 工作轴

工作轴是参数化附着在零件上的无限长的构造线，在三维零件设计中，常用来辅助创建工作平面、辅助草图中的几何图元的定位、创建特征和部件时用来标记对称的直线、中心线或两个旋转特征轴之间的距离、作为零部件装配的基准、创建三维扫掠时作为扫掠路径的参考等。

单击"三维模型"选项卡"定位特征"面板中的"工作轴"下拉按钮，如图1-39所示。

（1）轴：选择边、线、平面或点来定义工作轴。

（2）平行于线且通过点：在视图中选择端点、中点、草图点或工作点，然后选择线性边或草图线来创建工作轴，如图1-40所示。

图1-39 工作轴创建方式

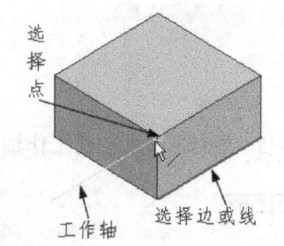

图1-40 平行于线且通过点创建工作轴

（3）在线或边上：选择一个线性边、草图直线或三维草图直线，沿所选的几何图元创建工作轴，如图1-41所示。

（4）通过旋转面或特征：选择一个旋转特征如圆柱体，沿其旋转轴创建工作轴，如图1-42所示。

（5）通过两点：选择两个有效点，创建通过它们的工作轴，如图1-43所示。

（6）垂直于平面且通过点：选择一个工作点和一个平面（或面），创建与平面（或面）垂直并通过该工作点的工作轴，如图1-44所示。

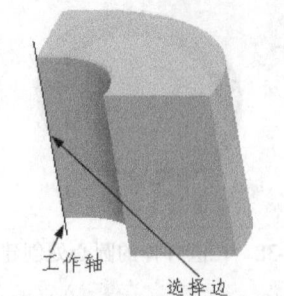

图 1-41　在边上创建工作轴

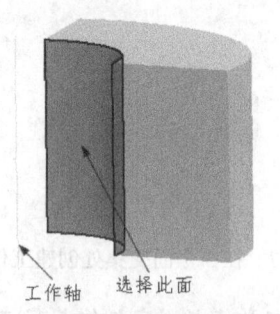

图 1-42　通过旋转特征或面创建工作轴

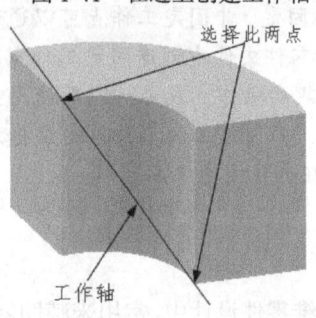

图 1-43　通过两点创建工作轴

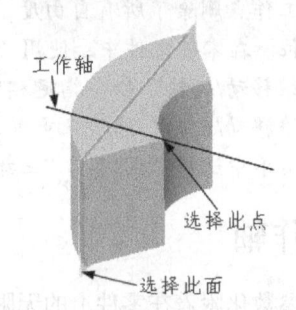

图 1-44　通过平面和点创建工作轴

（7）两个平面的交集：选择两个非平行平面，在其相交位置创建工作轴，如图 1-45 所示。

（8）通过圆形或椭圆形边的中心：选择圆形或椭圆形边，也可以选择圆角边，创建与圆形、椭圆形或圆角的轴重合的工作轴，如图 1-46 所示。

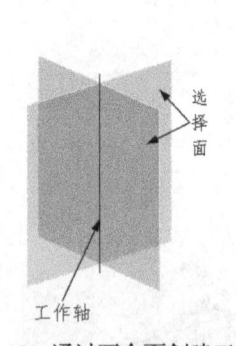

图 1-45　通过两个面创建工作轴

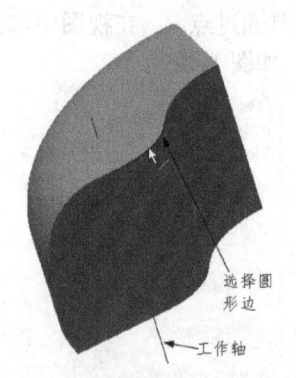

图 1-46　选择圆形边创建工作轴

1.6.3　工作平面

在零件中，工作平面是一个无限大的构造平面，该平面被参数化附着于某个特征；在部件中，工作平面与现有的零部件相约束。工作平面的作用很多，可用来构造轴、草图平面或中止平面、作为尺寸定位的基准面、作为另外工作平面的参考面、作为零件分割的分割面以及作为定位剖视观察位置或剖切平面等。

单击"三维模型"选项卡"定位特征"面板中的"工作轴"按钮，下拉列表如图 1-47 所示。

（1）从平面偏移：选择一个平面，并拖动平面，在小工具栏中输入偏移距离，创建与此平面平行同时偏移一定距离的工作平面，如图 1-48 所示。

图 1-47 工作平面创建方式 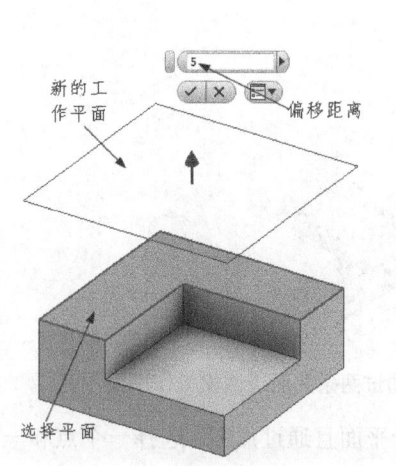   图 1-48 从平面偏移创建工作平面

（2）三点：选择不共线的三点，创建一个通过这 3 个点的工作平面，如图 1-49 所示。

（3）与曲面相切且通过边：选择一个圆柱面和一条边，创建一个过这条边并且和圆柱面相切的工作平面，如图 1-50 所示。

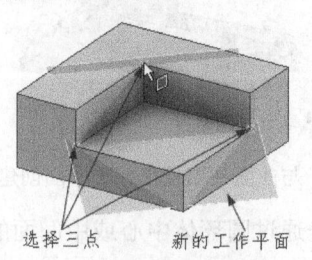

图 1-49 三点创建工作平面    图 1-50 与曲面相切且通过边创建工作平面

（4）与曲面相切且通过点：选择一个圆柱面和一个点，则创建在该点处与圆柱面相切的工作平面，如图 1-51 所示。

（5）与轴垂直且通过点：选择一个点和一条轴，创建一个过点并且与轴垂直的工作平面，如图 1-52 所示。

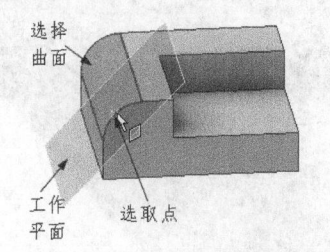

图 1-51 与曲面相切且通过点创建工作平面    图 1-52 与轴垂直且通过点创建工作平面

（6）两条共面边：选择两条平行的边，创建过两条边的工作平面，如图 1-53 所示。

（7）平面绕边旋转角度：选择一个平面和平行于该平面的一条边，创建一个与该平面成一定角度的工作平面，如图1-54所示。

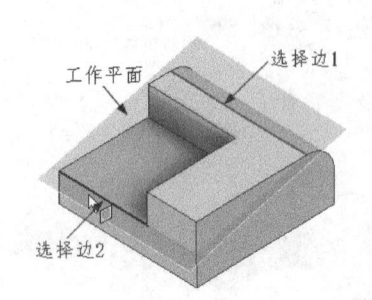

图1-53 通过两条共面边创建工作平面 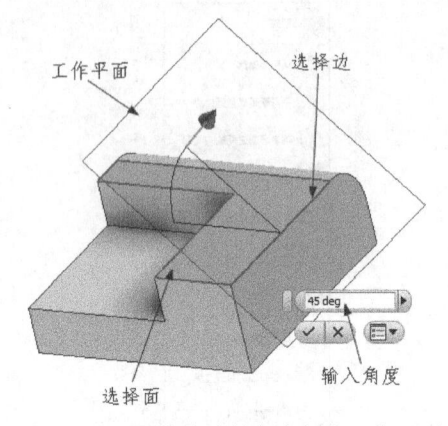　　图1-54 平面绕边旋转角度创建工作平面

（8）平行于平面且通过点：选择一个点和一个平面，创建过该点且与平面平行的工作平面，如图1-55所示。

（9）与曲面相切且平行于平面：选择一个曲面和一个平面，创建一个与曲面相切并且与平面平行的曲面，如图1-56所示。

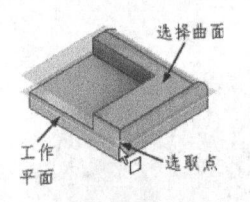

图1-55 平行于平面且通过点创建工作平面 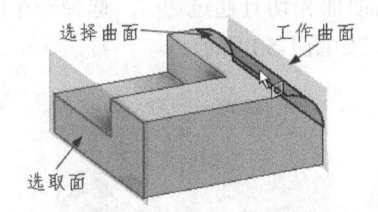　　图1-56 与曲面相切且平行于平面创建工作平面

（10）圆环体中间面：选择一个圆环体，创建一个通过圆环体中心或中间面的工作平面，如图1-57所示。

（11）两个平面之间的中间面：在视图中选择两个平面或工作面，创建一个采用第一个选定平面的坐标系方向并具有与第二个选定平面相同的外法向的工作平面，如图1-58所示。

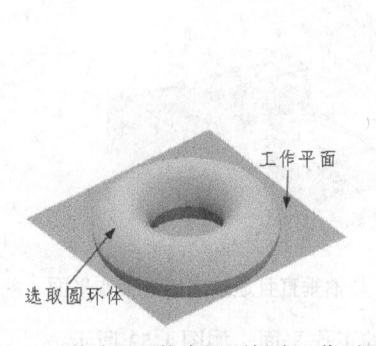

图1-57 通过圆环体中间面创建工作平面 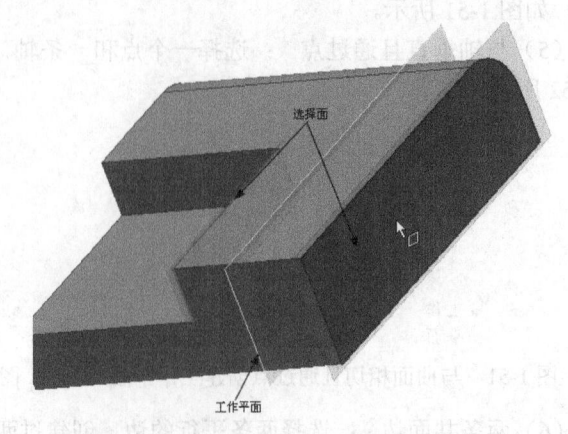　　图1-58 在两个平行平面之间创建工作面

（12）在指定点处与曲线垂直：在视图中选择一条非线性边或草图曲线（圆弧、圆或样条曲线）和曲线上的顶点、边的中点、草图点或工作点创建工作平面，如图 1-59 所示。

在零件或部件造型环境中，工作平面表现为透明的平面。工作平面创建以后，在浏览器中可看到相应的符号，如图 1-60 所示。

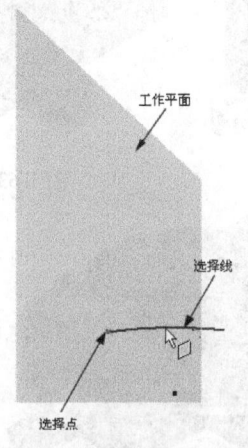

图 1-59　在指定点处创建与曲线垂直的平面　　　图 1-60　浏览器

> **技巧**："工作平面"具有智能推理功能，比如（1）选一平面，拖动，推理成与该平面平行一给定距离的平面；（2）选一平面及其外一平行直线，推理成过直线与平面成一给定角度的平面；（3）选一条直线和一个圆柱面，系统就自动推理成一个过所选直线并与圆柱面相切的工作平面；（4）选一个点和一条直线（或工作轴），系统就自动推理成一个过所选点与所选直线（或工作轴）垂直的工作平面；（5）用户选择了一个面和一个点，系统自动推理成一个过所选点与所选平面平行的工作平面等。

1.7　模型的显示

模型的图形显示可以视为模型上的一个视图，还可以视为一个场景。视图外观将会根据应用于视图的设置而变化。起作用的元素包括视觉样式、地平面、地面反射、阴影、光源和相机投影。

1.7.1　视觉样式

在 Inventor 中，提供了多种视觉样式：着色显示、隐藏边显示和线框显示等。

单击"视图"选项卡"外观"面板中的"视觉样式"按钮，下拉列表如图 1-61 所示。

（1）真实：显示高质量着色的逼真带纹理模型，如图 1-62 所示。

（2）着色：显示平滑着色模型，如图 1-63 所示。

（3）带边着色：显示带可见边的平滑着色模型，如图 1-64 所示。

（4）带隐藏边着色：显示带隐藏边的平滑着色模型，如图 1-65 所示。

（5）线框：显示用直线和曲线表示边界的对象，如图 1-66 所示。

（6）带隐藏边的线框：显示用线框表示的对象并用虚线表示后向面不可见的边线，如图 1-67 所示。

（7）仅带可见边的线框：显示用线框表示的对象并隐藏表示后向面的直线，如图 1-68 所示。

图 1-61 视觉样式

图 1-62 真实

图 1-63 着色

图 1-64 带边着色

图 1-65 带隐藏边着色

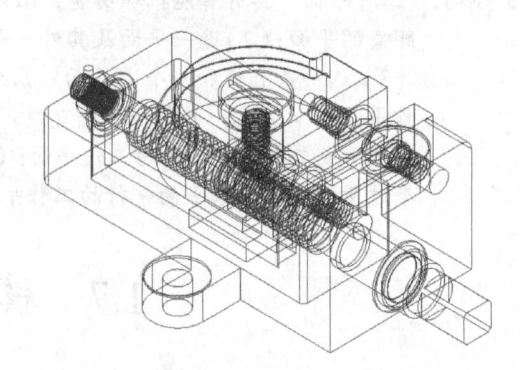

图 1-66 线框

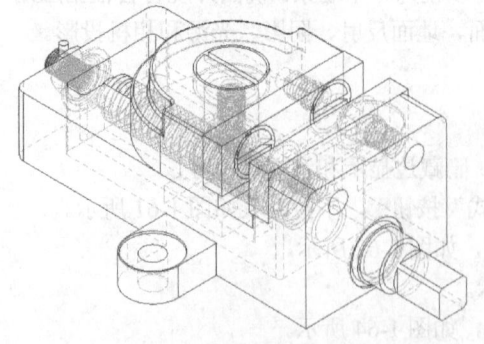

图 1-67 带隐藏边的线框

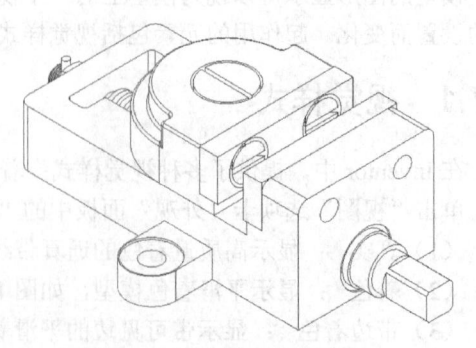

图 1-68 仅带可见边的线框

（8）灰度：使用简化的单色着色模式产生灰色效果，如图 1-69 所示。
（9）水彩画：手绘水彩色的外观显示模式，如图 1-70 所示。

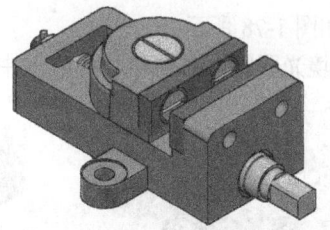

图 1-69　灰度　　　　　　　　　图 1-70　水彩画

(10) 草绘插图：手绘外观显示模式，如图 1-71 所示。
(11) 技术插图：着色工程图外观显示模式，如图 1-72 所示。

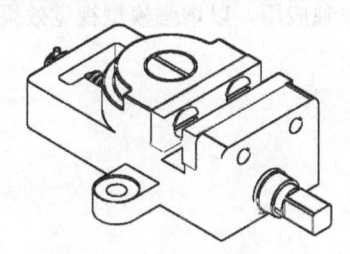

图 1-71　草绘插图　　　　　　　图 1-72　技术插图

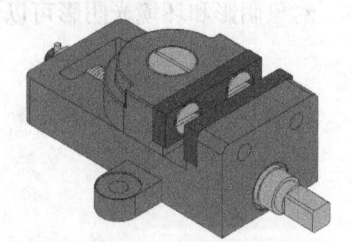

1.7.2　观察模式

单击"视图"选项卡"外观"面板中的"平行模式"按钮，下拉列表如图 1-73 所示。
系统提供两种观察模式：平行模式和透视模式。
(1) 平行模式：在平行模式下，模型以所有的点都沿着平行线投影到它们所在的屏幕上的位置来显示的，也就是所有等长平行边以等长度显示。在此模式下，三维模型平铺显示，如图 1-74 所示。
(2) 透视模式：在透视模式下，三维模型的显示类似于人们现实世界中观察到的实体形状。模型中的点、线、面以三点透视的方式显示，这也是人眼感知真实对象的方式，如图 1-75 所示。

图 1-73　观察模式下拉菜单　　图 1-74　平行模式　　　图 1-75　透视模式

1.7.3　投影模式

投影模式增强了零部件的立体感，使得零部件看起来更加真实，同时投影模式还显示出光源的设置效果。
单击"视图"选项卡"外观"面板中的"阴影"按钮，下拉列表如图 1-76 所示。
(1) 地面阴影：将模型阴影投射到地平面上。该效果不需要让地平面可见，如图 1-77 所示。
(2) 对象阴影：有时称为自己阴影，根据激活的光源样式的位置投射和接

图 1-76　投影模式

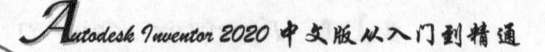

收模型阴影如图 1-78 所示。

（3）环境光阴影：在拐角处和腔穴中投射阴影以在视觉上增强形状变化过渡，如图 1-79 所示。

图 1-77　地面阴影　　　　　　图 1-78　对象阴影　　　　　　图 1-79　环境光阴影

地面阴影、对象阴影和环境光阴影可以一起应用或单独应用，以增强模型视觉效果。

第 2 章

绘制草图

通常情况下，用户的三维设计应该从草图绘制开始。在 Inventor 的草图功能中可以建立各种基本曲线，对曲线建立几何约束和尺寸约束，然后对二维草图进行拉伸、旋转等操作，创建实体与草图关联的实体模型。

当用户需要对三维实体的轮廓图像进行参数化控制时，一般需要用草图创建。在修改草图时，与草图关联的实体模型也会自动更新。

本章将介绍 Inventor 草图绘制和编辑以及尺寸标注的基本方法。

- ☑ 草图综述
- ☑ 草图绘制
- ☑ 草图修改
- ☑ 尺寸标注
- ☑ 草图环境
- ☑ 草图复制
- ☑ 几何约束

任务驱动&项目案例

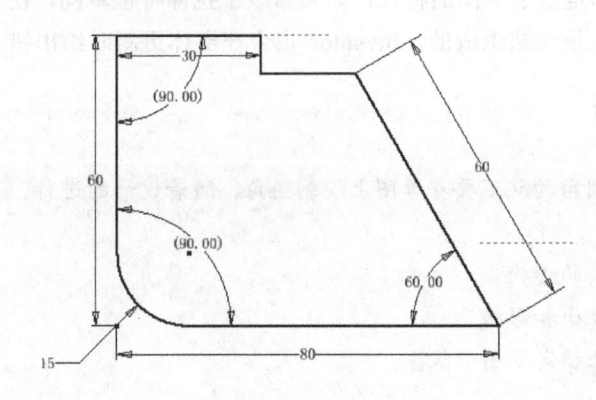

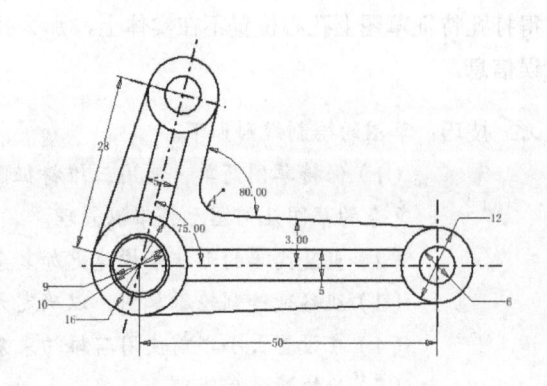

2.1 草图综述

在 Inventor 的三维造型中，草图是创建零件的基础。所以在 Inventor 的默认设置下，新建一个零件文件后，会自动转换到草图环境。草图的绘制是 Inventor 的一项基本技巧，没有一个实体模型的创建可以完全脱离草图环境。草图为设计思想转换为实际零件铺平了道路。

1. 草图的组成

草图由草图平面、坐标系、草图几何图元和几何约束以及草图尺寸组成。在草图中，定义了截面轮廓、扫掠路径及孔的位置等造型元素，是形成拉伸、扫掠、打孔等特征不可缺少的因素。草图也可包含构造几何图元或者参考几何图元，构造几何图元不是界面轮廓或者扫掠路径，但是可用来添加约束。参考几何图元可由现有的草图投影而来，并在新草图中使用，参考几何图元通常是已存在特征的部分，如边或轮廓。

2. 退化的草图

在一个零件环境或部件环境中对一个零件进行编辑时，用户可在任何时候新建一个草图，或编辑退化的草图。当在一个草图中创建了需要的几何图元以及尺寸和几何约束，并且以草图为基础创建了三维特征，则该草图就成为了退化的草图。凡是创建了一个基于草图的特征，就一定会存在一个退化的草图，图 2-1 所示为一个零件的模型树，可清楚地反映这一点。

图 2-1 零件的模型树

3. 草图与特征的关系

（1）退化的草图依然是可编辑的，如果对草图中的几何图元进行了尺寸以及约束方面的修改，那么退出草图环境以后，基于此草图的特征也会随之更新，草图是特征的母体，特征是基于草图的。

（2）特征只受到属于它的草图的约束，其他特征草图的改变不会影响到本特征。

（3）如果两个特征之间存在某种关联关系，那么二者的草图就可能会影响到对方。如在一个拉伸生成的实体上打孔，拉伸特征和打孔特征都是基于草图的特征，如果修改了拉伸特征草图，使得打孔特征草图上孔心位置不在实体上，那么孔是无法生成的，Inventor 也会在实体更新时给出错误信息。

> **技巧**：草图的绘制规则如下。
> （1）保持草图简单，能用三维特征圆角的就不要在草图上绘制圆角，随着设计的进行，复杂的草图几何图元将难以管理。
> （2）重复简单的形状来构建更加复杂的形状。
> （3）粗略地绘制轮廓草图，以确定大小和形状。
> （4）在设置大小之前使用二维约束来稳定草图形状。
> （5）为轮廓使用闭环。

2.2 草图环境

2.2.1 进入草图环境

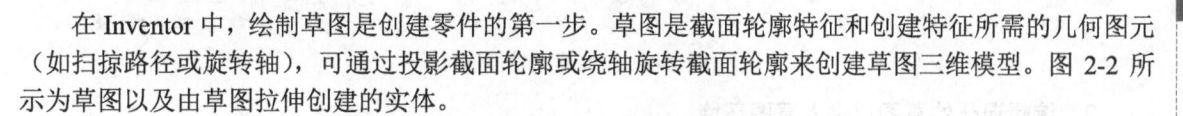

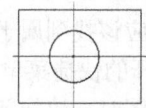

在 Inventor 中，绘制草图是创建零件的第一步。草图是截面轮廓特征和创建特征所需的几何图元（如扫掠路径或旋转轴），可通过投影截面轮廓或绕轴旋转截面轮廓来创建草图三维模型。图 2-2 所示为草图以及由草图拉伸创建的实体。

图 2-2 草图以及由草图拉伸创建的实体

可由两种途径进入草图环境。

- ☑ 当新建一个零件文件时，单击"草图"面板中的"开始创建二维草图"按钮，选择基准平面，进入草图环境。草图环境会自动激活"草图"选项卡为可用状态。
- ☑ 在现有的零件文件中，如果要进入草图环境，应该首先在浏览器中激活草图。这个操作会激活草图环境中的"草图"选项卡，这样就可为零件特征创建几何图元。由草图创建模型之后，可再次进入草图环境，以便修改特征，或者绘制新特征的草图。下面分别讲解。

1．由新建零件进入草图环境

新建一个零件文件，单击"草图"面板中的"开始创建二维草图"按钮，选择基准平面，进入图 2-3 所示的草图环境。

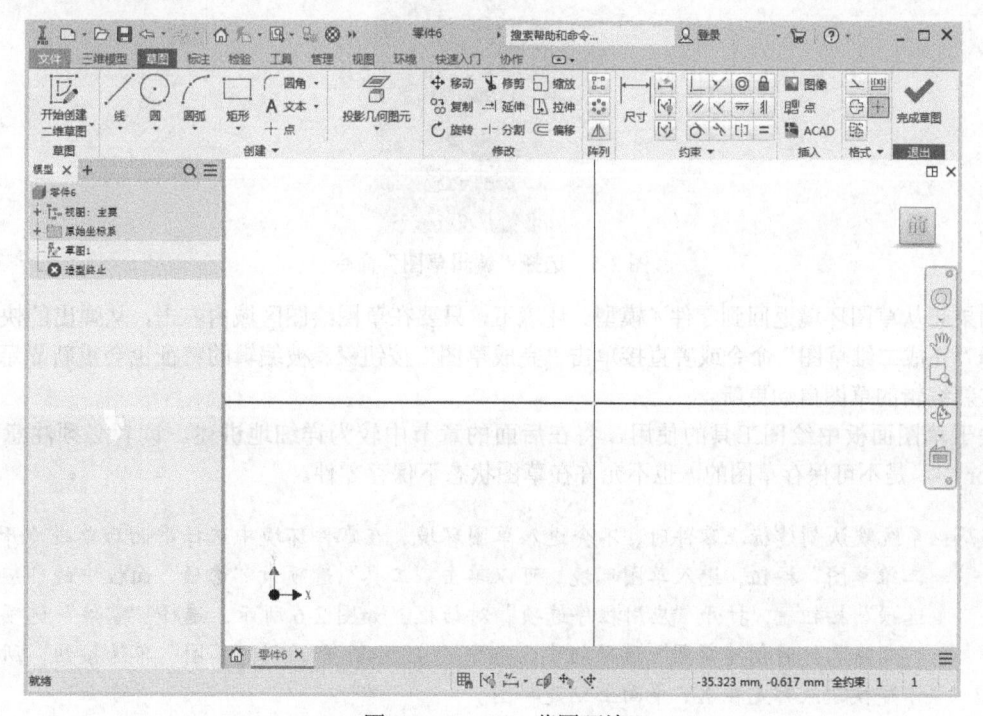

图 2-3 Inventor 草图环境

用户界面主要由 ViewCube（绘图区右上部）、导航栏（绘图区右中部）、快速工具栏（上部）、功能区、浏览器（左部）、状态栏及绘图区域构成。二维草图功能区如图 2-4 所示，包括绘图、约束、阵列和修改等面板，使用功能区比起使用工具栏效率会有所提高。

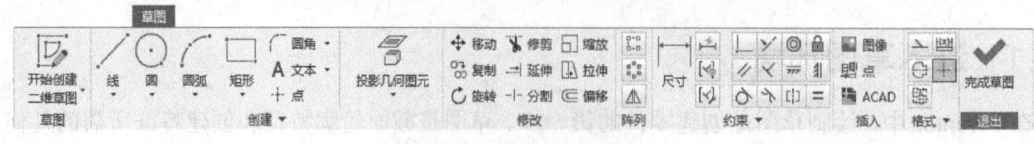

图 2-4 二维草图功能区

2. 编辑退化的草图以进入草图环境

如果要在一个现有的零件图中进入草图环境，首先应该找到属于某个特征的曾经存在的草图（也称为退化的草图），选择该草图，单击鼠标右键，在打开的快捷菜单中选择"编辑草图"命令即可重新进入草图环境，如图 2-5 所示。当编辑某个特征的草图时，该特征会消失。

图 2-5 选择"编辑草图"命令

如果想从草图环境返回到零件（模型）环境下，只要在草图绘图区域内右击，从弹出的快捷菜单中选择"完成二维草图"命令或者直接单击"完成草图"按钮✓。被编辑的特征也会重新显示，并且根据重新编辑的草图自动更新。

关于草图面板中绘图工具的使用，将在后面的章节中较为详细地讲述。读者必须注意到，在 Inventor 中，是不可保存草图的，也不允许在草图状态下保存零件。

> **技巧**：系统默认创建标准零件时，不会进入草图环境，在零件环境中选择平面后单击"开始创建二维草图"按钮，进入草图环境。可以单击"工具"选项卡"选项"面板中的"应用程序选项"按钮，打开"应用程序选项"对话框，如图 2-6 所示，选择"零件"选项卡，在"新建零件时创建草图"选项组中，选中"在 X-Y 平面创建草图"单选按钮，所有的实体建模默认都是在 XY 平面上创建草图。

第 2 章 绘制草图

图 2-6 "应用程序选项"对话框

2.2.2 定制草图工作区环境

本节主要介绍草图环境设置选项。读者可以根据自己的习惯定制自己需要的草图工作环境。

单击"工具"选项卡"选项"面板中的"应用程序选项"按钮，打开"应用程序选项"对话框，选择"草图"选项卡，如图 2-7 所示。

图 2-7 "草图"选项卡

"应用程序选项"对话框中"草图"选项卡中的选项说明如下。

（1）约束设置：单击"设置"按钮，打开如图 2-8 所示的"约束设置"对话框，用于控制草图约束和尺寸标注的显示、创建、推断、放宽模式和过约束的设置。

（2）样条曲线拟合方式：设定点之间的样条曲线过渡。确定样条曲线识别的初始类型。

❶ 标准：设定该拟合方式可创建点之间平滑连续的样条曲线。适用于 A 类曲面。

❷ AutoCAD：设定该拟合方式以使用 AutoCAD 拟合方式来创建样条曲线。不适用于 A 类曲面。

· 35 ·

图2-8 "约束设置"对话框

❸ 最小能量-默认张力：设定该拟合方式可创建平滑连续且曲率分布良好的样条曲线。适用于A类曲面。选取最长的进行计算，并创建最大的文件。

（3）显示：设置绘制草图时显示的坐标系和网格的元素。

❶ 网格线：设置草图中网格线的显示。

❷ 辅网格线：设置草图中次要的或辅网格线的显示。

❸ 轴：设置草图平面轴的显示。

❹ 坐标系指示器：设置草图平面坐标系的显示。

（4）捕捉到网格：可通过设置"捕捉网格"来设置草图任务中的捕捉状态，选中复选框以打开网格捕捉。

（5）在创建曲线过程中自动投影边：启用选择功能，并通过"擦洗"线将现有几何图元投影到当前的草图平面上，此直线作为参考几何图元投影。选中复选框以使用自动投影，清除复选框则抑制自动投影。

（6）自动投影边以创建和编辑草图：当创建或编辑草图时，将所选面的边自动投影到草图平面上作为参考几何图元。选中复选框为新的和编辑过的草图，创建参考几何图元；清除复选框则抑制创建参考几何图元。

（7）创建和编辑草图时，将观察方向固定为草图平面：选中此复选框，指定重新定位图形窗口，以使草图平面与新建草图的视图平行。取消选中此复选框，在选定的草图平面上创建一个草图，而不考虑视图的方向。

（8）新建草图后，自动投影零件原点：选中此复选框，指定新建的草图上投影的零件原点的配置。取消选中此复选框，手动地投影原点。

（9）点对齐：选中此复选框，类推新创建几何图元的端点和现有几何图元的端点之间的对齐。将显示临时的点线以指定类推的对齐。取消选中此复选框，相对于特定点的类推对齐在草图命令中可通过将光标置于点上临时调用。

（10）新建三维直线时自动折弯：该选项设置在绘制三维直线时，是否自动放置相切的拐角过渡。选中该选框以自动放置拐角过渡，清除复选框则抑制自动创建拐角过渡。

> 技巧：所有草图几何图元均在草图环境中创建和编辑。对草图图元的所有操作，都在草图环境中处于几何状态时进行。选择草图命令后，可以指定平面、工作平面或草图曲线作为草图平面。从以前创建的草图中选择曲线将重新打开草图，就可以添加、修改或删除几何图元。

2.3 草图绘制工具

本节主要讲述如何利用 Inventor 提供的草图工具正确快速地绘制基本的几何元素。工欲善其事，必先利其器，熟练地掌握草图基本工具的使用方法和技巧，是绘制草图前的必修课程。

2.3.1 绘制点

创建草图点或中心点。操作步骤如下：

（1）单击"草图"选项卡"创建"面板中的"点"按钮，然后在绘图区域内任意处单击，单击出现一个点。

（2）如果要继续绘制点，可在要创建点的位置再次单击，要结束绘制可右击，在弹出的如图 2-9 所示的快捷菜单中选择"确定"选项。

绘制过程如图 2-10 所示。

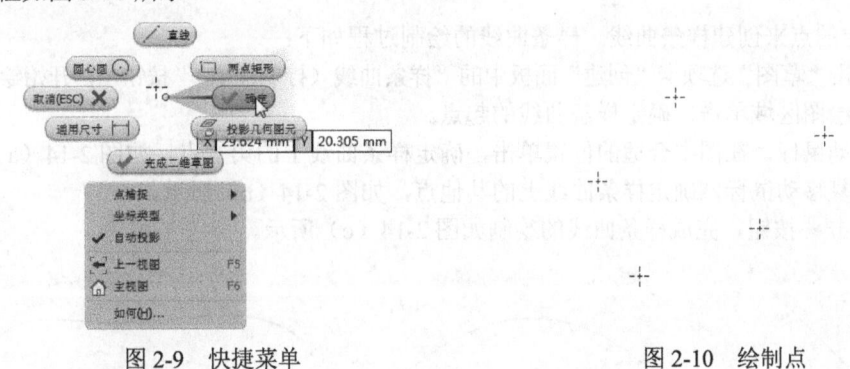

图 2-9　快捷菜单　　　　　　　　图 2-10　绘制点

2.3.2 直线

直线分为 3 种类型：水平直线、竖直直线和任意角度直线。在绘制过程中，不同类型的直线其显示方式不同。

- ☑ 水平直线：在绘制直线过程中，光标附近会出现水平直线图标符号，如图 2-11（a）所示。
- ☑ 竖直直线：在绘制直线过程中，光标附近会出现竖直直线图标符号，如图 2-11（b）所示。
- ☑ 任意直线：绘制直线如图 2-11（c）所示。

（a）水平直线　　　　　　（b）竖直直线　　　　　　（c）任意直线

图 2-11　绘制直线

绘制过程如下：

（1）单击"草图"选项卡"创建"面板中的"线"按钮，开始绘制直线。

(2）在绘图区域内某一位置单击，然后到另外一个位置单击，在两次单击的点的位置之间会出现一条直线，右击，在弹出的快捷菜单中选择"确定"命令或按下 Esc 键，直线绘制完成。

（3）也可选择"重新启动"选项，接着绘制另外的直线。否则继续绘制，将绘制出首尾相连的折线，如图 2-12 所示。

利用直线命令还可创建与几何图元相切或垂直的圆弧。如图 2-13 所示，首先移动鼠标到直线的一个端点，然后按住鼠标左键，在要创建圆弧的方向上拖动鼠标，即可创建圆弧。

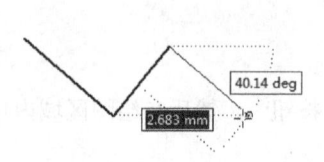

图 2-12　绘制首尾相连的折线 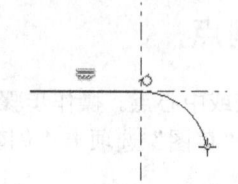　　　　　图 2-13　利用直线工具创建圆弧

2.3.3　样条曲线

通过选定的点来创建样条曲线。样条曲线的绘制过程如下：

（1）单击"草图"选项卡"创建"面板中的"样条曲线（控制顶点）"按钮，开始绘制样条曲线。

（2）在绘图区域单击，确定样条曲线的起点。

（3）移动鼠标，在图中合适的位置单击，确定样条曲线上的第二点，如图 2-14（a）所示。

（4）重复移动鼠标，确定样条曲线上的其他点，如图 2-14（b）所示。

（5）单击按钮，完成样条曲线的绘制如图 2-14（c）所示。

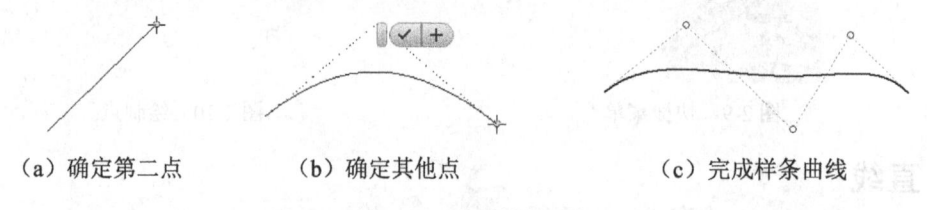

（a）确定第二点　　　　（b）确定其他点　　　　（c）完成样条曲线

图 2-14　绘制样条曲线

"样条曲线（插值）"按钮的绘制方法同样条曲线（控制顶点），在这里就不再介绍，读者可以自己绘制。

2.3.4　圆

圆也可以通过两种方式来绘制：一种是绘制基于中心的圆；另一种是绘制基于周边的圆。

1．圆心圆

（1）执行命令。单击"草图"选项卡"创建"面板中的"圆心圆"按钮，开始绘制圆。

（2）绘制圆心。在绘图区域单击确定圆的圆心，如图 2-15（a）所示。

（3）确定圆的半径。移动鼠标拖出一个圆，然后单击，确定圆的半径，如图 2-15（b）所示。

（4）确认绘制的圆。单击，完成圆的绘制，如图 2-15（c）所示。

2．相切圆

（1）执行命令。单击"草图"选项卡"创建"面板中的"相切圆"按钮，开始绘制圆。

（2）确定第一条相切线。在绘图区域选择一条直线确定第一条相切线，如图 2-16（a）所示。

(3)确定第二条相切线。在绘图区域选择一条直线确定第二条相切线,如图 2-16(b)所示。
(4)确定第三条相切线。在绘图区域选择一条直线确定第二条相切线,右击确定圆。
(5)确定绘制的圆。单击,完成圆的绘制,如图 2-16(c)所示。

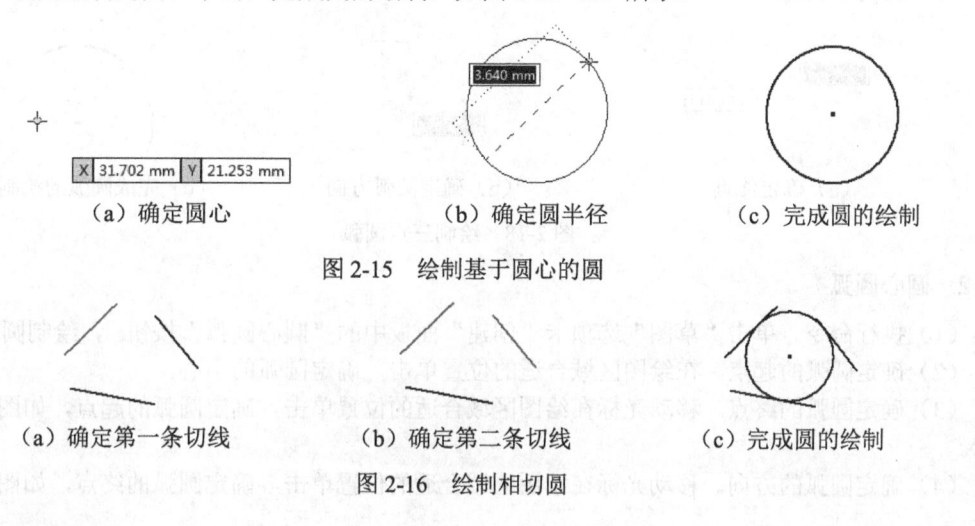

(a)确定圆心　　　　(b)确定圆半径　　　　(c)完成圆的绘制

图 2-15　绘制基于圆心的圆

(a)确定第一条切线　　(b)确定第二条切线　　(c)完成圆的绘制

图 2-16　绘制相切圆

2.3.5　椭圆

根据中心点和长轴与短轴创建椭圆。
(1)执行命令。单击"草图"选项卡"创建"面板中的"椭圆"按钮⊙,绘制椭圆。
(2)绘制椭圆的中心。在绘图区域合适的位置单击,确定椭圆的中心。
(3)确定椭圆的长半轴。移动鼠标,在鼠标附近会显示椭圆的长半轴。在图中合适的位置单击,确定椭圆的长半轴,如图 2-17(a)所示。
(4)确定椭圆的短半轴。移动鼠标,在图中合适的位置单击,确定椭圆的短半轴,如图 2-17(b)所示。
(5)确认绘制的椭圆。单击,完成椭圆的绘制,如图 2-17(c)所示。

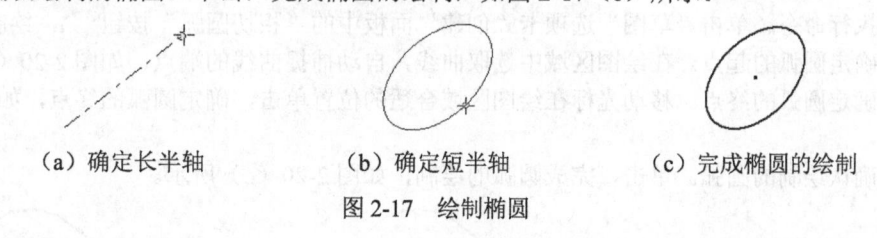

(a)确定长半轴　　　(b)确定短半轴　　　(c)完成椭圆的绘制

图 2-17　绘制椭圆

2.3.6　圆弧

圆弧可以通过 3 种方式来绘制:第一种是通过三点绘制圆弧;第二种是通过圆心半径来确定圆弧;第三种是绘制基于周边的圆弧。

1. 三点圆弧

(1)执行命令。单击"草图"选项卡"创建"面板中的"三点圆弧"按钮,绘制三点圆弧。
(2)确定圆弧的起点。在绘图区域合适的位置单击,确定圆弧的起点。
(3)确定圆弧的终点。移动光标在绘图区域合适的位置单击,确定圆弧的终点,如图 2-18(a)所示。

（4）确定圆弧的方向。移动光标在绘图区域合适的位置单击，确定圆弧的方向，如图2-18（b）所示。

（5）确认绘制的圆弧。单击，完成圆弧的绘制，如图2-18（c）所示。

　　　　（a）确定终点　　　　　　　（b）确定圆弧方向　　　　　（c）完成圆弧的绘制

图2-18　绘制三点圆弧

2. 圆心圆弧

（1）执行命令。单击"草图"选项卡"创建"面板中的"圆心圆弧"按钮，绘制圆弧。

（2）确定圆弧的起点。在绘图区域合适的位置单击，确定圆弧的中心。

（3）确定圆弧的终点。移动光标在绘图区域合适的位置单击，确定圆弧的起点，如图2-19（a）所示。

（4）确定圆弧的方向。移动光标在绘图区域合适的位置单击，确定圆弧的终点，如图2-19（b）所示。

（5）确认绘制的圆弧。单击，完成圆弧的绘制，如图2-19（c）所示。

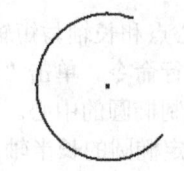

　　　　（a）确定起点　　　　　　　（b）确定终点　　　　　　（c）完成圆弧的绘制

图2-19　绘制中心圆弧

3. 相切圆弧

（1）执行命令。单击"草图"选项卡"创建"面板中的"相切圆弧"按钮，绘制圆弧。

（2）确定圆弧的起点。在绘图区域中选取曲线，自动捕捉曲线的端点，如图2-20（a）所示。

（3）确定圆弧的终点。移动光标在绘图区域合适的位置单击，确定圆弧的终点，如图2-20（b）所示。

（4）确认绘制的圆弧。单击，完成圆弧的绘制，如图2-20（c）所示。

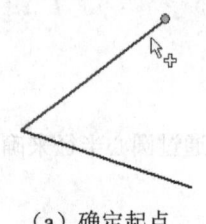

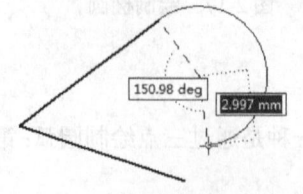

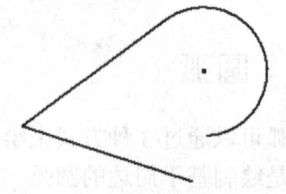

　　　　（a）确定起点　　　　　　　（b）确定终点　　　　　　（c）完成圆弧的绘制

图2-20　绘制相切圆弧

2.3.7　矩形

矩形可以通过4种方式来绘制：一是通过两点绘制矩形；二是通过三点绘制矩形；三是通过两点

中心绘制矩形；四是通过三点中心绘制矩形。

1. 两点矩形

（1）执行命令。单击"草图"选项卡"创建"面板中的"两点矩形"按钮▭，绘制矩形。

（2）绘制矩形角点。在绘图区域单击，确定矩形的一个角点1，如图2-21（a）所示。

（3）绘制矩形的另一个角点。移动鼠标，单击确定矩形的另一个角点2，如图2-21（b）所示。

（4）完成矩形的绘制，如图2-21（c）所示。

（a）确定角点1　　　　（b）确定角点2　　　　（c）完成矩形的绘制

图2-21　绘制两点矩形

2. 三点矩形

（1）执行命令。单击"草图"选项卡"创建"面板中的"三点矩形"按钮◇，绘制矩形。

（2）绘制矩形角点。在绘图区域单击，确定矩形的一个角点1，如图2-22（a）所示。

（3）绘制矩形的角点2。移动鼠标，单击确定矩形的另一个角点2，如图2-22（b）所示。

（4）绘制矩形角点3。移动鼠标，单击确定矩形的另一个角点3，完成矩形的绘制，如图2-22（c）所示。

（a）确定角点1　　　　（b）确定角点2　　　　（c）完成矩形的绘制

图2-22　绘制三点矩形

3. 两点中心矩形

（1）执行命令。单击"草图"选项卡"创建"面板中的"两点中心矩形"按钮▫，绘制矩形。

（2）确定中心点。在图形窗口中单击第一点，以确定矩形的中心，如图2-23（a）所示。

（3）确定对角点。移动鼠标，单击鼠标以确定矩形的对角点，如图2-23（b）所示。完成矩形的绘制，如图2-23（c）所示。

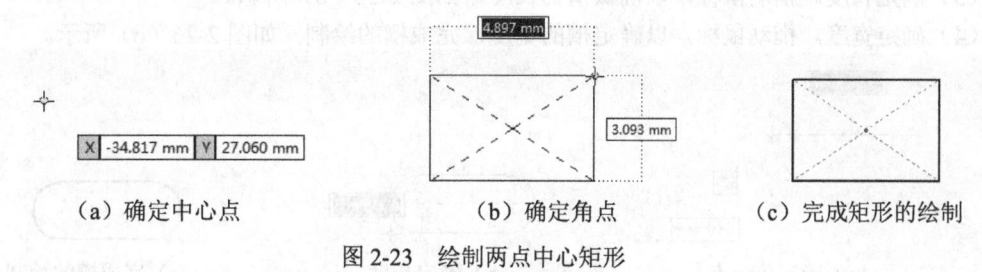

（a）确定中心点　　　　（b）确定角点　　　　（c）完成矩形的绘制

图2-23　绘制两点中心矩形

4. 三点中心矩形

（1）执行命令。单击"草图"选项卡"创建"面板中的"三点中心矩形"按钮◇，绘制矩形。

· 41 ·

(2)确定中心点。在图形窗口中单击第一点,以确定矩形的中心,如图2-24(a)所示。
(3)确定长度。然后单击第二点,以确定矩形的长度,如图2-24(b)所示。
(4)确定宽度。拖动鼠标,以确定矩形相邻边的长度,完成矩形的绘制,如图2-24(c)所示。

(a)确定中心点　　　　　(b)确定长度　　　　　(c)完成矩形的绘制

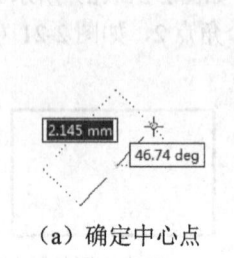

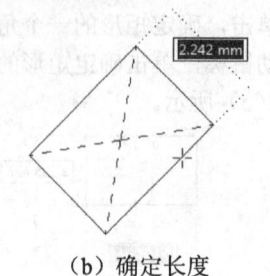

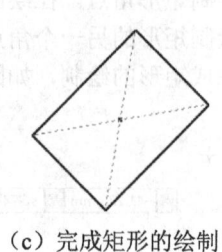

图 2-24　绘制三点中心矩形

2.3.8　槽

槽包括5种方式,即"中心到中心槽""整体槽""中心点槽""三点圆弧槽""圆心圆弧槽"。

1. 中心到中心槽

(1)执行命令。单击"草图"选项卡"创建"面板中的"中心到中心槽"按钮⬭,绘制槽。
(2)确定一个中心。在图形窗口中单击任意一点,以确定槽的第一个中心。如图2-25(a)所示。
(3)确定第二个中心。单击第二点,以确认槽的第二个中心。如图2-25(b)所示。
(4)确定宽度。拖动鼠标单击确定槽的宽度,完成槽的绘制,如图2-25(c)所示。

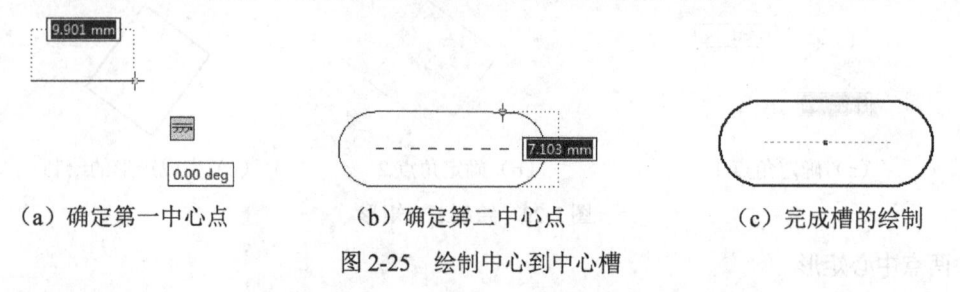

(a)确定第一中心点　　　　(b)确定第二中心点　　　　(c)完成槽的绘制

图 2-25　绘制中心到中心槽

2. 创建整体槽

(1)执行命令。单击"草图"选项卡"创建"面板中的"整体槽"按钮⬭,绘制槽。
(2)确定第一点。在图形窗口中单击任意一点,以确定槽的第一个点,如图2-26(a)所示。
(3)确定长度。拖动鼠标,以确认槽的长度,如图2-26(b)所示。
(4)确定宽度。拖动鼠标,以确定槽的宽度,完成槽的绘制,如图2-26(c)所示。

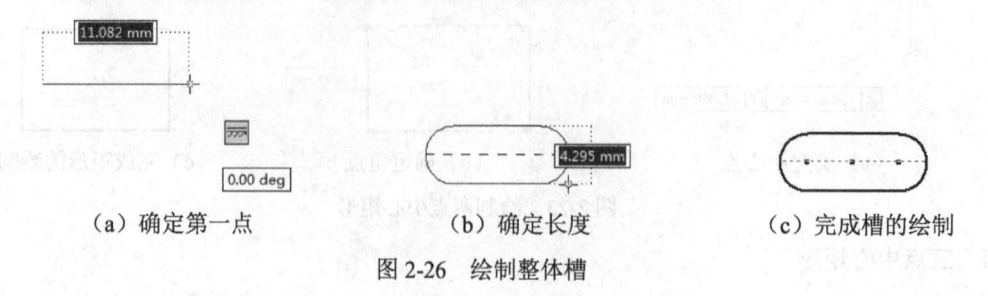

(a)确定第一点　　　　　(b)确定长度　　　　　(c)完成槽的绘制

图 2-26　绘制整体槽

3. 创建中心点槽

（1）执行命令。单击"草图"选项卡"创建"面板中的"中心点槽"按钮，绘制槽。

（2）确定中心点。在图形窗口中单击任意一点，以确定槽的中心点，如图 2-27（a）所示。

（3）确定圆心。单击第二点，以确认槽圆弧的圆心，如图 2-17（b）所示。

（4）确定宽度。拖动鼠标，以确定槽的宽度，完成槽的绘制，如图 2-27（c）所示。

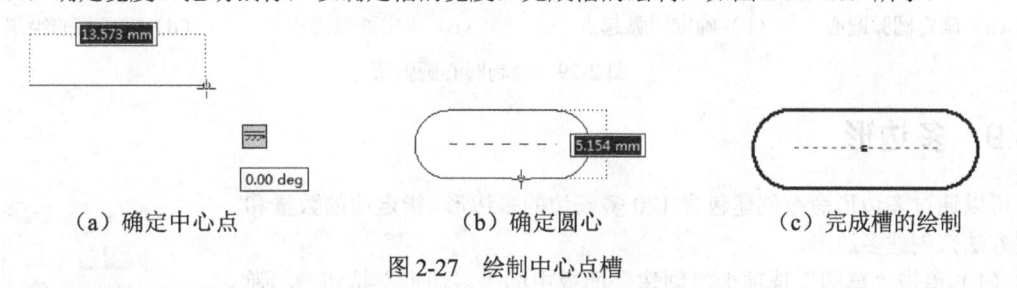

（a）确定中心点　　　　（b）确定圆心　　　　（c）完成槽的绘制

图 2-27　绘制中心点槽

4. 创建三点圆弧槽

（1）执行命令。单击"草图"选项卡"创建"面板中的"三点圆弧槽"按钮，绘制槽。

（2）确定圆弧起点。在图形窗口中单击任意一点，以确定槽圆弧的起点，如图 2-28（a）所示。

（3）确定圆弧终点。单击任意一点，以确定槽的终点，如图 2-28（b）所示。

（4）确定圆弧大小。单击任意一点，以确定槽圆弧的大小，如图 2-28（c）所示。

（5）确定槽宽度。拖动鼠标，以确定槽的宽度，如图 2-28（c）所示。最终完成槽的绘制，如图 2-28（d）所示。

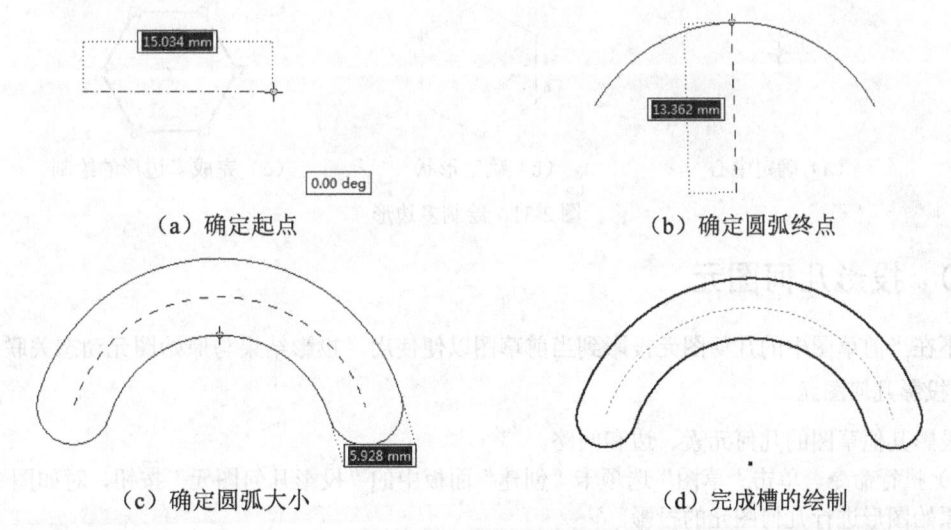

（a）确定起点　　　　（b）确定圆弧终点

（c）确定圆弧大小　　　　（d）完成槽的绘制

图 2-28　绘制三点圆弧槽

5. 创建圆心圆弧槽

（1）执行命令。单击"草图"选项卡"创建"面板中的"圆心圆弧槽"按钮，绘制槽。

（2）确定圆弧圆心。在图形窗口中单击任意一点，以确定槽的圆弧圆心，如图 2-29（a）所示。

（3）确定圆弧起点。单击任意一点，以确定槽圆弧的起点，如图 2-29（b）所示。

（4）确定圆弧终点。拖动鼠标到适当位置，单击确定圆弧的终点，如图 2-29（c）所示。

（5）确定槽的宽度。拖动鼠标，以确定槽的宽度。完成槽的绘制，如图 2-29（d）所示。

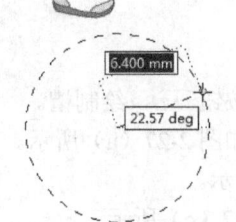

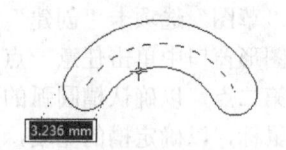

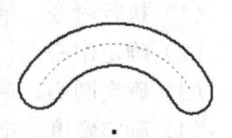

(a)确定圆弧圆心　　(b)确定圆弧起点　　(c)确定圆弧终点　　(d)完成槽的绘制

图 2-29　绘制圆心圆弧槽

2.3.9　多边形

可以通过多边形命令创建包含 120 多条边的多边形。指定边的数量和创建方法来创建多边形。

（1）单击"草图"选项卡"创建"面板中的"多边形"按钮，弹出如图 2-30 所示的"多边形"对话框。

图 2-30　"多边形"对话框

（2）确定多边形的边数。在"多边形"对话框中，输入多边形的边数。也可以使用默认的边数，在绘制以后再修改多边形的边数。

（3）确定多边形的中心。在绘图区域单击，确定多边形的中心，如图 2-31（a）所示。

（4）设置多边形参数。在"多边形"对话框中选择是内切圆模式还是外切圆模式。

（5）确定多边形的形状。移动鼠标，在合适的位置单击，确定多边形的形状，如图 2-31（b）所示，最终完成多边形的绘制，如图 2-31（c）所示。

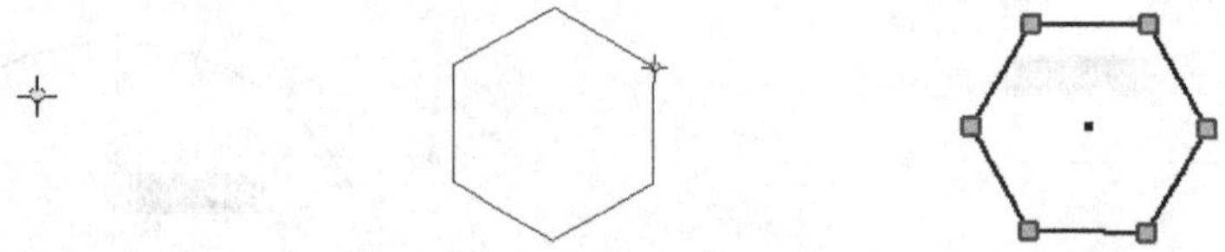

(a)确定中心　　(b)确定形状　　(c)完成多边形的绘制

图 2-31　绘制多边形

2.3.10　投影几何图元

将不在当前草图中的几何图元投影到当前草图以便使用，投影结果与原始图元动态关联。

1. 投影几何图元

可投影其他草图的几何元素、边和回路。

（1）执行命令。单击"草图"选项卡"创建"面板中的"投影几何图元"按钮，对如图 2-32（a）所示的原始图形进行几何元的投影。

（2）选择要投影的轮廓。在视图中选择要投影的面或者轮廓线，如图 2-32（b）所示。

（3）确认投影实体。退出草图绘制状态，如图 2-32（c）所示为转换实体引用后的图形。

(a)原始图形　　(b)选择面　　(c)投影几何后的图形

图 2-32　投影几何图元过程

2. 投影剖切边

可以将这个平面与现有结构的截交线求出来，并投影到当前草图中。

2.3.11 倒角

（1）执行命令。单击"草图"选项卡"创建"面板中的"倒角"按钮，弹出如图 2-33 所示的"二维倒角"对话框。

（2）设置"等边"倒角方式。在"二维倒角"对话框中，按照如图 2-34 所示，以"等边"选项设置倒角方式，倒角参数如图 2-35 所示，然后选择图 2-36（a）中的直线 1 和直线 4。

图 2-33 "二维倒角"对话框 1 　　图 2-34 "二维倒角"对话框 2 　　图 2-35 "二维倒角"对话框 3

（3）设置"距离－角度"倒角方式。在"二维倒角"对话框中，单击"距离－角度"选项，按照如图 2-36 所示设置倒角参数，然后选择图 2-36（b）中的直线 2 和直线 3。

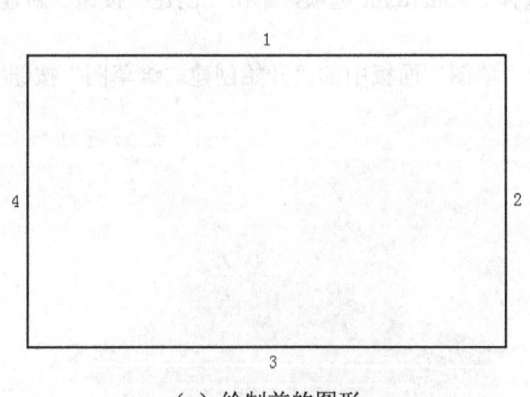

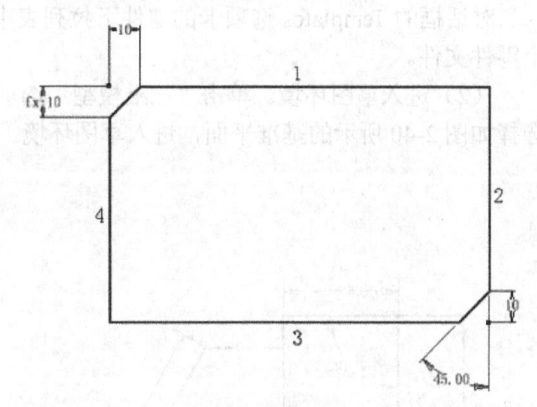

（a）绘制前的图形　　　　　　　　　（b）倒角后的图形

图 2-36 倒角绘制过程

（4）确认倒角。单击"二维倒角"对话框中的"确定"按钮，完成倒角的绘制。
"二维倒角"对话框选项说明如下。

- ☑ ▨：放置对齐尺寸来指示倒角的大小。
- ☑ ▨：倒角的距离和角度设置与当前命令中创建的第一个倒角的参数相等。
- ☑ ▨：等边选项，即通过与点或选中直线的交点相同的偏移距离来定义倒角。
- ☑ ▨：不等边选项，即通过每条选中的直线指定到点或交点的距离来定义倒角。
- ☑ ▨：距离和角度选项，即由所选的第一条直线的角度和从第二条直线的交点开始的偏移距离来定义倒角。

2.3.12 圆角

（1）执行命令。单击"草图"选项卡"创建"面板中的"圆角"按钮，弹出如图 2-37 所示的

"二维圆角"对话框。

(2) 设置圆角半径。在"二维圆角"对话框中,输入圆角半径为2mm。

(3) 选择绘制圆角的直线。设置好"二维圆角"对话框,单击选择图2-38(a)中的线段。

(4) 确认绘制的圆角。关闭"二维圆角"对话框,完成圆角的绘制,如图2-38(b)所示。

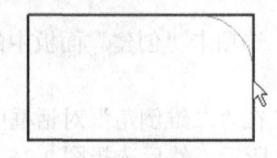

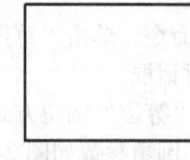

(a) 选择图形　　(b) 绘制圆角后的图形

图2-37　"二维圆角"对话框　　图2-38　圆角绘制过程

2.3.13　实例——角铁草图

绘制如图2-39所示的角铁草图。

操作步骤:

(1) 新建文件。运行Inventor,单击快速访问工具栏中的"新建"按钮，在打开的"新建文件"对话框的Templates选项卡的零件下拉列表中选择Standard.ipt选项,单击"创建"按钮,新建一个零件文件。

(2) 进入草图环境。单击"三维模型"选项卡"草图"面板中的"开始创建二维草图"按钮，选择如图2-40所示的基准平面,进入草图环境。

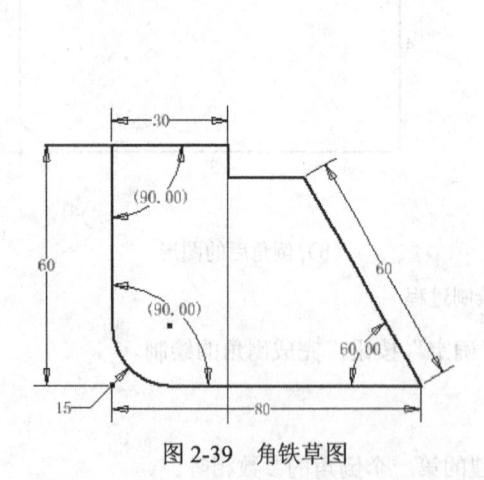

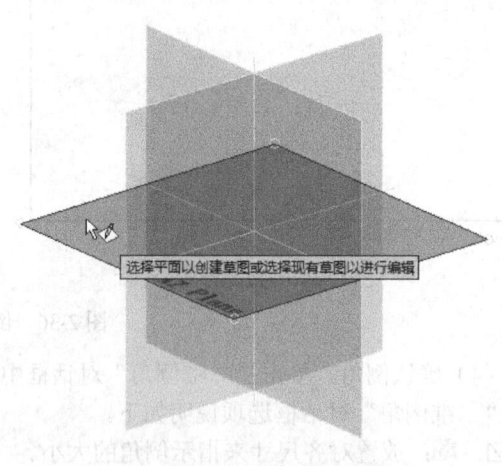

图2-39　角铁草图　　图2-40　选择基准平面

(3) 绘制图形。单击"草图"选项卡"创建"面板中的"线"按钮，在视图中指定一点为起点,拖动鼠标输入长度为30,角度为0,按Tab键切换输入,如图2-41所示;输入长度为60,角度为90;输入长度为80,角度为90;输入长度为60,角度为60。捕捉第一条直线的起点,延伸确定直线的长度,绘制封闭的图形,如图2-42所示。

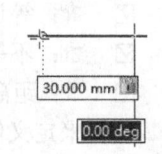

图2-41　绘制直线

(4) 圆角。单击"草图"选项卡"创建"面板中的"圆角"按钮，打开如图2-43所示的"二维圆角"对话框,输入半径为15,选择如图2-44所示的两条线作为要圆角的图元，单击完成圆角，最终效果如图 2-39 所示。

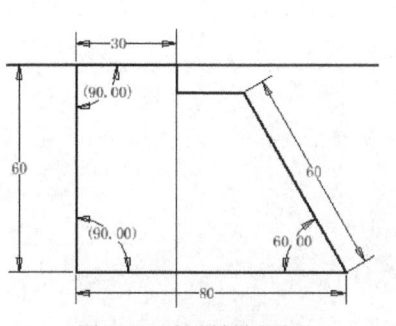

图 2-42　绘制封闭图形　　　图 2-43　"二维圆角"对话框　　　图 2-44　选择要圆角的图元

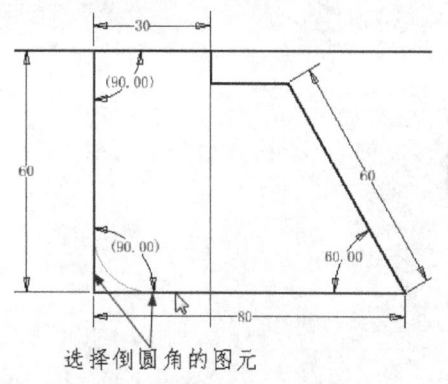

2.3.14　创建文本

向工程图中的激活草图或工程图资源（例如标题栏格式、自定义图框或略图符号）中添加文本框，所添加的文本既可作为说明性的文字，又可作为创建特征的草图基础。

1．文本

（1）单击"草图"选项卡"创建"面板中的"文本"按钮**A**，创建文字。

（2）在草图绘图区域内要添加文本的位置单击，弹出"文本格式"对话框，如图 2-45 所示。

（3）在该对话框中用户可指定文本的对齐方式，指定行间距和拉伸的百分比，还可指定字体、字号等。

（4）在文本框中输入文本，如图 2-45 所示。

（5）单击"确定"按钮完成文本的创建，如图 2-46 所示。

图 2-45　"文本格式"对话框　　　　　　　　图 2-46　文本

✎ **技巧**：如果要编辑已经生成的文本，可在文本上右击，在如图 2-47 所示的快捷菜单中选择"编辑文本"命令，打开"文本格式"对话框，用户可自行修改文本的属性。

图 2-47　快捷菜单

2. 几何图元文本

（1）单击"草图"选项卡"创建"面板中的"几何图元文本"按钮A。

（2）在草图绘图区域内选择添加文本的曲线，弹出"几何图元文本"对话框，如图 2-48 所示。

（3）在该对话框中用户可指定文本的对齐方式，指定行间距和拉伸的百分比，还可指定字体、字号等。

（4）在文本框中输入文本，如图 2-48 所示。

（5）单击"确定"按钮，完成文本的创建，如图 2-49 所示。

图 2-48　"几何图元文本"对话框　　　　图 2-49　输入文本

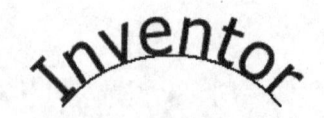

2.4　草图复制工具

本节主要介绍草图复制工具镜像和阵列。

2.4.1 镜像

使用镜像命令可以通过现有草图和可充当轴的直线生成轴对称图形。

(1) 执行命令。单击"草图"选项卡"阵列"面板中的"镜像"按钮，弹出"镜像"对话框，如图 2-50 所示。

(2) 选择镜像图元。单击"镜像"对话框中的"选择"按钮，选择要镜像的几何图元，如图 2-51（a）所示。

(3) 选择镜像线。单击"镜像"对话框中的"镜像线"按钮，选择镜像线，如图 2-51（b）所示。

(4) 完成镜像。单击"应用"按钮，镜像草图几何图元即被创建，如图 2-51（c）所示。单击"完毕"按钮，退出"镜像"对话框。

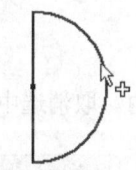

图 2-50 "镜像"对话框

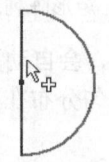

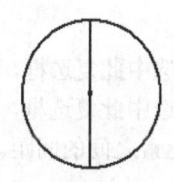

（a）选择对称几何图元　　（b）选择镜像线　　（c）完成镜像

图 2-51 镜像对象的过程

> **注意**：草图几何图元在镜像时，使用镜像线作为其镜像轴，相等约束自动应用到镜像的双方，但在镜像完毕后，用户可删除或编辑某些线段，同时其余的线段仍然保持对称。这时不要给镜像的图元添加对称约束，否则系统会给出约束多余的警告。

2.4.2 阵列

如果要线性阵列或圆周阵列几何图元，就会用到 Inventor 提供的矩形阵列和环形阵列工具。矩形阵列可在两个互相垂直的方向上阵列几何图元；环形阵列则可使某个几何图元沿着圆周阵列。

1. 矩形阵列

(1) 执行命令。单击"草图"选项卡"阵列"面板中的"矩形阵列"按钮，弹出"矩形阵列"对话框，如图 2-52 所示。

(2) 选择阵列图元。利用几何图元选择工具选择要阵列的草图几何图元，如图 2-53（a）所示。

(3) 选择阵列方向 1。单击"方向 1"下面的路径选择按钮，选择几何图元定义阵列的第一个方向，如图 2-53（b）所示。如果要选择与选择方向相反的方向，可单击反向按钮。

图 2-52 "矩形阵列"对话框

(4) 设置参数。在数量框中，指定阵列中元素的数量，在"间距"框中，指定元素之间的间距。

(5) 选择阵列方向 2。进行"方向 2"方面的设置，操作与方向 1 相同，如图 2-53（c）所示。

(6) 完成阵列。单击"确定"按钮以创建阵列，如图 2-53（d）所示。

"矩形阵列"对话框中的选项说明如下。

(1) 抑制：抑制单个阵列元素，将其从阵列中删除。同时该几何图元将转换为构造几何图元。

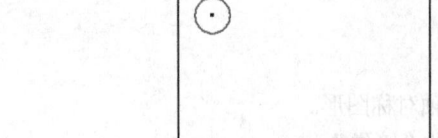

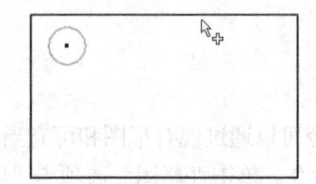

(a) 选取阵列图元　　　　　　　　　　(b) 选取阵列方向 1

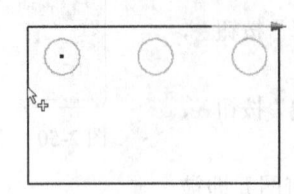

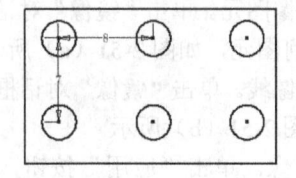

(c) 选取阵列方向 2　　　　　　　　　(d) 完成矩形阵列

图 2-53　矩形阵列过程

（2）关联：选中此复选框，当修改零件时，会自动更新阵列。

（3）范围：选中此复选框，则阵列元素均匀分布在指定间距范围内。取消选中此复选框，阵列间距将取决于两元素之间的间距。

2. 环形阵列

（1）执行命令。单击"草图"选项卡"阵列"面板中的"环形阵列"按钮，打开"环形阵列"对话框，如图 2-54 所示。

（2）选择阵列图元。利用几何图元选择工具选择要阵列的草图几何图元，如图 2-55（a）所示。

（3）选择旋转轴。利用旋转轴选择工具，选择旋转轴，如果要选择相反的旋转方向（如顺时针方向变逆时针方向排列），可单击按钮，如图 2-55（b）所示。

图 2-54　"环形阵列"对话框

（4）设置阵列参数。选择好旋转方向之后，再输入要复制的几何图元的个数，以及旋转的角度 360 deg 即可。

（5）完成阵列。单击"确定"按钮，完成环形阵列特征的创建，如图 2-55（c）所示。

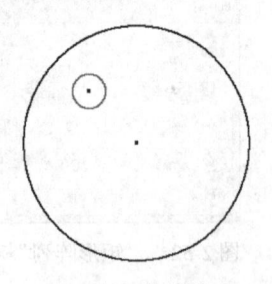

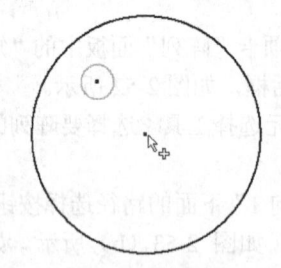

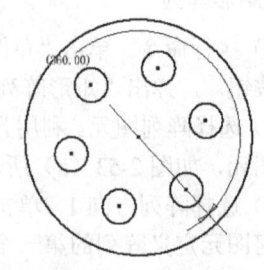

(a) 选取阵列图元　　　　　　(b) 选择旋转轴　　　　　　(c) 完成环形阵列

图 2-55　环形阵列过程

技巧：在草图环境中，除支持"点选"方式外，还支持"窗选"和"框选"方式，但都只能单选，即第二次选择时第一次选择被取消。当第一次选择后，欲向选择集增加对象，可按住 Shift 再点选未选择的对象，想要删除选择集已选对象，可按住 Shift 再点选已选择的对象。按住 Shift 进行窗选和框选，Inventor 会将已选对象拖动。

2.4.3 实例——棘轮草图

本例绘制棘轮草图，如图 2-56 所示。

操作步骤：

（1）新建文件。运行 Inventor，单击"快速入门"选项卡"启动"面板中的"新建"按钮，在打开的"新建文件"对话框的 Templates 选项卡的零件下拉列表中选择 Standard.ipt 选项，单击"创建"按钮，新建一个零件文件。

（2）进入草图环境。单击"三维模型"选项卡"草图"面板中的"开始创建二维草图"按钮，选择 XY 基准平面，进入草图环境。

（3）绘制圆。单击"草图"选项卡"创建"面板中的"圆"按钮，绘制如图 2-57 所示的草图。

（4）绘制直线。单击"草图"选项卡"创建"面板中的"线"按钮，绘制直线，如图 2-58 所示。

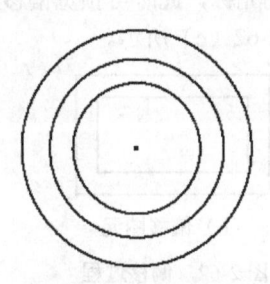

图 2-56 棘轮草图　　图 2-57 绘制圆　　图 2-58 绘制直线

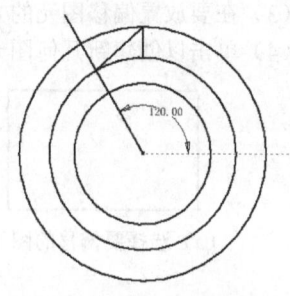

（5）阵列图形。单击"草图"选项卡"阵列"面板中的"矩形阵列"按钮，选择如图 2-58 所示的直线为阵列图元，选取圆心为阵列轴，输入阵列个数为 12，取消选中"关联"复选框，单击"确定"按钮，如图 2-59 所示。

（6）删除图元。选取圆 1、圆 2 和直线，右击，在弹出的快捷菜单中选择"删除"命令，如图 2-60 所示，删除图元，结果如图 2-61 所示。

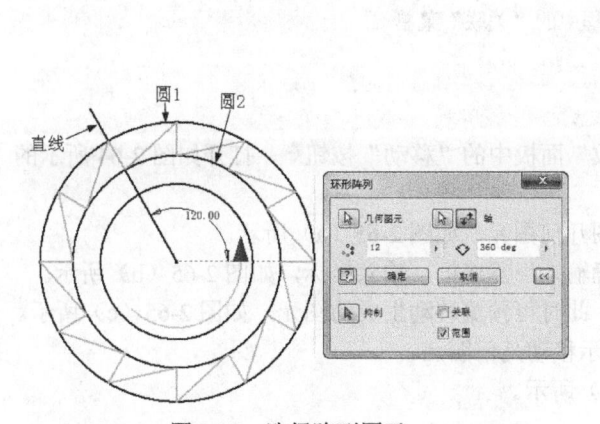

图 2-59 选择阵列图元　　图 2-60 快捷菜单　　图 2-61 删除直线

2.5 草图修改工具

本节主要介绍草图几何特征的编辑，包括偏移、修剪、旋转、拉伸、移动、复制、缩放和延伸等。

2.5.1 偏移

偏移是指复制所选草图几何图元并将其放置在与原图元偏移一定距离的位置。在默认情况下，偏移的几何图元与原几何图元有等距约束。

（1）执行命令。单击"草图"选项卡"修改"面板中的"偏移"按钮⊆，创建偏移图元。

（2）选择图元。在视图中选择要复制的草图几何图元，如图2-62（a）所示。

（3）在要放置偏移图元的方向上移动光标，此时可预览偏移生成的图元，如图2-62（b）所示。

（4）单击以创建新几何图元，如图2-62（c）所示。

（a）选择要偏移的图元　　　　（b）偏移图元　　　　（c）完成偏移

图 2-62　偏移过程

> **技巧**：如果需要，可使用尺寸标注工具设置指定的偏移距离。在移动鼠标以预览偏移图元的过程中，如果右击，可打开"关联"菜单，如图2-63所示，在默认情况下，"回路选择"和"约束偏移量"两个选项是选中的，也就是说软件会自动选择回路（端点连在一起的曲线）并将偏移曲线约束为与原曲线距离相等。如果要偏移一个或多个独立曲线，或要忽略等长约束，清除"回路选择"和"约束偏移量"选项上的复选标记即可。
>
> 图 2-63　偏移过程中的"关联"菜单

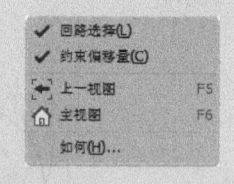

2.5.2 移动

（1）执行命令。单击"草图"选项卡"修改"面板中的"移动"按钮✥，打开如图2-64所示的"移动"对话框。

（2）选择图元。在视图中选择要移动的草图几何图元，如图2-65（a）所示。

（3）设置基准点。选取基准点或选中"精确输入"复选框，输入坐标，如图2-65（b）所示。

（4）在要放置移动图元的方向上移动光标，此时可预览移动生成的图元，如图2-65（c）所示。动态预览将以虚线显示原始几何图元，以实线显示移动几何图元。

（5）单击以创建新几何图元，如图2-65（d）所示。

图 2-64 "移动"对话框

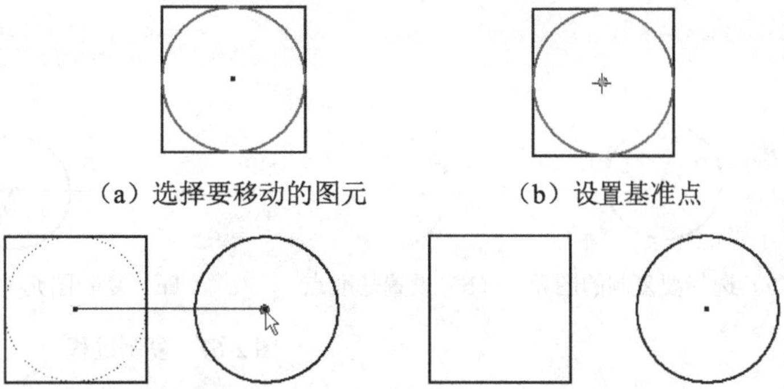

图 2-65 移动过程

（a）选择要移动的图元
（b）设置基准点
（c）移动图元
（d）完成移动

"移动"对话框中的选项说明如下。

（1）选择：选择要移动的几何图元。

（2）基准点：设置移动命令的起始点。若要输入基准点的 X 和 Y 坐标，选中"精确输入"复选框，输入值。

（3）复制：选中此复选框，复制选定的几何图元并将其放置在指定的端点处。

（4）优化单个选择：选择几何图元后，将自动前进到基准点选择。若要在选择基准点之前选择多个几何图元，取消选中此复选框。

（5）释放尺寸约束。

❶ 从不：不会放宽尺寸。移动操作将遵守与选定几何图元关联的所有尺寸。

❷ 如果无表达式：在移动操作完成后，将重新计算与选定几何图元关联的所有线性尺寸和角度尺寸。

❸ 始终：在移动操作完成后，将重新计算与选定几何图元关联的所有线性尺寸和角度尺寸。

❹ 提示：系统默认选中此单选按钮，如果无法完成移动操作，将显示一个对话框，指出发生的问题并提供解决方案。

（6）打断几何约束。

❶ 从不：不修改几何约束。移动操作遵守现有的几何约束。

❷ 始终：仅删除与选定几何图元关联的固定约束。

❸ 提示：系统默认选中此单选按钮，如果无法完成移动操作，将显示一条消息来说明问题。

2.5.3 复制

（1）执行命令。单击"草图"选项卡"修改"面板中的"复制"按钮，打开如图 2-66 所示的"复制"对话框。

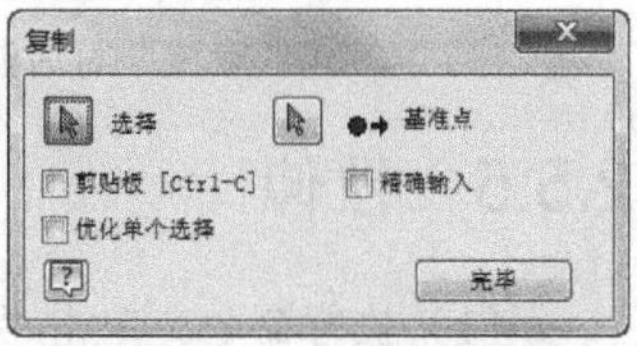

（2）选择图元。在视图中选择要复制的草图几何图元，如图 2-67（a）所示。

（3）设置基准点。选取基准点或选中"精确输入"复选框，输入坐标，如图 2-67（b）所示。

图 2-66 "复制"对话框

（4）在要放置移动图元的方向上移动光标，此时可预览移动生成的图元，如图 2-67（c）所示。动态预览将以虚线显示原始几何图元，以实线显示复制的几何图元。

（5）单击以创建新几何图元，如图 2-67（d）所示。

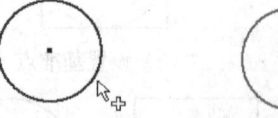

(a)选择要复制的图元　　(b)设置基准点　　(c)复制图元　　(d)完成复制

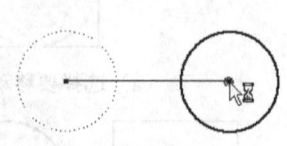

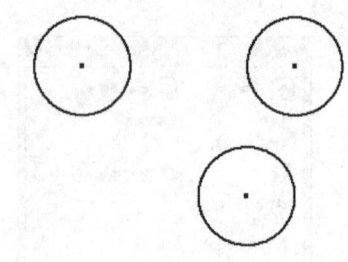

图 2-67　复制过程

2.5.4　旋转

（1）执行命令。单击"草图"选项卡"修改"面板中的"旋转"按钮↻，打开如图 2-68 所示的"旋转"对话框。

（2）选择图元。在视图中选择要旋转的草图几何图元，如图 2-69（a）所示。

（3）设置中心点。选取中心点或选中"精确输入"复选框，输入坐标，如图 2-69（b）所示。

（4）在要旋转的图元的方向上移动光标，此时可预览旋转生成的图元，如图 2-69（c）所示。动态预览将以虚线显示原始几何图元，以实线显示旋转几何图元。

（5）单击以创建新几何图元，如图 2-69（d）所示。

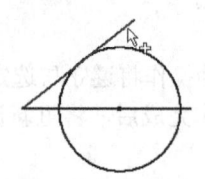

(a)选择要旋转的图元　　(b)设置基准点

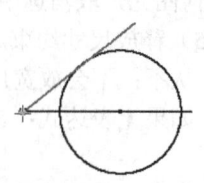

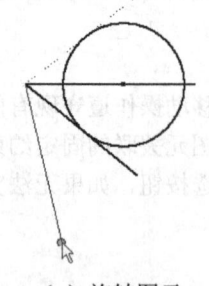

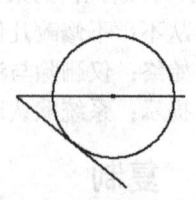

(c)旋转图元　　(d)完成旋转

图 2-68　"旋转"对话框

图 2-69　旋转过程

2.5.5　拉伸

（1）执行命令。单击"草图"选项卡"修改"面板中的"拉伸"按钮，打开如图 2-70 所示的"拉伸"对话框。

（2）选择图元。在视图中选择要拉伸的草图几何图元，如图 2-71（a）所示。

（3）设置基准点。选取拉伸操作基准点或选中"精确输入"复选框，输入坐标，如图 2-71（b）所示。

（4）移动光标，此时可预览拉伸生成的图元，如图2-71（c）所示。动态预览将以虚线显示原始几何图元，以实线显示拉伸几何图元。

（5）单击以创建新几何图元，如图2-71（d）所示。

图 2-70 "拉伸"对话框

(a) 选择要拉伸的图元　　(b) 设置基准点

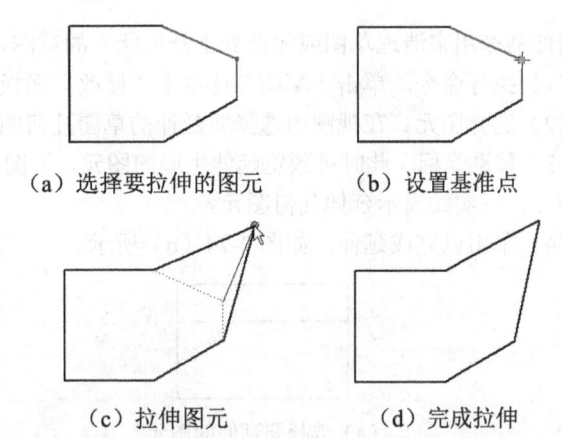

(c) 拉伸图元　　(d) 完成拉伸

图 2-71 拉伸过程

2.5.6 缩放

缩放统一更改选定二维草图几何图元中的所有尺寸的大小。选定几何图元和未选定几何图元之间共享的约束会影响缩放比例结果。

（1）执行命令。单击"草图"选项卡"修改"面板中的"缩放"按钮，打开如图2-72所示的"缩放"对话框。

（2）选择图元。在视图中选择要缩放的草图几何图元，如图2-73（a）所示。

（3）设置基准点。选取缩放操作基准点或选中"精确输入"复选框，输入坐标，如图2-73（b）所示。

（4）移动光标，此时可预览缩放生成的图元，如图2-73（c）所示。动态预览将以虚线显示原始几何图元，以实线显示缩放几何图元。

（5）单击以创建新几何图元，如图2-73（d）所示。

(a) 选择要缩放的图元　　(b) 设置基准点

(c) 缩放图元　　(d) 完成缩放

图 2-72 "缩放"对话框　　图 2-73 缩放过程

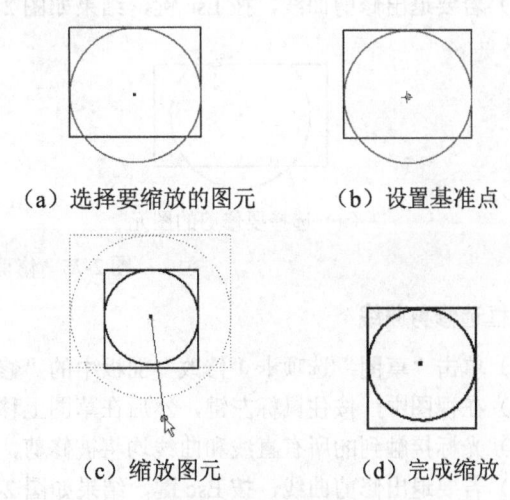

· 55 ·

2.5.7 延伸

延伸命令用来清理草图或闭合处于开放状态的草图。

（1）执行命令。单击"草图"选项卡"修改"面板中的"延伸"按钮→|。

（2）选择图元。在视图中选择要延伸的草图几何图元，如图 2-74（a）所示。

（3）移动光标，此时可预览延伸生成的图元，如图 2-74（a）所示。动态预览将以虚线显示原始几何图元，以实线显示延伸几何图元。

（4）单击以完成延伸，如图 2-74（b）所示。

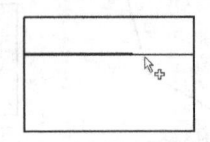

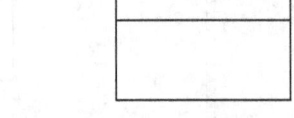

（a）选择要延伸的图元　　　　（b）完成延伸

图 2-74　延伸过程

> 提示：曲线延伸以后，在延伸曲线和边界曲线端点处创建重合约束。如果曲线的端点具有固定约束，那么该曲线不能延伸。

2.5.8 修剪

修剪将选中曲线修剪到与最近曲线的相交处。该工具可在二维草图、部件和工程图中使用。在一个具有很多相交曲线的二维图环境中，该工具可很好地除去多余的曲线部分，使得图形更加整洁。

1. 修剪单条曲线

（1）单击"草图"选项卡"修改"面板中的"修剪"按钮。

（2）在视图中，在曲线上停留光标以预览修剪，如图 2-75（a）所示，然后单击曲线完成操作。

（3）继续修剪曲线。

（4）若要退出修剪曲线，按 Esc 键，结果如图 2-75（b）所示。

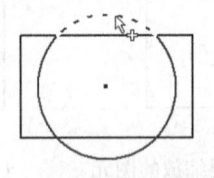

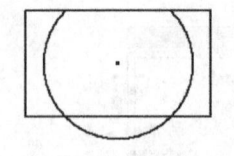

（a）选择要修剪的图元　　　　（b）完成修剪

图 2-75　修剪过程

2. 框选修剪曲线

（1）单击"草图"选项卡"修改"面板中的"修剪"按钮。

（2）在视图中，按住鼠标左键，然后在草图上移动光标。

（3）光标接触到的所有直线和曲线均将被修剪，如图 2-76（a）所示。

（4）若要退出修剪曲线，按 Esc 键，结果如图 2-76（b）所示。

（a）划过曲线　　　　　　　　　（b）完成修剪

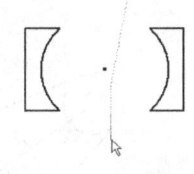

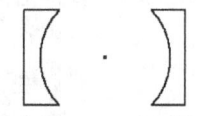

图 2-76　修剪过程

提示： 在曲线中间进行选择会影响离光标最近的端点。可能有多个交点时，将选择最近的一个。在修剪操作中，删除掉的是光标下面的部分。

技巧： "修剪"命令优先剪到相交处，其次剪到延长相交处，否则删除；"延伸"命令支持到延长线延伸。两者都具有动态预览功能，可以按住 Shift 键在两者之间切换。

2.5.9　实例——曲柄草图

本例绘制曲柄草图，如图 2-77 所示。

操作步骤：

（1）新建文件。运行 Inventor，单击"快速入门"选项卡"启动"面板中的"新建"按钮，在打开的"新建文件"对话框的 Templates 选项卡的零件下拉列表中选择 Standard.ipt 选项，单击"创建"按钮，新建一个零件文件。

（2）进入草图环境。单击"三维模型"选项卡"草图"面板中的"开始创建二维草图"按钮，选择 XY 基准平面为草图绘制面，进入草图环境。

（3）绘制中心线。单击"草图"选项卡"格式"面板中的"中心线"按钮和"创建"面板中的"线"按钮，绘制一条水平中心线和竖直中心线，如图 2-78 所示。

（4）绘制圆。单击"草图"选项卡"创建"面板中的"圆"按钮，绘制如图 2-79 所示的草图。

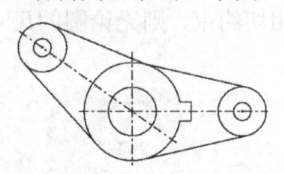

图 2-77　曲柄草图　　　　　图 2-78　绘制中心线　　　　　图 2-79　绘制圆

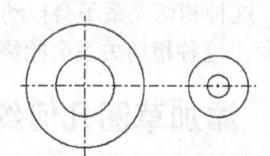

（5）绘制直线。单击"草图"选项卡"创建"面板中的"线"按钮，绘制两个圆的切线，注意取消选择"中心线"按钮，如图 2-80 所示。

（6）旋转直线。单击"草图"选项卡"修改"面板中的"旋转"按钮，打开"旋转"对话框，选中"复制"复选框，输入旋转角度为 145，如图 2-81 所示，选择第（3）～（5）步绘制的图形，选择中心线的交点为中心点，单击"应用"按钮，然后单击"完毕"按钮，关闭对话框，结果如图 2-82 所示。

（7）偏移中心线。单击"草图"选项卡"修改"面板中的"偏移"按钮，选择水平中心线向上偏移，然后再选择竖直中心线向右偏移，如图 2-83 所示。

（8）镜像图形。单击"草图"选项卡"阵列"面板中的"镜像"按钮，打开如图 2-84 所示的"镜像"对话框，选择偏移后的水平直线为要镜像的曲线，选择水平中心线为镜像线，单击"应用"按钮，然后单击"完毕"按钮，关闭对话框，如图 2-85 所示。

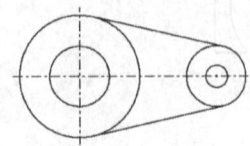

图 2-80　绘制直线　　　　图 2-81　"旋转"对话框　　　　图 2-82　旋转图形

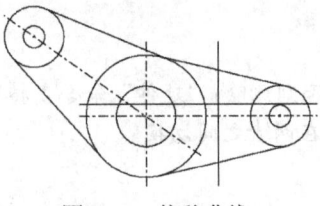

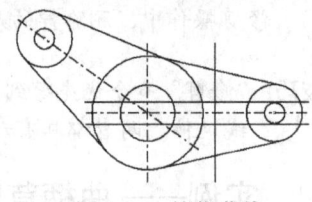

图 2-83　偏移曲线　　　　图 2-84　"镜像"对话框　　　　图 2-85　镜像曲线

（9）修剪图形。单击"草图"选项卡"修改"面板中的"修剪"按钮，修剪多余线段，最终效果如图 2-77 所示。

2.6　草图几何约束

在草图的几何图元绘制完毕以后，往往需要对草图进行约束，如约束两条直线平行或垂直，约束两个圆同心等。

约束的目的就是保持图元之间的某种固定关系，这种关系不受到被约束对象的尺寸或位置因素的影响。如在设计开始时绘制一条直线和一个圆始终相切，但是如果圆的尺寸或位置在设计过程中发生改变时，这种相切关系不会自动维持，但是如果给直线和圆添加了相切约束，则无论圆的尺寸和位置怎么改变，这种相切关系会始终维持下去。

2.6.1　添加草图几何约束

几何约束位于"草图"选项卡"约束"面板中，如图 2-86 所示。

1．重合约束

图 2-86　"约束"面板

可将两点约束在一起或将一个点约束到曲线上。当此约束被应用到两个圆、圆弧或椭圆的中心点时，得到的结果与使用同心约束相同。使用时分别用鼠标选取两个或多个要施加约束的几何图元即可创建重合约束，这里的几何图元要求是两个点或一个点和一条线。

> 提示：创建重合约束时需要注意以下方面。
> （1）约束在曲线上的点可能会位于该线段的延伸线上。
> （2）重合在曲线上的点可沿线滑动，因此这个点可位于曲线的任意位置，除非其他约束或尺寸阻止它移动。
> （3）当使用重合约束来约束中点时，将创建草图点。
> （4）如果两个要进行重合限制的几何图元都没有其他位置，则添加约束后二者的位置由第一条曲线的位置决定。

2. 共线约束

使两条直线或椭圆轴位于同一条直线上。使用该约束工具时分别用鼠标选取两个或多个要施加约束的几何图元即可创建共线约束。如果两个几何图元都没有添加其他位置约束，则由所选的第一个图元的位置来决定另一个图元的位置。

3. 同心约束

可将两段圆弧、两个圆或椭圆约束为具有相同的中心点，其结果与在曲线的中心点上应用重合约束完全相同。使用该约束工具时分别用鼠标选取两个或多个要施加约束的几何图元即可创建重合约束。需要注意的是，添加约束后的几何图元的位置由所选的第一条曲线来设置中心点，未添加其他约束的曲线被重置为与已约束曲线同心，其结果与应用到中心点的重合约束相同。

4. 平行约束

将两条或多条直线（或椭圆轴）约束为互相平行。使用时分别用鼠标选取两个或多个要施加约束的几何图元即可创建平行约束。

5. 垂直约束

可使所选的直线、曲线或椭圆轴相互垂直。使用时分别用鼠标选取两个要施加约束的几何图元即可创建垂直约束。需要注意的是，要对样条曲线添加垂直约束，约束必须应用于样条曲线和其他曲线的端点处。

6. 水平约束

使直线、椭圆轴或成对的点平行于草图坐标系的 X 轴，添加了该几何约束后，几何图元的两点如线的端点、中心点、中点或点等被约束到与 X 轴相等距离。使用该约束工具时分别用鼠标选取两个或多个要施加约束的几何图元即可创建水平约束，这里的几何图元是直线、椭圆轴或成对的点。

7. 竖直约束

使直线、椭圆轴或成对的点平行于草图坐标系的 Y 轴，添加了该几何约束后，几何图元的两点如线的端点、中心点、中点或点等被约束到与 Y 轴相等距离。使用该约束工具时分别用鼠标选取两个或多个要施加约束的几何图元即可创建竖直约束，这里的几何图元是直线、椭圆轴或成对的点。

8. 相切约束

可将两条曲线约束为彼此相切，即使它们并不实际共享一个点（在二维草图中）。相切约束通常用于将圆弧约束到直线，也可使用相切约束，指定如何约束与其他几何图元相切的样条曲线。在三维草图中，相切约束可应用到三维草图中的其他几何图元共享端点的三维样条曲线，包括模型边。使用时分别用鼠标选取两个或多个要施加约束的几何图元即可创建相切约束，这里的几何图元是直线和圆弧，直线和样条曲线，或圆弧和样条曲线等。

9. 平滑约束

在样条曲线和其他曲线（例如线、圆弧或样条曲线）之间创建曲率连续。

10. 对称约束

将使所选直线、曲线或圆相对于所选直线对称。应用这种约束时，约束到所选几何图元的线段也会重新确定方向和大小。使用该约束工具时依次用鼠标选取两条直线、曲线或圆，然后选择它们的对称直线即可创建对称约束。注意，如果删除对称直线，将随之删除对称约束。

11. 等长约束

将所选的圆弧和圆调整到具有相同半径，或将所选的直线调整到具有相同的长度。使用该约束工具时分别用鼠标选取两个或多个要施加约束的几何图元即可创建等长约束，这里的几何图元是直线、圆弧和圆。

> **提示**：要使几个圆弧或圆具有相同半径或使几条直线具有相同长度，可同时选择这些几何图元，接着单击"等长"约束工具。

12. 固定约束

可将点和曲线固定到相对于草图坐标系的位置。如果移动或转动草图坐标系，固定曲线或点将随之运动。固定约束将点相对于草图坐标系固定。

> **注意**：新加约束已经存在或者与现有约束矛盾，将弹出如图2-87所示的提示对话框。

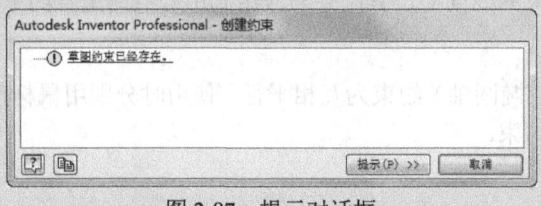

图 2-87　提示对话框

> **提示**：添加几何约束准则如下。
> （1）确定草图的依赖关系：在草图创建过程中，确定草图元素之间如何相关，并应用适当的草图约束。
> （2）分析自动应用的约束：在创建几何图元时，会自动应用一些约束，在草图创建好之后，应该确定每种自由度是否保留在草图上，如果需要，可删除自动应用的约束，也可以应用额外的约束去除相应的自由度。
> （3）仅使用需要的约束：向草图添加几何图元时，考虑设计意图和草图上保留的自由度，创建三维特征不必完全约束草图几何图元，有时候需要保留草图几何图元不受约束，可以使用约束拖动技术查看草图上保留的自由度。
> （4）识别可能改变大小的草图元素：在约束草图时，应该考虑会随着设计过程改变的特征，识别这些可能改变的草图特征时，应该保持这些特征不受约束，一个特征保持为不受约束时，可以随着设计的进行而改变。

2.6.2　显示草图几何约束

1. 显示所有几何约束

在给草图添加几何约束以后，默认情况下这些约束是不显示的，但是用户可自行设定是否显示约束。如果要显示全部约束，可在草图绘制区域内右击，在弹出的如图2-88所示的快捷菜单中选择"显示所有约束"命令；相反如果要隐藏全部的约束，在快捷菜单中选择"隐藏所有约束"命令。

2. 显示单个几何约束

单击"草图"选项卡"约束"面板中的"显示约束"按钮，在草图绘图区域选择某几何图元，则该几何图元的约束会显示。当鼠标位于某个约束符号的上方时，与该约束有关的几何图元会变为红色，以方便用户观察和选择。在显示约束的小窗口右部有一个关闭按钮，单击可关闭该约束窗口。另外，还可用鼠标移动约束显示窗口，用户可把它拖放到任何位置。

图 2-88　快捷菜单

> **注意**：光标悬停在某一约束上时，与其相关的几何图元被红色亮显。

2.6.3 删除草图几何约束

在约束符号上右击，在弹出的快捷菜单中选择"删除"命令，删除约束。如果多条曲线共享一个点，则每条曲线上都显示一个重合约束。如果在其中一条曲线上删除该约束，此曲线将可被移动。其他曲线仍保持约束状态，除非删除所有重合约束。

> **技巧**：如果多条曲线共享一个点，则每条曲线上都显示一个重合约束。如果在其中一条曲线上删除该约束，此曲线将可被移动。其他曲线仍保持约束状态，除非删除所有重合约束。
> 使用约束有哪些技巧？
> （1）绘制草图时，使用类推的约束定位几何图元。当某个草图命令处于活动状态时，移动光标以显示指示与现有几何图元的关系的约束符号。
> （2）将光标沿要约束到的直线或曲线移动，然后使光标移到大致位置。在有多个可用约束的情况下，此技巧将替代默认约束而使用选定的约束。
> （3）几何图元的选择顺序不会影响约束操作的结果。但是其他约束的存在可能会影响进一步应用约束。具有较少约束的几何图元将重新定位或调整大小。如果无法应用约束，将显示警告对话框。

2.7 标注尺寸

给草图添加尺寸标注是草图设计过程中非常重要的一步，草图几何图元需要尺寸信息以便保持大小和位置，以满足设计意图的需要。一般情况下，Inventor 中的所有尺寸都是参数化的。这意味着用户可通过修改尺寸来更改已进行标注的项目大小，也可将尺寸指定为计算尺寸，它反映了项目的大小却不能用来修改项目的大小。向草图几何图元添加参数尺寸的过程也是用来控制草图中对象的大小和位置的约束的过程。在 Inventor 中，如果对尺寸值进行更改，草图也将自动更新，基于该草图的特征也会自动更新，正所谓"牵一发而动全身"。

2.7.1 自动标注尺寸

在 Inventor 中，可利用自动标注尺寸工具自动、快速地给图形添加尺寸标注，该工具可计算所有的草图尺寸，然后自动添加。如果单独选择草图几何图元（例如直线、圆弧、圆和顶点），系统将自动应用尺寸标注和约束。如果不单独选择草图几何图元，系统将自动对所有未标注尺寸的草图对象进行标注。"自动标注尺寸"工具使用户可通过一个步骤迅速快捷地完成草图的尺寸标注。

通过自动标注尺寸，用户可完全标注和约束整个草图；可识别特定曲线或整个草图，以便进行约束；可仅创建尺寸标注或约束，也可同时创建两者；可使用"尺寸"工具来提供关键的尺寸，然后使用"自动尺寸和约束"来完成对草图的约束；在复杂的草图中，如果不能确定缺少哪些尺寸，可使用"自动尺寸和约束"工具来完全约束该草图，用户也可删除自动尺寸标注和约束。

（1）单击"草图"选项卡"约束"面板中的"自动尺寸和约束"按钮，打开如图 2-89 所示的"自动标注尺寸"对话框。

（2）接受默认设置以添加尺寸和约束或清除复选框以防止应用关联项。

（3）在视图中选择单个的几何图元或选择多个几何图元。也可以按住鼠标左键，拖动将所需的几何图元包含在选择窗口内，单击完成选择。

（4）在对话框中单击"应用"按钮，向所选的几何图元添加尺寸和约束，如图 2-90 所示。

图 2-89　"自动标注尺寸"对话框　　　　图 2-90　标注尺寸

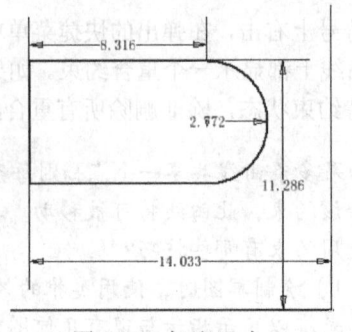

"自动标注尺寸"对话框中的选项说明如下。

（1）尺寸：选中此复选框，对所选的几何图元应用自动尺寸。

（2）约束：选中此复选框，对所选的几何图元应用自动约束。

（3）　所需尺寸：显示要完全约束草图所需的约束和尺寸的数量。

如果从方案中排除了约束或尺寸，在显示的总数中也会减去相应的数量。

（4）删除：所选的几何图元中删除尺寸和约束。

> **技巧**：添加尺寸约束准则如下。
>
> （1）尽可能使用几何约束。例如，放置几何约束而不是标注 90°的尺寸约束。
>
> （2）先放置大尺寸，再放置小尺寸。
>
> （3）合并尺寸之间的关系。例如，如果两个尺寸的值相同，那么将一个尺寸引用到另一个尺寸，有了这种关系，第一个尺寸更改时，另一个尺寸也会随之改变。
>
> （4）兼顾尺寸约束和几何约束，以满足整体设计意图。

2.7.2　手动标注尺寸

虽然自动标注尺寸功能强大，省时省力，但是很多设计人员在实际工作中手动标注尺寸，手动标注尺寸的一个优点就是可以很好地体现设计思路，设计人员可选择在标注过程中体现重要的尺寸，以便于加工人员更好地掌握设计意图。

1．线性尺寸标注

线性尺寸标注用来标注线段的长度，或标注两个图元之间的线性距离，如点和直线的距离。

（1）单击"草图"选项卡"约束"面板中的"尺寸"按钮　，然后选择图元即可。

（2）要标注一条线段的长度，单击该线段即可。

（3）要标注平行线之间的距离，分别单击两条线即可。

（4）要标注点到点或点到线的距离，单击两个点或点与线即可。

（5）移动鼠标预览标注尺寸的方向，最后单击以完成标注。图 2-91 显示了线性尺寸标注的几种样式。

2. 圆弧尺寸标注

（1）单击"草图"选项卡"约束"面板中的"尺寸"按钮，然后选择要标注的圆或圆弧，这时会出现标注尺寸的预览。

（2）如果当前选择标注半径，那么右击，在弹出的快捷菜单中可看到"直径"命令，选择可标注直径，如图 2-92 所示。如果当前标注的是直径，则在弹出的快捷菜单中会出现"半径"命令，读者可根据自己的需要灵活地在二者之间切换。

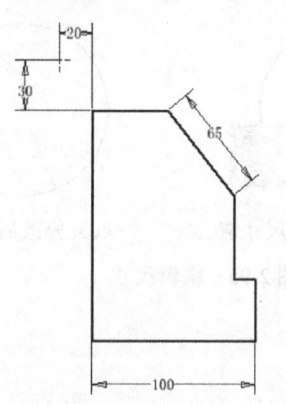

图 2-91　线性尺寸标注样式　　　图 2-92　圆弧尺寸标注

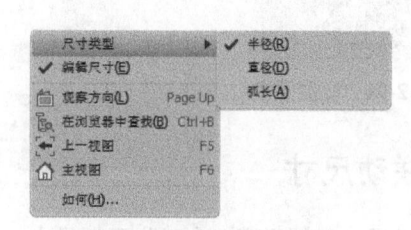

（3）单击完成标注。

3. 角度标注

角度标注可标注相交线段形成的夹角，也可标注不共线的 3 个点之间的角度，也可对圆弧形成的角进行标注，标注时只要选择好形成角的元素即可。

（1）如果要标注相交直线的夹角，只要依次选择这两条直线即可。

（2）要标注不共线的 3 个点之间的角度，依次选择这 3 个点即可。

（3）要标注圆弧的角度，只要依次选取圆弧的一个端点、圆心和圆弧的另外一个端点即可。

图 2-93 所示为角度标注范例示意图。

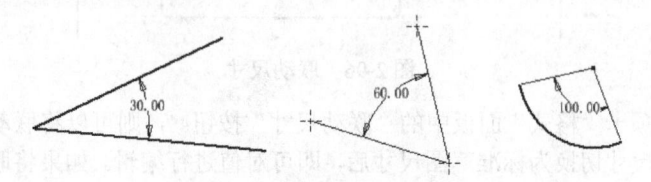

图 2-93　角度标注范例示意图

2.7.3　编辑草图尺寸

用户可在任何时候编辑草图尺寸，不管草图是否已经退化。如果草图未退化，它的尺寸是可见的，可直接编辑；如果草图已经退化，用户可在浏览器中选择该草图并激活草图进行编辑。

（1）在草图上右击，在弹出的快捷菜单中选择"编辑草图"命令，如图 2-94 所示。

（2）进入草图绘制环境。双击要修改的尺寸数值，如图 2-95（a）所示。

（3）打开"编辑尺寸"对话框，直接在数据框里输入新的尺寸数据，如图 2-95（b）所示。

（4）在对话框中单击✓按钮接受新的尺寸，如图 2-95（c）所示。

图 2-94 快捷菜单　　　　　图 2-95 编辑尺寸

2.7.4 联动尺寸

联动尺寸显示在图形窗口中时位于括号内，在草图中可以被引用，但不能修改数据的尺寸。类似于机械设计中的"参考尺寸"，如图 2-96 所示。

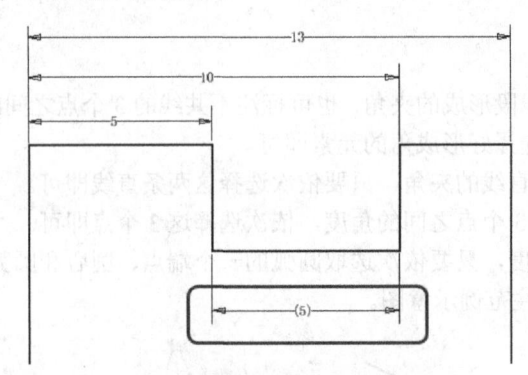

图 2-96 联动尺寸

单击"草图"选项卡"格式"面板中的"联动尺寸"按钮，则可以将联动尺寸和标准草图尺寸之间进行切换。联动尺寸切换为标准草图尺寸后，即可对值进行编辑。如果将联动尺寸转换成驱动尺寸会过约束几何图元，则不允许进行转换。

2.8 综合实例——杠杆草图

本例绘制杠杆草图，如图 2-97 所示。

操作步骤：

（1）新建文件。运行 Inventor，单击"快速入门"选项卡"启动"面板中的"新建"按钮，在打开的"新建文件"对话框的 Templates 选项卡的零件下拉列表中选择 Standard.ipt 选项，单击"创建"

按钮，新建一个零件文件。

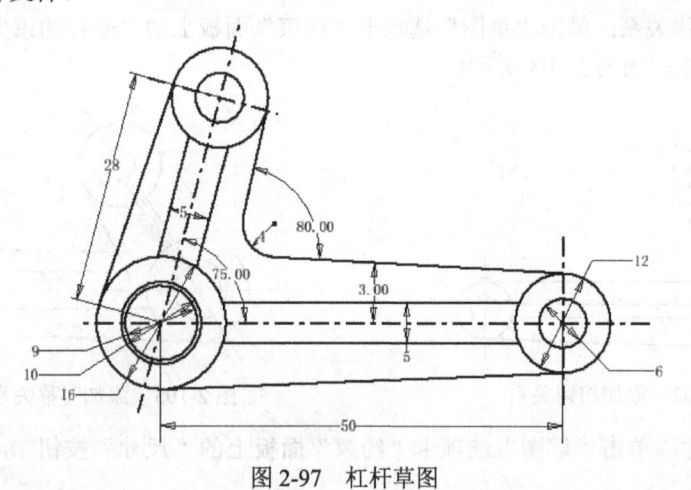

图 2-97 杠杆草图

（2）进入草图环境。单击"三维模型"选项卡"草图"面板上的"开始创建二维草图"按钮，选择 XY 基准平面为草图绘制面，进入草图环境。

（3）绘制中心线。单击"草图"选项卡"格式"面板上的"中心线"按钮，再单击"草图"选项卡"创建"面板的"线"按钮，绘制中心线，如图 2-98 所示。再次单击"草图"选项卡"格式"面板上的"中心线"按钮，取消中心线的绘制。

（4）绘制圆。单击"草图"选项卡"创建"面板上的"圆"按钮，绘制如图 2-99 所示的草图。

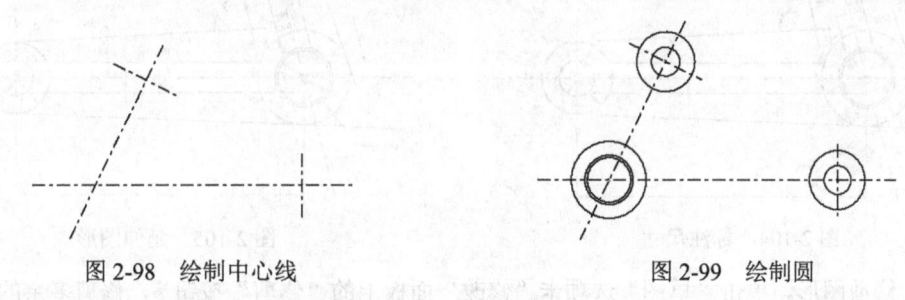

图 2-98 绘制中心线　　图 2-99 绘制圆

（5）绘制直线。单击"草图"选项卡"创建"面板上的"线"按钮，绘制直线，如图 2-100 所示。

（6）添加相等约束。单击"草图"选项卡"约束"面板上的"相等约束"按钮，分别添加右侧两个圆与上端两个圆的相等关系，如图 2-101 所示。

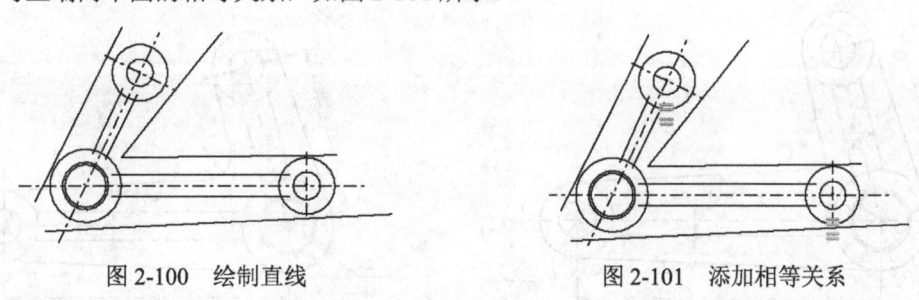

图 2-100 绘制直线　　图 2-101 添加相等关系

（7）添加相切约束。单击"草图"选项卡"约束"面板上的"相切约束"按钮，添加直线与圆的相切关系，如图 2-102 所示。

(8) 添加对称和平行约束。单击"草图"选项卡"约束"面板上的"对称约束"按钮 ，添加直线与中心线的对称关系；单击"草图"选项卡"约束"面板上的"平行约束"按钮 ，添加直线与中心线的平行关系，如图 2-103 所示。

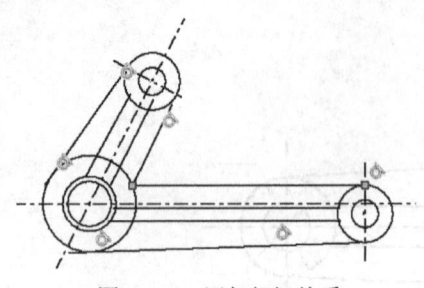

图 2-102　添加相切关系 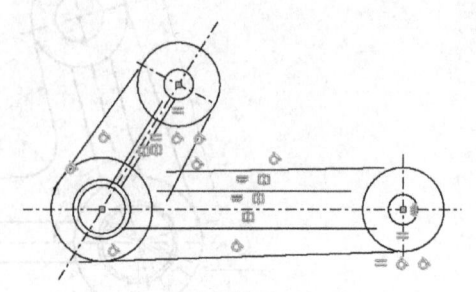　　　　　　图 2-103　添加对称关系和平行关系

(9) 标注尺寸。单击"草图"选项卡"约束"面板上的"尺寸"按钮 ，进行尺寸约束，如图 2-104 所示。

(10) 延伸图形。单击"草图"选项卡"修改"面板上的"延伸"按钮 ，延伸线段，如图 2-105 所示。

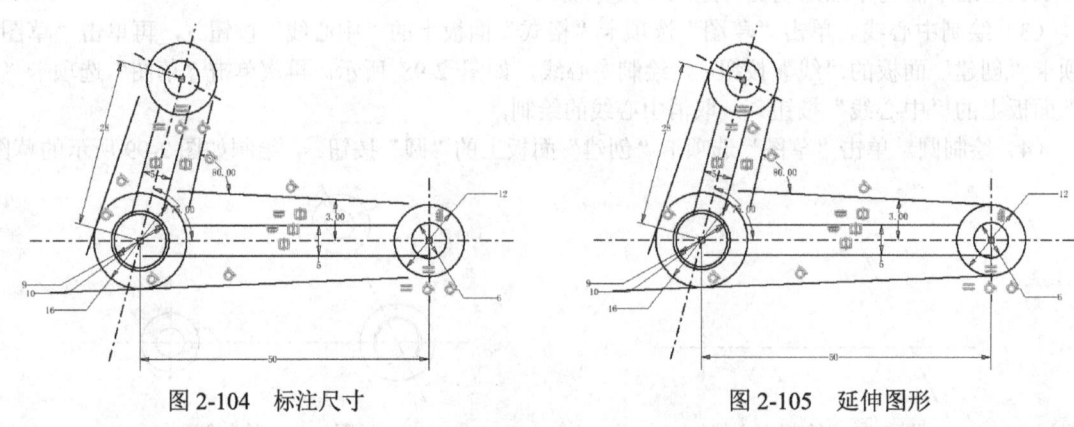

图 2-104　标注尺寸　　　　　　　　图 2-105　延伸图形

(11) 修剪图形。单击"草图"选项卡"修改"面板上的"修剪"按钮 ，修剪多余的线段，如图 2-106 所示。

(12) 圆角处理。单击"草图"选项卡"创建"面板上的"圆角"按钮 ，打开"二维圆角"对话框，输入半径为 4，对图中 80°的两条直线进行圆角处理，如图 2-107 所示。

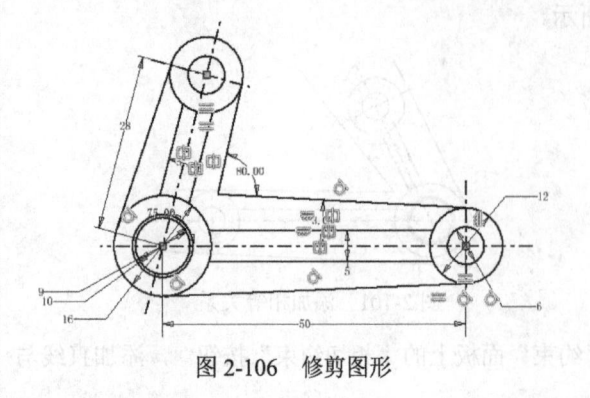

图 2-106　修剪图形 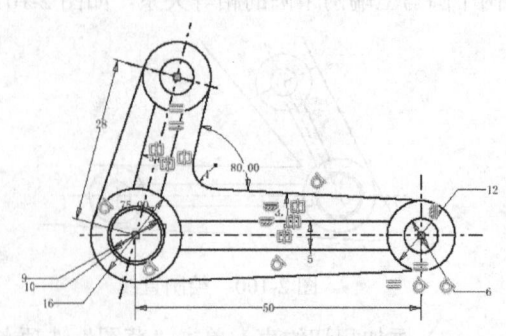　　　　　　　　图 2-107　圆角处理

第3章

基础特征

在 Inventor 中进行实体建模,并辅之以布尔运算,将基于约束的特征造型和显示的直接几何造型功能无缝地集合为一体。提供了用于快速有效地进行概念设计的变量化草图工具、尺寸编辑和用于一般建模和编辑的工具,使用户可以进行参数化建模又可以方便地用非参数化方法生成二维、三维线框模型。

- ☑ 零件环境
- ☑ 创建特征
- ☑ 基本体素
- ☑ 综合实例

任务驱动&项目案例

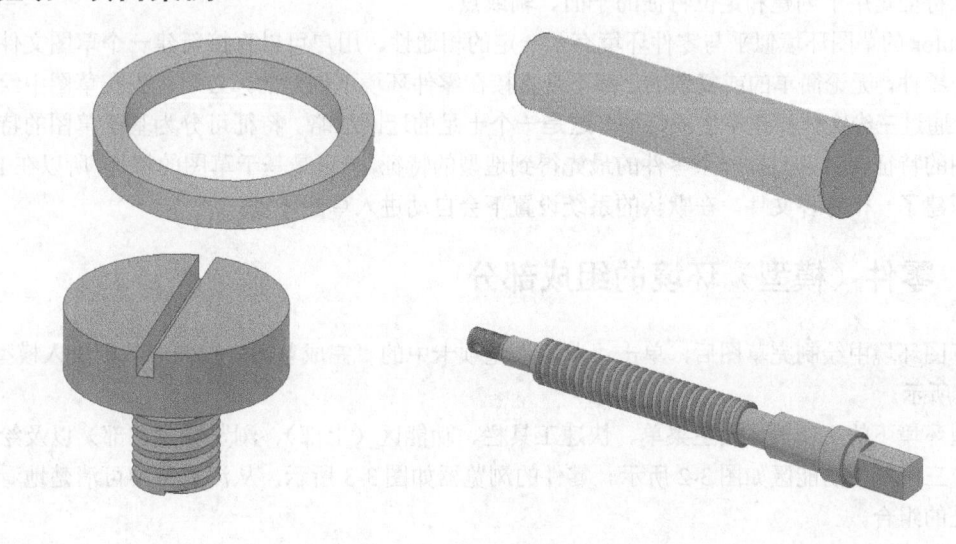

3.1 零件（模型）环境

3.1.1 零件（模型）环境概述

任何时候创建或编辑零件，都会激活零件环境，也称为模型环境。可使用零件（模型）环境来创建和修改特征、定义定位特征、创建阵列特征以及将特征组合为零件。使用浏览器可编辑草图特征、显示或隐藏特征、创建设计笔记、使特征自适应以及访问"特性"。

特征是组成零件的独立元素，可随时对其进行编辑。特征有 4 种类型：草图特征、放置特征、阵列特征和定位特征。

1. 草图特征

草图特征基于草图几何图元，由特征创建命令中输入的参数来定义。用户可以编辑草图几何图元和特征参数。

2. 放置特征

放置特征如圆角或倒角，在创建时不需要草图。要创建圆角，只需输入半径并选择一条边。标准的放置特征包括抽壳、圆角、倒角、拔模斜度、孔和螺纹。

3. 阵列特征

阵列特征是指按矩形、环形或镜像方式重复多个特征或特征组。必要时，以抑制阵列特征中的个别特征。

4. 定位特征

定位特征是用于创建和定位特征的平面、轴或点。

Inventor 的草图环境似乎与零件环境有了一定的相通性。用户可以直接新建一个草图文件。但是任何一个零件，无论简单的或复杂的，都不是直接在零件环境下创建的，必须首先在草图中绘制好轮廓，然后通过三维实体操作来生成特征，这是一个十足的迂回战略。特征可分为基于草图的特征和非基于草图的特征两种。但是，一个零件的最先得到造型的特征，一定是基于草图的特征，所以在 Inventor 中如果新建了一个零件文件，在默认的系统设置下会自动进入草图环境。

3.1.2 零件（模型）环境的组成部分

在草图环境中绘制完草图后，单击"草图"选项卡中的"完成草图"按钮，则进入模型环境，如图 3-1 所示。

模型环境下的工作界面由主菜单、快速工具栏、功能区（上部）、浏览器（左部）以及绘图区域等组成。三维模型功能区如图 3-2 所示。零件的浏览器如图 3-3 所示，从浏览器中可清楚地看到，零件是特征的组合。

有关特征创建和编辑的内容将在后面的章节中较为详细地讲述。

第 3 章 基础特征

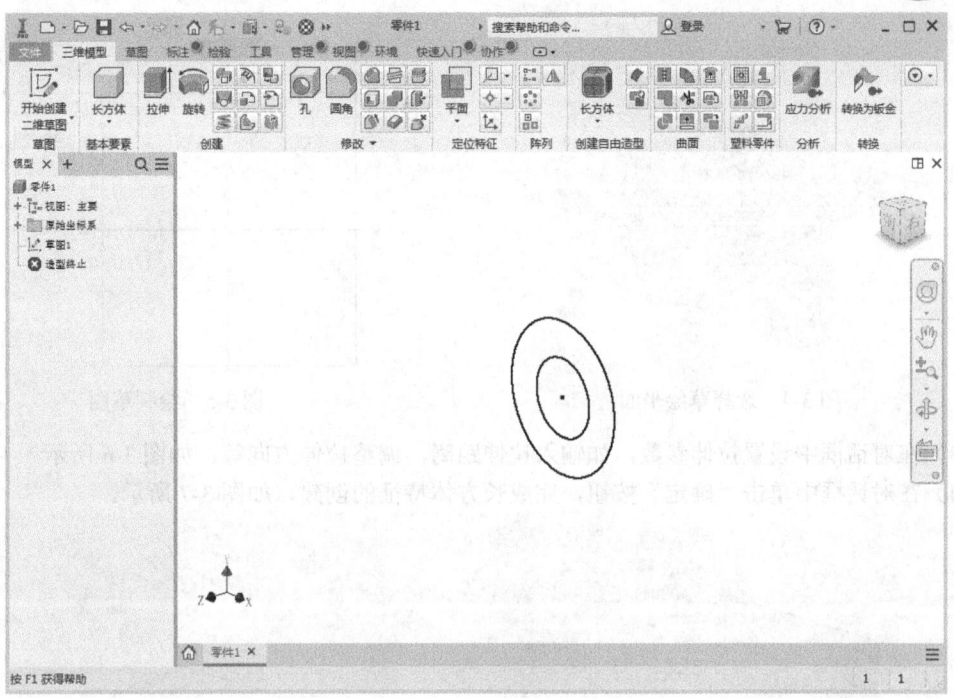

图 3-1 Inventor 模型环境

图 3-2 三维模型功能区

图 3-3 零件浏览器

3.2 基 本 体 素

基本体素可以直接创建模型特征，本节主要介绍它的操作功能。

3.2.1 长方体

自动创建草图并执行拉伸过程创建长方体。

创建长方体特征的步骤如下：

（1）单击"三维模型"选项卡"基本要素"面板中的"长方体"按钮，选取如图 3-4 所示的平面为草图绘制面。

（2）绘制草图，如图 3-5 所示，在尺寸框中直接输入尺寸或直接单击完成草图，返回到模型环境中。

· 69 ·

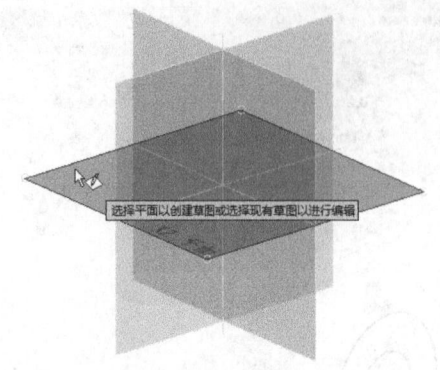

图 3-4　选择草绘平面　　　　　　　　　图 3-5　绘制草图

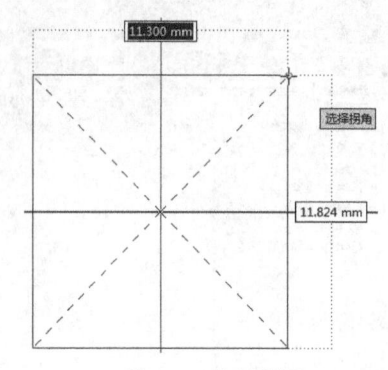

（3）在对话框中设置拉伸参数，如输入拉伸距离，调整拉伸方向等，如图 3-6 所示。
（4）在对话框中单击"确定"按钮，完成长方体特征的创建，如图 3-7 所示。

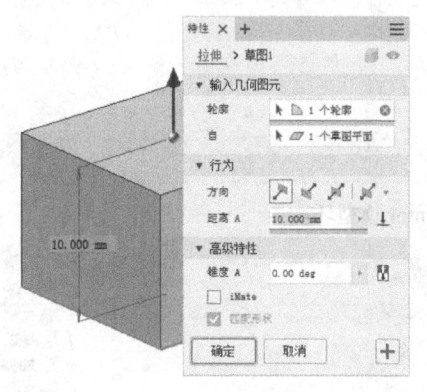

图 3-6　设置拉伸参数　　　　　　　　　图 3-7　完成长方体

3.2.2　圆柱体

创建圆柱体特征的步骤如下：

（1）单击"三维模型"选项卡"基本要素"面板中的"圆柱体"按钮，选取如图 3-8 所示的平面为草图绘制面。
（2）绘制草图，如图 3-9 所示，直接在尺寸框中输入直径尺寸或单击完成圆的绘制，返回到模型环境中。

图 3-8　选择草绘平面　　　　　　　　　图 3-9　绘制草图

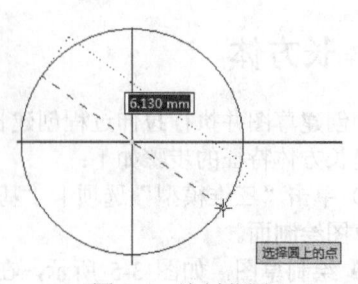

（3）在对话框中设置拉伸参数，如输入拉伸距离、调整拉伸方向等，如图 3-10 所示。
（4）在对话框中单击"确定"按钮，完成圆柱体特征的创建，如图 3-11 所示。

图 3-10　设置拉伸参数　　　　　　图 3-11　完成圆柱体

3.2.3　球体

创建球体特征的步骤如下：
（1）单击"三维模型"选项卡"基本要素"面板中的"球体"按钮，选取如图 3-12 所示的平面为草图绘制面。
（2）绘制草图，如图 3-13 所示，直接在尺寸框中输入直径尺寸或单击完成圆的绘制，返回到模型环境中。

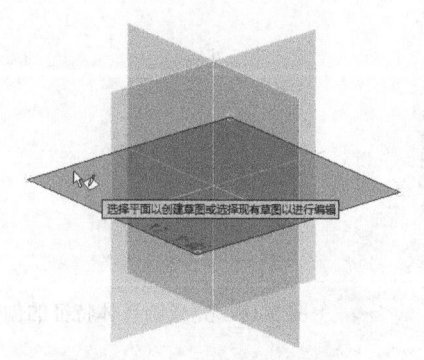

图 3-12　选择草绘平面　　　　　　图 3-13　绘制草图

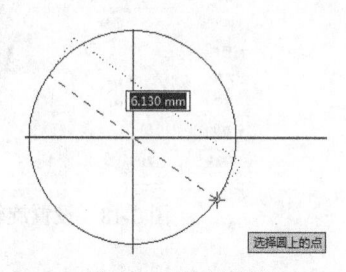

（3）在对话框中设置旋转参数，如图 3-14 所示。
（4）在对话框中单击"确定"按钮，完成球体特征的创建，如图 3-15 所示。

图 3-14　设置旋转参数　　　　　　图 3-15　完成球体特征的创建

3.2.4 圆环体

创建圆环体特征的步骤如下：

（1）单击"三维模型"选项卡"基本要素"面板中的"圆环体"按钮◎，选取如图3-16所示的平面为草图绘制面。

（2）绘制草图，如图3-17所示，直接在尺寸框中输入直径尺寸或单击完成圆的绘制，返回到模型环境中。

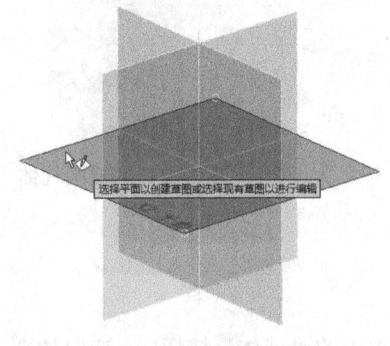

图3-16 选择草绘平面　　　　图3-17 绘制草图

（3）在对话框中设置旋转参数，如图3-18所示。
（4）在对话框中单击"确定"按钮，完成圆环体特征的创建，如图3-19所示。

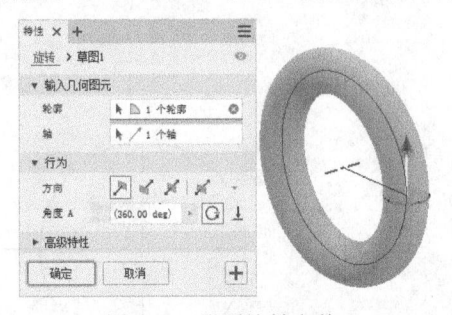

图3-18 设置旋转参数　　　　图3-19 完成圆环体特征的创建

✎ **技巧**：基本要素形状与普通拉伸有何不同之处？
如果在"基本要素"面板中指定长方体或圆柱体，则会自动创建草图并执行拉伸过程。可以选择草图的起始平面，创建截面轮廓，然后创建实体。基本要素形状创建命令不能创建曲面。

3.3 创建特征

本节主要介绍拉伸、旋转、扫掠、螺旋扫掠等创建特征的绘制方法。

3.3.1 拉伸

拉伸特征是通过草图截面轮廓添加深度的方式创建的特征。在零件的造型环境中，拉伸用来创建实体或切割实体；在部件的造型环境中，拉伸通常用来切割零件。特征的形状由截面形状、拉伸范围和扫掠斜角 3 个要素来控制。

创建拉伸特征的步骤如下：

（1）单击"三维模型"选项卡"创建"面板中的"拉伸"按钮，打开如图 3-20 所示的"拉伸"对话框。

（2）在视图中选取要拉伸的截面，如图 3-21 所示。

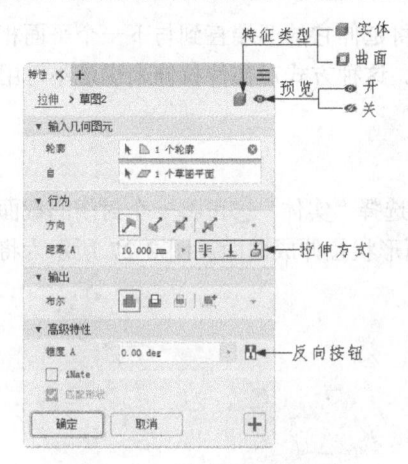

图 3-20 "拉伸"对话框　　　　图 3-21 选取截面

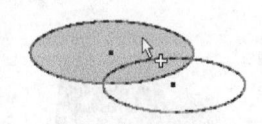

（3）在对话框中设置拉伸参数，如输入拉伸距离、调整拉伸方向等，如图 3-22 所示。

（4）在对话框中单击"确定"按钮，完成拉伸特征的创建，如图 3-23 所示。

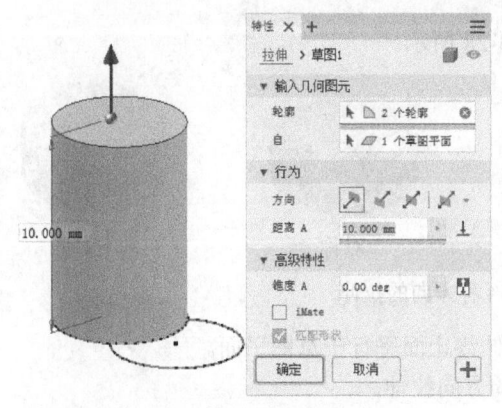

图 3-22 设置拉伸参数　　　　图 3-23 完成拉伸

"拉伸"对话框中的选项说明如下。

1. 轮廓

进行拉伸操作的第一个步骤就是利用"拉伸"对话框中的截面轮廓选择工具选择截面轮廓。在选择截面轮廓时，可以选择多种类型的截面轮廓创建拉伸特征。

（1）可选择单个截面轮廓，系统会自动选择该截面轮廓。

（2）可选择多个截面轮廓，如图 3-24 所示。

（3）要取消某个截面轮廓的选择，按下 **Ctrl** 键，然后单击要取消的截面轮廓即可。

（4）可选择嵌套的截面轮廓，如图 3-25 所示。

图 3-24　选择多个截面轮廓 　　　　　　　图 3-25　选择嵌套的界面轮廓

（5）还可选择开放的截面轮廓，该截面轮廓将延伸它的两端直到与下一个平面相交，拉伸操作将填充最接近的面，并填充周围孤岛（如果存在）。这种方式对部件拉伸来说是不可用的，它只能形成拉伸曲面，如图 3-26 所示。

2. 特征类型

拉伸操作提供两种特征类型，即实体和曲面。选择"实体" 可将一个封闭的截面形状拉伸成实体，选择"曲面" 可将一个开放的或封闭的截面形状拉伸成曲面。图 3-27 所示为将封闭曲线和开放曲线拉伸成曲面的示意图。

图 3-26　拉伸形成曲面 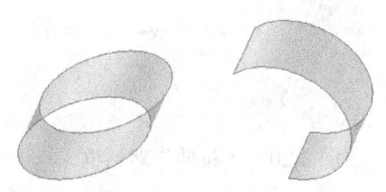　　　　图 3-27　将封闭曲线和开放曲线拉伸成曲面的示意图

3. 拉伸方向

在 Inventor 中提供了 4 种拉伸方向，如图 3-28 所示。

方向 1　　　　方向 2　　　　对称　　　　不对称

图 3-28　4 种方向的拉伸

（1）默认方向 ：仅沿一个方向拉伸。拉伸终止面平行于草图平面。

（2）翻转方向 2 ：沿与"方向"值相反的方向拉伸。

（3）对称 ：从草图平面沿相反方向拉伸，且每个方向上使用指定"距离 A"值的一半。

（4）不对称 ：使用两个值（"距离 A"和"距离 B"）从草图平面沿相反方向拉伸。需要为每个距离输入值。单击 可使用指定的值反转拉伸方向。

4. 拉伸距离

指定起始平面与终止平面之间的拉伸深度。

5. 拉伸方式

在 Inventor 中提供了以下 3 种拉伸方式。

（1）贯通 ：可使得拉伸特征在指定方向上贯通所有特征和草图拉伸的截面轮廓。可通过拖动截面轮廓的边，将拉伸反向到草图平面的另一端。

（2）到⊥：对于零件拉伸，选择终止拉伸的终点、顶点、面或平面。对于点和顶点，在平行于通过选定的点或顶点的草图平面的平面上终止零件特征。对于面或平面，在选定的面上或者在延伸到终止平面外的面上终止零件特征。单击"延伸面到结束特征"按钮⊥可以在延伸到终止平面之外的面上终止零件特征。

（3）到下一个：选择下一个可用的面或平面，以终止指定方向上的拉伸。拖动操纵器可将截面轮廓翻转到草图平面的另一侧。使用"终止器"选择器选择一个实体或曲面以在其上终止拉伸，然后选择拉伸方向。

6. 布尔

布尔操作提供了以下4种操作方式。

（1）求并：将拉伸特征产生的体积添加到另一个特征上去，二者合并为一个整体，如图3-29（a）所示。

（2）求差：从另一个特征中去除由拉伸特征产生的体积，如图3-29（b）所示。

（3）求交：将拉伸特征和其他特征的公共体积创建为新特征，未包含在公共体积内的材料被全部去除，如图3-29（c）所示。

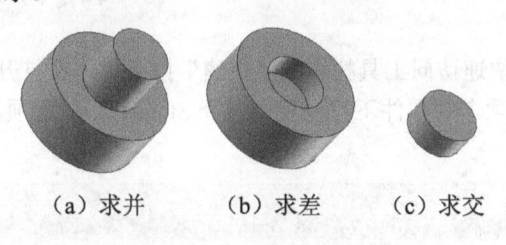

（a）求并　　（b）求差　　（c）求交

图3-29　布尔操作

（4）新建实体：创建实体。如果拉伸是零件文件中的第一个实体特征，则此选项是默认选项。选择该选项可在包含现有实体的零件文件中创建单独的实体。每个实体均是独立的特征集合，独立于与其他实体而存在。实体可以与其他实体共享特征。

7. 锥度

对于所有的终止方式类型，都可为拉伸（垂直于草图平面）设置最大为180°的拉伸斜角，拉伸斜角在两个方向对等延伸。如果指定了拉伸斜角，图形窗口中会有符号显示拉伸斜角的固定边和方向，如图3-30所示。

拉伸斜角功能的一个常规用途就是创建锥形。若要在一个方向上使特征变成锥形，在创建拉伸特征时，可使用"锥度"文本框为特征指定拉伸斜角。在指定拉伸斜角时，正角表示实体沿拉伸矢量增加截面面积，负角则相反，如图3-31所示。对于嵌套截面轮廓来说，正角导致外回路增大，内回路减小，负角则相反。

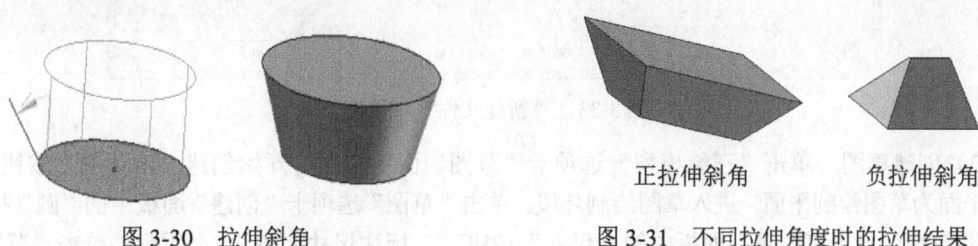

正拉伸斜角　　　负拉伸斜角

图3-30　拉伸斜角　　　　图3-31　不同拉伸角度时的拉伸结果

8. iMate

在封闭的回路（如拉伸圆柱体、旋转特征或孔）上放置 iMate。Autodesk Inventor 会尝试将此 iMate 放置在最可能有用的封闭回路上。多数情况下，每个零件只能放置一个或两个 iMate。

3.3.2 实例——垫圈

本例创建如图 3-32 所示的垫圈。

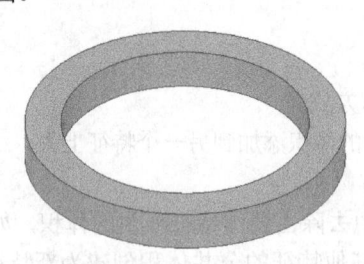

图 3-32　垫圈

操作步骤：

（1）新建文件。单击快速访问工具栏中的"新建"按钮，在打开的如图 3-33 所示的"新建文件"对话框的 Templates 选项卡的零件下拉列表中选择 Standard.ipt 选项，单击"创建"按钮，新建一个零件文件。

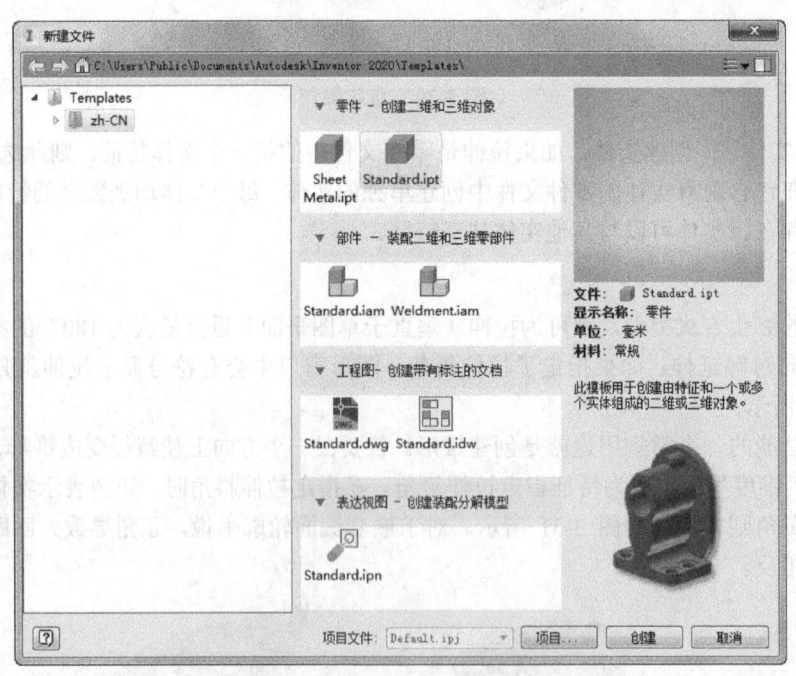

图 3-33　"新建文件"对话框

（2）创建草图。单击"三维模型"选项卡"草图"面板中的"开始创建二维草图"按钮，选择 XZ 平面为草图绘制平面，进入草图绘制环境。单击"草图"选项卡"创建"面板中的"圆"按钮，绘制草图轮廓。单击"约束"面板中的"尺寸"按钮，标注尺寸如图 3-34 所示。单击"草图"选项卡中的"完成草图"按钮，退出草图环境。

（3）创建拉伸体。单击"三维模型"选项卡"创建"面板中的"拉伸"按钮，打开"拉伸"对话框，系统自动选取上一步绘制的草图为拉伸截面轮廓，将拉伸距离设置为 3mm，如图 3-35 所示。单击"确定"按钮，完成拉伸，如图 3-36 所示。

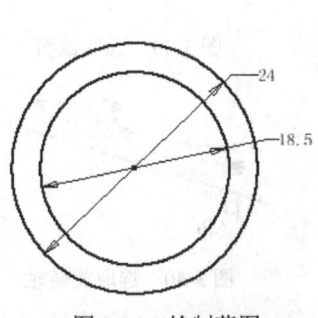

图 3-34　绘制草图　　　　图 3-35　设置参数

（4）保存文件。单击快速访问工具栏中的"保存"按钮，打开如图 3-37 所示的"另存为"对话框，输入文件名为"垫圈.ipt"，单击"保存"按钮，保存文件。

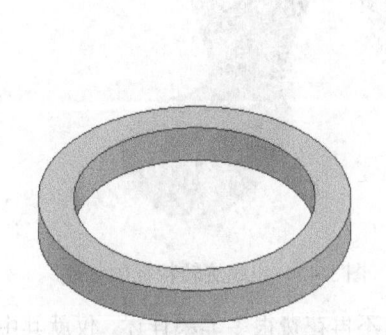

图 3-36　创建拉伸体　　　　图 3-37　"另存为"对话框

3.3.3　旋转

在 Inventor 中，可让一个封闭的或不封闭的截面轮廓围绕一根旋转轴来创建旋转特征，如果截面轮廓是封闭的，则创建实体特征；如果是非封闭的，则创建曲面特征。

创建旋转特征的步骤如下：

（1）单击"三维模型"选项卡"创建"面板中的"旋转"按钮，打开如图 3-38 所示的"旋转"对话框。

（2）在视图中选取要旋转轴的截面，如图 3-39 所示。

（3）在视图中选取作为旋转的轴线，如图 3-40 所示。

（4）在对话框中设置旋转参数，如输入旋转角度、调整旋转方向等，如图 3-41 所示。

（5）在对话框中单击"确定"按钮，完成旋转特征的创建，如图 3-42 所示。

图 3-38 "旋转"对话框

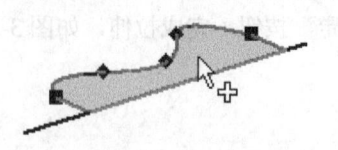

图 3-39 选取截面

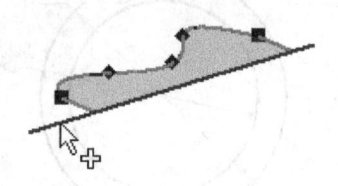

图 3-40 选取旋转轴

图 3-41 设置旋转参数

图 3-42 完成旋转特征的创建

可看到很多造型的因素和拉伸特征的造型因素相似,所以这里不再花费很多笔墨详述,仅就其中的不同项进行介绍。旋转轴可以是已经存在的直线,也可以是工作轴或构造线。在一些软件如 Creo 中,旋转轴必须是参考直线,这就不如 Inventor 方便和快捷。旋转特征的终止方式可以是整周或角度,如果选择角度用户需要自己输入旋转的角度值,还可单击方向箭头以选择旋转方向,或在两个方向上等分输入的旋转角度。

> **技巧**:用什么定义旋转特征的尺寸和形状?
>
> 旋转特征最终的大小和形状是由截面轮廓草图的尺寸和旋转截面轮廓的角度决定的。绕草图上的轴旋转可以生成实体特征,例如盘、轮毂和斜齿轮毛坯。绕距离草图一定偏移距离的轴旋转可以创建带孔的实体,例如垫圈、瓶和导管。可以使用开放的或闭合的截面轮廓来创建一个曲面,该曲面可以用作构造曲面或用来设计复杂的形状。

3.3.4 实例——销

绘制如图 3-43 所示的销。

图 3-43 销

操作步骤：

（1）新建文件。运行 Inventor，单击快速访问工具栏中的"新建"按钮，在打开的"新建文件"对话框的 Templates 选项卡的零件下拉列表中选择 Standard.ipt 选项，单击"创建"按钮，新建一个零件文件。

（2）创建草图。单击"三维模型"选项卡"草图"面板中的"开始创建二维草图"按钮，选择 YZ 平面为草图绘制平面，进入草图绘制环境。单击"草图"选项卡"创建"面板中的"线"按钮，绘制草图轮廓。单击"约束"面板中的"尺寸"按钮，标注尺寸如图 3-44 所示。单击"草图"选项卡中的"完成草图"按钮，退出草图环境。

（3）创建旋转体。单击"三维模型"选项卡"创建"面板中的"旋转"按钮，打开"旋转"对话框，选取上一步绘制的草图为旋转截面轮廓，选取竖直线为旋转轴，如图 3-45 所示。单击"确定"按钮，完成旋转，则创建如图 3-43 所示的销。

图 3-44 绘制草图　　　　图 3-45 设置参数

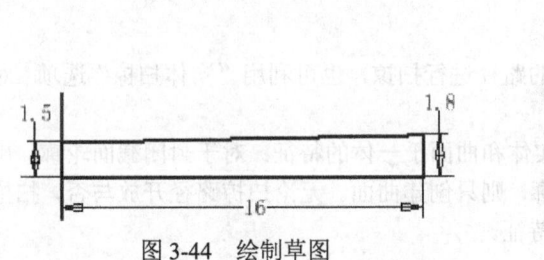

（4）保存文件。单击快速访问工具栏中的"保存"按钮，打开"另存为"对话框，输入文件名为"销.ipt"，单击"保存"按钮，保存文件。

3.3.5 扫掠

在实际操作中，常常需要创建一些沿着一个不规则轨迹有着相同截面形状的对象，如管道和管路的设计、把手、衬垫凹槽等。Inventor 提供了一个"扫掠"工具用来完成此类特征的创建，它通过沿一条平面路径移动草图截面轮廓来创建一个特征。如果截面轮廓是曲线，则创建曲面，如果是闭合曲线，则创建实体。

创建扫掠特征最重要的两个要素就是截面轮廓和扫掠路径。

截面轮廓可以是闭合的或非闭合的曲线，截面轮廓可嵌套，但不能相交。如果选择多个截面轮廓，可按下 Ctrl 键，然后继续选择即可。

扫掠路径可以是开放的曲线或闭合的回路，截面轮廓在扫掠路径的所有位置都与扫掠路径保持垂直，扫掠路径的起点必须放置在截面轮廓和扫掠路径所在平面的相交处。扫掠路径草图必须在与扫掠截面轮廓平面相交的平面上。

创建扫掠特征的步骤如下：

（1）单击"三维模型"选项卡"创建"面板中的"扫掠"按钮，打开如图3-46所示的"扫掠"对话框。

（2）在视图中选取扫掠截面，如图3-47所示。

（3）在视图中选取扫掠路径，如图3-48所示。

（4）在对话框中设置扫掠参数，如扫掠类型、扫掠方向等。

（5）在对话框中单击"确定"按钮，完成扫掠特征的创建，如图3-49所示。

图3-46　"扫掠"对话框

图3-47　选取截面　　　图3-48　选取路径　　　图3-49　完成扫掠

"扫掠"对话框中的选项说明如下。

1. 轮廓

选择草图的一个或多个截面轮廓以沿选定的路径进行扫掠，也可利用"实体扫掠"选项对所选的实体沿所选的路径进行扫掠。

由"扫掠"对话框可知，扫掠也是集创建实体和曲面于一体的特征：对于封闭截面轮廓，用户可以选择创建实体或曲面；而对于开放的截面轮廓，则只创建曲面。无论扫掠路径开放与否，扫掠路径必须要贯穿截面草图平面，否则无法创建扫掠特征。

2. 路径

选择扫掠截面轮廓所围绕的轨迹或路径，路径可以是开放回路，也可以是封闭回路，但无论扫掠路径开放与否，扫掠路径必须要贯穿截面草图平面，否则无法创建扫掠特征。

3. 方向

用户创建扫掠特征时，除了必须指定截面轮廓和路径外，还要选择扫掠方向、设置扩张角或扭转角等来控制截面轮廓的扫掠方向、比例和扭曲。

（1）跟随路径：创建扫掠时，截面轮廓相对于扫掠路径保持不变，即所有扫掠截面都维持与该路径相关的原始截面轮廓。原始截面轮廓与路径垂直，在结束处扫掠截面仍维持这种几何关系。

当选择控制方式为"路径"时，用户可以指定路径方向上截面轮廓的锥度变化和旋转程度，即扩张角和扭转角。

扩张角相当于拉伸特征的拔模角度，用来设置扫掠过程中在路径的垂直平面内扫掠体的拔模角度变化。当选择正角度时，扫掠特征沿离开起点方向的截面面积增大，反之减小。它不适于封闭的路径。

扭转角用来设置轮廓沿路径扫掠的同时，在轴向方向自身旋转的角度，即在从扫掠开始到扫掠结束轮廓自身旋转的角度。图3-50所示为扫掠扩张角分别为0°和5°时的区别。

（a）0°扫掠扩张角　　　（b）5°扫掠扩张角

图3-50　不同扫掠斜角下的扫掠结果

（2）固定：创建扫掠时，截面轮廓会保持平行于原始截面轮廓，在路径任一点做平行截面轮廓的剖面，获得的几何形状仍与原始截面相当。

（3）引导轨道扫掠：引导轨道扫掠，即创建扫掠时，选择一条附加曲线或轨道来控制截面轮廓的比例和扭曲。这种扫掠用于具有不同截面轮廓的对象，沿着轮廓被扫掠时，这些设计可能会旋转或扭曲，如吹风机的手柄和高跟鞋底。

在此类型的扫掠中，可以通过控制截面轮廓在X和Y方向上的缩放创建符合引导轨道的扫掠特征，截面轮廓缩放方式有以下3种。

❶ X和Y：在扫掠过程中，截面轮廓在引导轨道的影响下随路径在X和Y方向同时绽放。

❷ X：在扫掠过程中，截面轮廓在引导轨道的影响下随路径在X方向上进行绽放。

❸ 无：使截面轮廓保持固定的形状和大小，此时轨道仅控制截面轮廓扭曲。当选择此方式时，相当于传统路径扫掠。

> 技巧：扫掠特征绘制准则如下。
> （1）路径可以是开口的或者闭口的，但它必须穿过截面轮廓平面。
> （2）必须要有两个未退化的草图，即截面轮廓和路径。
> （3）如果启用了预览，但是没有出现预览，扫掠特征可能创建不了。
> （4）避免创建在沿着包含曲面的路径扫掠时会自相交的截面轮廓。
> （5）锥度用在与草图平面垂直的扫掠特征，它对平行扫掠和封闭路径不可用。
> （6）使用导轨和导轨面来控制扫掠截面轮廓的扭曲比例。
> （7）开放的截面轮廓不能用于创建实体的基础特征。

3.3.6　放样

放样特征是通过光滑过渡两个或更多工作平面或平面上的截面轮廓的形状而创建的，它常用来创建一些具有复杂形状的零件如塑料模具或铸模的表面。

创建放样特征的步骤如下：

（1）单击"三维模型"选项卡"创建"面板中的"放样"按钮，打开如图3-51所示的"放样"对话框。

（2）在视图中选取放样截面，如图3-52所示。

（3）在对话框设置放样参数，如放样类型等。

（4）在对话框中单击"确定"按钮，完成放样特征的创建，如图3-53所示。

图 3-51 "放样"对话框　　图 3-52 选取截面　　图 3-53 完成放样特征的创建

"放样"对话框中的选项说明如下。

1. 截面形状

放样特征通过将多个截面轮廓与单独的平面、非平面或工作平面上的各种形状相混合来创建复杂的形状，因此截面形状的创建是放样特征的基础也是关键要素。

（1）如果截面形状是非封闭的曲线或闭合曲线，或是零件面的闭合面回路，则放样生成曲面特征。

（2）如果截面形状是封闭的曲线，或是零件面的闭合面回路，或是一组连续的模型边，则可生成实体特征也可生成曲面特征。

（3）截面形状是在草图上创建的，在放样特征的创建过程中，往往需要首先创建大量的工作平面以在对应的位置创建草图，再在草图上绘制放样截面形状。

（4）用户可创建任意多个截面轮廓，但是要避免放样形状扭曲，最好沿一条直线向量在每个截面轮廓上映射点。

（5）可通过添加轨道进一步控制形状，轨道是连接至每个截面上的点的二维或三维线。起始和终止截面轮廓可以是特征上的平面，并可与特征平面相切以获得平滑过渡。可使用现有面作为放样的起始和终止面，在该面上创建草图以使面的边可被选中用于放样。如果使用平面或非平面的回路，可直接选中它，而不需要在该面上创建草图。

2. 轨道

为了加强对放样形状的控制，引入了"轨道"的概念。轨道是在截面之上或之外终止的二维或三维直线、圆弧或样条曲线，如二维或三维草图中开放或闭合的曲线，以及一组连续的模型边等，都可作为轨道。轨道必须与每个截面都相交，并且都应该是平滑的，在方向上没有突变。创建放样时，如果轨道延伸到截面之外，则将忽略延伸到截面之外的那一部分轨道。轨道可影响整个放样实体，而不仅仅是与它相交的面或截面。如果没有指定轨道，对齐的截面和仅具有两个截面的放样将用直线连接。未定义轨道的截面顶点受相邻轨道的影响。

3. 输出类型和布尔操作

可选择放样的输出是实体还是曲面，可通过"输出"选项组中的"实体"按钮和"曲面"按钮来实现。还可利用放样来实现 3 种布尔操作，即"求并"、"求差"和"求交"。前面已经有过相关讲述，这里不再赘述。

4. 条件

选择"放样"对话框中的"条件"选项卡，如图 3-54 所示。"条件"选项用来指定终止截面轮廓的边界条件，以控制放样体末端的形状。可对每一个草图几何图元分别设置边界条件。

图 3-54 "条件"选项卡

放样有以下 3 种边界条件。

（1）无条件：对其末端形状不加以干涉。

（2）相切条件：仅当所选的草图与侧面的曲面或实体相毗邻，或选中面的回路时可用，这时放样的末端与相毗邻的曲面或实体表面相切。

（3）方向条件：仅当曲线是二维草图时可用，需要用户指定放样特征的末端形状相对于截面轮廓平面的角度。

当选择"相切条件"和"方向条件"选项时，需要指定"角度"和"权值"条件。

❶ 角度：指定草图平面和由草图平面上的放样创建的面之间的角度。

❷ 权值：决定角度如何影响放样外观的无量纲值。大数值创建逐渐过渡，而小数值创建突然过渡。从图 3-55 中可看出，权值为零意味着没有相切，小权值可能导致从第一个截面轮廓到放样曲面的不连续过渡，大权值可能导致从第一个截面轮廓到放样曲面的光滑过渡。需要注意的是，特别大的权值会导致放样曲面的扭曲，并且可能会生成自交的曲面。此时应该在每个截面轮廓的截面上设置工作点并构造轨道（穿过工作点的二维或三维线），以使形状扭曲最小化。

（a）权值为 0　　　　（b）权值为 2　　　　（c）权值为 5

图 3-55 不同权值下的放样

5．过渡

选择"放样"对话框中的"过渡"选项卡，如图 3-56 所示。

图 3-56 "过渡"选项卡

"过渡"特征定义一个截面的各段如何映射到其前后截面的各段中,可看到默认的选项是自动映射。如果关闭自动映射,将列出自动计算的点集并根据需要添加或删除点。

(1)点集:表示在每个放样截面上列出自动计算的点。

(2)映射点:表示在草图上列出自动计算的点,以便沿着这些点线性对齐截面轮廓,使放样特征的扭曲最小化。点按照选择截面轮廓的顺序列出。

(3)位置:用无量纲值指定相对于所选点的位置。0 表示直线的一端,0.5 表示直线的中点,1 表示直线的另一端,用户可进行修改。

> **技巧**:零件面或点是否可用于放样特征?
> 可以选择非平面或平面作为起始截面和终止截面。使放样对相邻零件表面具有切向连续性(G1)或曲率连续性(G2)以获得平滑过渡。在 G1 放样中,可以看到曲面之间的过渡。G2 过渡(也称为"平滑")显示为一个曲面。在亮显时,其不会显示曲面之间的过渡。
> 要将现有面用作放样的起始或终止截面,可以直接选择该面而无须创建草图。
> 对于开放的放样,可以在某一点处开始或结束截面。

3.3.7 螺旋扫掠

螺旋扫掠特征是扫掠特征的一个特例,它的作用是创建扫掠路径为螺旋线的三维实体特征。

创建螺旋扫掠特征的步骤如下:

(1)单击"三维模型"选项卡"创建"面板中的"螺旋扫掠"按钮,打开如图 3-57 所示的"螺旋扫掠"对话框。

(2)在视图中选取扫掠截面轮廓,如图 3-58 所示。

(3)在视图中选取旋转轴,如图 3-59 所示。

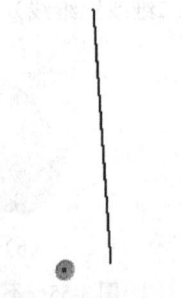

图 3-57 "螺旋扫掠"对话框　　　图 3-58 选取截面　　　图 3-59 选取旋转轴

(4)在对话框中选择"螺旋规格"选项卡设置螺旋扫掠参数,如图 3-60 所示。

(5)在对话框中单击"确定"按钮,完成螺旋扫掠特征的创建,如图 3-61 所示。

图 3-60 设置螺旋扫掠参数　　　图 3-61 完成螺旋扫掠

"螺旋扫掠"对话框中的选项说明如下。

(1) "螺旋形状"选项卡，如图3-62所示。

截面轮廓应该是一个封闭的曲线，以创建实体；旋转轴应该是一条直线，它不能与截面轮廓曲线相交，但是必须在同一个平面内。在"螺旋方向"选项中，可指定螺旋扫掠按顺时针方向还是逆时针方向旋转。

(2) "螺旋规格"选项卡，如图3-63所示。

图3-62 "螺旋形状"选项卡

图3-63 "螺旋规格"选项卡

可设置的螺旋类型一共有4种，即螺距和转数、转数和高度、螺距和高度以及平面螺旋。选择了不同的类型以后，在下面的文本框中输入对应的参数即可。需要注意的是，如果要创建发条之类没有高度的螺旋特征，可使用"平面螺旋"选项。

(3) "螺旋端部"选项卡，如图3-64所示。

注意只有当螺旋线是平底时可用，而在螺旋扫掠截面轮廓时不可用。可指定螺旋扫掠的两端为"自然"或"平底"样式，开始端和终止端可以是不同的终止类型。如果选择"平底"选项，可指定具体的过渡段包角和平底段包角。

❶ 过渡段包角：螺旋扫掠获得过渡的距离（单位为度数，一般少于一圈）。图3-65（a）的示例中显示了顶部是自然结束，底部是1/4圈（90°）过渡并且未使用平底段包角的螺旋扫掠。

❷ 平底段包角：螺旋扫掠过渡后不带螺距（平底）的延伸距离（度数），它是从螺旋扫掠的正常旋转的末端过渡到平底端的末尾。图3-65（b）的示例中显示了与图3-65（a）显示的过渡段包角相同，但指定了一半转向（180°）的平底段包角的螺旋扫掠。

图3-64 "螺旋端部"选项卡

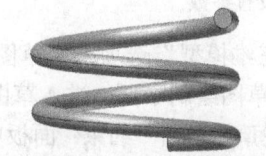

(a) 未使用平底段包角　　(b) 使用平底段包角

图3-65 不同过渡包角下的扫掠结果

3.3.8 实例——螺钉

绘制如图3-66所示的螺钉。

操作步骤：

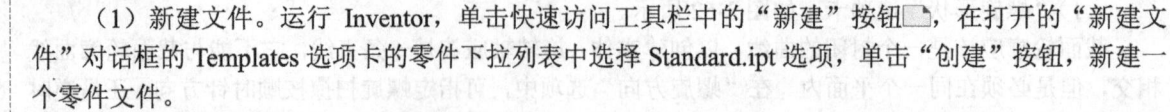

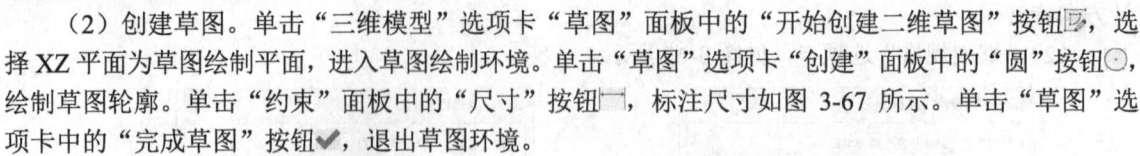

（1）新建文件。运行 Inventor，单击快速访问工具栏中的"新建"按钮，在打开的"新建文件"对话框的 Templates 选项卡的零件下拉列表中选择 Standard.ipt 选项，单击"创建"按钮，新建一个零件文件。

（2）创建草图。单击"三维模型"选项卡"草图"面板中的"开始创建二维草图"按钮，选择 XZ 平面为草图绘制平面，进入草图绘制环境。单击"草图"选项卡"创建"面板中的"圆"按钮，绘制草图轮廓。单击"约束"面板中的"尺寸"按钮，标注尺寸如图 3-67 所示。单击"草图"选项卡中的"完成草图"按钮，退出草图环境。

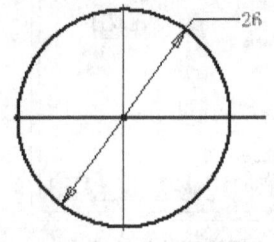

图 3-66　螺钉　　　　　　　　　图 3-67　绘制草图

（3）创建拉伸体。单击"三维模型"选项卡"创建"面板中的"拉伸"按钮，打开"拉伸"对话框，系统自动选取上一步绘制的草图为拉伸截面轮廓，将拉伸距离设置为 8mm，如图 3-68 所示。单击"确定"按钮，完成拉伸，如图 3-69 所示。

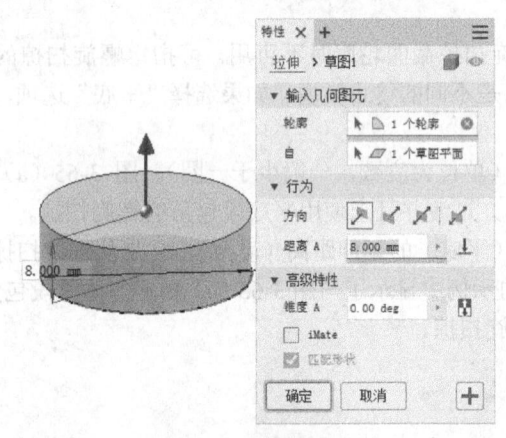

图 3-68　设置参数　　　　　　　图 3-69　创建拉伸体

（4）创建草图。单击"三维模型"选项卡"草图"面板中的"开始创建二维草图"按钮，选择上步创建的拉伸体上表面为草图绘制平面，进入草图绘制环境。单击"草图"选项卡"创建"面板中的"圆"按钮，绘制草图轮廓。单击"约束"面板中的"尺寸"按钮，标注尺寸如图 3-70 所示。单击"草图"选项卡中的"完成草图"按钮，退出草图环境。

（5）创建拉伸体。单击"三维模型"选项卡"创建"面板中的"拉伸"按钮，打开"拉伸"对话框，系统自动选取上一步绘制的草图为拉伸截面轮廓，将拉伸距离设置为 2mm，如图 3-71 所示。单击"确定"按钮，完成拉伸，如图 3-72 所示。

（6）创建草图。单击"三维模型"选项卡"草图"面板中的"开始创建二维草图"按钮，选择上步创建的拉伸体上表面为草图绘制平面，进入草图绘制环境。单击"草图"选项卡"创建"面板中的"圆"按钮⊙，绘制草图轮廓。单击"约束"面板中的"尺寸"按钮，标注尺寸如图 3-73 所示。单击"草图"选项卡中的"完成草图"按钮✓，退出草图环境。

图 3-70　绘制草图　　　　　　　　　图 3-71　设置参数

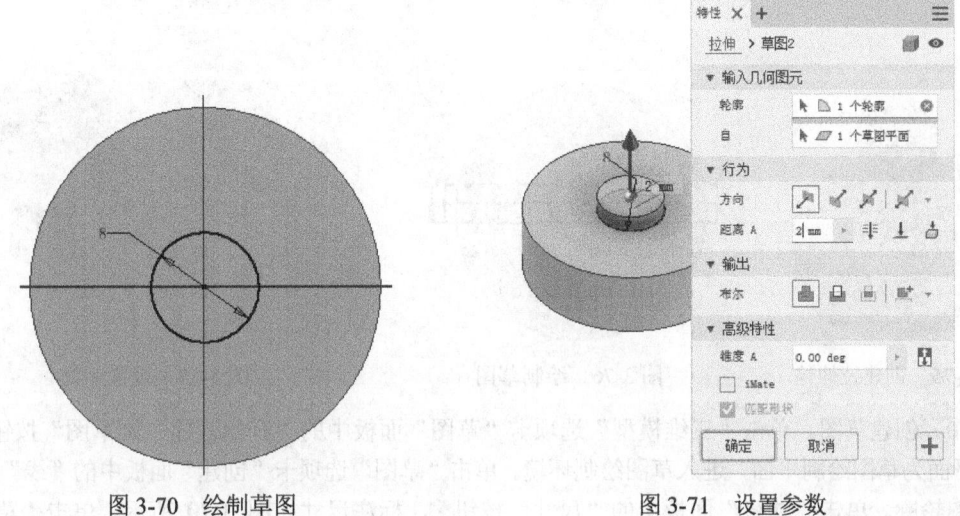

（7）创建拉伸体。单击"三维模型"选项卡"创建"面板中的"拉伸"按钮，打开"拉伸"对话框，系统自动选取上一步绘制的草图为拉伸截面轮廓，将拉伸距离设置为 12mm，如图 3-74 所示。单击"确定"按钮，完成拉伸，如图 3-75 所示。

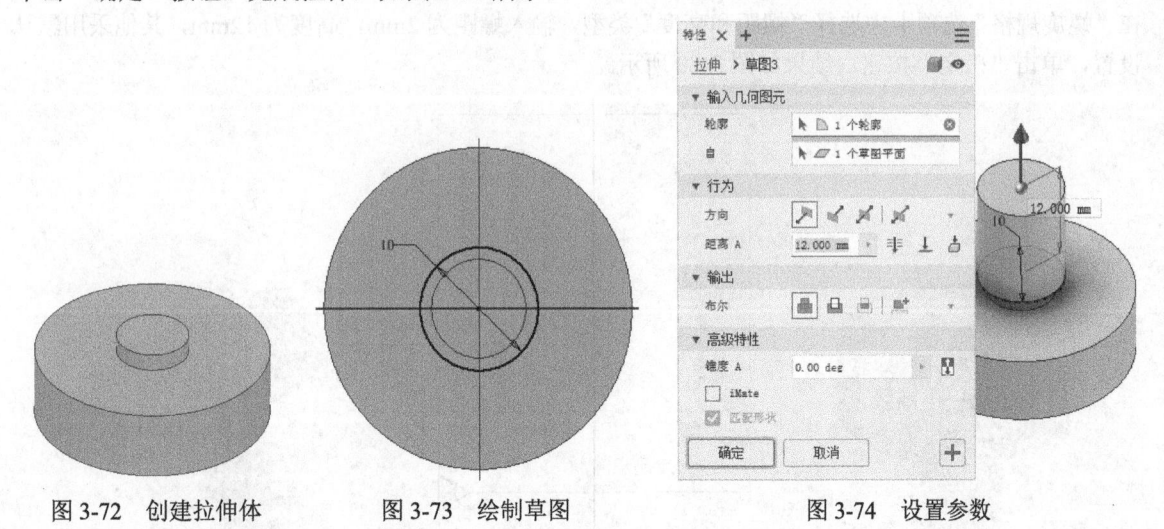

图 3-72　创建拉伸体　　　　图 3-73　绘制草图　　　　图 3-74　设置参数

（8）创建草图。单击"三维模型"选项卡"草图"面板中的"开始创建二维草图"按钮，选择第一个拉伸体下表面为草图绘制平面，进入草图绘制环境。单击"草图"选项卡"创建"面板中的"两点中心矩形"按钮，绘制草图轮廓。单击"约束"面板中的"尺寸"按钮，标注尺寸如图 3-76 所示。单击"草图"选项卡中的"完成草图"按钮✓，退出草图环境。

（9）创建拉伸体。单击"三维模型"选项卡"创建"面板中的"拉伸"按钮，打开"拉伸"对话框，系统自动选取上一步绘制的草图为拉伸截面轮廓，将拉伸距离设置为 3mm，单击"求差"按钮，如图 3-77 所示。单击"确定"按钮，完成拉伸，如图 3-78 所示。

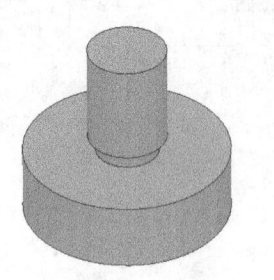

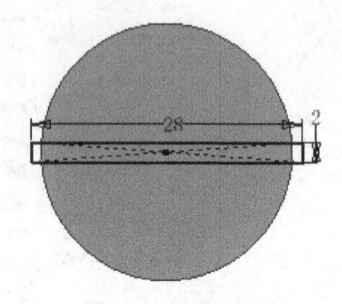

图 3-75　创建拉伸体　　　图 3-76　绘制草图　　　　　图 3-77　设置参数

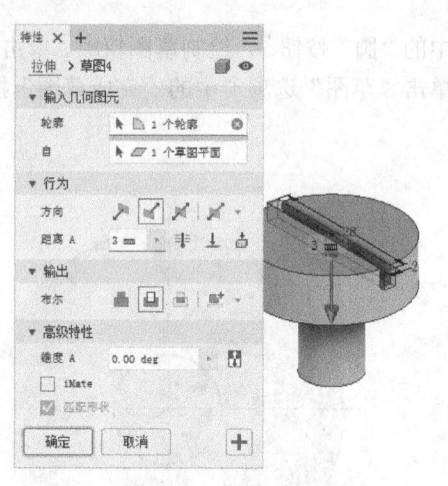

（10）创建草图。单击"三维模型"选项卡"草图"面板中的"开始创建二维草图"按钮，选择 YZ 平面为草图绘制平面，进入草图绘制环境。单击"草图"选项卡"创建"面板中的"线"按钮，绘制草图轮廓。单击"约束"面板中的"尺寸"按钮，标注尺寸如图 3-79 所示。单击"草图"选项卡中的"完成草图"按钮，退出草图环境。

（11）创建螺纹。单击"三维模型"选项卡"创建"面板中的"螺旋扫掠"按钮，打开"螺旋扫掠"对话框，选取上步绘制草图中的三角形为截面轮廓，选取竖直线为旋转轴，单击"求差"按钮，在"螺旋规格"选项卡中选择"螺距和高度"类型，输入螺距为 2mm，高度为 12mm，其他采用默认设置，单击"确定"按钮，结果如图 3-80 所示。

图 3-78　创建拉伸体　　　图 3-79　绘制草图　　　　　图 3-80　创建螺纹

（12）保存文件。单击快速访问工具栏中的"保存"按钮，打开"另存为"对话框，输入文件名为"螺钉.ipt"，单击"保存"按钮，保存文件。

> 技巧：在螺旋扫掠的过程中，扫掠轮廓的创建很重要，一个值得注意的地方就是扫掠轮廓在扫掠过程中不可以相交，否则不能够创建特征，同时会出现错误信息。如果扫掠轮廓相交，可以通过调整螺距来消除，如图 3-81 所示。

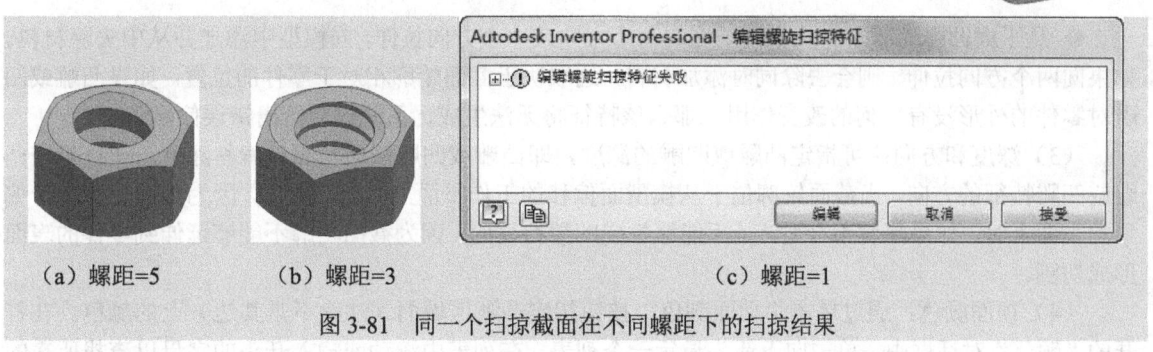

（a）螺距=5　　（b）螺距=3　　（c）螺距=1

图 3-81　同一个扫掠截面在不同螺距下的扫掠结果

3.3.9 凸雕

在零件设计中，往往需要在零件表面增添一些凸起或凹进的图案或文字，以实现某种功能或美观性。

在 Inventor 中，可利用凸雕工具来实现这种设计功能。进行凸雕的基本思路是首先建立草图，因为凸雕也是基于草图的特征，然后在草图上绘制用来形成特征的草图几何图元或草图文本。然后通过在指定的面上进行特征的生成，或将特征以缠绕或投影到其他面上。

通过面形状、拉伸范围和扫掠斜角 3 个要素来控制。

创建凸雕特征的步骤如下：

（1）单击"三维模型"选项卡"创建"面板中的"凸雕"按钮，打开如图 3-82 所示的"凸雕"对话框。

（2）在视图中选取截面轮廓，如图 3-83 所示。

（3）在对话框中设置凸雕参数，如选择凸雕类型、输入凸雕审定、调整凸雕方向等。

（4）在对话框中单击"确定"按钮，完成凸雕特征的创建，如图 3-84 所示。

图 3-82　"凸雕"对话框 　　图 3-83　选取截面 　　图 3-84　完成凸雕特征的创建

"凸雕"对话框中的选项说明如下。

（1）截面轮廓：在创建截面轮廓以前，首先应该选择创建凸雕特征的面。

❶ 如果是在平面上创建，则可直接在该平面上创建草图，绘制截面轮廓。

❷ 如果在曲面上创建凸雕特征，则应该在对应的位置建立工作平面或利用其他的辅助平面，然后在工作平面上建立草图。

草图中的截面轮廓用作凸雕图像。可使用"二维草图面板"工具栏中的工具创建截面轮廓，截面轮廓主要有两种，一是使用文本工具创建文本，二是使用草图工具创建形状如圆形、多边形等。

（2）类型："类型"选项指定凸雕区域的方向，有 3 个选项可选择。

❶ 从面凸雕：将升高截面轮廓区域，也就是说截面将凸起。

❷ 从面凹雕：将凹进截面轮廓区域。

❸ 从平面凸雕/凹雕：将从草图平面向两个方向或一个方向拉伸，向模型中添加并从中去除材料。如果向两个方向拉伸，则会去除同时添加材料，这取决于截面轮廓相对于零件的位置。如果凸雕或凹雕对零件的外形没有任何的改变作用，那么该特征将无法生成，系统也会给出错误信息。

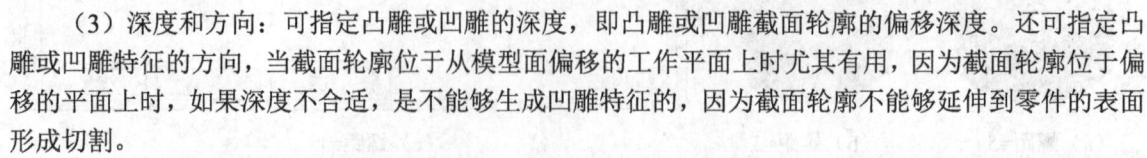

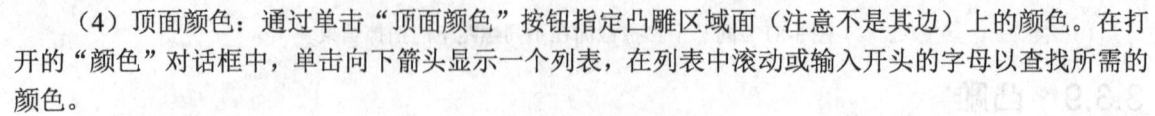

（3）深度和方向：可指定凸雕或凹雕的深度，即凸雕或凹雕截面轮廓的偏移深度。还可指定凸雕或凹雕特征的方向，当截面轮廓位于从模型面偏移的工作平面上时尤其有用，因为截面轮廓位于偏移的平面上时，如果深度不合适，是不能够生成凹雕特征的，因为截面轮廓不能够延伸到零件的表面形成切割。

（4）顶面颜色：通过单击"顶面颜色"按钮指定凸雕区域面（注意不是其边）上的颜色。在打开的"颜色"对话框中，单击向下箭头显示一个列表，在列表中滚动或输入开头的字母以查找所需的颜色。

（5）折叠到面：对于"从面凸雕"和"从面凹雕"类型，用户可通过选中"折叠到面"复选框指定截面轮廓缠绕在曲面上。注意仅限于单个面，不能是接缝面。面只能是平面或圆锥形面，而不能是样条曲线。如果不选中该复选框，图像将投影到面而不是折叠到面。如果截面轮廓相对于曲率有些大，当凸雕或凹雕区域向曲面投影时会轻微失真。遇到垂直面时，缠绕即停止。

（6）锥度：对于"从平面凸雕/凹雕"类型，可指定扫掠斜角。指向模型面的角度为正，允许从模型中去除一部分材料。

3.3.10 加强筋

在模具和铸件的制造过程中，常常为零件增加加强筋和肋板（也叫作隔板或腹板），以提高零件强度。在塑料零件中，它们也常常用来提高刚性和防止弯曲。在 Inventor 中，提供了加强筋工具以便于快速地在零件中添加加强筋和肋板。加强筋是指封闭的薄壁支撑形状，肋板指开放的薄壁支撑形状。

加强筋和肋板也是非基于草图的特征，在草图中完成的工作就是绘制二者的截面轮廓，可创建一个封闭的截面轮廓作为加强筋的轮廓，可创建一个开放的截面轮廓作为肋板的轮廓，也可创建多个相交或不相交的截面轮廓定义网状加强筋和肋板。

创建加强筋特征的步骤如下：

（1）单击"三维模型"选项卡"创建"面板中的"加强筋"按钮，打开如图 3-85 所示的"加强筋"对话框，选择加强筋类型。

（2）在视图中选取截面轮廓，如图 3-86 所示。

（3）在对话框中设置加强筋参数，如输入加强筋厚度，调整拉伸方向等。

图 3-85 "加强筋"对话框

（4）在对话框中单击"确定"按钮，完成加强筋特征的创建，如图 3-87 所示。

"加强筋"对话框中的选项说明如下：

（1）垂直于草图平面：垂直于草图平面拉伸几何图元。厚度平行于草图平面。

（2）平行于草图平面：平行于草图平面拉伸几何图元。厚度垂直于草图平面。

（3）到表面或平面：则加强筋终止于下一个面。

（4）有限的：则需要设置终止加强筋的距离，这时可在下面的文本框中输入一个数值，如图 3-88 所示。

（5）延伸截面轮廓：选中该复选框则截面轮廓会自动延伸到与零件相交的位置。

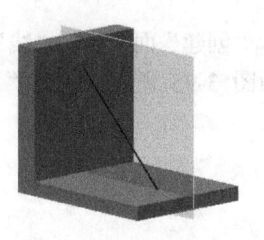

图 3-86　选取截面　　　　　图 3-87　完成加强筋　　　　　图 3-88　有限的

3.4　综合实例——螺杆

绘制如图 3-89 所示的螺杆。

图 3-89　螺杆

操作步骤：

（1）新建文件。运行 Inventor，单击快速访问工具栏中的"新建"按钮，在打开的"新建文件"对话框的 Templates 选项卡的零件下拉列表中选择 Standard.ipt 选项，单击"创建"按钮，新建一个零件文件。

（2）创建草图。单击"三维模型"选项卡"草图"面板中的"开始创建二维草图"按钮，选择 YZ 平面为草图绘制平面，进入草图绘制环境。单击"草图"选项卡"创建"面板中的"线"按钮，绘制草图轮廓。单击"约束"面板中的"尺寸"按钮，标注尺寸如图 3-90 所示。单击"草图"选项卡中的"完成草图"按钮，退出草图环境。

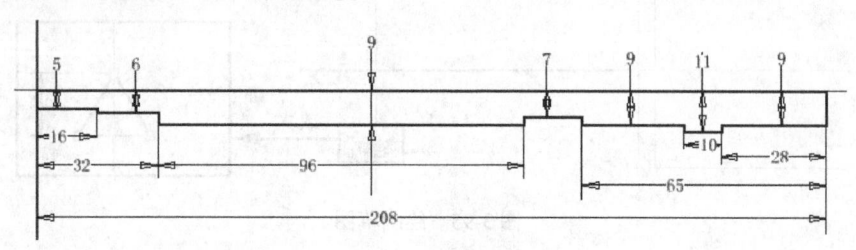

图 3-90　绘制草图

（3）创建旋转体。单击"三维模型"选项卡"创建"面板中的"旋转"按钮，打开"旋转"对话框，选取上一步绘制的草图为旋转截面轮廓，选取竖直线为旋转轴，如图 3-91 所示。单击"确定"按钮，完成旋转，则创建如图 3-92 所示的零件基体。

（4）创建倒角。单击"三维模型"选项卡"修改"面板中的"倒角"按钮，打开"倒角"对话框，选择"倒角边长"类型，选择如图 3-93 所示的拉伸体上边线，输入倒角边长为 1mm，单击"确定"按钮，结果如图 3-94 所示。

（5）创建草图。单击"三维模型"选项卡"草图"面板中的"开始创建二维草图"按钮，选择 YZ 平面为草图绘制平面，进入草图绘制环境。单击"草图"选项卡"创建"面板中的"线"按钮，绘制草图轮廓。单击"约束"面板中的"尺寸"按钮，标注尺寸如图 3-95 所示。单击"草图"选项卡中的"完成草图"按钮，退出草图环境。

图 3-91 设置参数

图 3-92 完成旋转

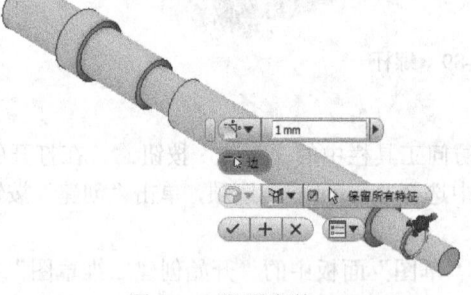

图 3-93 设置参数

图 3-94 倒角处理

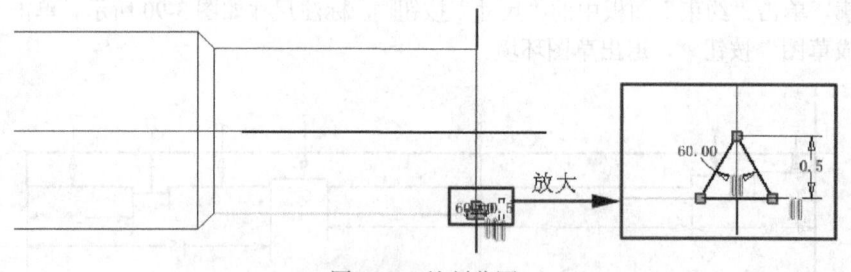

图 3-95 绘制草图

（6）创建螺纹。单击"三维模型"选项卡"创建"面板中的"螺旋扫掠"按钮，打开"螺旋扫掠"对话框，选取上步绘制草图中的三角形为截面轮廓，选取水平直线为旋转轴，单击"求差"按钮，在"螺旋规格"选项卡中选择"螺距和高度"类型，输入螺距为 1mm，高度为 15mm，如图 3-96 所示，其他采用默认设置，单击"确定"按钮，结果如图 3-97 所示。

（7）创建草图。单击"三维模型"选项卡"草图"面板中的"开始创建二维草图"按钮，选择 YZ 平面为草图绘制平面，进入草图绘制环境。单击"草图"选项卡"创建"面板中的"线"按钮，绘制草图轮廓。单击"约束"面板中的"尺寸"按钮，标注尺寸如图 3-98 所示。单击"草图"选项卡中的"完成草图"按钮，退出草图环境。

图 3-96 "螺旋扫掠"对话框　　　　图 3-97 创建螺纹

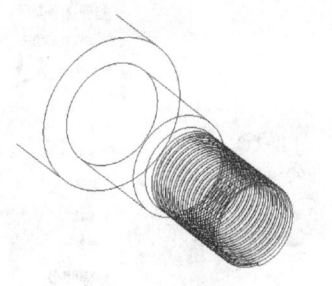

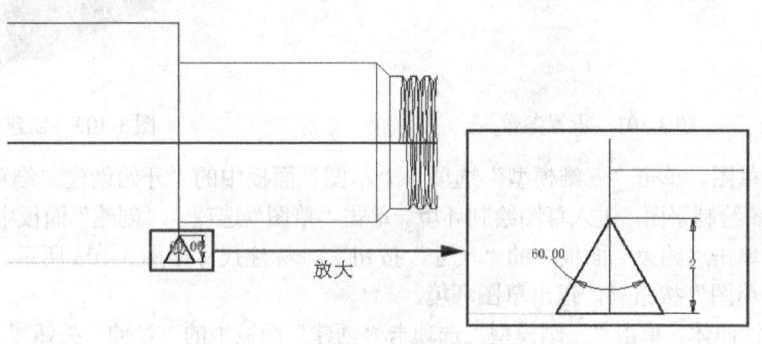

图 3-98 绘制草图

(8) 创建螺纹。单击"三维模型"选项卡"创建"面板中的"螺旋扫掠"按钮，打开"螺旋扫掠"对话框，选取上步绘制草图中的三角形为截面轮廓，选取水平直线为旋转轴，单击"求差"按钮，在"螺旋规格"选项卡中选择"螺距和高度"类型，输入螺距为 4mm，高度为 96mm，其他采用默认设置，单击"确定"按钮，结果如图 3-99 所示。

(9) 创建草图。单击"三维模型"选项卡"草图"面板中的"开始创建二维草图"按钮，选择图 3-99 所示的面 1 为草图绘制平面，进入草图绘制环境。单击"草图"选项卡"创建"面板中的"圆"按钮和"两点中心矩形"按钮，绘制大体轮廓，然后单击"修改"面板中的"修剪"按钮，修剪图形。单击"约束"面板中的"尺寸"按钮，标注尺寸如图 3-100 所示。单击"草图"选项卡中的"完成草图"按钮，退出草图环境。

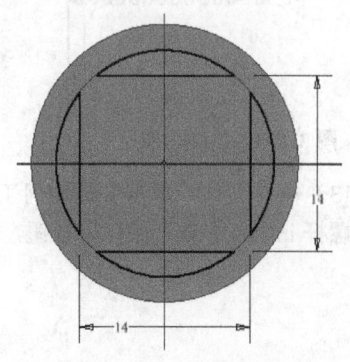

图 3-99 创建螺纹　　　　图 3-100 绘制草图

(10) 创建拉伸体。单击"三维模型"选项卡"创建"面板中的"拉伸"按钮，打开"拉伸"对话框，选取上一步绘制的草图为拉伸截面轮廓，将拉伸距离设置为 22mm，单击"求差"按钮，单击"方向 2"按钮，调整拉伸方向，如图 3-101 所示。单击"确定"按钮，完成拉伸，如图 3-102 所示。

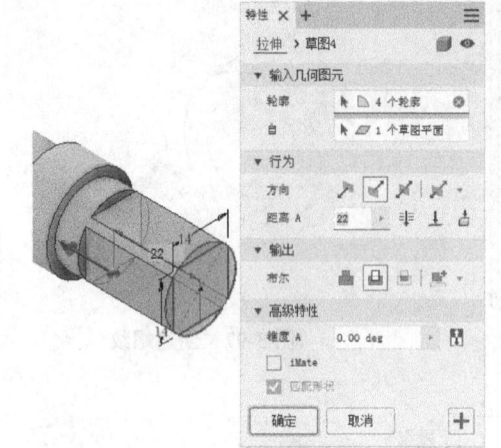

图 3-101　设置参数 　　　　　　　　图 3-102　创建拉伸体

（11）创建草图。单击"三维模型"选项卡"草图"面板中的"开始创建二维草图"按钮，选择 XZ 平面为草图绘制平面，进入草图绘制环境。单击"草图"选项卡"创建"面板中的"圆"按钮，绘制草图轮廓。单击"约束"面板中的"尺寸"按钮，标注尺寸如图 3-103 所示。单击"草图"选项卡中的"完成草图"按钮，退出草图环境。

（12）创建拉伸体。单击"三维模型"选项卡"创建"面板中的"拉伸"按钮，打开"拉伸"对话框，选取上一步绘制的草图为拉伸截面轮廓，将拉伸范围设置为贯通，单击"求差"按钮，单击"对称"按钮，调整拉伸方向，如图 3-104 所示。单击"确定"按钮，完成拉伸，如图 3-105 所示。

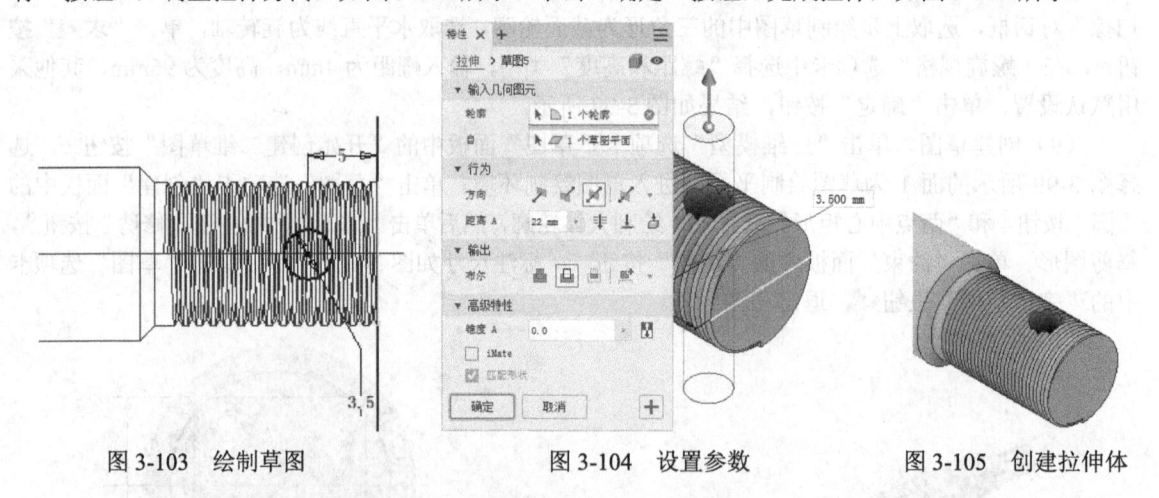

图 3-103　绘制草图　　　　图 3-104　设置参数　　　　图 3-105　创建拉伸体

（13）保存文件。单击快速访问工具栏中的"保存"按钮，打开"另存为"对话框，输入文件名为"螺杆.ipt"，单击"保存"按钮，保存文件。

第4章

放置特征

第3章介绍了基本体素特征和草图特征的创建，本章将在第3章的基础上继续介绍放置特征和复制特征的创建。放置特征不需要创建草图，但必须已存在相关的特征。

- ☑ 基于特征的特征
- ☑ 复制特征
- ☑ 综合实力

任务驱动&项目案例

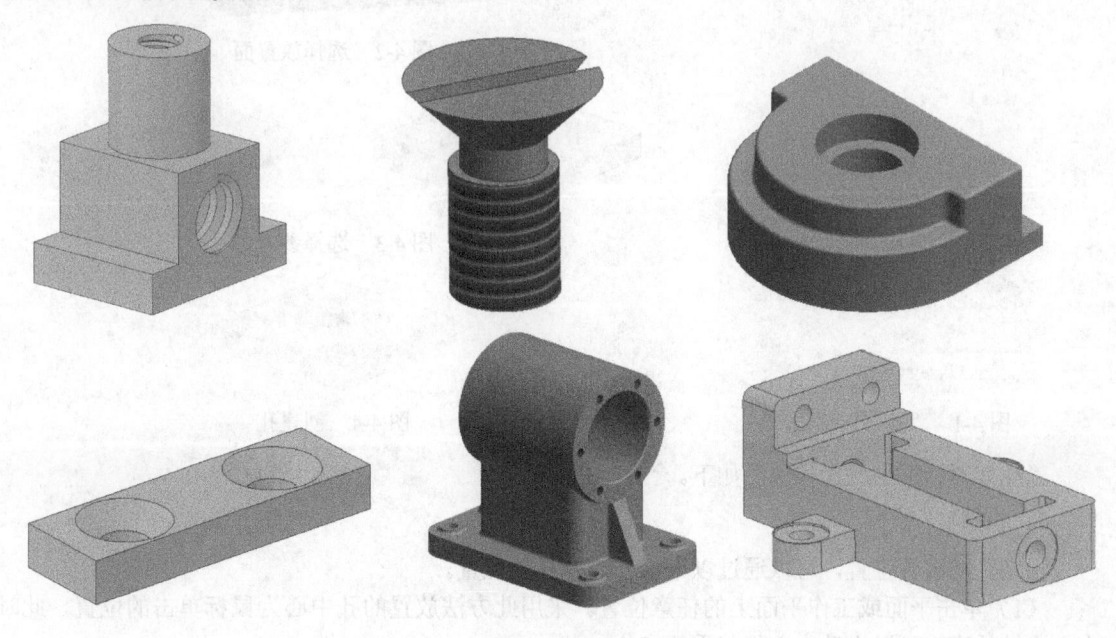

4.1 基于特征的特征

在本节中主要介绍孔、抽壳、拔模斜角等命令的创建。

4.1.1 孔

在 Inventor 中可利用打孔工具在零件环境、部件环境和焊接环境中创建参数化直孔、沉头孔、锪平或倒角孔特征，还可自定义螺纹孔的螺纹特征和顶角的类型，来满足设计要求。

下面介绍线性放置孔的操作步骤。

（1）单击"三维模型"选项卡"修改"面板中的"孔"按钮，打开"孔"对话框，选择"线性"放置方式，如图 4-1 所示。

（2）在视图中选择孔放置面，如图 4-2 所示。

（3）分别选择两条边为线性参考边，并输入尺寸，如图 4-3 所示。

（4）在对话框中选择孔类型，并输入孔直径，选择孔底类型并输入角度，选择终止方式。

（5）单击"确定"按钮，按指定的参数生成孔，如图 4-4 所示。

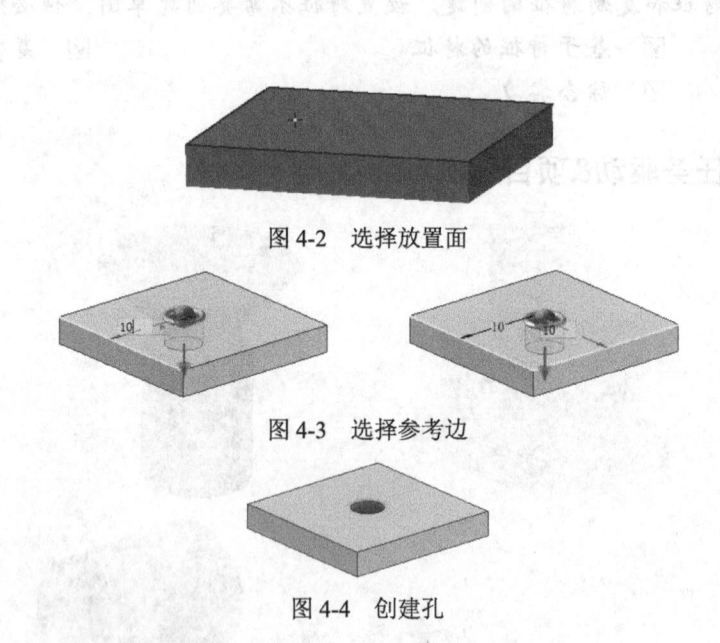

图 4-1 "孔"对话框

图 4-2 选择放置面

图 4-3 选择参考边

图 4-4 创建孔

"孔"对话框中的选项说明如下。

1. 位置

指定孔的放置位置，可以通过以下操作确定孔的位置。

（1）单击平面或工作平面上的任意位置。采用此方法放置的孔中心为鼠标单击的位置，此时孔中心未被约束，可以拖动中心将其重新定位。

（2）单击参考边以放置尺寸。此方法首先选择放置孔的平面，然后选择参考边线，系统出现距离尺寸，通过距离约束确定孔的具体位置。

（3）创建同心孔。采用该方式，首先选择要放置孔的平面，然后选择要同心的对象，可以是环形边或圆柱面，最后所创建的孔与同心引用对象具有同心约束。

2. 孔的形状

可选择创建 4 种形状的孔，即直孔⌀、沉头孔▯、沉头平面孔▯和倒角孔▯，如图 4-5 所示。直孔与平面齐平，并且具有指定的直径。沉头孔具有指定的直径、沉头直径和沉头深度。沉头平面孔具有指定的直径、沉头平面直径和沉头平面深度。孔和螺纹深度从沉头平面的底部曲面进行测量。倒角孔具有指定的直径、倒角直径和倒角深度。

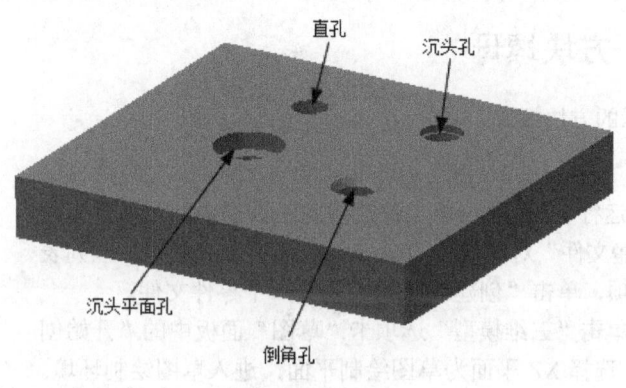

图 4-5 孔的形状

📢 **注意**：不能将锥角螺纹孔与沉头孔结合使用。

3. 孔预览区域

在孔的预览区域内可预览孔的形状。需要注意的是，孔的尺寸是在预览窗口中进行修改的，双击对话框中孔图像上的尺寸，此时尺寸值变为可编辑状态，然后输入新值即完成修改。

4. 孔底

通过"孔底"选项设定孔的底部形状，有两个选项：平直▯和角度▯，如果选择了"角度"选项，可设定角度的值。

5. 终止方式

通过"终止方式"选项组中的选项可设置孔的方向和终止方式，终止方式有"距离""贯通""到"。其中，"到"方式仅可用于零件特征，在该方式下需要指定是在曲面还是在延伸面（仅适用于零件特征）上终止孔。如果选择"距离"或"贯通"选项，则通过方向按钮▶◀选择是否反转孔的方向。

6. 孔的类型

可选择创建 4 种类型的孔，即简单孔、螺纹孔、配合孔和锥螺纹孔。要为孔设置螺纹特征，可选中"螺纹孔"或"锥螺纹孔"选项，此时出现"螺纹"选项框，用户可自己指定螺纹类型。

（1）英制孔对应于 ANSI Unified Screw Threads 选项作为螺纹类型，公制孔则对应于 ANSI Metric M Profile 选项作为螺纹类型。

（2）可设定螺纹的右旋或左旋方向，设置是否为全螺纹，可设定公称尺寸、规格、类和直径等。

（3）如果选中"配合孔"选项，创建与所选紧固件配合的孔，此时出现"紧固件"选项框。可从"标准"下拉框中选择紧固件标准，从"紧固件类型"下拉框中选择紧固件类型，从"尺寸"下拉框中选择紧固件的尺寸，从"配合"下拉框中设置孔配合的类型，可选的值为"常规""紧""松"。

> **技巧**：怎样用共享草图指定孔位置？
> 如果阵列中需要多种大小或类型的孔，可以使用共享草图在零件环境中创建多个孔特征。将孔创建为部件特征时，共享草图不可用。
> （1）在单一草图上布置多个孔的中心点。
> （2）为孔阵列选择指定的中心点。如果需要，可以使用草图几何图元的端点或中心点作为孔中心。
> （3）对于不同的孔大小或类型，应选择另一组孔中心点。

4.1.2 实例——方块螺母

绘制如图 4-6 所示的方块螺母。

操作步骤：

（1）新建文件。运行 Inventor，单击快速访问工具栏中的"新建"按钮，在打开的"新建文件"对话框的 Templates 选项卡的零件下拉列表中选择 Standard.ipt 选项，单击"创建"按钮，新建一个零件文件。

（2）创建草图。单击"三维模型"选项卡"草图"面板中的"开始创建二维草图"按钮，选择 XZ 平面为草图绘制平面，进入草图绘制环境。单击"草图"选项卡"创建"面板中的"两点中心矩形"按钮，绘制草图轮廓。单击"约束"面板中的"尺寸"按钮，标注尺寸如图 4-7 所示。单击"草图"选项卡中的"完成草图"按钮，退出草图环境。

图 4-6 方块螺母

（3）创建拉伸体。单击"三维模型"选项卡"创建"面板中的"拉伸"按钮，打开"拉伸"对话框，系统自动选取上一步绘制的草图为拉伸截面轮廓，将拉伸距离设置为 8mm，如图 4-8 所示。单击"确定"按钮，完成拉伸，如图 4-9 所示。

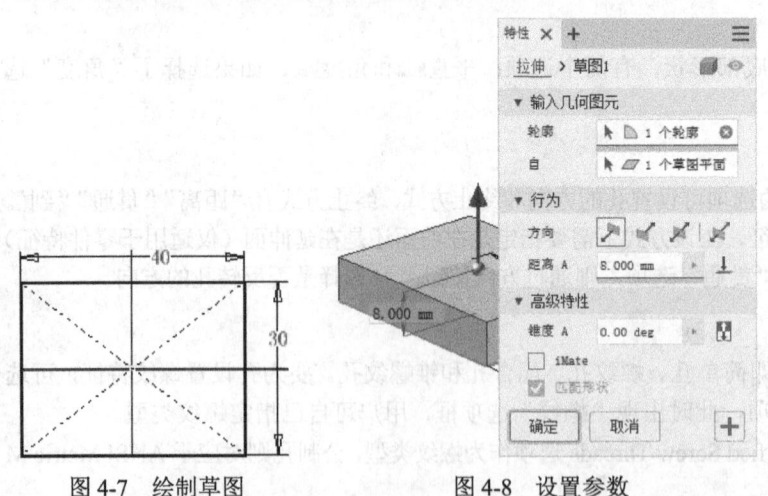

图 4-7 绘制草图　　　　图 4-8 设置参数　　　　图 4-9 创建拉伸体

（4）创建草图。单击"三维模型"选项卡"草图"面板中的"开始创建二维草图"按钮，选择上步创建的拉伸体的上表面为草图绘制平面，进入草图绘制环境。单击"草图"选项卡"创建"面板中的"两点中心矩形"按钮，绘制草图轮廓。单击"约束"面板中的"尺寸"按钮，标注尺寸如图 4-10 所示。单击"草图"选项卡中的"完成草图"按钮，退出草图环境。

第 4 章 放置特征

（5）创建拉伸体。单击"三维模型"选项卡"创建"面板中的"拉伸"按钮，打开"拉伸"对话框，系统自动选取上一步绘制的草图为拉伸截面轮廓，将拉伸距离设置为18mm，如图4-11所示。单击"确定"按钮，完成拉伸，如图4-12所示。

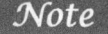

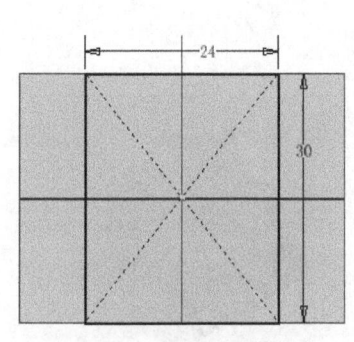

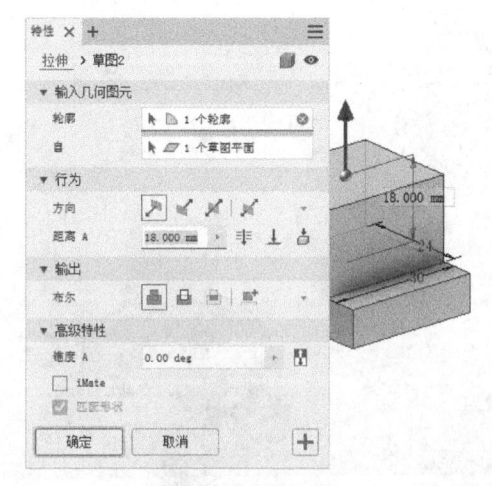

图 4-10　绘制草图　　　　　图 4-11　设置参数　　　　　图 4-12　创建拉伸体

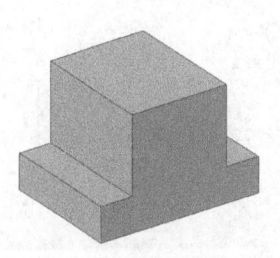

（6）创建草图。单击"三维模型"选项卡"草图"面板中的"开始创建二维草图"按钮，选择上步创建的拉伸体的上表面为草图绘制平面，进入草图绘制环境。单击"草图"选项卡"创建"面板中的"圆"按钮，绘制草图轮廓。单击"约束"面板中的"尺寸"按钮，标注尺寸如图 4-13 所示。单击"草图"选项卡中的"完成草图"按钮，退出草图环境。

（7）创建拉伸体。单击"三维模型"选项卡"创建"面板中的"拉伸"按钮，打开"拉伸"对话框，系统自动选取上一步绘制的草图为拉伸截面轮廓，将拉伸距离设置为20mm，如图4-14所示。单击"确定"按钮，完成拉伸，如图4-15所示。

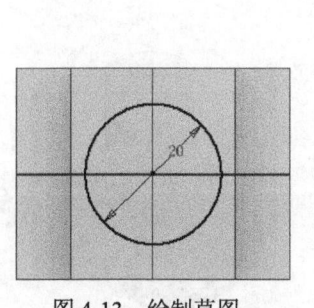

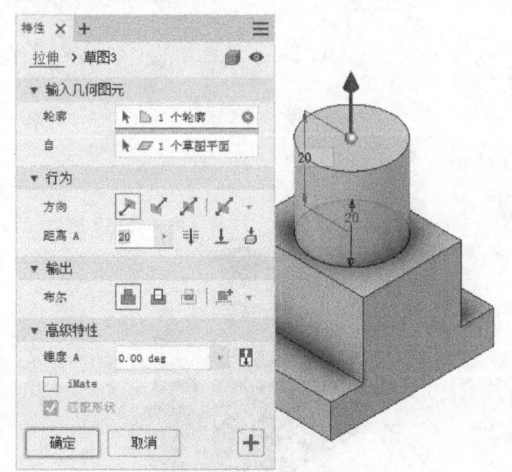

图 4-13　绘制草图　　　　　图 4-14　设置参数　　　　　图 4-15　创建拉伸体

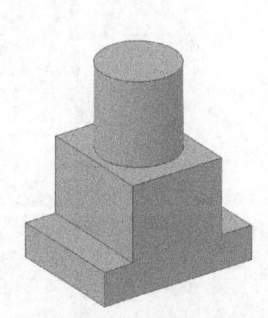

（8）创建直孔。单击"三维模型"选项卡"修改"面板中的"孔"按钮，打开"孔"对话框。在放置下拉列表中选择"线性"放置方式，选择"贯通"终止方式，选择"直孔"类型，输入孔直径为13.5mm，如图4-16所示，选择拉伸体外表面为孔放置面，选取上端边线为参1，输入距离为12mm，选取第二个拉伸体左侧竖直边线为参考2，输入距离为12mm，如图4-17所示，单击"确定"按钮，

· 99 ·

如图 4-18 所示。

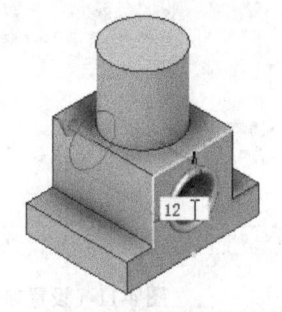

图 4-16　"孔"对话框　　图 4-17　选择参考　　图 4-18　创建直孔

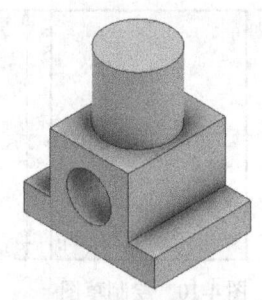

（9）创建直孔。单击"三维模型"选项卡"修改"面板中的"孔"按钮，打开"孔"对话框。选择"距离"终止方式，选择"简单孔"类型，输入孔直径为 8.5mm，输入孔深度为 30mm，选择"平直"方式，如图 4-19 所示，选择第三个拉伸体上表面为孔放置面，选取上端圆弧边线为同心参考，如图 4-20 所示，单击"确定"按钮，如图 4-21 所示。

图 4-19　"孔"对话框　　图 4-20　选择同心参考　　图 4-21　创建直孔

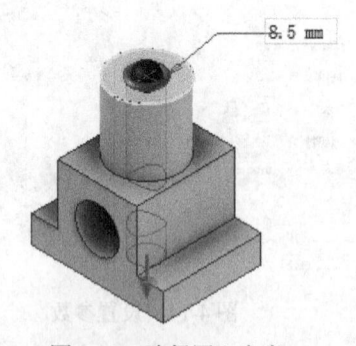

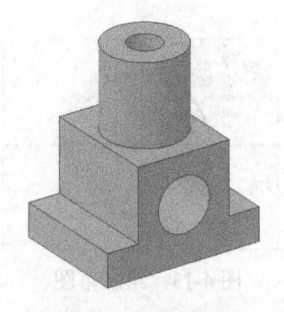

（10）创建草图。单击"三维模型"选项卡"草图"面板中的"开始创建二维草图"按钮，选择 YZ 平面为草图绘制平面，进入草图绘制环境。单击"草图"选项卡"创建"面板中的"线"按钮，绘制草图轮廓。单击"约束"面板中的"尺寸"按钮，标注尺寸如图 4-22 所示。单击"草图"选

项卡中的"完成草图"按钮✓,退出草图环境。

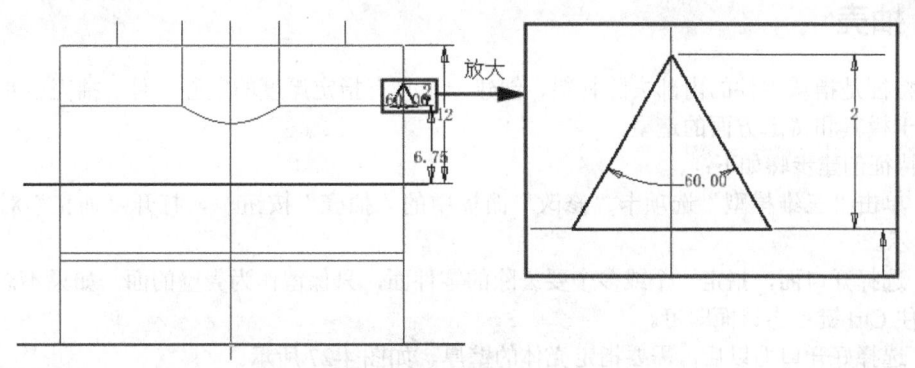

图 4-22 绘制草图

(11) 创建螺纹。单击"三维模型"选项卡"创建"面板中的"螺旋扫掠"按钮,打开"螺旋扫掠"对话框,选取上步绘制草图中的三角形为截面轮廓,选取水平直线为旋转轴,单击"求差"按钮,在"螺旋规格"选项卡中选择"螺距和高度"类型,输入螺距为 4mm,高度为 40mm,其他采用默认设置,单击"确定"按钮,结果如图 4-23 所示。

(12) 创建草图。单击"三维模型"选项卡"草图"面板中的"开始创建二维草图"按钮,选择 YZ 平面为草图绘制平面,进入草图绘制环境。单击"草图"选项卡"创建"面板中的"线"按钮,绘制草图轮廓。单击"约束"面板中的"尺寸"按钮,标注尺寸如图 4-24 所示。单击"草图"选项卡中的"完成草图"按钮✓,退出草图环境。

图 4-23 创建螺纹

(13) 创建螺纹。单击"三维模型"选项卡"创建"面板中的"螺旋扫掠"按钮,打开"螺旋扫掠"对话框,选取上步绘制草图中的三角形为截面轮廓,选取竖直线为旋转轴,单击"求差"按钮,在"螺旋规格"选项卡中选择"螺距和高度"类型,输入螺距为 2mm,高度为 20mm,其他采用默认设置,单击"确定"按钮,结果如图 4-25 所示。

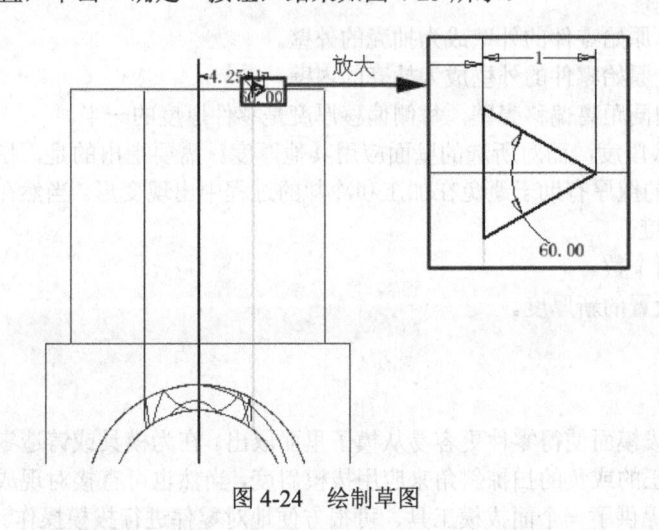

图 4-24 绘制草图

图 4-25 创建螺纹

(14) 保存文件。单击快速访问工具栏中的"保存"按钮,打开"另存为"对话框,输入文件名为"方块螺母.ipt",单击"保存"按钮,保存文件。

4.1.3 抽壳

抽壳特征是指从零件的内部去除材料，创建一个具有指定厚度的空腔零件。抽壳也是参数化特征，常用于模具和铸造方面的造型。

抽壳特征创建步骤如下：

（1）单击"三维模型"选项卡"修改"面板中的"抽壳"按钮，打开"抽壳"对话框，如图 4-26 所示。

（2）选择开口面，指定一个或多个要去除的零件面，只保留作为壳壁的面，如果不想选择某个面，可按住 Ctrl 键单击该面即可。

（3）选择好开口面以后，需要指定壳体的壁厚，如图 4-27 所示。

（4）单击"确定"按钮，完成抽壳特征的创建，如图 4-28 所示。

图 4-26　"抽壳"对话框　　　图 4-27　设置参数　　　图 4-28　完成抽壳

"抽壳"对话框中的选项说明如下。

（1）抽壳方式。

❶ 向内：向零件内部偏移壳壁，原始零件的外壁成为抽壳的外壁。

❷ 向外：向零件外部偏移壳壁，原始零件的外壁成为抽壳的内壁。

❸ 双向：向零件内部和外部以相同距离偏移壳壁，每侧偏移厚度是零件厚度的一半。

（2）特殊面厚度：用户可忽略默认厚度，而对所选的壁面应用其他厚度。需要指出的是，指定相等的壁厚是一个好的习惯，因为相等的壁厚有助于避免在加工和冷却的过程中出现变形。当然在特殊情况下，可为特定壳壁指定不同的厚度。

❶ 选择：显示应用新厚度的所选面个数。

❷ 厚度：显示和修改为所选面所设置的新厚度。

4.1.4 面拔模

在进行铸件设计时，通常需要一个拔模面使得零件更容易从模子里面取出。在为模具或铸造零件设计特征时，可通过为拉伸或扫掠指定正的或负的扫掠斜角来应用拔模斜度，当然也可直接对现成的零件进行面拔模操作。在 Inventor 中，提供了一个面拔模工具，可很方便地对零件进行拔模操作。

创建面拔模的步骤如下：

（1）单击"三维模型"选项卡"修改"面板中的"面拔模"按钮，打开"面拔模"对话框，如图 4-29 所示，选择拔模类型。

（2）在右侧的"拔模斜度"选项中输入要进行拔模的斜度，可是正值或负值。

（3）选择要进行拔模的平面，可选择一个或多个拔模面，注意拔模的平面不能与拔模方向垂直。当鼠标位于某个符合要求的平面时，会出现效果的预览，如图 4-30 所示。

（4）单击"确定"按钮即可完成面拔模的创建，如图 4-31 所示。

图 4-29 "面拔模"对话框　　图 4-30 设置拔模参数　　图 4-31 创建面拔模

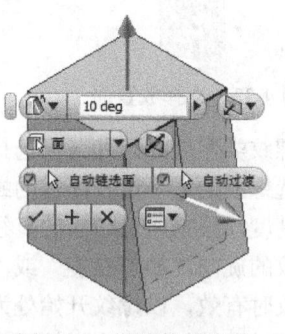

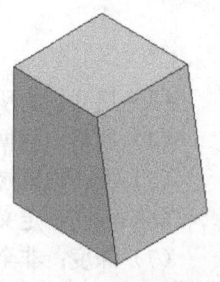

"面拔模"对话框中的选项说明如下。

（1）拔模方式。

❶ 固定边方式：在每个平面的一个或多个相切的连续固定边处，创建拔模，拔模结果是创建额外的面。

❷ 固定平面方式：需要选择一个固定平面（也可以是工作平面），选择以后拔模方向就自动设定为垂直于所选平面，然后再选择拔模面，即根据确定的拔模斜度角来创建拔模斜度特征。

❸ 分模线方式：创建有关二维或三维草图的拔模。模型将在分模线上方和下方进行拔模。

（2）自动链选面：包含与拔模选择集中的选定面相切的面。

（3）自动过渡：适用于以圆角或其他特征过渡到相邻面的面。选中此复选框，可维护过渡的几何图元。

4.1.5 螺纹特征

在 Inventor 中，可使用"螺纹"特征工具在孔或诸如轴、螺柱、螺栓等圆柱面上创建螺纹特征。Inventor 的螺纹特征实际上不是真实存在的螺纹，是用贴图的方法实现的效果图。这样可大大减少系统的计算量，使得特征的创建时间更短、效率更高。

创建螺纹特征的步骤如下：

（1）单击"三维模型"选项卡"修改"面板中的"螺纹"按钮 ，打开"螺纹"对话框，如图 4-32 所示，选择拔模类型。

（2）在视图区中选择一个圆柱/圆锥面放置螺纹，如图 4-33 所示。

（3）在对话框中设置螺纹长度，单击"行为"组，更改螺纹类型。

（4）单击"确定"按钮即可完成螺纹特征的创建，如图 4-34 所示。

"螺纹"对话框中的选项说明如下。

（1）面：选择单一圆柱或圆锥表面（锥管螺纹）。

（2）类型：单击下拉箭头，在弹出的下拉列表中可以选择公制、英制等类型。

图 4-32 "螺纹"对话框

图 4-33　选择放置面　　　　　图 4-34　创建螺纹特征

（3）尺寸：为所选螺纹类型选择尺寸（可选择，也可与当前模型所指面的直径匹配检测）。

（4）规格：根据所选螺纹的直径选择所需的螺距，按螺纹参数表提供的序列选择。

（5）类：设置螺纹精度，根据所选螺纹的直径和螺距进行选择。

（6）方向：定义螺纹的旋向，如"左旋"或"右旋"。

（7）深度：非全螺纹时有效，以螺纹开始处为基准，用于定义螺纹部分的深度。

（8）偏移：非全螺纹时有效，以距光标较近的端面为基准，用于定义螺纹距起始端面的距离。

（9）全螺纹：指定是否对选定面的整个长度范围创建螺纹。

（10）显示模型中的螺纹：指定是否在模型上使用螺纹表达。当要表达时，应选中此复选框。

技巧：Inventor 中的螺纹是通过贴图的方式生成的，并不是真实存在的螺纹，这样可以加快显示的速度，降低系统的需求和资源消耗。

4.1.6　实例——螺钉 M10×20

绘制如图 4-35 所示螺钉 M10×20。

操作步骤：

（1）新建文件。运行 Inventor，单击快速访问工具栏中的"新建"按钮，在打开的"新建文件"对话框的 Templates 选项卡的零件下拉列表中选择 Standard.ipt 选项，单击"创建"按钮，新建一个零件文件。

（2）创建草图。单击"三维模型"选项卡"草图"面板中的"开始创建二维草图"按钮，选择 XY 平面为草图绘制平面，进入草图绘制环境。单击"草图"选项卡"创建"面板中的"直线"按钮，绘制草图轮廓。单击"约束"面板中的"尺寸"按钮，标注尺寸如图 4-36 所示。单击"草图"选项卡中的"完成草图"按钮，退出草图环境。

（3）创建旋转体。单击"三维模型"选项卡"创建"面板中的"旋转"按钮，打开"旋转"对话框，选取上一步绘制的草图为旋转截面轮廓，选取竖直线为旋转轴，如图 4-37 所示。单击"确定"按钮，完成旋转，则创建如图 4-38 所示的零件基体。

（4）创建草图。单击"三维模型"选项卡"草图"面板中的"开始创建二维草图"按钮，选择第一个拉伸体下表面为草图绘制平面，进入草图绘制环境。单击"草图"选项卡"创建"面板中的"两点中心矩形"按钮，绘制草图轮廓。单击"约束"面板中的"尺寸"按钮，标注尺寸如图 4-39 所示。单击"草图"选项卡中的"完成草图"按钮，退出草图环境。

（5）创建拉伸体。单击"三维模型"选项卡"创建"面板中的"拉伸"按钮，打开"拉伸"对话框，系统自动选取上一步绘制的草图为拉伸截面轮廓，将拉伸距离设置为 3mm，单击"求差"按钮，如图 4-40 所示。单击"确定"按钮，完成拉伸，如图 4-41 所示。

第 4 章　放置特征

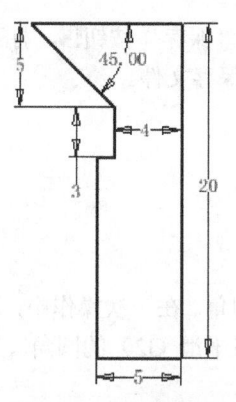

图 4-35　螺钉 M10×20　　　图 4-36　绘制草图　　　图 4-37　设置参数

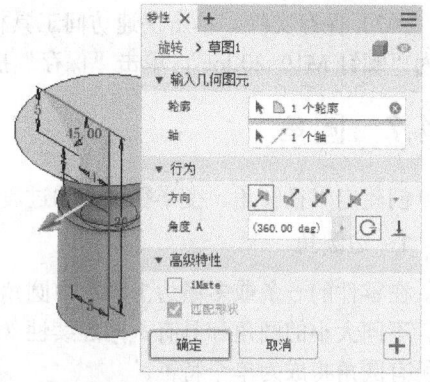

图 4-38　完成旋转

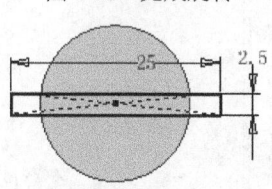

图 4-39　绘制草图　　　　　　　　图 4-40　设置参数

（6）创建螺纹。单击"三维模型"选项卡"修改"面板中的"螺纹"按钮，打开"螺纹"对话框，选择上步创建的外圆柱面为螺纹放置面，单击"全螺纹"按钮，如图 4-42 所示，其他采用默认设置，单击"确定"按钮，结果如图 4-43 所示。

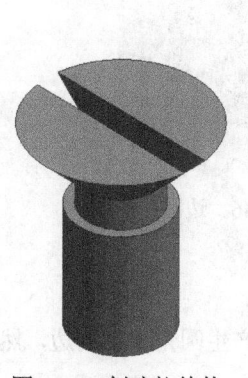

图 4-41　创建拉伸体　　　图 4-42　"螺纹"对话框　　　图 4-43　创建螺纹

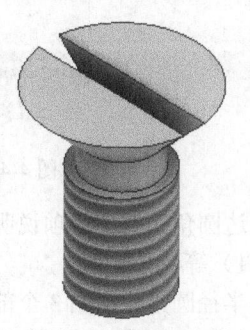

• 105 •

（7）保存文件。单击快速访问工具栏中的"保存"按钮，打开"另存为"对话框，输入文件名为"螺钉 M10×20.ipt"，单击"保存"按钮，保存文件。

4.1.7 圆角

创建定半径圆角、变半径圆角和过渡圆角。

1. 边圆角

在零件的一条或多条边上添加内圆角或外圆角。在一次操作中，用户可以创建等半径和变半径圆角、不同大小的圆角和具有不同连续性（相切或平滑 G2）的圆角。在同一次操作中创建的不同大小的所有圆角将成为单个特征。

边圆角特征的创建步骤如下：

（1）单击"三维模型"选项卡"修改"面板中的"圆角"按钮，打开"圆角"对话框，选择"边"圆角类型，如图 4-44 所示。

图 4-44 "圆角"对话框

（2）选择要倒圆角的边，并输入圆角半径，如图 4-45 所示。
（3）在对话框中设置其他参数，单击"确定"按钮，完成圆角的创建，如图 4-46 所示。

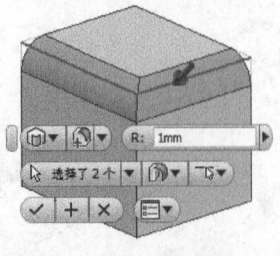

图 4-45 设置参数　　　图 4-46 边圆角

"边圆角"类型选项说明如下。

（1）等半径圆角

等半径圆角特征由 3 个部分组成：边、半径和模式。首先要选择产生圆角半径的边，然后指定圆角的半径，再选择一种圆角模式即可。

❶ 选择模式。
  ☑ 边：只对选中的边创建圆角，如图 4-47（a）所示。
  ☑ 回路：可选中一个回路，这个回路的整个边线都会创建圆角特征，如图 4-47（b）所示。
  ☑ 特征：选择的特征包含边创建圆角，特征与其他面相交边除外，如图 4-47（c）所示。

（a）边模式　　　　　　　（b）回路模式　　　　　　　（c）特征模式

图 4-47　选择模式

❷ 所有圆角：选中此复选框，所有的凹边和拐角都将创建圆角特征。
❸ 所有圆边：选中此复选框，所有的凸边和拐角都将创建圆角特征。
❹ 沿尖锐边旋转：设置当指定圆角半径会使相邻面延伸时，对圆角的解决方法。选中该复选框可在需要时改变指定的半径，以保持相邻面的边不延伸；取消选中该复选框，保持等半径，并且在需要时延伸相邻的面。
❺ 在可能的位置使用球面连接：设置圆角的拐角样式，选中该复选框可创建一个圆角，它就像一个球沿着边和拐角滚动的轨迹一样；取消选中该复选框，在锐利拐角的圆角之间创建连续相切的过渡，如图 4-48 所示。
❻ 自动链选边：设置边的选择配置。选中该复选框，在选择一条边以添加圆角时，自动选择所有与之相切的边；取消选中该复选框，只选择指定的边。
❼ 保留所有特征：选中该复选框，所有与圆角相交的特征都将被选中，并且在圆角操作中将计算它们的交线。如果取消选中该复选框，在圆角操作中只计算参与操作的边。

（2）变半径圆角

如果要创建变半径圆角，可选择"圆角"对话框中的"变半径"选项卡，此时的"圆角"对话框如图 4-49 所示。创建变半径圆角的原理是首先在边线上选择至少 3 个点，分别指定这几个点的圆角半径，则 Inventor 会自动根据指定的半径创建变半径圆角。

图 4-48　圆角的拐角样式 　　　　　　　　图 4-49　"变半径"选项卡

平滑半径过渡：定义变半径圆角在控制点之间是如何创建的，选中该复选框可使圆角在控制点之间逐渐混合过渡，过渡是相切的（在点之间不存在跃变）。取消选中该复选框，在点之间用线性过渡来创建圆角。

（3）过渡圆角

过渡圆角是指相交边上的圆角连续地相切过渡，要创建变半径的圆角，可选择"圆角"对话框中的"过渡"选项卡，此时"圆角"对话框如图 4-50 所示。首先选择一个两条或更多要创建过渡圆角边的顶点，然后再依次选择边即可，此时会出现圆角的预览，修改左侧窗口内的每一条边的过渡尺寸，最后单击"确定"按钮即可完成过渡圆角的创建。

2. 面圆角

面圆角在不需要共享边的两个所选面集之间添加内圆角或外圆角。

面圆角特征的创建步骤如下：

（1）单击"三维模型"选项卡"修改"面板中的"圆角"按钮，打开"圆角"对话框，选择"边圆角"类型，如图 4-51 所示。

图 4-50　"过渡"选项卡　　　　　图 4-51　"圆角"对话框

（2）选择要倒圆角的面，并输入圆角半径，如图 4-52 所示。

（3）在对话框中设置其他参数，单击"确定"按钮，完成圆角的创建，如图 4-53 所示。

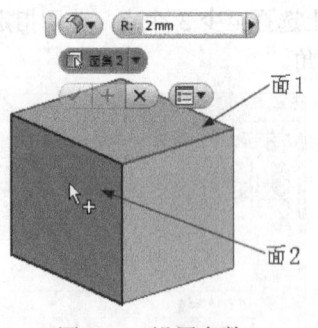

图 4-52　设置参数　　　　　图 4-53　面圆角

"面圆角"类型选项说明如下。

（1）面集 1：选中指定要创建圆角的第一个面集中的模型或曲面实体的一个或多个相切、相邻面。若要添加面，则单击"选择"工具，然后单击图形窗口中的面。

（2）面集 2：选中指定要创建圆角的第二个面集中的模型或曲面实体的一个或多个相切、相邻面。若要添加面，则单击"选择"工具，然后单击图形窗口中的面。

(3) 反向：反向反转在选择曲面时在其上创建圆角的一侧。

(4) 包括相切面：设置面圆角的面选择配置。选中该复选框以允许圆角在相切、相邻面上自动继续。取消选中该复选框以仅在两个选择的面之间创建圆角。此选项不会从选择集中添加或删除面。

(5) 优化单个选择：进行单个选择后，即自动前进到下一个"选择"按钮。对每个面集进行多项选择时，取消选中该复选框。要进行多个选择，单击对话框中的下一个"选择"按钮或选择快捷菜单中的"继续"命令以完成特定选择。

(6) 半径：指定所选面集的圆角半径。要改变半径，则单击该半径值，然后输入新的半径值。

3. 全圆角

全圆角添加与 3 个相邻面相切的变半径圆角或外圆角，中心面集由变半径圆角取代。全圆角可用于带帽或圆化外部零件特征，如加强筋。

全圆角特征的创建步骤如下：

(1) 单击"三维模型"选项卡"修改"面板中的"圆角"按钮，打开"圆角"对话框，选择"边圆角"类型，如图 4-54 所示。

(2) 选择要倒圆角的面，并输入圆角半径，如图 4-55 所示。

(3) 在对话框中设置其他参数，单击"确定"按钮，完成圆角的创建，如图 4-56 所示。

图 4-54　"圆角"对话框

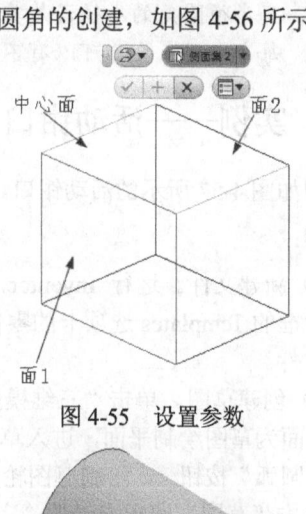

图 4-55　设置参数

图 4-56　全圆角

"面圆角"类型选项说明如下：

(1) 侧面集 1：选中指定与中心面集相邻的模型或曲面实体的一个或多个相切、相邻面。若要添加面，则单击"选择"工具，然后单击图形窗口中的面。

(2) 中心面集：选中指定使用圆角替换的模型或曲面实体的一个或多个相切、相邻面。若要添加面，则单击"选择"工具，然后单击图形窗口中的面。

(3) 侧面集 2：选中指定与中心面集相邻的模型或曲面实体的一个或多个相切、相邻面。若要添加面，则单击"选择"工具，然后单击图形窗口中的面。

（4）包括相切面：设置面圆角的面选择配置。选中该复选框以允许圆角在相切、相邻面上自动继续。取消选中该复选框以仅在两个选择的面之间创建圆角。此选项不会从选择集中添加或删除面。

（5）优化单个选择：进行单个选择后，即自动前进到下一个"选择"按钮。进行多项选择时取消选中该复选框。要进行多个选择，单击对话框中的下一个"选择"按钮或选择快捷菜单中的"继续"命令以完成特定选择。

> **技巧**：（1）圆角特征与草图圆角特征有何不同？
> 在绘制草图时，可以通过添加二维圆角在设计中包含圆角。二维草图圆角和圆角特征可以生成外形完全相同的模型。但是带有圆角特征的模型有如下优点。
> ❶ 可以独立于拉伸特征对圆角特征进行编辑、抑制或删除，而不用返回到编辑该拉伸特征的草图。
> ❷ 如果对剩余边添加圆角，则可以更好地控制拐角。
> ❸ 在进行后面的操作时有更多的灵活性，例如应用面拔模。
> （2）等半径圆角和变半径圆角有何不同？
> 等半径圆角沿着其整个长度都有相同的半径。
> 变半径圆角的半径沿着其长度会变化。为起点和终点设置不同的半径。也可以添加中间点，每个中间点处都可以有不同的半径。圆角的形状由过渡类型决定。

4.1.8 实例——活动钳口

绘制如图 4-57 所示的活动钳口。

操作步骤：

（1）新建文件。运行 Inventor，单击快速访问工具栏中的"新建"按钮，在打开的"新建文件"对话框的 Templates 选项卡的零件下拉列表中选择 Standard.ipt 选项，单击"创建"按钮，新建一个零件文件。

（2）创建草图。单击"三维模型"选项卡"草图"面板中的"开始创建二维草图"按钮，选择 XZ 平面为草图绘制平面，进入草图绘制环境。单击"草图"选项卡"创建"面板中的"直线"按钮和"圆弧"按钮，绘制草图轮廓。单击"约束"面板中的"尺寸"按钮，标注尺寸如图 4-58 所示。单击"草图"选项卡中的"完成草图"按钮，退出草图环境。

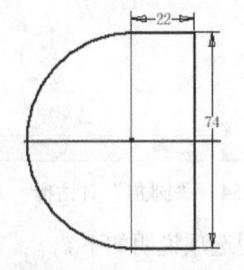

图 4-57　活动钳口　　　　图 4-58　绘制草图

（3）创建拉伸体。单击"三维模型"选项卡"创建"面板中的"拉伸"按钮，打开"拉伸"对话框，系统自动选取上一步绘制的草图为拉伸截面轮廓，将拉伸距离设置为18mm，如图4-59所示。单击"确定"按钮，完成拉伸，如图4-60所示。

（4）创建草图。单击"三维模型"选项卡"草图"面板中的"开始创建二维草图"按钮，选择拉伸体的上表面为草图绘制平面，进入草图绘制环境。单击"草图"选项卡"创建"面板中的"投影几何图元"按钮、"圆弧"按钮和"圆角"按钮，绘制草图轮廓。单击"约束"面板中的"尺寸"按钮，标注尺寸如图 4-61 所示。单击"草图"选项卡中的"完成草图"按钮，退出草图环境。

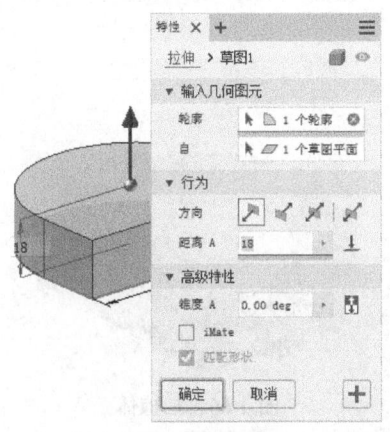

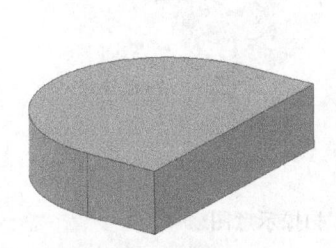

图 4-59　设置参数　　　　图 4-60　创建拉伸体　　　　图 4-61　绘制草图

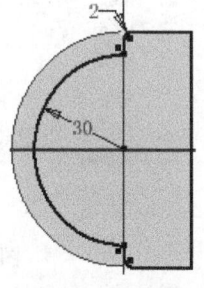

（5）创建拉伸体。单击"三维模型"选项卡"创建"面板中的"拉伸"按钮，打开"拉伸"对话框，系统自动选取上一步绘制的草图为拉伸截面轮廓，将拉伸距离设置为 10mm，如图 4-62 所示。单击"确定"按钮，完成拉伸，如图 4-63 所示。

（6）创建草图。单击"三维模型"选项卡"草图"面板中的"开始创建二维草图"按钮，选择拉伸体的上表面为草图绘制平面，进入草图绘制环境。单击"草图"选项卡"创建"面板中的"矩形"按钮，绘制草图轮廓。单击"约束"面板中的"尺寸"按钮，标注尺寸如图 4-64 所示。单击"草图"选项卡中的"完成草图"按钮，退出草图环境。

图 4-63　创建拉伸体

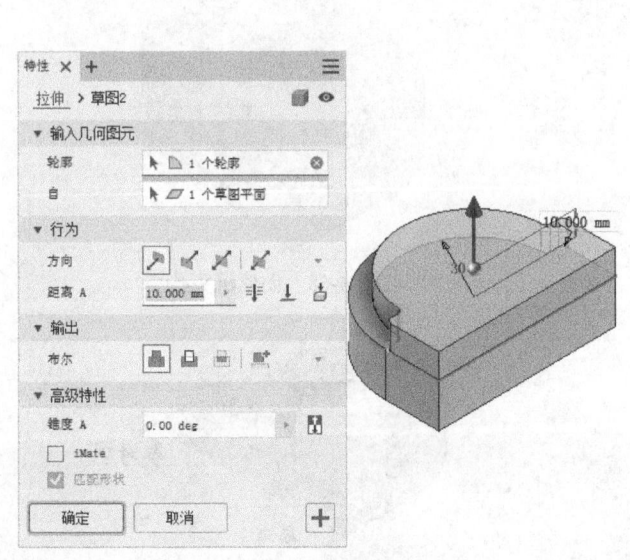

图 4-62　设置参数　　　　图 4-64　绘制草图

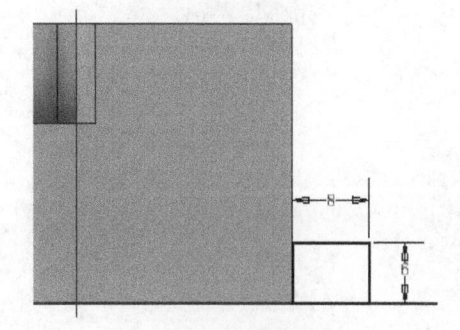

（7）创建扫掠。单击"三维模型"选项卡"创建"面板中的"扫掠"按钮，选取上步绘制的草图为扫掠截面，选取第一个拉伸的下边线为扫掠路径，方向为"路径"，其他采用默认设置，如图 4-65 所示，单击"确定"按钮，扫掠结果如图 4-66 所示。

· 111 ·

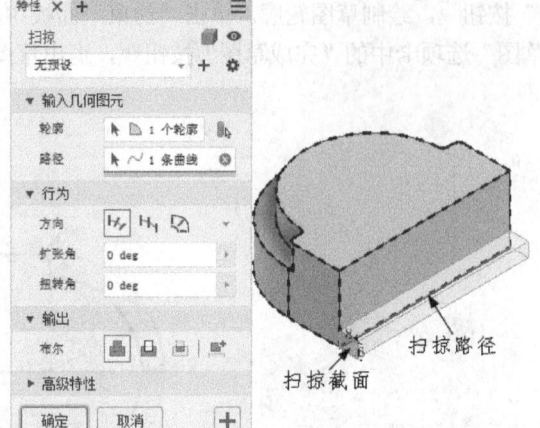

图 4-65 扫掠示意图 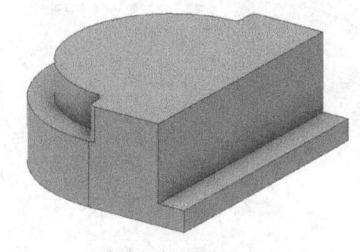　　　　　图 4-66 扫掠体

（8）创建沉头孔。单击"三维模型"选项卡"修改"面板中的"孔"按钮，打开"孔"对话框。选择拉伸体的上表面为孔位置，选取圆弧边线为同心参考，选择"沉头孔"类型，输入沉头孔直径为 28mm，沉头孔深度为 8mm，孔直径为 20mm，选择"贯通"终止方式，如图 4-67 所示，单击"确定"按钮，如图 4-68 所示。

（9）创建直孔。单击"三维模型"选项卡"修改"面板中的"孔"按钮，打开"孔"对话框。选择图 4-68 中的面 2 为孔位置，选取图 4-69 中的参考 1 输入距离为 11mm，选取参考 2 输入距离为 17mm，选择"直孔"类型，输入孔直径为 8mm，选择"距离"终止方式，孔深度为 15mm，如图 4-69 所示，单击"确定"按钮，如图 4-70 所示。

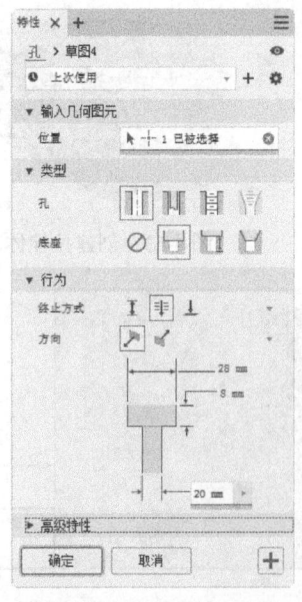

图 4-67 "孔"对话框　　　　　图 4-68 创建沉头孔

图 4-69 "孔"示意图

（10）创建螺纹。单击"三维模型"选项卡"修改"面板中的"螺纹"按钮，打开"螺纹"对话框，选择上步创建的内孔面为螺纹放置面，单击"全螺纹"按钮，如图 4-71 所示，其他采用默认设置，单击"确定"按钮，结果如图 4-72 所示。

第 4 章　放置特征

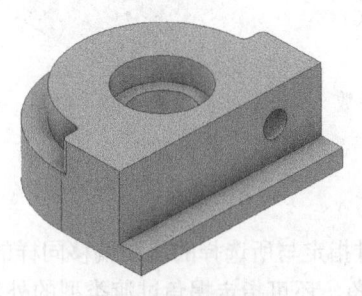

图 4-70　创建直孔　　　图 4-71　"螺纹"对话框　　　图 4-72　创建螺纹

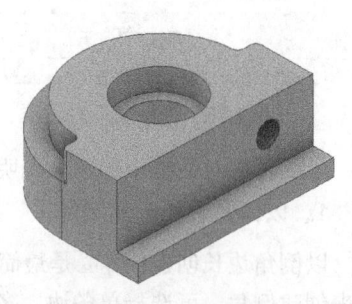

（11）镜像特征。单击"三维模型"选项卡"阵列"面板中的"镜像"按钮，打开如图 4-73 所示的"镜像"对话框，选择创建的孔特征和螺纹特征为镜像特征，选择 XY 平面为镜像平面，单击"确定"按钮，结果如图 4-74 所示。

（12）圆角处理。单击"三维模型"选项卡"修改"面板中的"圆角"按钮，打开"圆角"对话框，输入半径为 1mm，选择如图 4-75 所示的边线倒圆角，单击"确定"按钮，完成圆角操作。

图 4-73　"镜像"对话框　　　图 4-74　镜像筋特征　　　图 4-75　圆角示意图

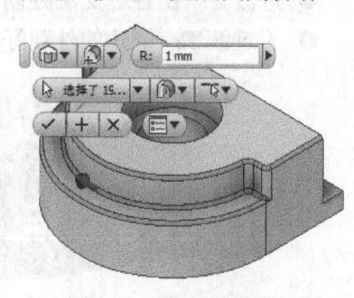

（13）保存文件。单击快速访问工具栏中的"保存"按钮，打开"另存为"对话框，输入文件名为"活动钳口.ipt"，单击"保存"按钮，保存文件。

4.1.9　倒角

倒角操作可在零件和部件环境中使零件的边产生斜角。与圆角操作相似，倒角操作不要求有草图，并被约束到要放置的边上。

倒角特征的创建步骤如下：

（1）单击"三维模型"选项卡"修改"面板中的"倒角"按钮，打开"倒角"对话框，选择倒角类型，如图 4-76 所示。

（2）选择要倒角的边，并输入倒角参数，如图 4-77 所示。

（3）在对话框中设置其他参数，单击"确定"按钮，完成圆角的创建，如图 4-78 所示。

图 4-76 "倒角"对话框 　　　　图 4-77 设置参数 　　　　图 4-78 倒角

"倒角"对话框中的选项说明如下。

1. 以倒角边长创建倒角

以倒角边长创建倒角是最简单的一种创建倒角的方式，通过指定与所选择的边线偏移同样的距离来创建倒角，可选择单条边、多条边或相连的边界链以创建倒角，还可指定拐角过渡类型的外观。创建时仅需选择用来创建倒角的边，以及指定倒角距离即可。对于该方式下的选项说明如下。

（1）链选边。

❶ 所有相切连接边：在倒角中一次可选择所有相切边。

❷ 独立边：一次只选择一条边。

（2）过渡类型：可在选择了 3 条或多条相交边创建倒角时应用，以确定倒角的形状。

❶ 过渡：在各边交汇处创建交叉平面而不是拐角，如图 4-79（a）所示。

❷ 无过渡：倒角的外观好像通过铣去每个边而形成的尖角，如图 4-79（b）所示。

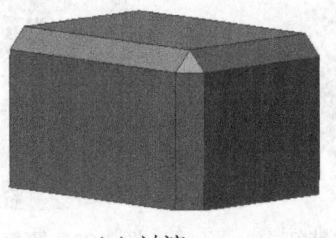

（a）过渡　　　　　　　　　　　　（b）无过渡

图 4-79 过渡类型

2. 以倒角边长和角度创建倒角

以倒角边长和角度创建倒角需要指定倒角边长和倒角角度两个参数，选择了该选项后，"倒角"对话框如图 4-80 所示。首先选择创建倒角的边，然后选择一个表面，倒角所成的斜面与该面的夹角就是所指定的倒角角度，倒角距离和倒角角度均可在右侧的"倒角边长"和"角度"文本框中输入。然后单击"确定"按钮即可创建倒角特征。

3. 以两个倒角边长创建倒角

以两个倒角边长创建倒角需要指定两个倒角距离，选择该选项后，"倒角"对话框如图 4-81 所示。首先选定倒角边，然后分别指定两个倒角距离即可。可利用"反向"选项使得模型距离反向，单击"确定"按钮即可完成创建。

图 4-80 以倒角边长和角度创建倒角 　　　　图 4-81 以两个倒角边长创建倒角

> **技巧**：圆角倒角特征的创建原则如下。
> （1）避免用一个特征创建所有的圆角和倒角。选择的边越少，成功创建和改变特征的成功率越大。
> （2）使用两边选项时，每次只能在一条边上创建特征。
> （3）按住 Ctrl 键并单击已经选中的几何图元，可以将其移出选择集。
> （4）圆角和倒角被认为是最后的整理特征，所以考虑在定义了所有其他特征以后在设计过程快结束时再创建。
> （5）避免在草图几何图元中绘制倒角和圆角，而是把它们创建为零件特征。

4.1.10 实例——垫圈 10

绘制如图 4-82 所示的垫圈 10。

操作步骤：

（1）新建文件。运行 Inventor，单击快速访问工具栏中的"新建"按钮，在打开的"新建文件"对话框的 Templates 选项卡的零件下拉列表中选择 Standard.ipt 选项，单击"创建"按钮，新建一个零件文件。

（2）创建草图。单击"三维模型"选项卡"草图"面板中的"开始创建二维草图"按钮，选择 XZ 平面为草图绘制平面，进入草图绘制环境。单击"草图"选项卡"创建"面板中的"圆"按钮，绘制草图轮廓。单击"约束"面板中的"尺寸"按钮，标注尺寸如图 4-83 所示。单击"草图"选项卡中的"完成草图"按钮，退出草图环境。

图 4-82 垫圈 10 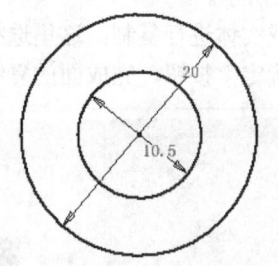　　　　图 4-83 绘制草图

（3）创建拉伸体。单击"三维模型"选项卡"创建"面板中的"拉伸"按钮，打开"拉伸"对话框，系统自动选取上一步绘制的草图为拉伸截面轮廓，将拉伸距离设置为 2mm，如图 4-84 所示。单击"确定"按钮，完成拉伸，如图 4-85 所示。

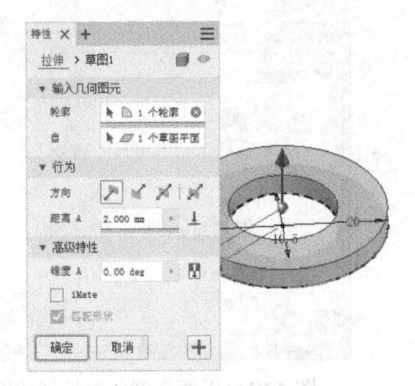

图 4-84　设置参数　　　　　图 4-85　创建拉伸体

（4）创建倒角。单击"三维模型"选项卡"修改"面板中的"倒角"按钮，打开"倒角"对话框，选择"倒角边长"类型，选择如图 4-86 所示的拉伸体上边线，输入倒角边长为 0.8mm，单击"确定"按钮，结果如图 4-87 所示。

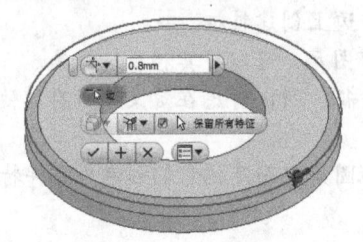

图 4-86　设置参数　　　　　图 4-87　倒角处理

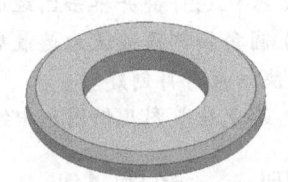

（5）保存文件。单击快速访问工具栏中的"保存"按钮，打开"另存为"对话框，输入文件名为"垫圈 10.ipt"，单击"保存"按钮，保存文件。

4.1.11　复制对象

在零件文件中，可以以几何图元复制或移至组合、基础曲面或修复环境中的修复实体中。在部件中，将曲面或实体几何图元从一个零件关联或非关联地复制到另一个零件中。

复制对象创建步骤如下：

（1）单击"三维模型"选项卡"修改"面板中的"复制对象"按钮，打开"复制对象"对话框，如图 4-88 所示。

（2）选择面或实体进行复制，这里选择如图 4-89 所示的面进行复制。

（3）单击"确定"按钮，完成面的复制，如图 4-90 所示。

图 4-88　"复制对象"对话框　　　图 4-89　选择面　　　图 4-90　完成移动面

· 116 ·

"复制对象"对话框中的选项说明如下。

(1) 选择：允许选择一个或多个面或体。

(2) 输出。

❶ 新建对象：选择复制或移动组合、曲面或实体。

❷ 选择现有对象：允许选择目标修复实体、组合特征或组。

❸ 删除初始对象：删除原始位置的几何图元。

4.1.12 移动实体

在零件文件中，可以将几何图元复制或移至组合、基础曲面或修复环境中的修复实体中。在部件中，将曲面或实体几何图元从一个零件关联或非关联地复制到另一个零件中。

移动实体步骤如下：

(1) 单击"三维模型"选项卡"修改"面板中的"移动实体"按钮 移动实体，打开"移动实体"对话框，如图 4-91 所示。

(2) 在对话框中选择移动方式，选择实体进行移动，如图 4-92 所示。

(3) 在对话框中输入偏移量或旋转角度。

(4) 单击"确定"按钮，完成实体移动，如图 4-93 所示。

图 4-91 "移动实体"对话框　　图 4-92 选择实体　　图 4-93 完成移动实体

"移动实体"对话框中的选项说明如下。

(1) 自由拖动：输入精确的 X、Y 或 Z 偏移值。

(2) 沿射线移动：输入线性偏移值。

(3) 绕直线旋转：输入精确的旋转值。

4.1.13 分割实体

分割零件面、修剪和删除零件的剖面或将零件分割为多个实体。

分割实体步骤如下：

(1) 单击"三维模型"选项卡"修改"面板中的"分割"按钮，打开"分割"对话框，如图 4-94 所示。

(2) 在视图中选择要分割的实体，如图 4-95 所示。

(3) 在视图中选择分割工具，并调整分割方向。

(4) 单击"确定"按钮，完成实体分割，如图 4-96 所示。

图 4-94 "分割"对话框

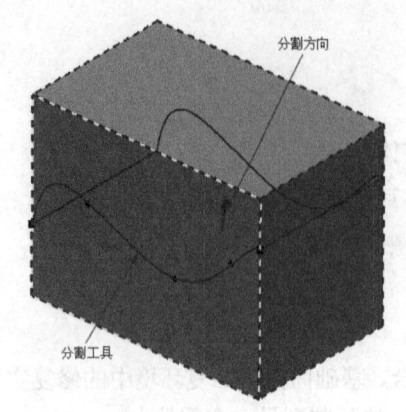

图 4-95　选择实体　　　　　　　　　图 4-96　完成实体分割

"分割"对话框中的选项说明如下。

1. 方式

（1）分割面：选择要分割为两半的一个或多个面。

（2）修剪实体：选择要分割的零件或实体，并丢弃一侧。

（3）分割实体：选择要用来实体分割成两部分的工作平面或分模线。

2．选择

（1）分割工具：选择工作平面、曲面或草图，以将面或实体分割成两部分。

（2）面：选择要分割的面。

（3）实体：选择要修剪或分割的实体。

3．面

选择所有或指定的面进行分割。

（1）全部：选择所有面进行分割。

（2）选择：选择面进行分割。

4.2　复制特征

4.2.1　镜像

镜像操作可以以等长距离在平面的另外一侧创建一个或多个特征甚至整个实体的副本。如果零件中有多个相同的特征且在空间的排列上具有一定的对称性，可使用镜像工具以减少工作量，提高工作效率。

1．镜像特征

镜像特征的操作步骤如下：

（1）单击"三维模型"选项卡"阵列"面板中的"镜像"按钮，打开"镜像"对话框，选择镜像特征，如图 4-97 所示。

（2）选择一个或多个要镜像的特征，如果所选特征带有从属特征，则它们也将被自动选中，如图 4-98 所示。

(3) 选择镜像平面，任何直的零件边、平坦零件表面、工作平面或工作轴都可作为用于镜像所选特征的对称平面，如图4-98所示。

(4) 单击"确定"按钮，完成特征的创建，如图4-99所示。

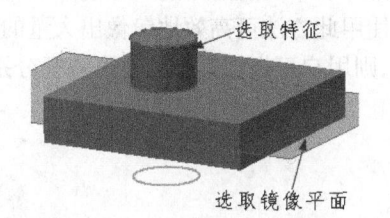

图4-97 "镜像"对话框　　图4-98 选取特征和平面　　图4-99 镜像特征

2. 镜像实体

镜像实体的操作步骤如下：

(1) 单击"三维模型"选项卡"阵列"面板中的"镜像"按钮，打开"镜像"对话框，选择镜像特征，如图4-100所示。

(2) 选择一个或多个要镜像的特征，如果所选特征带有从属特征，则它们也将被自动选中，如图4-101所示。

(3) 选择镜像平面，任何直的零件边、平坦零件表面、工作平面或工作轴都可作为用于镜像所选特征的对称平面，如图4-101所示。

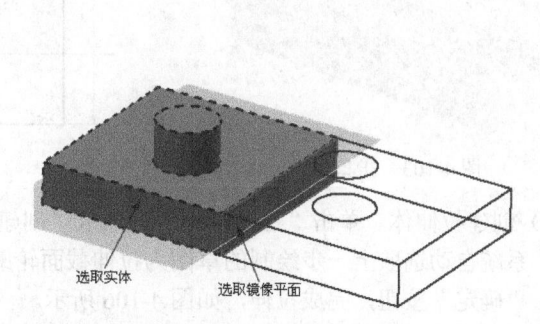

图4-100 "镜像"对话框　　图4-101 选取特征和平面

(4) 单击"确定"按钮，完成特征的创建，如图4-102所示。

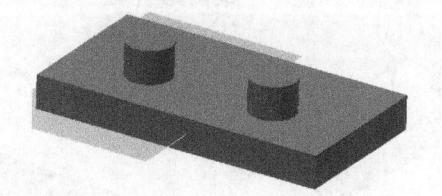

图4-102 镜像实体

"镜像"对话框中的选项说明如下。

(1) 包括定位/曲面特征：选择一个或多个要镜像的定位特征。

（2）镜像平面：选中该选项，选择工作平面或平面，所选定位特征将穿过该平面作镜像。

（3）删除原始特征：选中该复选框，则删除原始实体，零件文件中仅保留镜像引用。可使用此选项对零件的左旋和右旋版本进行造型。

3. 创建方法

（1）优化：选中该单选按钮，则创建的镜像引用是原始特征的直接副本。

（2）完全相同：选中该单选按钮，则创建完全相同的镜像体，而不管它们是否与另一特征相交。当镜像特征终止在工作平面上时，使用此方法可高效地镜像出大量的特征。

（3）调整：选中该单选按钮，则用户可根据其中的每个特征分别计算各自的镜像特征。

4.2.2 实例——护口板

绘制如图4-103所示的护口板。

操作步骤：

（1）新建文件。运行Inventor，单击快速访问工具栏中的"新建"按钮，在打开的"新建文件"对话框的Templates选项卡的零件下拉列表中选择Standard.ipt选项，单击"创建"按钮，新建一个零件文件。

（2）创建草图。单击"三维模型"选项卡"草图"面板中的"开始创建二维草图"按钮，选择XZ平面为草图绘制平面，进入草图绘制环境。单击"草图"选项卡"创建"面板中的"两点中心矩形"按钮，绘制草图轮廓。单击"约束"面板中的"尺寸"按钮，标注尺寸如图4-104所示。单击"草图"选项卡中的"完成草图"按钮，退出草图环境。

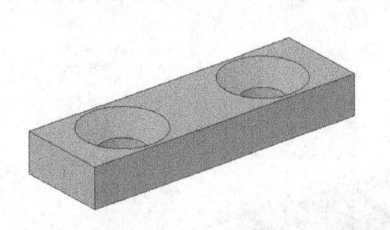

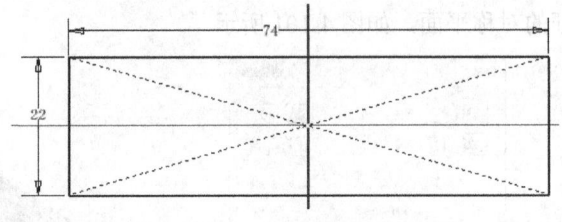

图4-103 护口板　　　图4-104 绘制草图

（3）创建拉伸体。单击"三维模型"选项卡"创建"面板中的"拉伸"按钮，打开"拉伸"对话框，系统自动选取上一步绘制的草图为拉伸截面轮廓，将拉伸距离设置为10mm，如图4-105所示。单击"确定"按钮，完成拉伸，如图4-106所示。

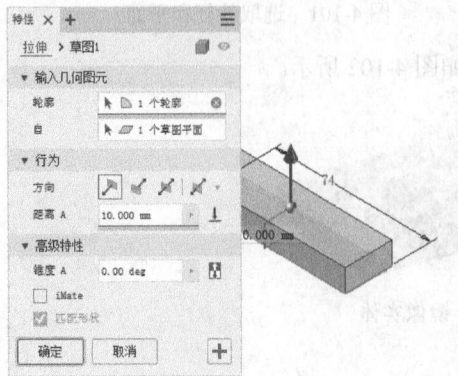

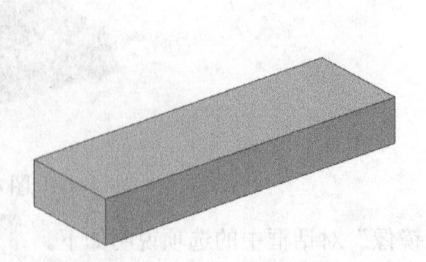

图4-105 设置参数　　　图4-106 创建拉伸体

第 4 章　放置特征

（4）创建倒角孔。单击"三维模型"选项卡"修改"面板中的"孔"按钮，打开"孔"对话框。选择"贯通"终止方式，选择"倒角孔"类型，输入倒角孔直径为 21mm，角度为 90deg，孔直径为 11mm，如图 4-107 所示，选择拉伸体上表面为孔放置面，选取前端边线为参考 1，输入距离为 11mm，选取左侧边线为参考 2，输入距离为 17mm，如图 4-108 所示，单击"确定"按钮，如图 4-109 所示。

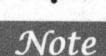

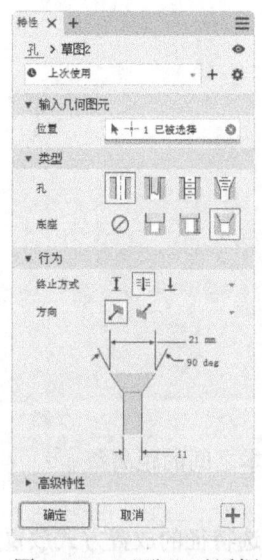

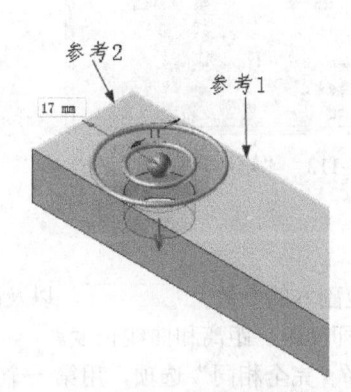

图 4-107　"孔"对话框　　　图 4-108　选择参考　　　图 4-109　创建倒角孔

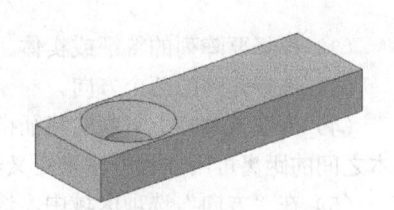

（5）镜像特征。单击"三维模型"选项卡"阵列"面板中的"镜像"按钮，打开如图 4-110 所示的"镜像"对话框，选择创建的倒角孔特征为镜像特征，选择 YZ 平面为镜像平面，单击"确定"按钮，结果如图 4-111 所示。

图 4-110　"镜像"对话框　　　图 4-111　镜像孔特征

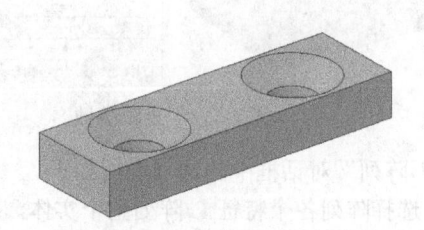

（6）保存文件。单击快速访问工具栏中的"保存"按钮，打开"另存为"对话框，输入文件名为"护口板.ipt"，单击"保存"按钮，保存文件。

4.2.3　矩形阵列

矩形阵列是指复制一个或多个特征的副本，并且在矩形中或沿着指定的线性路径排列所得到的引用特征，线性路径可是直线、圆弧、样条曲线或修剪的椭圆。

矩形阵列步骤如下：

（1）单击"三维模型"选项卡"阵列"面板中的"矩形阵列"按钮，打开"矩形阵列"对话框，如图 4-112 所示。

图 4-112 "矩形阵列"对话框

（2）选择要阵列的特征或实体。
（3）选择阵列的两个方向。
（4）为在该方向上复制的特征指定副本的个数，以及副本之间的距离。副本之间的距离可用 3 种方法来定义，即间距、距离和曲线长度。
（5）在"方向"选项区域中，选择"完全相同"选项，用第一个所选特征的放置方式放置所有特征，或选择"方向 1"或"方向 2"选项指定控制阵列特征旋转的路径，如图 4-113 所示。
（6）单击"确定"按钮，完成特征的创建，如图 4-114 所示。

图 4-113 设置参数

图 4-114 矩形阵列

"矩形阵列"对话框中的选项说明如下。
（1）选择阵列各个特征/阵列整个实体：如果要阵列各个特征，可选择要阵列的一个或多个特征，对于精加工特征（例如圆角和倒角），仅当选择了它们的父特征时才能包含在阵列中。
（2）选择方向：选择阵列的两个方向，用路径选择工具来选择线性路径以指定阵列的方向，路径可以是二维或三维直线、圆弧、样条曲线、修剪的椭圆或边，可以是开放回路，也可以是闭合回路。"反向"按钮用来使得阵列方向反向。
（3）设置参数。
❶ 间距：指定每个特征副本之间的距离。
❷ 距离：指定特征副本的总距离。
❸ 曲线长度：指定在指定长度的曲线上平均排列特征的副本。两个方向上的设置完全相同。对于任何一个方向，"起始位置"选项选择路径上的一点以指定一列或两列的起点。如果路径是封闭回路，则必须指定起点。

（4）计算。

❶ 优化：创建一个副本并重新生成面，而不是重新生成特征。

❷ 完全相同：创建完全相同的特征，而不管终止方式。

❸ 调整：使特征在遇到面时终止。需要注意的是，用"完全相同"方法创建的阵列比用"调整"方法创建的阵列计算速度快。如果使用"调整"方法，则阵列特征会在遇到平面时终止，所以可能会得到一个其大小和形状与原始特征不同的特征。

（5）方向。

❶ 完全相同：用第一个所选特征的放置方式放置所有特征。

❷ 方向1/方向2：指定控制阵列特征旋转的路径。

注意：阵列整个实体的选项与阵列特征选项基本相同，只是"调整"选项在阵列整个实体时不可用。

技巧：在矩形（环形）阵列中，可抑制某一个或几个单独的引用特征。当创建了一个矩形阵列特征后，在浏览器中显示每一个引用的图标，右击某个引用，该引用即被选中，同时弹出快捷菜单如图 4-115 所示。如果选择"抑制"命令，该特征即被抑制，同时变为不可见。要同时抑制几个引用，可按住 Ctrl 键的同时单击想要抑制的引用即可。如果要去除引用的抑制，右击被抑制的引用，在弹出的快捷菜单中选择"抑制"命令即可。

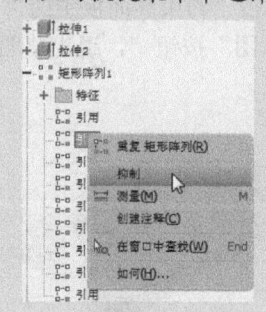

图 4-115 在弹出的快捷菜单中选择"抑制"命令

4.2.4 实例——箱体

本例绘制箱体，如图 4-116 所示。

操作步骤：

（1）新建文件。运行 Inventor，单击快速访问工具栏中的"新建"按钮，在打开的"新建文件"对话框的 Templates 选项卡的零件下拉列表中选择 Standard.ipt 选项，单击"创建"按钮，新建一个零件文件。

（2）创建草图。单击"三维模型"选项卡"草图"面板中的"开始创建二维草图"按钮，选择 XY 平面为草图绘制平面，进入草图绘制环境。单击"草图"选项卡"创建"面板中的"两点中心矩形"按钮，绘制草图轮廓。单击"约束"面板中的"尺寸"按钮，标注尺寸如图 4-117 所示。单击"草图"选项卡中的"完成草图"按钮，退出草图环境。

图 4-116 箱体

（3）创建拉伸体。单击"三维模型"选项卡"创建"面板中的"拉伸"按钮，打开"拉伸"对话框，系统自动选取上一步绘制的草图为拉伸截面轮廓，将拉伸距离设置为 15mm，如图 4-118 所示。单击"确定"按钮，完成拉伸，如图 4-119 所示。

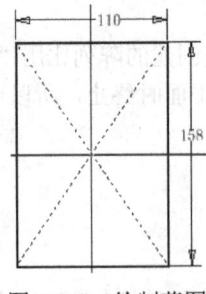

图 4-117　绘制草图 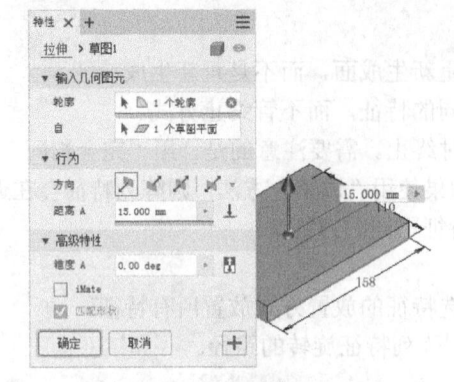　　　　图 4-118　设置参数 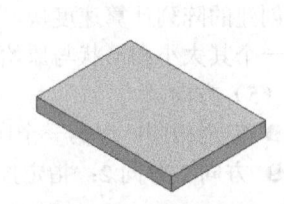　　　　图 4-119　创建拉伸体

（4）圆角处理。单击"三维模型"选项卡"修改"面板中的"圆角"按钮，打开"圆角"对话框，输入半径为 15mm，选择如图 4-120 所示的拉伸体的 4 条棱边进行倒圆角，单击"确定"按钮，完成圆角操作，如图 4-121 所示。

（5）创建草图。单击"三维模型"选项卡"草图"面板中的"开始创建二维草图"按钮，选择上步绘制的拉伸体上表面为草图绘制平面，进入草图绘制环境。单击"草图"选项卡"创建"面板中的"圆"按钮，绘制草图轮廓。单击"约束"面板中的"尺寸"按钮，标注尺寸如图 4-122 所示。单击"草图"选项卡中的"完成草图"按钮，退出草图环境。

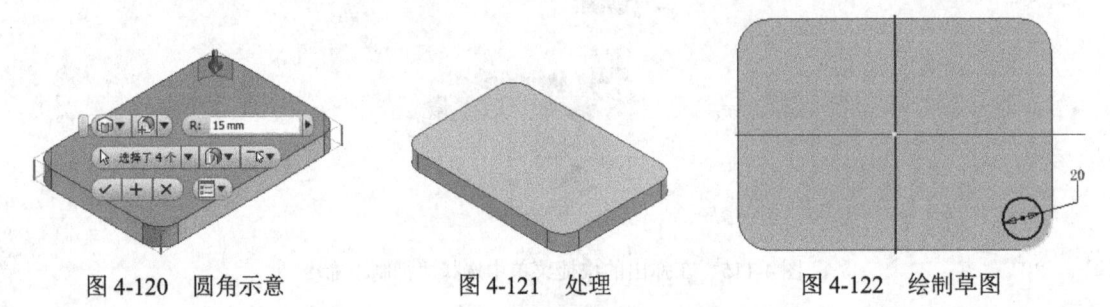

图 4-120　圆角示意　　　　图 4-121　处理　　　　图 4-122　绘制草图

（6）创建拉伸体。单击"三维模型"选项卡"创建"面板中的"拉伸"按钮，打开"拉伸"对话框，系统自动选取上一步绘制的草图为拉伸截面轮廓，将拉伸距离设置为 3mm，如图 4-123 所示。单击"确定"按钮，完成拉伸，如图 4-124 所示。

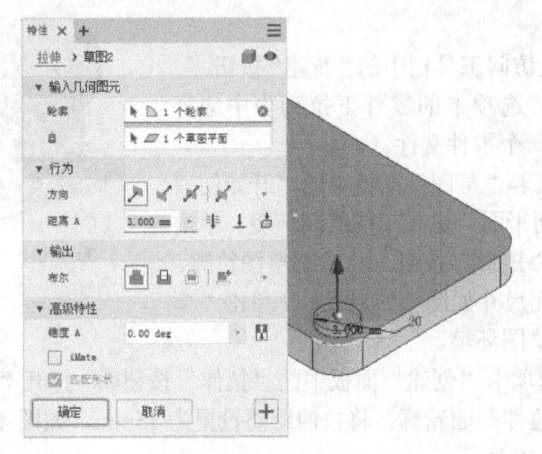

图 4-123　设置参数 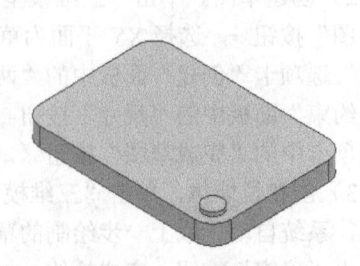　　　　图 4-124　创建拉伸体

· 124 ·

(7) 创建直孔。单击"三维模型"选项卡"修改"面板中的"孔"按钮,打开"孔"对话框。选择上步创建的拉伸体表面为孔放置面,选取拉伸体的圆弧边线为同心参考,输入孔直径为10mm,选择"贯通"终止方式,如图4-125所示,单击"确定"按钮,如图4-126所示。

图 4-125 "孔"对话框　　　　图 4-126 创建直孔

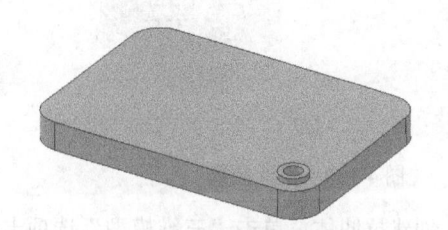

(8) 矩形阵列。单击"三维模型"选项卡"阵列"面板中的"矩形阵列"按钮,打开"矩形阵列"对话框,在视图中选取第(6)和(7)步创建的拉伸特征和孔特征为阵列特征,选取如图4-127所示的阵列方向1,输入阵列个数为2,距离为80mm,选取如图4-127所示的阵列方向2,输入阵列个数为2,距离为128mm,单击"确定"按钮,结果如图4-128所示。

(9) 创建草图。单击"三维模型"选项卡"草图"面板中的"开始创建二维草图"按钮,选择上步绘制的拉伸体上表面为草图绘制平面,进入草图绘制环境。单击"草图"选项卡"创建"面板中的"两点中心矩形"按钮,绘制草图轮廓。单击"约束"面板中的"尺寸"按钮,标注尺寸如图4-129所示。单击"草图"选项卡中的"完成草图"按钮,退出草图环境。

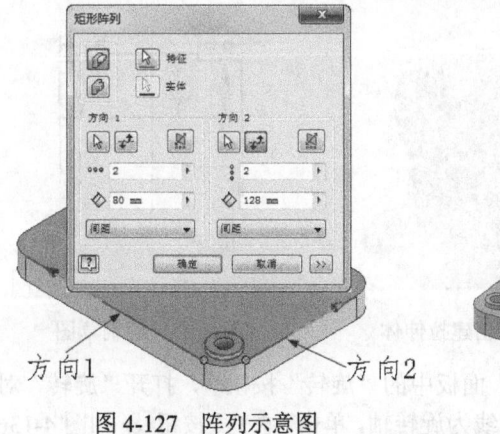

图 4-127 阵列示意图　　　图 4-128 矩形阵列　　　图 4-129 绘制草图

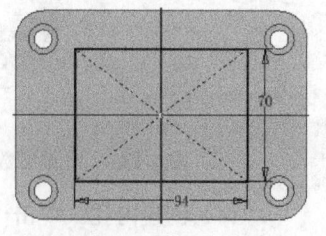

(10) 创建拉伸体。单击"三维模型"选项卡"创建"面板中的"拉伸"按钮,打开"拉伸"对话框,系统自动选取上一步绘制的草图为拉伸截面轮廓,将拉伸距离设置为85mm,如图4-130所示。单击"确定"按钮,完成拉伸,如图4-131所示。

(11) 创建草图。单击"三维模型"选项卡"草图"面板中的"开始创建二维草图"按钮,选择 XZ 平面为草图绘制平面，进入草图绘制环境。单击"草图"选项卡"创建"面板中的"圆"按钮⊙，绘制草图轮廓。单击"约束"面板中的"尺寸"按钮，标注尺寸如图 4-132 所示。单击"草图"选项卡中的"完成草图"按钮✓，退出草图环境。

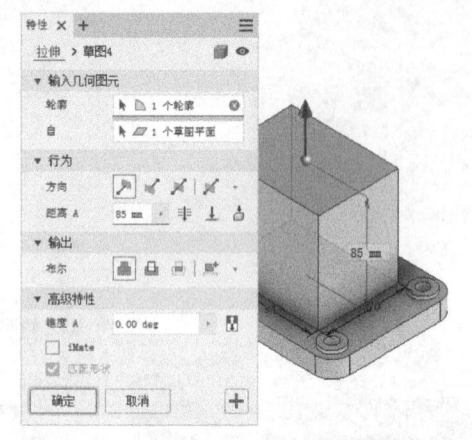

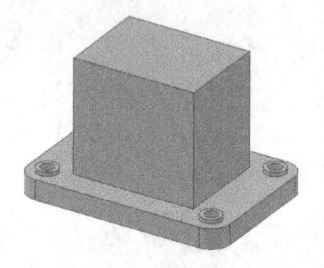

图 4-130 设置参数　　　图 4-131 创建拉伸体　　　图 4-132 绘制草图

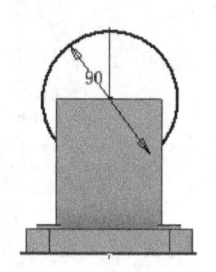

（12）创建拉伸体。单击"三维模型"选项卡"创建"面板中的"拉伸"按钮，打开"拉伸"对话框，系统自动选取上一步绘制的草图为拉伸截面轮廓，单击"对称"按钮，将拉伸距离设置为 104mm，如图 4-133 所示。单击"确定"按钮，完成拉伸，如图 4-134 所示。

（13）创建草图。单击"三维模型"选项卡"草图"面板中的"开始创建二维草图"按钮，选择 YZ 平面为草图绘制平面，进入草图绘制环境。单击"草图"选项卡"创建"面板中的"线"按钮，绘制草图轮廓。单击"约束"面板中的"尺寸"按钮，标注尺寸如图 4-135 所示。单击"草图"选项卡中的"完成草图"按钮✓，退出草图环境。

图 4-133 设置参数　　　图 4-134 创建拉伸体　　　图 4-135 绘制草图

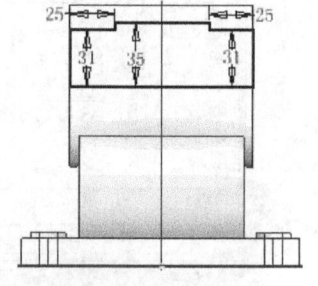

（14）创建内孔。单击"三维模型"选项卡"创建"面板中的"旋转"按钮，打开"旋转"对话框，选取上一步绘制的草图为旋转截面轮廓，选取竖直线为旋转轴，单击"求差"按钮，如图 4-136 所示。单击"确定"按钮，完成旋转，创建如图 4-137 所示的内孔。

（15）创建草图。单击"三维模型"选项卡"草图"面板中的"开始创建二维草图"按钮，选择 XZ 平面为草图绘制平面，进入草图绘制环境。单击"草图"选项卡"创建"面板中的"圆"按钮⊙和"线"按钮，绘制草图轮廓，然后单击"修改"面板中的"修剪"按钮，修剪多余的线段。单

· 126 ·

击"约束"面板中的"尺寸"按钮，标注尺寸如图4-138所示。单击"草图"选项卡中的"完成草图"按钮，退出草图环境。

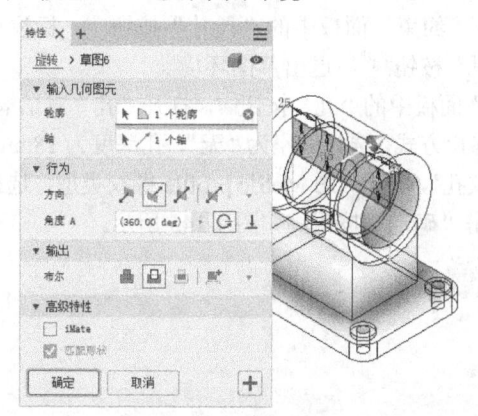

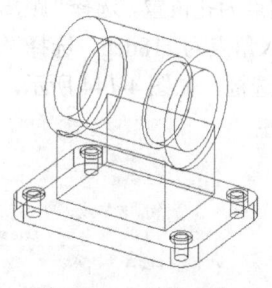

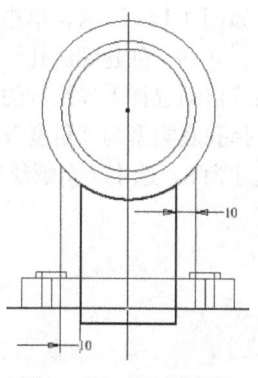

图4-136 设置参数　　图4-137 创建内孔　　图4-138 绘制草图

（16）创建拉伸体。单击"三维模型"选项卡"创建"面板中的"拉伸"按钮，打开"拉伸"对话框，系统自动选取上一步绘制的草图为拉伸截面轮廓，单击"对称"按钮，将拉伸距离设置为74mm，单击"求差"按钮，如图4-139所示。单击"确定"按钮，完成腔体的创建，如图4-140所示。

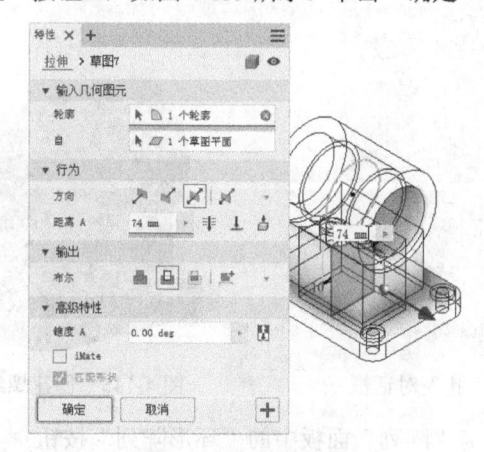

图4-139 设置参数　　图4-140 创建腔体

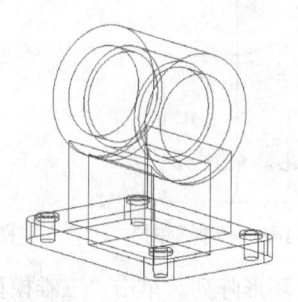

（17）圆角处理。单击"三维模型"选项卡"修改"面板中的"圆角"按钮，打开"圆角"对话框，输入半径为8mm，选择如图4-141所示的腔体的4条边进行倒圆角，单击"确定"按钮，完成圆角操作，如图4-142所示。

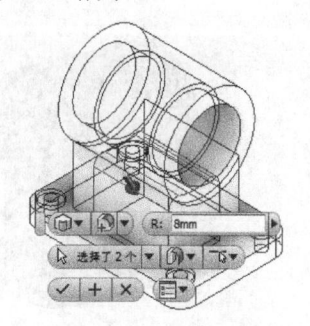

图4-141 圆角示意图　　图4-142 圆角处理

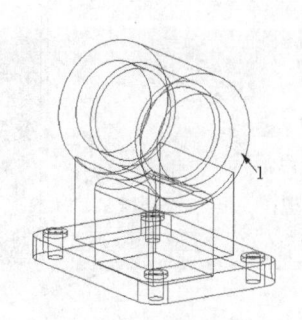

（18）创建草图。单击"三维模型"选项卡"草图"面板中的"开始创建二维草图"按钮，选择如图 4-142 所示的平面 1 为草图绘制平面，进入草图绘制环境。单击"草图"选项卡"创建"面板中的"圆"按钮⊙和"点"按钮，绘制草图轮廓。单击"约束"面板中的"尺寸"按钮，标注尺寸如图 4-143 所示。单击"草图"选项卡中的"完成草图"按钮✓，退出草图环境。

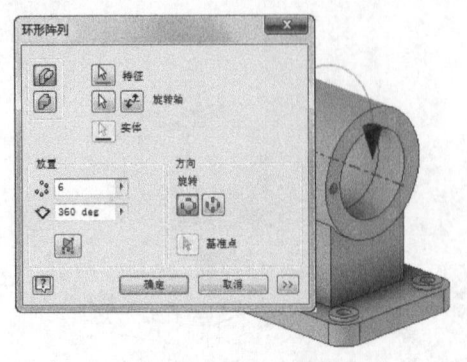

（19）创建螺纹孔。单击"三维模型"选项卡"修改"面板中的"孔"按钮，打开"孔"对话框。系统自动选择上步绘制的草图点为孔位置，选择"距离"终止方式，选择底座为"无"，孔深度为 18mm，选择孔底类型为"角度"，输入角点为 118deg，选择"螺纹孔"，选择 GB Metric profile 螺纹类型，选择尺寸为 8，选中"全螺纹"复选框，如图 4-144 所示，单击"确定"按钮，如图 4-145 所示。

图 4-143　绘制草图　　　　图 4-144　"孔"对话框　　　　图 4-145　创建螺纹孔

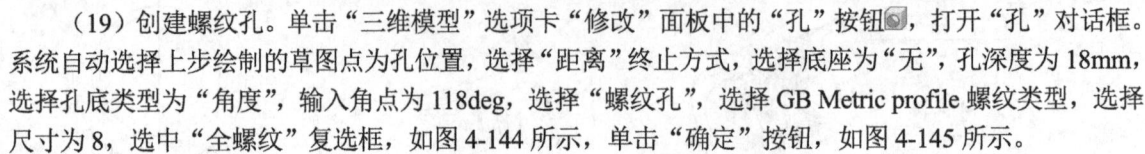

（20）环形阵列。单击"三维模型"选项卡"阵列"面板中的"环形阵列"按钮（4.2.5 节具体介绍），打开"环形阵列"对话框，在视图中选取上步创建的螺纹孔特征为阵列特征，选取旋转体的外表面为旋转轴，输入阵列个数为 6，角度为 360deg，如图 4-146 所示，单击"确定"按钮，结果如图 4-147 所示。

图 4-146　阵列示意图　　　　图 4-147　环形阵列

（21）镜像特征。单击"三维模型"选项卡"阵列"面板中的"镜像"按钮▲，打开如图 4-148 所示的"镜像"对话框，选择上一步创建的螺纹孔特征为镜像特征，选择 XZ 平面为镜像平面，单击"确定"按钮，结果如图 4-149 所示。

（22）圆角处理。单击"三维模型"选项卡"修改"面板中的"圆角"按钮，打开"圆角"对话框，输入半径为 10mm，选择如图 4-150 所示的边线倒圆角，单击"确定"按钮，完成圆角操作。

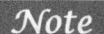

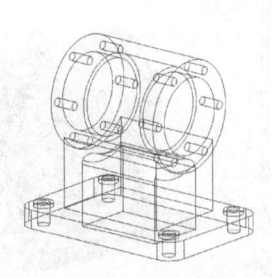

图 4-148 "镜像"对话框　　图 4-149 镜像特征　　图 4-150 圆角示意图

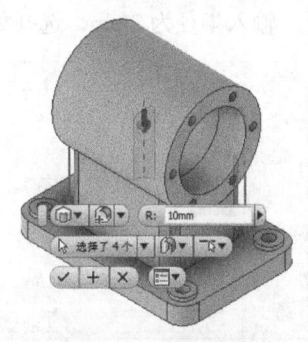

采用相同的方法，选取如图 4-151 所示的边线进行圆角处理，圆角半径为 2mm，结果如图 4-152 所示。

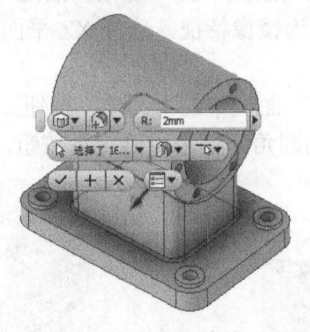

图 4-151 选取边线　　图 4-152 圆角处理

（23）创建倒角。单击"三维模型"选项卡"修改"面板中的"倒角"按钮，打开"倒角"对话框，选择"倒角边长"类型，选择如图 4-153 所示的孔的左右两边线，输入倒角边长为 1mm，单击"确定"按钮，结果如图 4-154 所示。

（24）创建草图。单击"三维模型"选项卡"草图"面板中的"开始创建二维草图"按钮，选择 YZ 平面为草图绘制平面，进入草图绘制环境。单击"草图"选项卡"创建"面板中的"线"按钮，绘制草图轮廓。单击"约束"面板中的"尺寸"按钮，标注尺寸如图 4-155 所示。单击"草图"选项卡中的"完成草图"按钮，退出草图环境。

图 4-153 设置参数　　图 4-154 倒角处理　　图 4-155 绘制草图

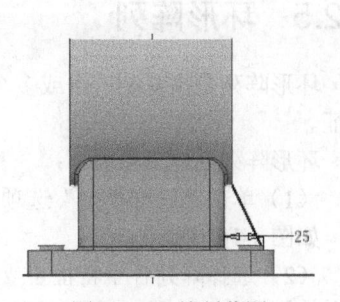

（25）创建加强筋。单击"三维模型"选项卡"创建"面板中的"加强筋"按钮，打开"加强筋"对话框，单击"平行于草图平面"按钮，选择上步绘制的草图为截面轮廓，单击"方向2"按钮，调整加强筋方向，输入厚度为12mm，如图4-156所示，其他采用默认设置，单击"确定"按钮，结果如图4-157所示。

（26）圆角处理。单击"三维模型"选项卡"修改"面板中的"圆角"按钮，打开"圆角"对话框，输入半径为2mm，选择如图4-158所示的边线倒圆角，单击"确定"按钮，完成圆角操作。

图4-156 "加强筋"对话框　　图4-157 创建加强筋　　图4-158 圆角示意图

（27）镜像特征。单击"三维模型"选项卡"阵列"面板中的"镜像"按钮，打开如图4-159所示的"镜像"对话框，选择创建的筋特征和圆角特征为镜像特征，选择XZ平面为镜像平面，单击"确定"按钮，结果如图4-160所示。

（28）圆角处理。单击"三维模型"选项卡"修改"面板中的"圆角"按钮，打开"圆角"对话框，输入半径为2mm，选择如图4-161所示的边线倒圆角，单击"确定"按钮，完成圆角操作。

图4-159 "镜像"对话框　　图4-160 镜像筋特征　　图4-161 圆角示意图

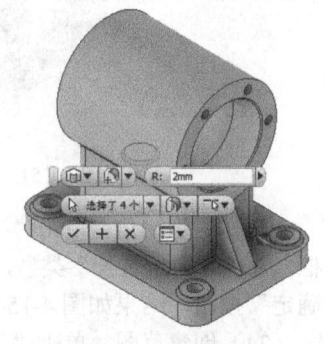

（29）保存文件。单击快速访问工具栏中的"保存"按钮，打开"另存为"对话框，输入文件名为"箱体.ipt"，单击"保存"按钮，保存文件。

4.2.5 环形阵列

环形阵列是指复制一个或多个特征，然后在圆弧或圆中按照指定的数量和间距排列所得到的引用特征。

环形阵列创建步骤如下：

（1）单击"三维模型"选项卡"阵列"面板中的"环形阵列"按钮，打开"环形阵列"对话框，如图4-162所示。

（2）选择阵列各个特征或阵列整个实体。如果要阵列各个特征，则可选择要阵列的一个或多个特征。

（3）选择旋转轴，旋转轴可是边线、工作轴以及圆柱的中心线等，它可不和特征在同一个平面上。

（4）在"放置"选项中，可指定引用的数目，引用之间的夹角。创建方法与矩形阵列中的对应选项的含义相同，如图4-163所示。

图4-162 "环形阵列"对话框

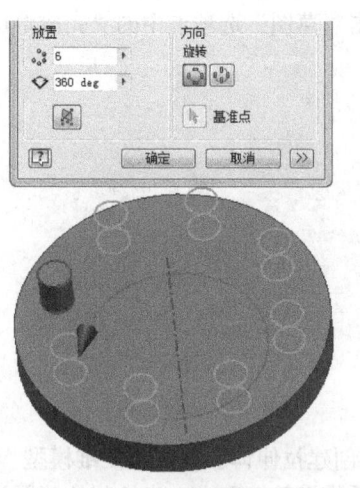

图4-163 设置参数

（5）在"放置方法"选项区域中，可定义引用夹角是所有引用之间的夹角（"范围"选项）还是两个引用之间的夹角（"增量"选项）。

（6）单击"确定"按钮，完成特征的创建，如图4-164所示。

"环形阵列"对话框中的选项说明如下。

1．放置

（1）数量：指定阵列中引用的数目。

（2）角度：引用之间的角度间距取决于放置方法。

图4-164 环形阵列

（3）中间平面：指定在原始特征的两侧分布特征引用。

2．放置方法

（1）增量：定义特征之间的间距。

（2）范围：阵列使用一个角度来定义阵列特征占用的总区域。

> **技巧**：如果选择"阵列整个实体"选项，则"调整"选项不可用。其他选项意义和阵列各个特征的对应选项相同。

4.3 综合实例——钳座

绘制如图4-165所示的钳座。

操作步骤：

（1）新建文件。运行Inventor，单击快速访问工具栏中的"新建"按钮，在打开的"新建文件"对话框的Templates选项卡的零件下拉列表中选择Standard.ipt选项，单击"创建"按钮，新建一个零件文件。

（2）创建草图。单击"三维模型"选项卡"草图"面板中的"开始创建二维草图"按钮，选择 XZ 平面为草图绘制平面，进入草图绘制环境。单击"草图"选项卡"创建"面板中的"直线"按钮和"圆角"按钮，绘制草图轮廓。单击"约束"面板中的"尺寸"按钮，标注尺寸如图 4-166 所示。单击"草图"选项卡中的"完成草图"按钮，退出草图环境。

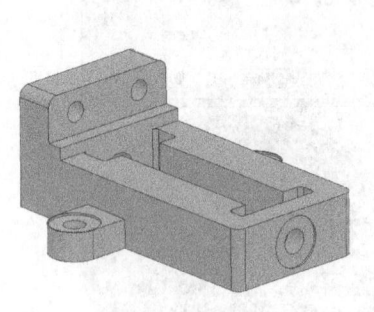

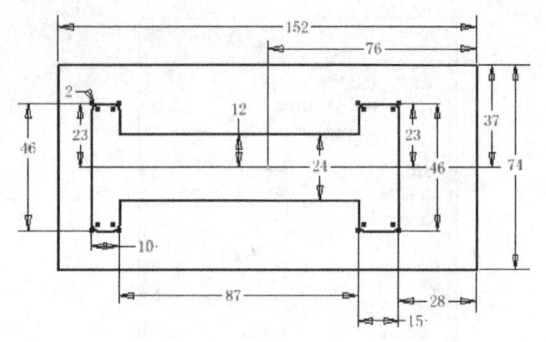

图 4-165　钳座　　　　　　　　　　图 4-166　绘制草图

（3）创建拉伸体。单击"三维模型"选项卡"创建"面板中的"拉伸"按钮，打开"拉伸"对话框，系统自动选取上一步绘制的草图为拉伸截面轮廓，将拉伸距离设置为30mm，如图 4-167 所示。单击"确定"按钮，完成拉伸，如图 4-168 所示。

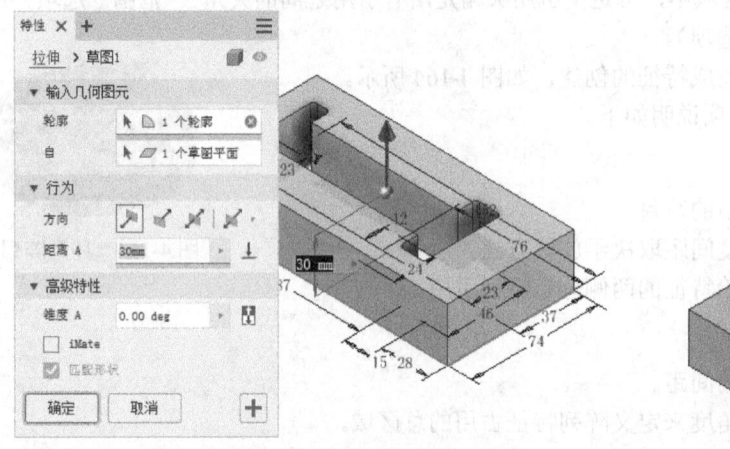

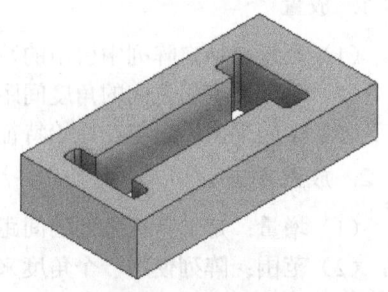

图 4-167　设置参数　　　　　　　　图 4-168　创建拉伸体

（4）创建草图。单击"三维模型"选项卡"草图"面板中的"开始创建二维草图"按钮，选择拉伸体的侧面为草图绘制平面，进入草图绘制环境。单击"草图"选项卡"创建"面板中的"线"按钮，绘制草图轮廓。单击"约束"面板中的"尺寸"按钮，标注尺寸如图 4-169 所示。单击"草图"选项卡中的"完成草图"按钮，退出草图环境。

（5）创建扫掠。单击"三维模型"选项卡"创建"面板中的"扫掠"按钮，选取上步绘制的草图为扫掠截面，选取第一个拉伸的下边线为扫掠路径，方向为"路径"，其他采用默认设置，如图 4-170 所示，单击"确定"按钮，扫掠结果如图 4-171 所示。

（6）创建草图。单击"三维模型"选项卡"草图"面板中的"开始创建二维草图"按钮，选择 XZ 平面为草图绘制平面，进入草图绘制环境。单击"草图"选项卡"创建"面板中的"线"按钮和"圆弧"按钮，绘制草图轮廓。单击"约束"面板中的"尺寸"按钮，标注尺寸如图 4-172 所示。单击"草图"选项卡中的"完成草图"按钮，退出草图环境。

第4章 放置特征

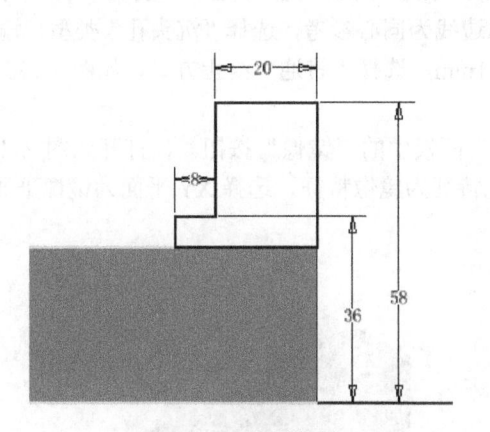

图 4-169 绘制草图

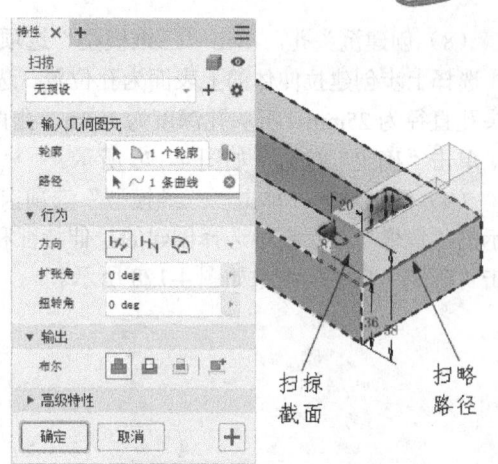

图 4-170 扫掠示意图

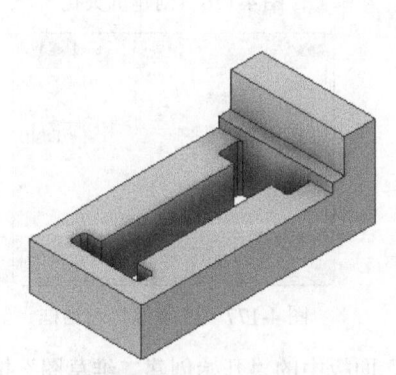

图 4-171 扫掠体

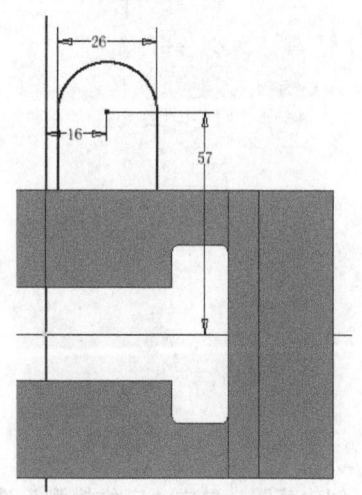

图 4-172 绘制草图

（7）创建拉伸体。单击"三维模型"选项卡"创建"面板中的"拉伸"按钮，打开"拉伸"对话框，系统自动选取上一步绘制的草图为拉伸截面轮廓，将拉伸距离设置为14mm，如图 4-173 所示。单击"确定"按钮，完成拉伸，如图 4-174 所示。

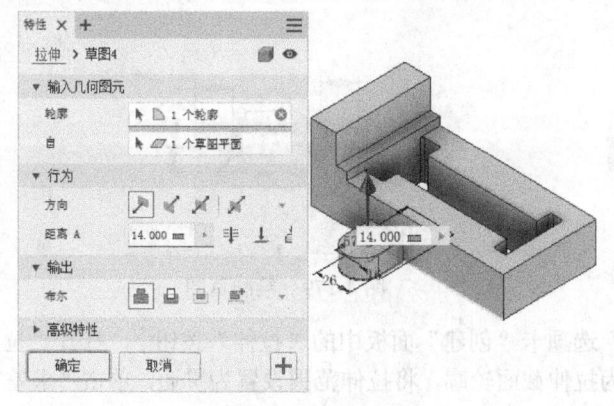

图 4-173 设置参数

图 4-174 创建拉伸体

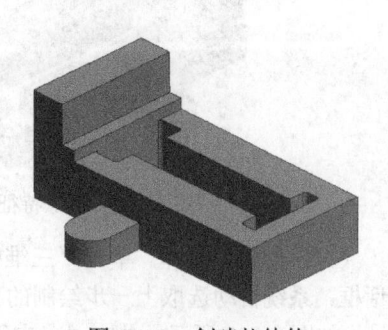

· 133 ·

（8）创建沉头孔。单击"三维模型"选项卡"修改"面板中的"孔"按钮，打开"孔"对话框。选择上步创建拉伸体的上表面为孔位置，选取圆弧边线为同心参考，选择"沉头孔"类型，输入沉头孔直径为 25mm，沉头孔深度为 1mm，孔直径为 11mm，选择"贯通"终止方式，如图 4-175 所示，单击"确定"按钮，如图 4-176 所示。

（9）镜像特征。单击"三维模型"选项卡"阵列"面板中的"镜像"按钮，打开如图 4-177 所示的"镜像"对话框，选择创建的拉伸特征和沉头孔特征为镜像特征，选择 XY 平面为镜像平面，单击"确定"按钮，结果如图 4-178 所示。

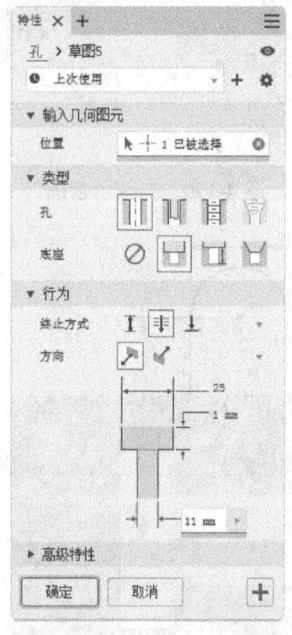

图 4-175　"孔"对话框

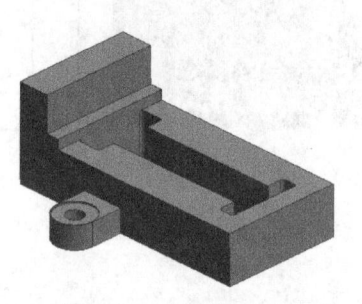

图 4-176　创建沉头孔

图 4-177　"镜像"对话框

（10）创建草图。单击"三维模型"选项卡"草图"面板中的"开始创建二维草图"按钮，选择 YZ 平面为草图绘制平面，进入草图绘制环境。单击"草图"选项卡"创建"面板中的"圆"按钮，绘制草图轮廓。单击"约束"面板中的"尺寸"按钮，标注尺寸如图 4-179 所示。单击"草图"选项卡中的"完成草图"按钮，退出草图环境。

图 4-178　镜像特征

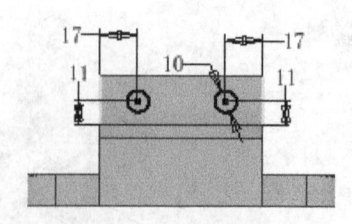

图 4-179　绘制草图

（11）创建拉伸体。单击"三维模型"选项卡"创建"面板中的"拉伸"按钮，打开"拉伸"对话框，系统自动选取上一步绘制的草图为拉伸截面轮廓，将拉伸范围设置为贯通，单击"求差"按钮，如图 4-180 所示。单击"确定"按钮，完成拉伸，如图 4-181 所示。

第4章 放置特征

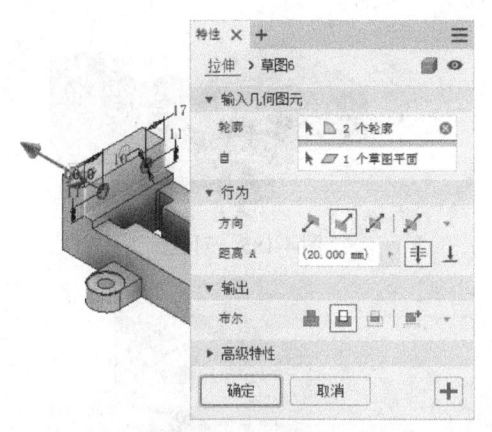

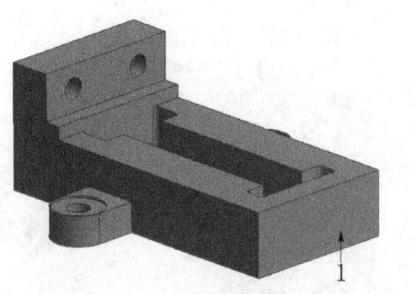

图4-180 设置参数　　　　　　　　　　　图4-181 创建拉伸体

（12）创建沉头孔。单击"三维模型"选项卡"修改"面板中的"孔"按钮，打开"孔"对话框。选择图4-181中的面1为孔位置，选择竖直线为参考1，输入距离为37mm，选取水平直线为参考2，输入距离为15mm，选择"沉头孔"类型，选择"距离"终止方式，输入沉头孔直径为25mm，沉头孔深度为1mm，孔直径为12mm，孔深度为16mm，如图4-182所示，单击"确定"按钮，如图4-183所示。

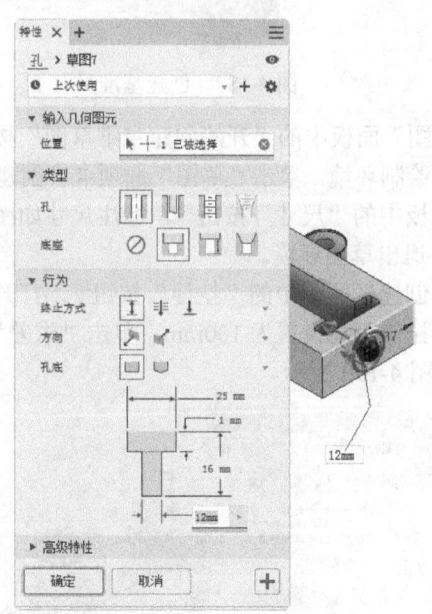

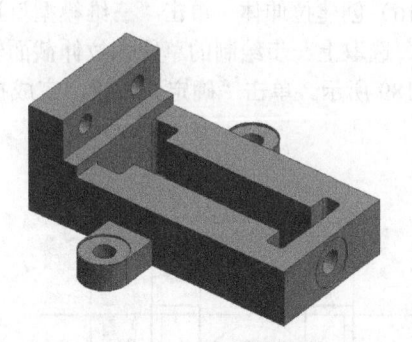

图4-182 "孔"对话框　　　　　　　　　　图4-183 创建沉头孔

（13）创建沉头孔。单击"三维模型"选项卡"修改"面板中的"孔"按钮，打开"孔"对话框。选择另一面为孔位置，选择竖直线为参考1，输入距离为37mm，选取水平直线为参考2，输入距离为15mm，选择"沉头孔"类型，选择"距离"终止方式，输入沉头孔直径为28mm，沉头孔深度为1mm，孔直径为18mm，孔深度为30mm，如图4-184所示，单击"确定"按钮，如图4-185所示。

（14）创建基准平面。单击"三维模型"选项卡"定位特征"面板中的"从平面偏移"按钮，拖动平面并输入-13mm，如图4-186所示，单击"确定"按钮，如图4-187所示，完成基准平面的创建。

· 135 ·

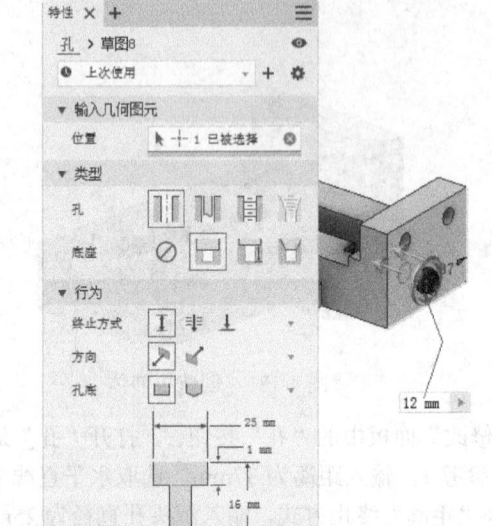

图 4-184 "孔"对话框

图 4-185 创建沉头孔

图 4-186 创建平面示意图

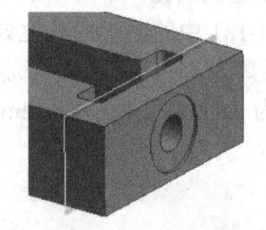

图 4-187 创建基准平面 1

（15）创建草图。单击"三维模型"选项卡"草图"面板中的"开始创建二维草图"按钮，选择上步创建的基准平面 1 为草图绘制平面，进入草图绘制环境。单击"草图"选项卡"创建"面板中的"矩形"按钮，绘制草图轮廓。单击"约束"面板中的"尺寸"按钮，标注尺寸如图 4-188 所示。单击"草图"选项卡中的"完成草图"按钮，退出草图环境。

（16）创建拉伸体。单击"三维模型"选项卡"创建"面板中的"拉伸"按钮，打开"拉伸"对话框，选取上一步绘制的草图为拉伸截面轮廓，将拉伸距离设置为 100mm，单击"求差"按钮，如图 4-189 所示。单击"确定"按钮，完成拉伸，如图 4-190 所示。

图 4-188 绘制草图

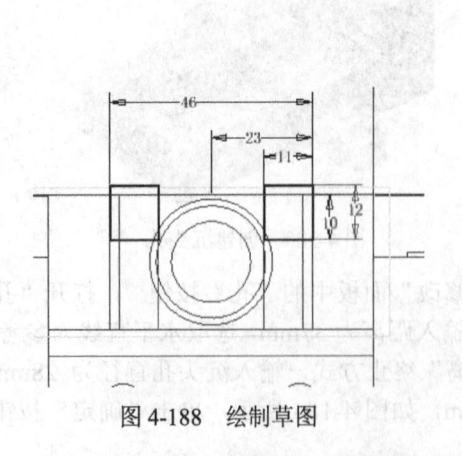

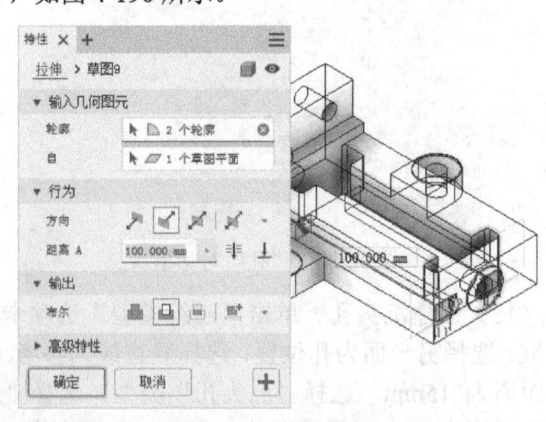

图 4-189 设置参数

（17）圆角处理。单击"三维模型"选项卡"修改"面板中的"圆角"按钮，打开"圆角"对话框，输入半径为 5mm，选择如图 4-191 所示的边线倒圆角，单击"确定"按钮，完成圆角操作。

图 4-190　创建拉伸体　　　　　　　　图 4-191　圆角示意图

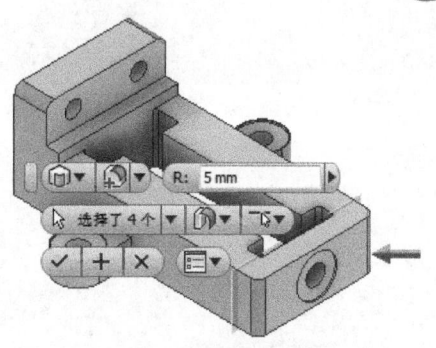

（18）保存文件。单击快速访问工具栏中的"保存"按钮■，打开"另存为"对话框，输入文件名为"钳座.ipt"，单击"保存"按钮，保存文件。

第5章

曲面造型

曲面是一种泛称，片体和实体的自由表面都可以称为曲面。平面表面是曲面的一种特例。其中片体是由一个或多个表面组成，厚度为0的几何体。

- ☑ 曲面编辑
- ☑ 自由造型
- ☑ 飞机

任务驱动&项目案例

5.1 曲面编辑

在第 4 章中介绍了曲面和实体的创建，在本节中主要介绍曲面的创建和编辑。

5.1.1 加厚

加厚是指添加或删除零件或缝合曲面的厚度或从零件面或曲面创建偏移曲面或创建新实体。

加厚曲面的操作步骤如下：

（1）单击"三维模型"选项卡"修改"面板中的"加厚/偏移"按钮，打开"加厚/偏移"对话框，如图 5-1 所示。

（2）在视图中选择要加厚的面，如图 5-2 所示。

（3）在对话框中输入厚度，并为加厚特征指定求并、求差或求交操作，设置加厚方向。

（4）在对话框中单击"确定"按钮，完成曲面加厚，结果如图 5-3 所示。

图 5-1 "加厚/偏移"对话框　　图 5-2 选择加厚面　　图 5-3 加厚面

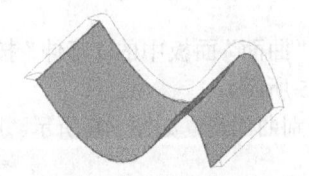

"加厚/偏移"对话框中的选项说明如下。

（1）"加厚/偏移"选项卡。

❶ 选择：指定要加厚的面或要从中创建偏移曲面的面。

☑ 面：默认选择此选项，表示每单击一次，只能选择一个面。

☑ 缝合曲面：单击一次选择一组相连的面。

❷ 实体：如果存在多个实体，选择参与体。

❸ 选择模式：设置选择的是单个面或缝合曲面。可以选择多个相连的面或缝合曲面，但不能选择混合的面和缝合曲面。

❹ 距离：指定加厚特征的厚度，或者指定偏移特征的距离。当输出为曲面时，偏移距离可以为零。

❺ 输出：指定特征是实体还是曲面。

❻ 操作：指定加厚特征与实体零件是进行求并、求差或求交操作。

❼ 方向：将厚度或偏移特征沿一个方向延伸或在两个方向上同等延伸。

❽ 自动过渡：选中此复选框，可自动移动相邻的相切面，还可以创建新过渡。

（2）"更多"选项卡，如图 5-4 所示。

图 5-4 "更多"选项卡

❶ 自动链选面：用于选择多个连续相切的面进行加厚，所有选中的面使用相同的布尔操作和方向加厚。

❷ 创建竖直曲面：对于偏移特征，应创建将偏移面连接到原始缝合曲面的竖直面，竖直曲面仅在内部曲面的边处创建，而不会在曲面边界的边处创建。

❸ 允许近似值：如果不存在精确方式，在计算偏移特征时，允许与指定的厚度有偏差。精确方式可以创建偏移曲面，该曲面中，原始曲面上的每一点在偏移曲面上都具有对应点。

☑ 中等：将偏差分为近似指定距离的两部分。

☑ 不要过薄：保留最小距离。

☑ 不要过厚：保留最大距离。

❹ 优化：使用合理公差和最短计算时间进行计算。

❺ 指定公差：使用指定的公差进行计算。

技巧：可以一起选择面和曲面进行加厚吗？

不可以。加厚的面和偏移的曲面不能在同一个特征中创建。厚度特征和偏移特征在浏览器中有各自的图标。

5.1.2 延伸

延伸是通过指定距离或终止平面，使曲面在一个或多个方向上扩展。

延伸曲面的操作步骤如下：

（1）单击"三维模型"选项卡"曲面"面板中的"延伸"按钮，打开"延伸曲面"对话框，如图 5-5 所示。

（2）在视图中选择要延伸的个别曲面边，如图 5-6 所示。所有边均必须在单一曲面或缝合曲面上。

（3）在"范围"下拉列表框中选择延伸的终止方式，并设置相关参数。

（4）在对话框中单击"确定"按钮，完成曲面延伸，结果如图 5-7 所示。

图 5-5 "延伸曲面"对话框

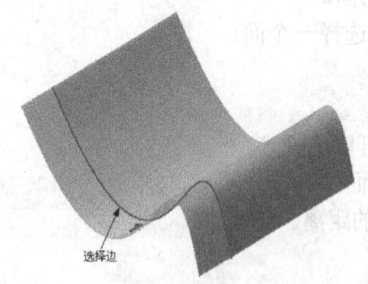

图 5-6 选择边

图 5-7 曲面延伸

"延伸曲面"对话框中的选项说明如下。

（1）边：选择并高亮显示单一曲面或缝合曲面的每个面边进行延伸。

（2）链选边：自动延伸所选边，以包含相切连续于所选边的所有边。

（3）范围：确定延伸的终止方式并设置其距离。

☑ 距离：将边延伸指定的距离。

☑ 到：选择在其上终止延伸的终止面或工作平面。

(4)边延伸:控制用于延伸或要延伸的曲面边相邻的边的方法。
- 延伸:沿与选定的边相邻的边的曲线方向创建延伸边。
- 拉伸:沿直线从与选定的边相邻的边创建延伸边。

5.1.3 边界嵌片

边界嵌片特征用于从闭合的二维草图或闭合的边界生成平面曲面或三维曲面。

边界嵌片的操作步骤如下:

(1)单击"三维模型"选项卡"曲面"面板中的"面片"按钮,打开"边界嵌片"对话框,如图 5-8 所示。

图 5-8 "边界嵌片"对话框

(2)在视图中选择定义闭合回路的相切、连续的链选边,如图 5-9 所示。

(3)在"条件"下拉列表中选择每条边或每组选定边的边界条件。

(4)在对话框中单击"确定"按钮,创建边界平面特征,结果如图 5-10 所示。

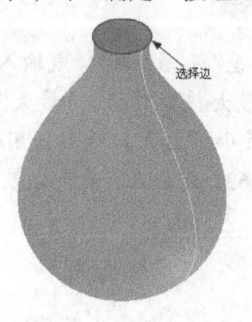

图 5-9 选择边　　　　　　图 5-10 边界嵌片

"边界嵌片"对话框中的选项说明如下:

(1)边界:指定嵌片的边界。选择闭合的二维草图或相切连续的链选边,来指定闭合面域。

(2)条件:列出选定边的名称和选择集中的边数,还指定边条件应用到边界嵌片的每条边,条件包括无条件、相切条件和平滑(G2)条件,如图 5-11 所示。

无条件　　　　　　相切条件　　　　　　平滑(G2)条件

图 5-11 条件

5.1.4 缝合

缝合用于选择参数化曲面以缝合在一起形成缝合曲面或实体。曲面的边必须相邻才能成功缝合。缝合曲面的操作步骤如下：

（1）单击"三维模型"选项卡"曲面"面板中的"缝合"按钮，打开"缝合"对话框，如图 5-12 所示。

（2）在视图中选择一个或多个单独曲面，如图 5-13 所示。选中曲面后，将显示边条件，不具有公共边的边将变成红色，已成功缝合的边为黑色。

（3）输入公差。

（4）在对话框中单击"确定"按钮，将曲面结合在一起形成缝合曲面或实体，结果如图 5-14 所示。

图 5-12　"缝合"对话框 　　　图 5-13　选择面 　　　图 5-14　缝合

> **技巧**：要缝合第一次未成功缝合的曲面，应在"最大公差"列表中选择或输入值来使用公差控制。查看要缝合在一起的剩余边，和最小的关联"最大接缝"值。"最大接缝"值为使用"缝合"命令选择公差边时所考虑的最大间隙。将最小"最大接缝"值用作输入"最大公差"值时的参考值。例如，如果"最大间隙"为 0.00362，则应在"最大公差"列表中输入 0.004，以实现成功缝合。

"缝合"对话框中的选项说明如下。

（1）"缝合"选项卡。

❶ 曲面：用于选择单个曲面或所有曲面以缝合在一起形成缝合曲面或进行分析。

❷ 最大公差：用于选择或输入自由边之间的最大许用公差值。

❸ 查找剩余的自由边：用于显示缝合后剩余的自由边及它们之间的最大间隙。

❹ 保留为曲面：如果不选中此复选框，则具有有效闭合体积的缝合曲面将实体化。如果选中，则缝合曲面仍然为曲面。

（2）"分析"选项卡，如图 5-15 所示。

❶ 显示边条件：选中该复选框，可以用颜色指示曲面边来显示分析结果。

❷ 显示接近相切：选中该复选框，可以显示接近相切条件。

图 5-15　"分析"选项卡

5.1.5 实例——漏斗

绘制如图 5-16 所示的漏斗。

操作步骤：

（1）新建文件。运行 Inventor，单击快速访问工具栏上的"新建"按钮，在打开的"新建文件"对话框的 Templates 选项卡的零件下拉列表中选择 Standard.ipt 选项，单击"创建"按钮，新建一个零件文件。

（2）创建草图。单击"三维模型"选项卡"草图"面板上的"开始创建二维草图"按钮，选择 XZ 平面为草图绘制平面，进入草图绘制环境。单击"草图"选项卡"创建"面板上的"线"按钮，绘制草图。单击"约束"面板上的"尺寸"按钮，标注尺寸如图 5-17 所示。单击"草图"选项卡上的"完成草图"按钮，退出草图环境。

图 5-16 漏斗

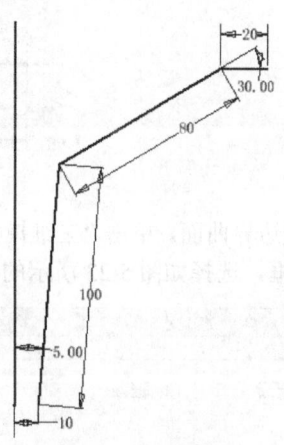

图 5-17 绘制草图

（3）创建旋转曲面。单击"三维模型"选项卡"创建"面板上的"旋转"按钮，打开"旋转"对话框，选取如图 5-17 所示的草图为旋转截面轮廓，选取竖直直线段为旋转轴，如图 5-18 所示。单击"确定"按钮完成旋转，如图 5-19 所示。

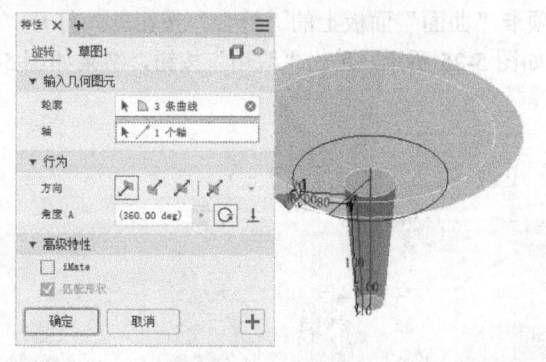

图 5-18 设置参数

图 5-19 旋转曲面

（4）创建圆角。单击"三维模型"选项卡"修改"面板上的"圆角"按钮，打开"圆角"对话框，选择"边圆角"类型，选择如图 5-20 所示的边线，输入半径为 10mm，单击"确定"按钮，结果如图 5-21 所示。

图 5-20 选择边线　　　　　　图 5-21 完成圆角

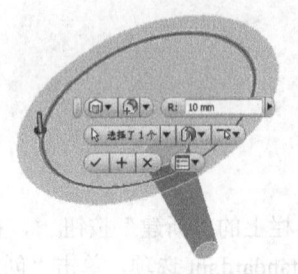

（5）创建草图。单击"三维模型"选项卡"草图"面板上的"开始创建二维草图"按钮，选择如图 5-22 所示的上表面为草图绘制平面，进入草图绘制环境。绘制草图。单击"约束"面板上的"尺寸"按钮，标注尺寸如图 5-22 所示。单击"草图"选项卡上的"完成草图"按钮，退出草图环境。

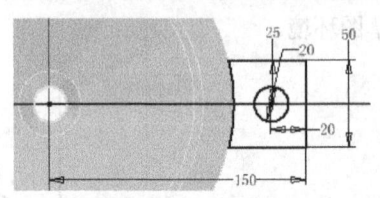

图 5-22 绘制草图

（6）创建边界曲面。单击"三维模型"选项卡"曲面"面板上的"边界嵌片"按钮，打开"边界嵌片"对话框，选择如图 5-23 所示的草图轮廓，单击"确定"按钮，结果如图 5-24 所示。

图 5-23 设置草图

（7）缝合曲面。单击"三维模型"选项卡"曲面"面板上的"缝合"按钮，打开"缝合"对话框，选择图中所有曲面，采用默认设置，如图 5-25 所示，单击"应用"按钮，结果如图 5-26 所示。单击"完毕"按钮，退出对话框。

图 5-24 创建边界嵌片　　　　　　图 5-25 设置参数

第 5 章 曲面造型

（8）加厚曲面 1。单击"三维模型"选项卡"修改"面板上的"加厚/偏移"按钮，打开"加厚/偏移"对话框，选择"缝合曲面"选项，选择上步创建的缝合曲面作为加厚对象，输入距离为 1mm，如图 5-27 所示，单击"确定"按钮，结果如图 5-16 所示。

图 5-26　完成缝合　　　　　　　　　　　图 5-27　设置参数

（9）保存文件。单击快速访问工具栏上的"保存"按钮，打开"另存为"对话框，输入文件名为"漏斗.ipt"，单击"保存"按钮，保存文件。

5.1.6　修剪

修剪曲面删除用于通过切割命令定义的曲面区域。切割工具可以是形成闭合回路的曲面边、单个零件面、单个不相交的二维草图曲线或者工作平面。

修剪曲面的操作步骤如下：

（1）单击"三维模型"选项卡"曲面"面板中的"修剪"按钮，打开"修剪曲面"对话框，如图 5-28 所示。

（2）在视图中选择作为修剪工具的几何图元，如图 5-29 所示。

（3）选择要删除的区域，要删除的区域包含于切割工具相交的任何曲面。如果要删除的区域多于要保留的区域，应选择要保留的区域，然后单击"反向选择"按钮，反转选择。

图 5-28　"修剪曲面"对话框

（4）在对话框中单击"确定"按钮，完成曲面修剪，结果如图 5-30 所示。

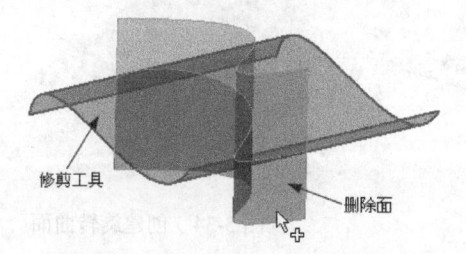

图 5-29　选择修剪工具和删除面　　　　　图 5-30　修剪曲面

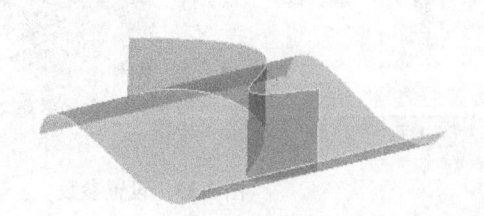

"修剪曲面"对话框中的选项说明如下。

（1）修剪工具：选择用于修剪曲面的几何图元。

（2）删除：选择要删除的一个或多个区域。

（3）反向选择：取消当前选定的区域并选择先前取消的区域。

·145·

5.1.7 实例——吹风机

绘制如图 5-31 所示的吹风机。

操作步骤：

（1）新建文件。单击快速访问工具栏上的"新建"按钮，在打开的"新建文件"对话框的 Templates 选项卡的零件下拉列表中选择 Standard.ipt 选项，单击"创建"按钮，新建一个零件文件。

（2）创建草图。单击"三维模型"选项卡"草图"面板上的"开始创建二维草图"按钮，选择 XZ 平面为草图绘制平面，进入草图绘制环境。单击"草图"选项卡"创建"面板上的"线"按钮、"样条曲线 插值"按钮和"圆弧"按钮，绘制草图。单击"约束"面板中的"尺寸"按钮，标注尺寸如图 5-32 所示。单击"草图"选项卡上的"完成草图"按钮，退出草图环境。

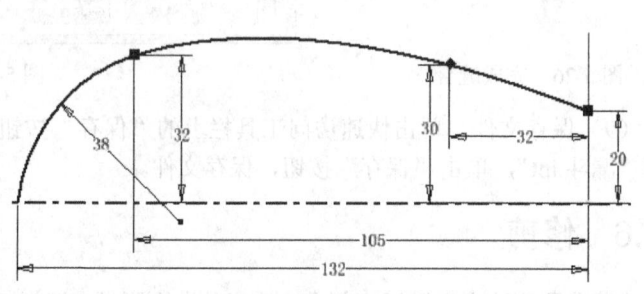

图 5-31 吹风机　　　　图 5-32 绘制草图

（3）创建旋转曲面。单击"三维模型"选项卡"创建"面板上的"旋转"按钮，打开"旋转"对话框，选取如图 5-32 所示的草图为截面轮廓，选取水平直线段为旋转轴，如图 5-33 所示。单击"确定"按钮完成旋转，如图 5-34 所示。

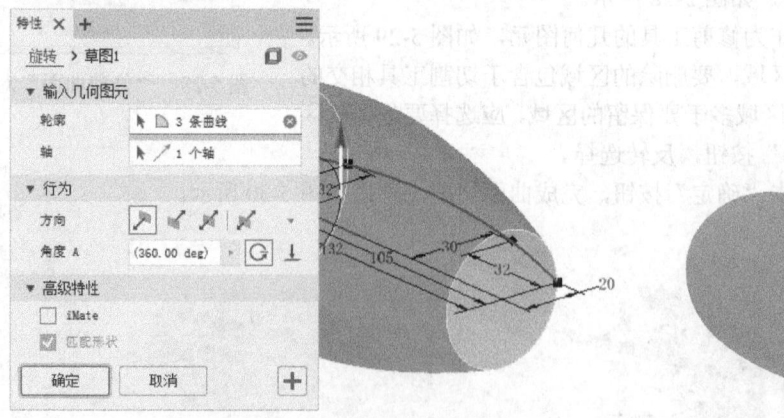

图 5-33 设置参数　　　　图 5-34 创建旋转曲面

（4）创建草图。单击"三维模型"选项卡"草图"面板上的"开始创建二维草图"按钮，选择 XZ 平面为草图绘制平面，进入草图绘制环境。单击"草图"选项卡"创建"面板上的"线"按钮，绘制草图。单击"约束"面板中的"尺寸"按钮，标注尺寸如图 5-35 所示。单击"草图"选项卡上的"完成草图"按钮，退出草图环境。

（5）创建草图。单击"三维模型"选项卡"草图"面板上的"开始创建二维草图"按钮，选择 XZ 平面为草图绘制平面，进入草图绘制环境。单击"草图"选项卡"创建"面板上的"圆弧"按钮，绘制草图。单击"约束"面板中的"尺寸"按钮，标注尺寸如图 5-36 所示。单击"草图"选项卡上的"完成草图"按钮，退出草图环境。

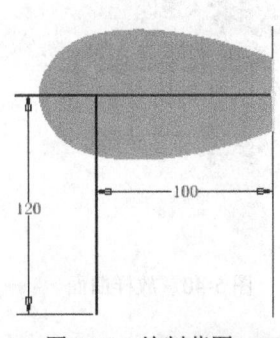

图 5-35　绘制草图

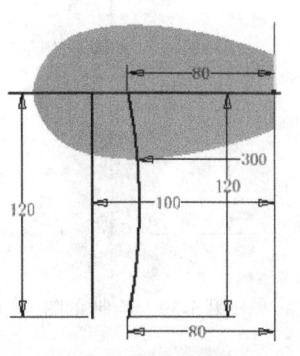

图 5-36　绘制草图

（6）创建工作平面。单击"三维模型"选项卡"定位特征"面板上的"平行于平面且通过点"按钮，在浏览器的原始坐标系下选择 XY 平面，然后选择第（4）步绘制的直线的下端点，如图 5-37 所示。

（7）创建草图。单击"三维模型"选项卡"草图"面板上的"开始创建二维草图"按钮，选择上步创建的工作平面为草图绘制平面，进入草图绘制环境。单击"草图"选项卡"创建"面板上的"圆"按钮，绘制草图。单击"约束"面板中的"尺寸"按钮，标注尺寸如图 5-38 所示。单击"草图"选项卡上的"完成草图"按钮，退出草图环境。

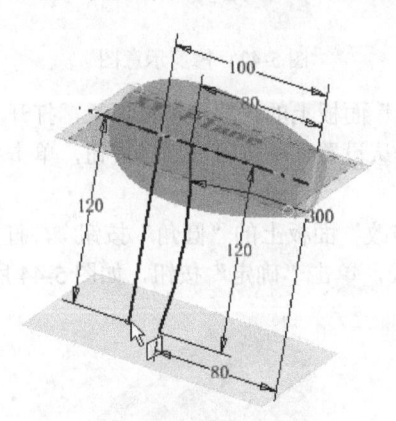

图 5-37　创建工作平面

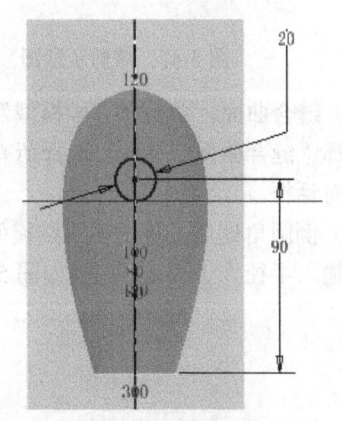

图 5-38　绘制草图

（8）创建草图。单击"三维模型"选项卡"草图"面板上的"开始创建二维草图"按钮，选择 XY 平面为草图绘制平面，进入草图绘制环境。单击"草图"选项卡"创建"面板上的"圆"按钮，绘制草图。单击"约束"面板中的"尺寸"按钮，标注尺寸如图 5-39 所示。单击"草图"选项卡上的"完成草图"按钮，退出草图环境。

（9）放样曲面。单击"三维模型"选项卡"创建"面板上的"放样"按钮，打开"放样"对话框，单击"曲面"输出类型，在截面栏中单击"单击以添加"选项，选择草图 4 和草图 5 为截面轮廓，选择草图 2 和草图 3 为轨道，单击"确定"按钮完成放样，隐藏工作平面，如图 5-40 所示。

（10）修剪曲面 1。单击"三维模型"选项卡"曲面"面板上的"修剪"按钮，打开"修剪曲面"对话框，选择如图 5-41 所示的修剪工具和删除面，单击"确定"按钮；重复"修剪曲面"命令，选择如图 5-42 所示的修剪工具和删除面。

· 147 ·

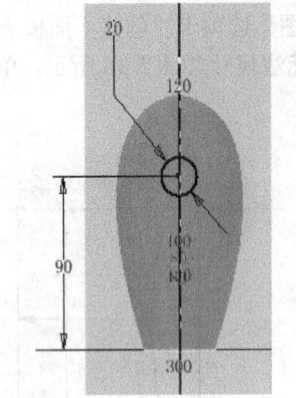

图 5-39 绘制草图　　　　　　　　图 5-40 放样曲面

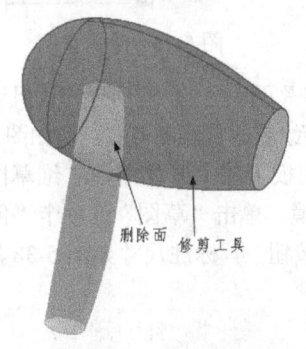

图 5-41 修剪示意图　　　　　　　图 5-42 修剪示意图

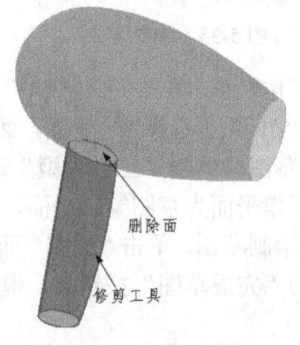

（11）缝合曲面。单击"三维模型"选项卡"曲面"面板上的"缝合"按钮，打开"缝合"对话框，选择"缝合曲面"选项，选择所有曲面，采用默认设置，单击"应用"按钮，单击"完毕"按钮，退出对话框。

（12）倒圆角处理。单击"三维模型"选项卡"修改"面板上的"圆角"按钮，打开"圆角"对话框，输入半径为15mm，选择如图 5-43 所示的边线，单击"确定"按钮，如图 5-44 所示。

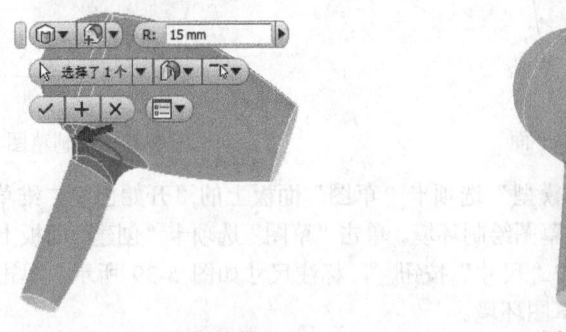

图 5-43 选择边线　　　　　　　　图 5-44 圆角处理

（13）创建边界曲面，单击"三维模型"选项卡"曲面"面板上的"边界嵌片"按钮，打开"边界嵌片"对话框，选择如图 5-45 所示的边线，单击"确定"按钮，结果如图 5-46 所示。

（14）缝合曲面。单击"三维模型"选项卡"曲面"面板上的"缝合"按钮，打开"缝合"对话框，选择"缝合曲面"选项，选择所有曲面，采用默认设置，单击"应用"按钮，单击"完毕"按钮，退出对话框。

图 5-45 设置参数　　图 5-46 边界曲面

（15）倒圆角处理。单击"三维模型"选项卡"修改"面板上的"圆角"按钮，打开"圆角"对话框，输入半径为 4mm，选择如图 5-47 所示的边线，单击"确定"按钮，如图 5-48 所示。

（16）创建草图。单击"三维模型"选项卡"草图"面板上的"开始创建二维草图"按钮，选择 XZ 平面为草图绘制平面，进入草图绘制环境。单击"草图"选项卡"创建"面板上的"样条曲线 插值"按钮，绘制草图，如图 5-49 所示。单击"草图"选项卡上的"完成草图"按钮，退出草图环境。

图 5-47 选择边线　　图 5-48 圆角处理　　图 5-49 创建样条曲线

（17）创建拉伸曲面。单击"三维模型"选项卡"创建"面板上的"拉伸"按钮，打开"拉伸"对话框，选取上步绘制的草图为拉伸截面轮廓，将拉伸距离设置为 100mm，单击"对称"按钮，如图 5-50 所示。单击"确定"按钮完成拉伸，如图 5-51 所示。

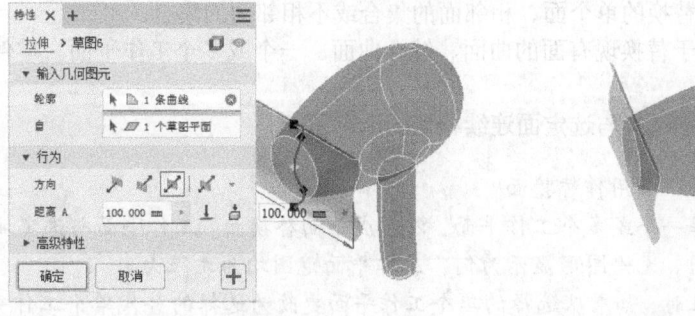

图 5-50 设置参数　　图 5-51 拉伸曲面

（18）修剪曲面 1。单击"三维模型"选项卡"曲面"面板上的"修剪"按钮，打开"修剪曲

面"对话框,选择如图 5-52 所示的修剪工具和删除面,单击"确定"按钮;将拉伸曲面隐藏,结果如图 5-53 所示。

图 5-52　修剪示意图　　　　图 5-53　修剪曲面

（19）保存文件。单击快速访问工具栏上的"保存"按钮，打开"另存为"对话框，输入文件名为"吹风机.ipt"，单击"保存"按钮，保存文件。

5.1.8　替换面

用不同的面替换一个或多个零件面，零件必须与新面完全相交。

替换面的操作步骤如下：

（1）单击"三维模型"选项卡"曲面"面板中的"替换面"按钮，打开"替换面"对话框，如图 5-54 所示。

（2）在视图中选择一个或多个要替换的零件面，如图 5-55 所示。

（3）单击"新建面"按钮，选择曲面、缝合曲面、一个或多个工作平面作为新建面。

（4）在对话框中单击"确定"按钮，完成替换面，结果如图 5-56 所示。

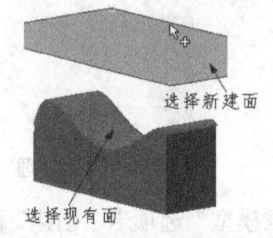

图 5-54　"替换面"对话框　　　图 5-55　选择新建面或替换面　　　图 5-56　替换面

"替换面"对话框中的选项说明如下：

（1）现有面：选择要替换的单个面、相邻面的集合或不相邻面的集合。

（2）新建面：选择用于替换现有面的曲面、缝合曲面、一个或多个工作平面。零件将延伸以与新面相交。

（3）自动链选面：自动选择与选定面连续相切的所有面。

> **技巧**：是否可以将工作平面用作替换面？
> 　　可以创建并选择一个或多个工作平面，以生成平面替换面。工作平面与选定曲面的行为相似，但范围不同。无论图形显示为何，工作平面范围均为无限大。
> 　　编辑替换面特征时，如果从选择的单个工作平面更改为选择的替代单个工作平面，可保留从属特征。如果在选择的单个工作平面和多个工作平面（或替代多个工作平面）之间更改，则不会保留从属特征。

5.1.9 删除面

删除零件面、体块或中空体。

删除面的操作步骤如下：

（1）单击"三维模型"选项卡"修改"面板中的"删除面"按钮，打开"删除面"对话框，如图 5-57 所示。

（2）选择删除类型。

（3）在视图中选择一个或多个要删除的面，如图 5-58 所示。

（4）在对话框中单击"确定"按钮，完成删除面，如图 5-59 所示。

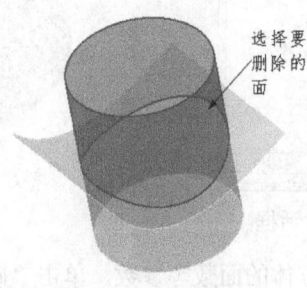

图 5-57　"删除面"对话框　　　图 5-58　选择删除面　　　图 5-59　删除面

"删除面"对话框中的选项说明如下。

（1）面：根据单个面或体块的选择，选择一个或多个要删除的面。

（2）选择单个面：指定要删除的一个或多个独立面。

（3）选择体块：指定要删除的体块的所有面。

（4）修复：删除单个面后，尝试通过延伸相邻面直至相交来修复间隙。

> **技巧**："删除面"与"删除命令"的区别如下。
>
> 删除是按 Delete 键从零件中删除选定的几何图元，仅当立即使用"撤销"时才能对其进行检索。无法使用 Delete 键删除单个面。
>
> 利用"删除面"命令创建"删除面"特征，并在浏览器装配层次中放置一个图标。此操作自动将零件转换为曲面，并用曲面图标替换浏览器顶部的零件图标。与任何其他特征相同，可以使用"编辑特征"对其进行修改。

5.2　自由造型

基本自由造型形状有 5 个，包括长方体、圆柱体、球体、圆环体和四边形球，系统还提供了多个工具来编辑造型，连接多个实体以及与现有几何图元进行匹配，通过添加三维模型特征可以合并或生成自由造型实体。

5.2.1　长方体

在工作平面或平面上创建矩形实体。

创建自由造型长方体的操作步骤如下：

（1）单击"三维模型"选项卡"创建自由造型"面板上的"长方体"按钮，打开"长方体"对话框，如图 5-60 所示。

（2）在视图中选择工作平面、平面或二维草图。

（3）在视图中单击以指定长方体的基准点。

（4）在对话框中更改长度、宽度和高度值，或直接拖动箭头调整形状，如图 5-61 所示。

图 5-60　"长方体"对话框　　　　图 5-61　调整形状

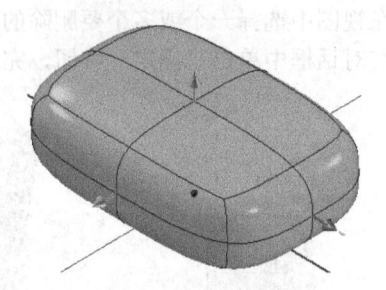

（5）在对话框中还可以设置长方体的面数等参数，单击"确定"按钮。

"长方体"对话框中的选项说明如下：

（1）长度/宽度/高度：指定长度/宽度/高度方向上的距离。

（2）长度/宽度/高度方向上的面数：指定长度/宽度/高度方向上的面数。

（3）高度方向：指定是在一个方向还是两个方向上应用高度值。

（4）长度/宽度/高度对称：选中复选框，是长方体在长度/宽度/高度上对称。

5.2.2　圆柱体

创建自由造型圆柱体的操作步骤如下：

（1）单击"三维模型"选项卡"创建自由造型"面板上的"圆柱体"按钮，打开"圆柱体"对话框，如图 5-62 所示。

（2）在视图中选择工作平面、平面或二维草图。

（3）在视图中单击以指定圆柱体的基准点。

（4）在对话框中更改半径和高度值，或直接拖动箭头调整圆柱体形状，如图 5-63 所示。

图 5-62　"圆柱体"对话框　　　　图 5-63　调整形状

（5）在对话框中还可以设置圆柱体的面数等参数，单击"确定"按钮。

"圆柱体"对话框中的选项说明如下。

(1) 半径：指定圆柱体的半径。
(2) 半径面数：指定围绕圆柱体的面数。
(3) 高度：指定高度方向上的距离。
(4) 高度面数：指定高度方向上的面数。
(5) 高度方向：指定是在一个方向还是两个方向上应用高度值。
(6) X/Y 轴对称：选中复选框，圆柱体沿轴线对称。
(7) Z 轴对称：选中此复选框，围绕圆柱体中心的边对称。

5.2.3 球体

创建自由造型球体的操作步骤如下：
(1) 单击"三维模型"选项卡"创建自由造型"面板上的"球体"按钮 ，打开"球体"对话框，如图 5-64 所示。
(2) 在视图中选择工作平面、平面或二维草图。
(3) 在视图中单击以指定球体的中心点。
(4) 在对话框中更改半径，或直接拖动箭头调整球体的半径，如图 5-65 所示。

图 5-64 "球体"对话框　　　　图 5-65 调整形状

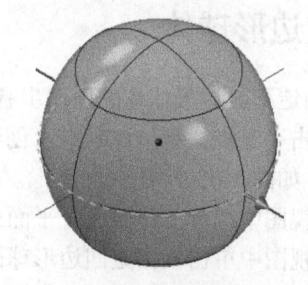

(5) 在对话框中还可以设置球体的经线和纬线等参数，单击"确定"按钮。
"球体"对话框中的选项说明如下。
(1) 半径：指定球体的半径。
(2) 经线面数：指定围绕球体的面数。
(3) 纬线面数：指定向上或向下的面数。
(4) X/Y 轴对称：选中复选框，球体沿轴线对称。
(5) Z 轴对称：选中此复选框，围绕球体中心的边对称。

5.2.4 圆环体

创建自由造型圆环体的操作步骤如下：
(1) 单击"三维模型"选项卡"创建自由造型"面板上的"圆环体"按钮 ，打开"圆环体"对话框，如图 5-66 所示。
(2) 在视图中选择工作平面、平面或二维草图。
(3) 在视图中单击以指定圆环体的中心点。
(4) 在对话框中更改半径和圆环，或直接拖动箭头调整圆环体的半径，如图 5-67 所示。
(5) 在对话框中还可以设置圆环体的参数，单击"确定"按钮。

图 5-66 "圆环体"对话框　　　　图 5-67 调整形状

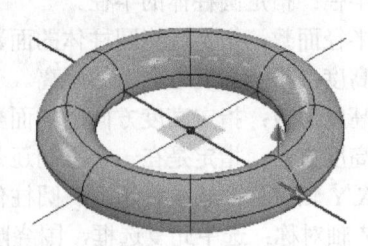

"圆环体"对话框中的选项说明如下。

（1）半径：指定圆环体内圆的半径。

（2）半径面数：指定围绕圆环体的面数。

（3）环形：指定圆环体环形截面的半径。

（4）环形面数：指定圆环体环上的面数。

（5）X/Y 轴对称：选中该复选框，对圆环体的一半启用对称。

（6）Z 轴对称：选中该复选框，对圆环体的顶部和底部启用对称。

5.2.5　四边形球体

创建自由造型四边形球体的操作步骤如下：

（1）单击"三维模型"选项卡"创建自由造型"面板上的"四边形球"按钮，打开"四边形球"对话框，如图 5-68 所示。

（2）在视图中选择工作平面、平面或二维草图。

（3）在视图中单击以指定四边形球的中心点。

（4）在对话框中更改半径，或直接拖动箭头调整半径，如图 5-69 所示。

图 5-68 "四边形球"对话框　　　　图 5-69 调整形状

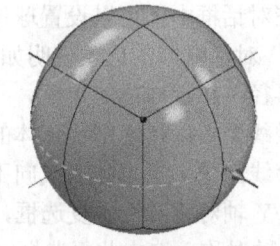

（5）在对话框中还可以设置四边形球体的参数，单击"确定"按钮。

"四边形球"对话框中的选项说明如下。

（1）半径：指定四边形球的半径。

（2）跨度面：指定跨度边上的面数。

（3）X/Y/Z 轴对称：选中该复选框，围绕四边形球启用对称。

5.2.6　编辑形状

创建自由造型编辑形式的操作步骤如下：

(1）单击"三维模型"选项卡"创建自由造型"面板上的"编辑形状"按钮，打开"编辑形状"对话框，如图 5-70 所示。

（2）在视图中选择面、边或点，然后使用操纵器调整所需的形状。

（3）在对话框中还可以设置参数，单击"确定"按钮。

"编辑形状"对话框中的选项说明如下。

（1）过滤器：指定可供选择的几何图元类型。

❶ 点：仅点可供选择，点将会显示在模型上。

❷ 边：仅边可供选择。

❸ 面：仅面可供选择。

❹ 全部：点、边和面可供选择。

❺ 实体：仅实体可供选择。

（2）回路：选择边或面的回路。

（3）变换模式：控制图形窗口中可用的操纵器类型。

❶ 全部：所有的控制器都可用。

❷ 平动：只有平动操纵器可用。

❸ 转动：只有转动操纵器可用。

❹ 比例缩放：仅缩放操纵器可用。

（4）空间：控制操纵器的方向。

❶ 世界：使用模型原点调整操纵器方向。

❷ 视图：相对于模型的当前视图调整操纵器方向。

❸ 局部：相对于选定对象调整操纵器方向。

（5）定位：将空间坐标轴重新定位到新位置。

（6）显示：在"块状"和"平滑"显示模式之间切换。

图 5-70 "编辑形状"对话框

5.2.7 细分自由造型面

（1）单击"三维模型"选项卡"创建自由造型"面板上的"细分"按钮，打开"细分"对话框，如图 5-71 所示。

（2）在视图中选择一个面或按住 Ctrl 键添加多个面。

（3）根据需要修改面的值，并制定模式。

（4）在对话框中单击"确定"按钮。

"细分"对话框中的选项说明如下。

（1）面：允许选择面进行细分。

（2）模式。

❶ 简单：仅添加指定的面数。

❷ 准确：添加其他面到相邻区域以保留当前的形状。

图 5-71 "细分"对话框

5.2.8 桥接自由造型面

桥接可以在自由造型模型中连接实体或创建孔。

（1）单击"三维模型"选项卡"创建自由造型"面板上的"桥接"按钮，打开"桥接"对话

· 155 ·

框，如图 5-72 所示。

(2) 在视图中选择桥接起始面。

(3) 在视图中选择桥接终止面。

(4) 单击"反转"按钮使围绕回路反转方向。或者可以选择箭头附件的一条边以反转方向。

(5) 在对话框中单击"确定"按钮。

"桥接"对话框中的选项说明如下。

(1) 侧面1：选择一组面作为起始面。

(2) 侧面2：选择第二组面作为终止面。

(3) 扭曲：指定侧面1和侧面2之间的桥接的完整旋转数量。

(4) 面：指定侧面1和侧面2之间创建的面数。

图 5-72 "桥接"对话框

5.2.9 删除

删除可以用来优化模型，以获得所需的形状。

(1) 单击"三维模型"选项卡"创建自由造型"面板上的"删除"按钮，打开"删除"对话框，如图 5-73 所示。

(2) 在视图中选择要删除的对象。

(3) 在对话框中单击"确定"按钮。

图 5-73 "删除"对话框

5.3 综合实例——飞机

绘制如图 5-74 所示的飞机。

操作步骤：

(1) 新建文件。运行 Inventor，单击快速访问工具栏上的"新建"按钮，在打开的"新建文件"对话框的 Templates 选项卡的零件下拉列表中选择 Standard.ipt 选项，单击"创建"按钮，新建一个零件文件。

(2) 创建草图。单击"三维模型"选项卡"草图"面板上的"开始创建二维草图"按钮，选择 XZ 平面为草图绘制平面，进入草图绘制环境。绘制如图 5-75 所示的草图。单击"草图"选项卡上的"完成草图"按钮，退出草图环境。

图 5-74 飞机

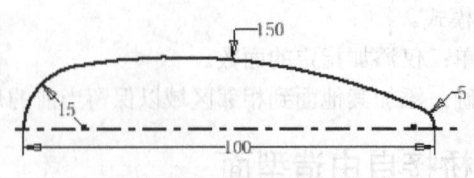

图 5-75 绘制草图

(3) 创建旋转曲面。单击"三维模型"选项卡"创建"面板上的"旋转"按钮，打开"旋转"对话框，选择"曲面"输出类型，选取如图 5-75 所示的草图为截面轮廓，选取水平直线段为旋转轴，

156

如图 5-76 所示。单击"确定"按钮完成旋转，如图 5-77 所示。

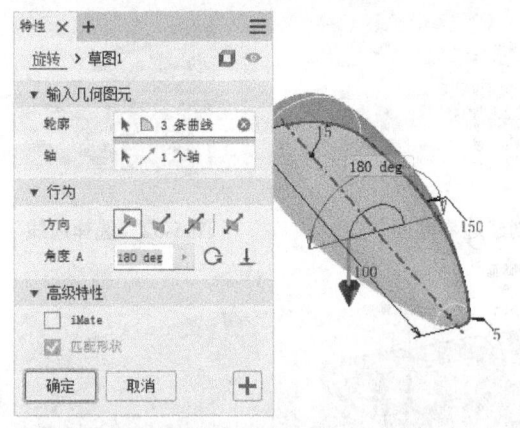

图 5-76　设置参数　　　　　　　图 5-77　创建旋转曲面

（4）创建草图。单击"三维模型"选项卡"草图"面板上的"开始创建二维草图"按钮，选择 XZ 平面为草图绘制平面，进入草图绘制环境。绘制如图 5-78 所示的草图。单击"草图"选项卡上的"完成草图"按钮，退出草图环境。

（5）创建拉伸曲面。单击"三维模型"选项卡"创建"面板上的"拉伸"按钮，打开"拉伸"对话框，选取上步绘制的草图为拉伸截面轮廓，将拉伸距离设置为 5mm，如图 5-79 所示。单击"确定"按钮完成拉伸，如图 5-80 所示。

图 5-78　绘制草图　　　　　　　图 5-79　设置参数

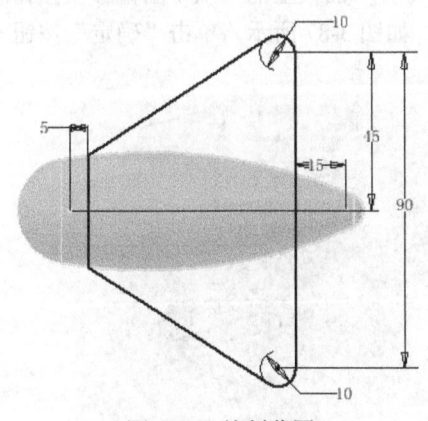

（6）边界曲面。单击"三维模型"选项卡"曲面"面板中的"面片"按钮，打开"边界嵌片"对话框，选择拉伸曲面的上边线，创建边界曲面，如图 5-81 所示。

（7）缝合曲面。单击"三维模型"选项卡"曲面"面板上的"缝合"按钮，打开"缝合"对话框，选择拉伸曲面和边界曲面，采用默认设置，单击"应用"按钮，单击"完毕"按钮，退出对话框。

（8）倒圆角处理。单击"三维模型"选项卡"修改"面板上的"圆角"按钮，打开"圆角"对话框，输入半径为 4mm，选择如图 5-82 所示的边线，单击"确定"按钮，如图 5-83 所示。

（9）修剪曲面 1。单击"三维模型"选项卡"曲面"面板上的"修剪"按钮，打开"修剪曲面"对话框，选择如图 5-84 所示的修剪工具和删除面，单击"确定"按钮。

（10）修剪曲面 1。单击"三维模型"选项卡"曲面"面板上的"修剪"按钮，打开"修剪曲面"

157

对话框，选择如图 5-85 所示的旋转面为修剪工具，选择拉伸曲面的上方为删除面，单击"确定"按钮。

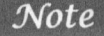

图 5-80 拉伸曲面　　　图 5-81 创建边界曲面　　　图 5-82 选择边线

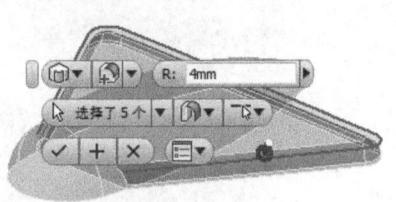

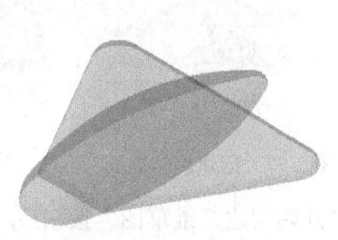

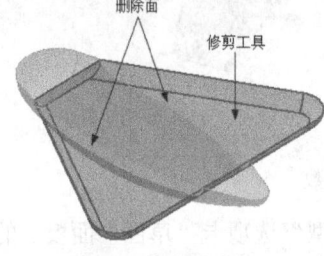

图 5-83 圆角处理　　　图 5-84 设置参数　　　图 5-85 设置参数

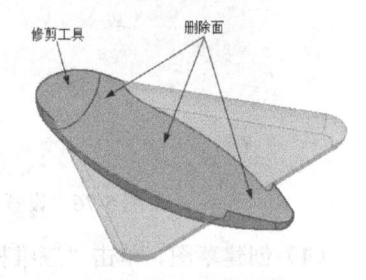

（11）创建草图。单击"三维模型"选项卡"草图"面板上的"开始创建二维草图"按钮，选择 XZ 平面为草图绘制平面，进入草图绘制环境。绘制如图 5-86 所示草图。单击"草图"选项卡上的"完成草图"按钮，退出草图环境。

（12）创建工作平面。单击"三维模型"选项卡"定位特征"面板上的"从平面偏移"按钮，在浏览器的原始坐标系下选择 XZ 平面，输入距离为 35mm，如图 3-87 所示。单击"确定"按钮，完成工作平面的创建。

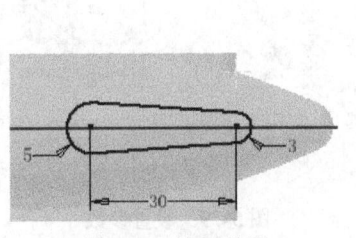

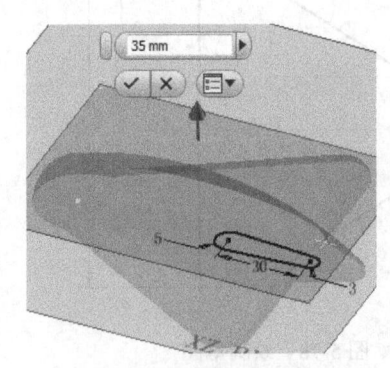

图 5-86 绘制草图　　　图 3-87 创建工作平面

（13）创建草图。单击"三维模型"选项卡"草图"面板上的"开始创建二维草图"按钮，选择平面 1 为草图绘制平面，进入草图绘制环境。绘制如图 5-88 所示草图。单击"草图"选项卡上的"完成草图"按钮，退出草图环境。

（14）放样曲面。单击"三维模型"选项卡"创建"面板上的"放样"按钮，打开"放样"对话框，单击"曲面"输出类型，在截面栏中单击"单击以添加"选项，选择如图 5-89 所示的草图为截面，单击"确定"按钮完成放样，如图 5-90 所示。

（15）创建边界曲面。单击"三维模型"选项卡"曲面"面板上的"边界嵌片"按钮，打开"边界嵌片"对话框，选择放样曲面的上边线，单击"确定"按钮，结果如图 5-91 所示。

· 158 ·

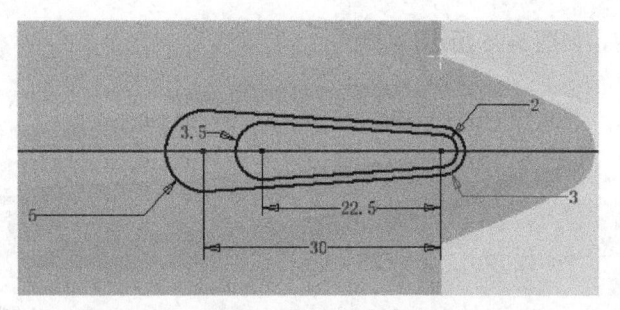

图 5-88 绘制草图

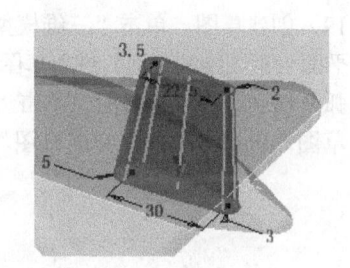

图 5-89 "放样"对话框

（16）缝合曲面。单击"三维模型"选项卡"曲面"面板上的"缝合"按钮 ，打开"缝合"对话框，选择放样曲面和边界曲面，采用默认设置，如图 5-92 所示，单击"应用"按钮，单击"完毕"按钮，退出对话框。

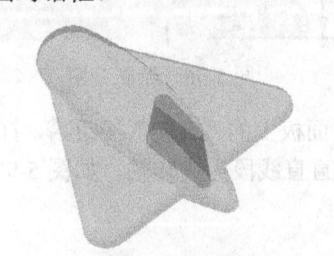

图 5-90 放样曲面

图 5-91 创建边界曲面

图 5-92 "缝合"对话框

（17）修剪曲面 1。单击"三维模型"选项卡"曲面"面板上的"修剪"按钮 ，打开"修剪曲面"对话框，选择如图 5-93 所示的旋转面为修剪工具，选择旋转曲面的上方为删除面，单击"确定"按钮。

（18）修剪曲面 1。单击"三维模型"选项卡"曲面"面板上的"修剪"按钮 ，打开"修剪曲面"对话框，选择如图 5-94 所示的放样面为修剪工具，选择旋转曲面的上方为删除面，单击"确定"

按钮，完成曲面的修剪，如图 5-95 所示。

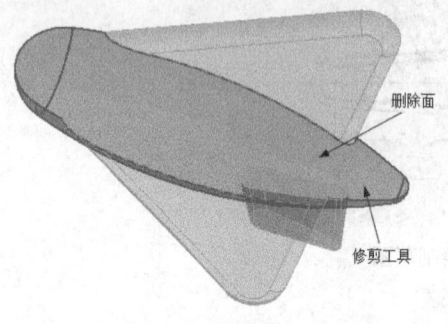

图 5-93　设置参数　　　　　　　图 5-94　设置参数

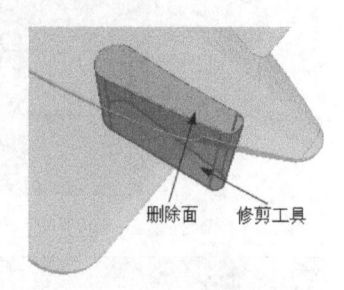

（19）创建草图。单击"三维模型"选项卡"草图"面板上的"开始创建二维草图"按钮，选择 XY 平面为草图绘制平面，进入草图绘制环境。单击"草图"选项卡"创建"面板上的"线"按钮和"圆弧"按钮，绘制草图。单击"约束"面板内的"尺寸"按钮，标注尺寸如图 5-96 所示。单击"草图"选项卡上的"完成草图"按钮，退出草图环境。

图 5-95　修剪曲面　　　　　　　图 5-96　绘制草图

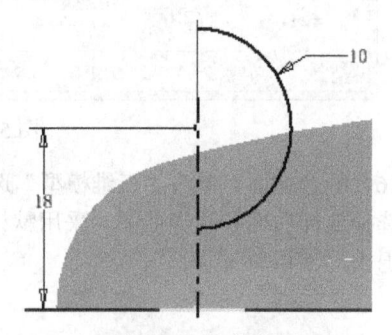

（20）创建旋转曲面。单击"三维模型"选项卡"创建"面板上的"旋转"按钮，打开"旋转"对话框，选取如图 5-96 所示的草图为旋转截面轮廓，选取竖直直线段为旋转轴，如图 5-97 所示。单击"确定"按钮完成旋转，如图 5-98 所示。

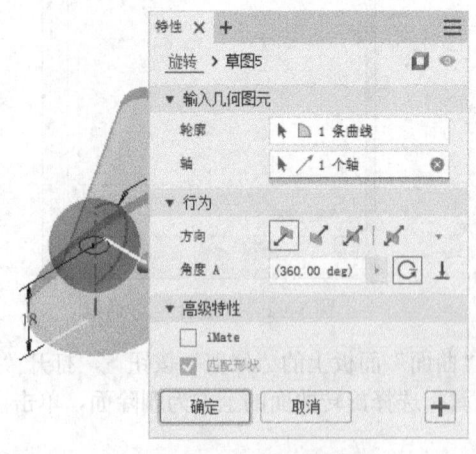

图 5-97　设置参数　　　　　　　图 5-98　旋转曲面

（21）修剪曲面 1。单击"三维模型"选项卡"曲面"面板上的"修剪"按钮，打开"修剪曲

面"对话框，选择如图 5-99 所示的旋转面为修剪工具，选择旋转曲面的上方为删除面，单击"确定"按钮。

（22）修剪曲面 1。单击"三维模型"选项卡"曲面"面板上的"修剪"按钮，打开"修剪曲面"对话框，选择如图 5-100 所示的旋转面为修剪工具，选择旋转曲面的上方为删除面，单击"确定"按钮。

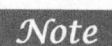

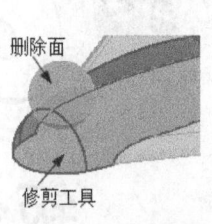

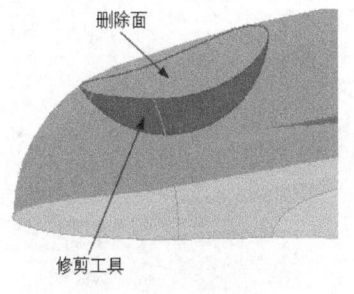

图 5-99　设置参数　　　　图 5-100　设置参数

（23）圆角处理。单击"三维模型"选项卡"修改"面板上的"圆角"按钮，打开"圆角"对话框，在视图中选择如图 5-101 所示的边线，输入圆角半径为 2mm，单击"确定"按钮。

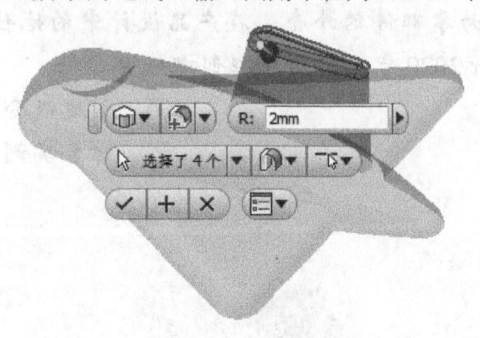

图 5-101　设置参数

（24）保存文件。单击快速访问工具栏上的"保存"按钮，打开"另存为"对话框，输入文件名为"飞机.ipt"，单击"保存"按钮，保存文件。

第6章

钣金设计

钣金零件通常用来作为零部件的外壳，在产品设计中的地位越来越大。本章主要介绍如何运用 Autodesk Inventor 2020 中的钣金特征创建钣金零件。

☑ 设置钣金环境　　　　　　　☑ 创建钣金特征
☑ 修改钣金特征　　　　　　　☑ 综合实例

任务驱动&项目案例

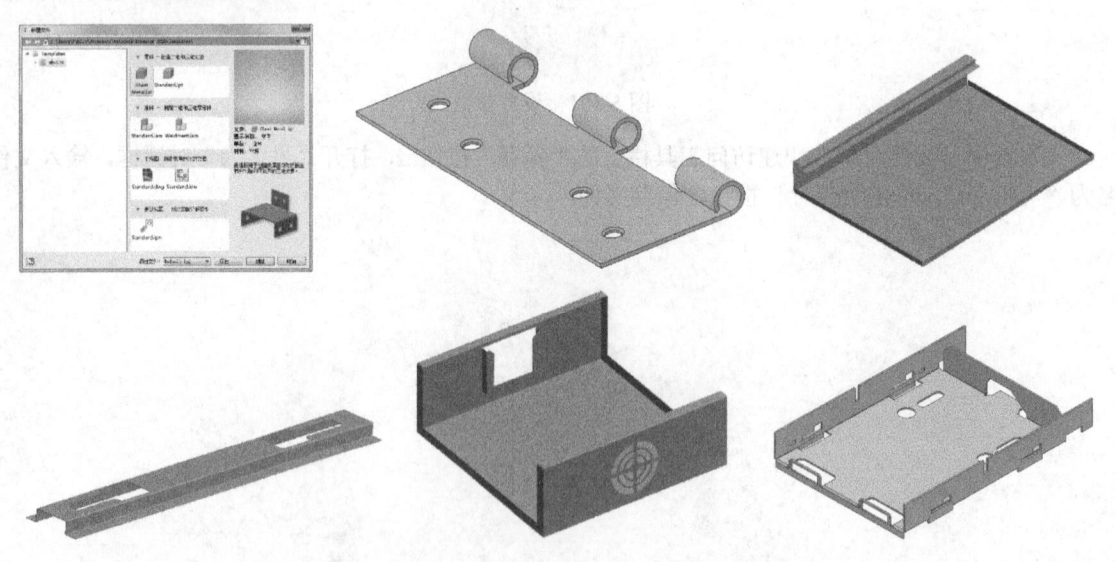

6.1 设置钣金环境

钣金零件的特点之一就是同一种零件都具有相同的厚度，所以它的加工方式和普通的零件不同，所以在三维 CAD 软件中，普遍将钣金零件和普通零件分开，并且提供不同的设计方法。在 Autodesk Inventor 中，将零件造型和钣金作为零件文件的子类型。用户可在任何时候通过选择单击"转换"菜单，然后选择子菜单中的"零件"选项或者"钣金"选项，将可在零件造型子类型和钣金子类型之间转换。零件子类型转换为钣金子类型后，零件被识别为钣金，并启用"钣金特征"面板和添加钣金参数。如果将钣金子类型改回为零件子造型，钣金参数还将保留，但系统会将其识别为造型子类型。

6.1.1 进入钣金环境

创建钣金件有以下两种方法。

1. 启动新的钣金件

（1）单击"快速入门"选项卡"启动"面板中的"新建"按钮，打开"新建文件"对话框，在对话框中选择 Sheet Metal.ipt 模板，如图 6-1 所示。

图 6-1 "新建文件"对话框

（2）单击"确定"按钮，进入钣金环境，如图 6-2 所示。

2. 将零件转换为钣金件

（1）打开要转换的零件。

（2）单击"三维模型"选项卡"转换"面板中的"转换为钣金件"按钮，选择基础平面。打开"钣金默认设置"对话框，设置钣金参数，单击"确定"按钮，进入钣金环境。

图 6-2 钣金环境

6.1.2 钣金默认设置

钣金零件具有描述其特性和制造方式的样式参数。在已命名的钣金规则中获取这些参数创建新的钣金零件时，将默认应用这些参数。

单击"钣金"选项卡"设置"面板中的"钣金默认设置"按钮，打开"钣金默认设置"对话框，如图 6-3 所示。

图 6-3 "钣金默认设置"对话框

"钣金默认设置"对话框中的选项说明如下。

（1）钣金规则：显示所有钣金规则的下拉列表。单击"编辑钣金规则"按钮，打开"样式和标准编辑器"对话框，对钣金规则进行修改。

（2）使用规则中的厚度：取消选中此复选框，在"厚度"文本框中输入厚度。

（3）材料：在下拉列表中选择钣金材料。如果所需的材料位于其他库中，浏览该库，然后选择材料。

（4）展开规则：在下拉列表中选择钣金展开规则，单击"编辑展开规则"按钮，打开"样式和标准编辑器"对话框，编辑线性展开方式和折弯表驱动的折弯，K系数值和折弯表公差选项。

6.2 创建钣金特征

钣金模块是 Autodesk Inventor 2020 众多模块中的一个，提供了基于参数、特征方式的钣金零件建模功能。

6.2.1 平板

通过为草图截面轮廓添加深度来创建拉伸钣金平板。平板通常是钣金零件的基础特征。

平板创建步骤如下：

（1）单击"钣金"选项卡"创建"面板中的"平板"按钮，打开"面"对话框，如图6-4所示。

（2）在视图中选择用于钣金平板的截面轮廓，如图6-5所示。

（3）在对话框中单击"偏移方向"组中的各个按钮，更改平板厚度的方向。

（4）在对话框中单击"确定"按钮，完成平板的创建，结果如图6-6所示。

图 6-4　"面"对话框

图 6-5　选择截面

图 6-6　平板

"面"对话框中的选项说明如下。

（1）"形状"选项卡。

❶ "形状"选项组。

☑ 截面轮廓：选择一个或多个截面轮廓，按钣金厚度进行拉伸。

☑ 实体：如果该零件文件中存在两个或两个以上的实体，单击"实体"选择器以选择参与的实体。

❷ "偏移方向"选项组：单击该组中的按钮更改拉伸的方向。

❸ "折弯"选项组。

☑ 折弯半径：默认的折弯处过渡圆角的内角半径。包括测量、显示尺寸和列出参数选项。

☑ 边：选择要包含在折弯中的其他钣金平板边。

（2）"展开选项"选项卡，如图6-7所示。

展开规则：允许选择先前定义的任意展开规则。

（3）"折弯"选项卡，如图6-8所示。

图 6-7 "展开选项"选项卡　　　　图 6-8 "折弯"选项卡

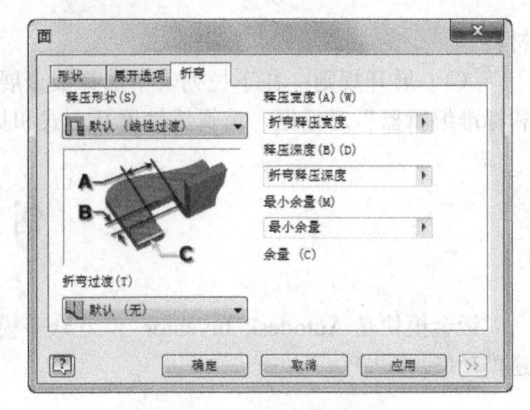

❶ 释压形状。
- ☑ 默认（线性过渡）：由方形拐角定义的折弯释压形状。
- ☑ 水滴形：由材料故障引起的可接受的折弯释压。
- ☑ 圆角：由使用半圆形终止的切割定义的折弯释压形状。

❷ 折弯过渡。
- ☑ 默认（无）：根据几何图元，在选定折弯处相交的两个面的边之间会产生一条样条曲线。
- ☑ 相交：从与折弯特征的边相交的折弯区域的边上产生一条直线。
- ☑ 直线：从折弯区域的一条边到另一条边产生一条直线。
- ☑ 圆弧：根据输入的圆弧半径值，产生一条相应尺寸的圆弧，该圆弧与折弯特征的边相切且具有线性过渡。
- ☑ 修剪到折弯：折叠模型中显示此类过渡，将垂直于折弯特征对折弯区域进行切割。

❸ 释压宽度：定义折弯释压的宽度。

❹ 释压深度：定义折弯释压的深度。

❺ 最小余量：定义了沿折弯释压切割允许保留的最小备料的可接受大小。

6.2.2 凸缘

凸缘特征包含一个平板以及沿直边连接至现有平板的折弯。通过选择一条或多条边并指定可确定添加材料位置和大小的一组选项来添加凸缘特征。

凸缘的创建步骤如下：

（1）单击"钣金"选项卡"创建"面板中的"凸缘"按钮 ，打开"凸缘"对话框，如图 6-9 所示。

（2）在钣金零件上选择一条边、多条边或回路来创建凸缘，如图 6-10 所示。

（3）在对话框中指定凸缘的角度，默认为 90°。

（4）使用默认的折弯半径或直接输入半径值。

（5）指定测量高度的基准，包括从两个外侧面的交线折弯、从两个内侧面的交线折弯、平行于凸缘终止面和对齐与正交。

（6）指定相对于选定边的折弯位置，包括基础面范围之内、从相邻面折弯、基础面范围之外和与侧面相切的折弯。

（7）在对话框中单击"确定"按钮，完成凸缘的创建，如图 6-11 所示。

图 6-9 "凸缘"对话框

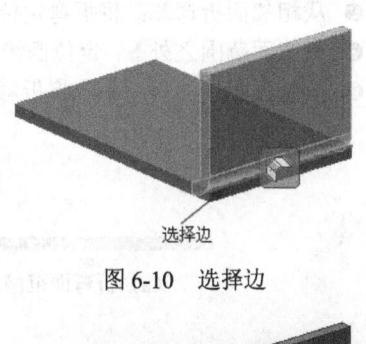

图 6-10 选择边

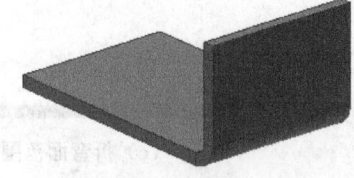

图 6-11 创建凸缘

"凸缘"对话框中的选项说明如下。

(1) 边：选择用于凸缘的一条或多条边，或还可以选择由选定面周围的边回路定义的所有边。

❶ 边选择模式：选择应用于凸缘的一条或多条独立边。

❷ 回路选择模式：选择一个边回路，然后将凸缘应用于选定回路的所有边，并能自动处理拐角形状并设置拐角接缝间隙。

(2) 凸缘角度：定义了相对于包含选定边的面的凸缘角度的数据字段。凸缘角度允许输入范围为-180°～180°，角度是以原有板的延长面与新的板之间的夹角。

(3) 折弯半径：定义了凸缘和包含选定边的面之间的折弯半径的数据字段，折弯半径默认为钣金样式中设定的折弯半径值。

(4) 高度范围：可以通过输入距离值来确定凸缘高度，也可以在图形窗口中动态拖动凸缘高度。也可以选择"到"方式，通过选择其他特征上的一个点或工作点和"偏移量"来确定凸缘高度，单击按钮，使凸缘反向。

(5) 高度基准。

❶ 从两个外侧面的交线折弯：从外侧面的交线测量凸缘高度，如图 6-12（a）所示。

❷ 从两个内侧面的交线折弯：从内侧面的交线测量凸缘高度，如图 6-12（b）所示。

❸ 平行于凸缘终止面：测量平行于凸缘面且折弯相切的凸缘高度，如图 6-12（c）所示。

❹ 对齐与平行：可以确定高度测量是与凸缘面对齐还是与基础面平行。

(a) 从两个外侧面的交线折弯　　(b) 从两个内侧面的交线折弯　　(c) 平行于凸缘终止面

图 6-12 高度基准

(6) 折弯位置。

❶ 折弯面范围之内：定位凸缘的外表面使其保持在选定边的面范围之内，如图6-13（a）所示。
❷ 从相邻面折弯：将折弯定位在从选定面的边开始的位置，如图6-13（b）所示。
❸ 折弯面范围之外：定位凸缘的内表面使其保持在选定边的面范围之外，如图6-13（c）所示。
❹ 与侧面相切的折弯：将折弯定位在与选定边相切的位置，如图6-13（d）所示。

(a) 折弯面范围之内　　　　　　(b) 从相邻面折弯

(c) 折弯面范围之外　　　　　　(d) 与侧面相切的折弯

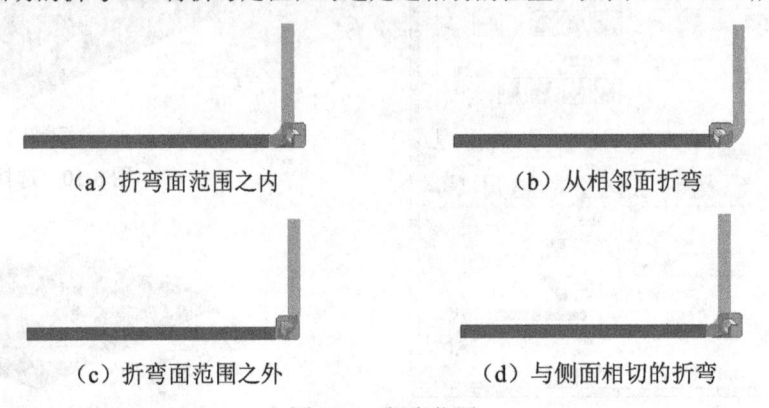

图6-13　折弯位置

(7) 宽度范围-类型。

❶ 边：创建选定平板边的全长的凸缘。
❷ 宽度：从现有面的边上的单个选定顶点、工作点、工作平面或平面的指定偏移量来创建指定宽度的凸缘。还可以指定凸缘为居中选定边的中点的特定宽度。
❸ 偏移量：从现有面的边上的两个选定顶点、工作点、工作平面或平面的偏移量来创建凸缘。
❹ 从表面到表面：创建通过选择现有零件几何图元定义其宽度的凸缘，该几何图元定义了凸缘的自/至范围。

6.2.3　卷边

沿钣金边创建折叠的卷边可以加强零件或删除尖锐边。
卷边的创建步骤如下：
(1) 单击"钣金"选项卡"创建"面板中的"卷边"按钮，打开"卷边"对话框，如图6-14所示。
(2) 在对话框中选择卷边类型。
(3) 在视图中选择平板边，如图6-15所示。
(4) 在对话框中根据所选类型设置参数，例如卷边的间隙、长度或半径等值。
(5) 在对话框中单击"确定"按钮，完成卷边的创建，结果如图6-16所示。
"卷边"对话框中的选项说明如下。
(1) 类型
❶ 单层：创建单层卷边，如图6-17（a）所示。
❷ 水滴形：创建水滴形卷边，如图6-17（b）所示。
❸ 滚边形：创建滚边形卷边，如图6-17（c）所示。
❹ 双层：创建双层卷边，如图6-17（d）所示。
(2) 形状
❶ 选择边：用于选择钣金边以创建卷边。

图 6-14 "卷边"对话框

图 6-15 选择边

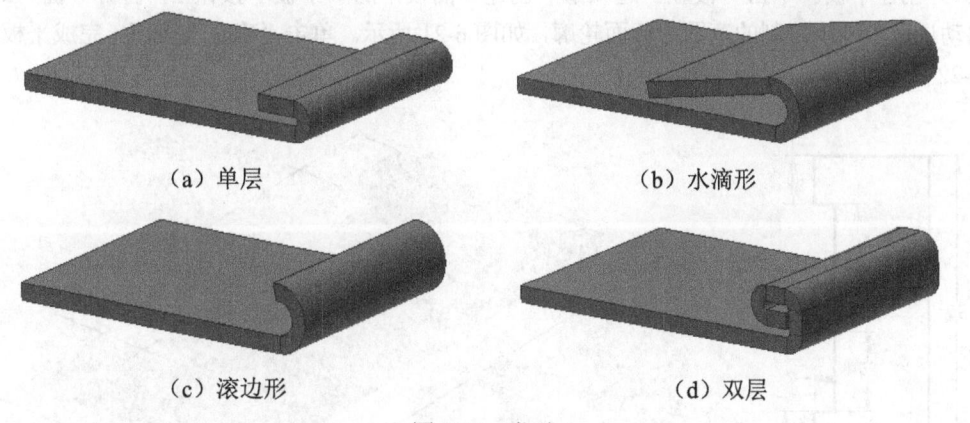

图 6-16 创建卷边

（a）单层　　　　　　　　　（b）水滴形

（c）滚边形　　　　　　　　（d）双层

图 6-17 类型

❷ 反向：单击此按钮，反转卷边的方向。
❸ 间隙：指定卷边内表面之间的距离。
❹ 长度：指定卷边的长度。

6.2.4 实例——合页

绘制如图 6-18 所示的合页。

操作步骤：

（1）新建文件。单击快速访问工具栏中的"新建"按钮，在打开的"新建文件"对话框的 Templates 选项卡的零件下拉列表中选择 Sheet Metal.ipt 选项，单击"创建"按钮，新建一个零件文件。

（2）设置钣金厚度。单击"钣金"选项卡"设置"面板中的"钣金默认设置"按钮，打开"钣金默认设置"对话框，取消选中"使用规则中的厚度"复选框，输入钣金厚度为 1mm，其他采用默认设置，如图 6-19 所示，单击"确定"按钮。

图 6-18　合页 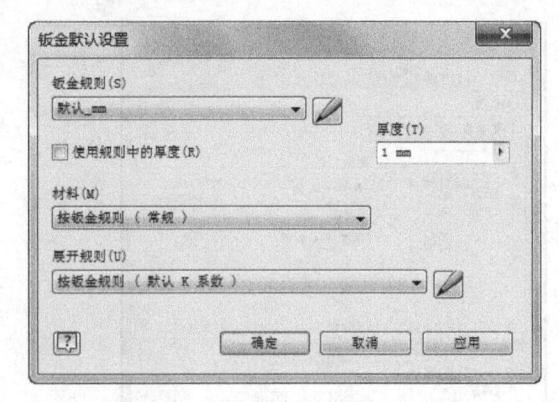　　　　　　　　　　图 6-19　"钣金默认设置"对话框

（3）创建草图。单击"钣金"选项卡"草图"面板中的"开始创建二维草图"按钮，选择 XZ 平面为草图绘制平面，进入草图绘制环境。单击"草图"选项卡"创建"面板中的"线"按钮，绘制草图。单击"约束"面板中的"尺寸"按钮，标注尺寸如图 6-20 所示。单击"草图"选项卡中的"完成草图"按钮，退出草图环境。

（4）创建平板。单击"钣金"选项卡"创建"面板中的"平板"按钮，打开"面"对话框，系统自动选取上一步绘制的草图为截面轮廓，如图 6-21 所示。单击"确定"按钮，完成平板的创建，如图 6-22 所示。

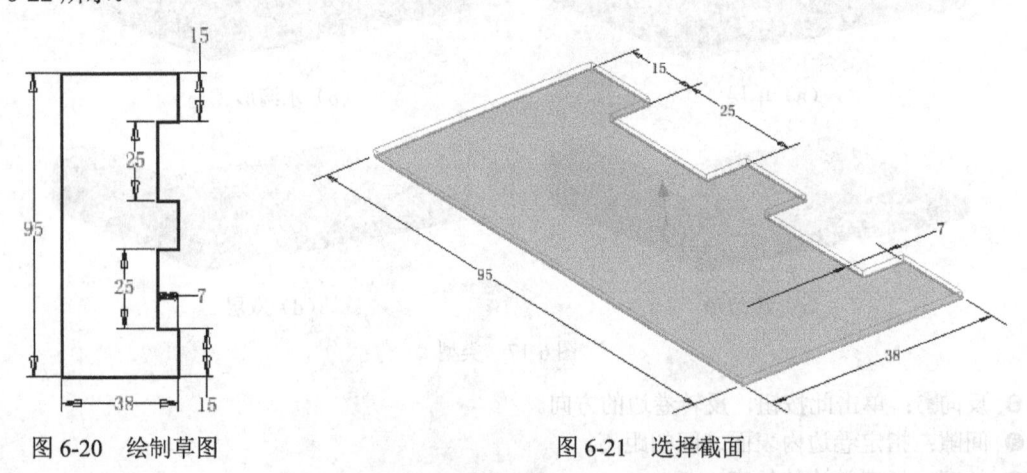

图 6-20　绘制草图　　　　　　　　图 6-21　选择截面

（5）创建卷边。单击"钣金"选项卡"创建"面板中的"卷边"按钮，打开"卷边"对话框，选取"滚边形"类型，设置半径为 3.5mm，角度为 300，选取长度为 15 的边线，如有 6-23 所示。其他采用默认设置，单击"确定"按钮，结果如图 6-24 所示。

采用相同的方法，创建其他两个相同参数的卷边，结果如图 6-25 所示。

（6）创建草图。单击"钣金"选项卡"草图"面板中的"开始创建二维草图"按钮，选择平板上表面为草图绘制平面，进入草图绘制环境。单击"草图"选项卡"创建"面板中的"点"按钮，绘制草图。单击"约束"面板中的"尺寸"按钮，标注尺寸如图 6-26 所示。单击"草图"选项卡中的"完成草图"按钮，退出草图环境。

（7）创建倒角孔。单击"钣金"选项卡"修改"面板中的"孔"按钮，打开"孔"对话框，系统自动选取上步绘制的草图点，选择"倒角孔"类型，输入倒角孔直径为 5mm，角度为 90deg，直径为 4mm，其他采用默认设置，如图 6-27 所示。单击"确定"按钮，结果如图 6-28 所示。

第 6 章 钣金设计

图 6-22 创建平板

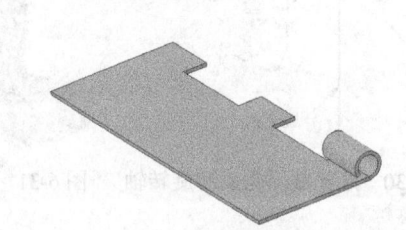

图 6-23 设置参数

图 6-24 卷边

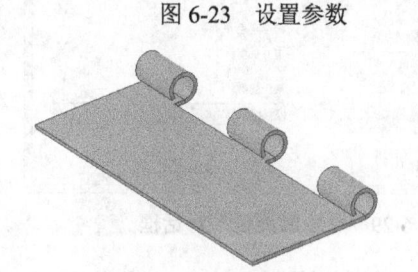

图 6-25 创建卷边

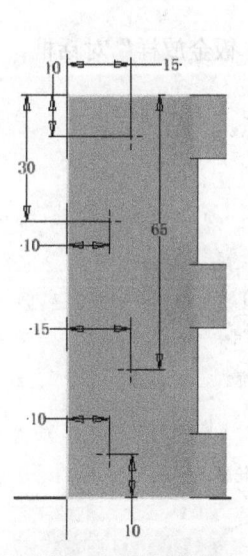

图 6-26 绘制草图

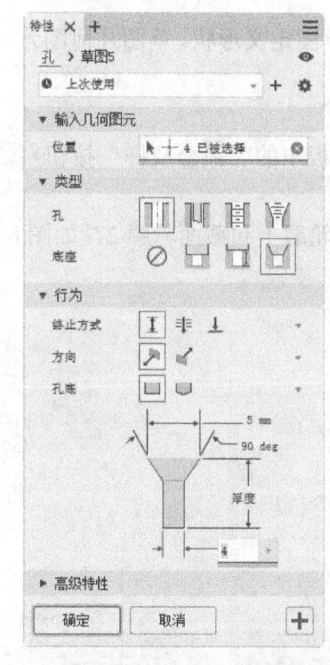

图 6-27 "孔"对话框

图 6-28 创建倒角孔

6.2.5 轮廓旋转

轮廓旋转是通过旋转由线、圆弧、样条曲线和椭圆弧组成的轮廓创建。轮廓旋转特征可以是基础特征也可以是钣金零件模型中的后续特征。

轮廓旋转的操作步骤如下：

（1）单击"钣金"选项卡"创建"面板中的"轮廓旋转"按钮，打开"轮廓旋转"对话框，

·171·

如图 6-29 所示。

(2) 在视图中选择截面轮廓和旋转轴,如图 6-30 所示。

(3) 在对话框中设置参数,单击"确定"按钮,完成轮廓旋转的创建,如图 6-31 所示。

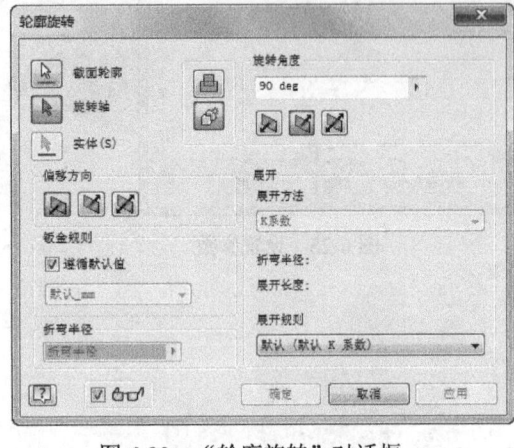

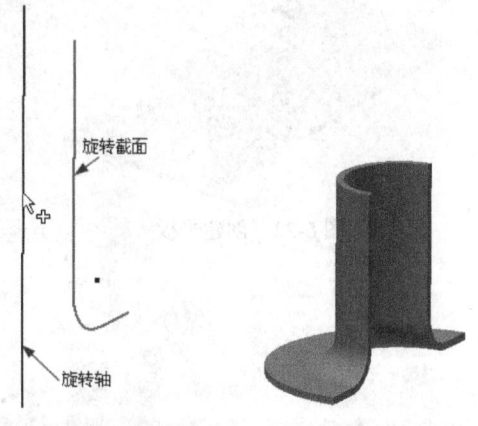

图 6-29 "轮廓旋转"对话框　　图 6-30 选择截面轮廓和旋转轴　　图 6-31 轮廓旋转

6.2.6 钣金放样

钣金放样特征允许使用两个截面轮廓草图定义形状。草图几何图元可以表示钣金材料的内侧面或外侧面,还可以表示材料中间平面。

钣金放样的创建步骤如下:

(1) 单击"钣金"选项卡"创建"面板中的"钣金放样"按钮,打开"钣金放样"对话框,如图 6-32 所示。

(2) 在视图中选择已经创建好的截面轮廓 1 和截面轮廓 2,如图 6-33 所示。

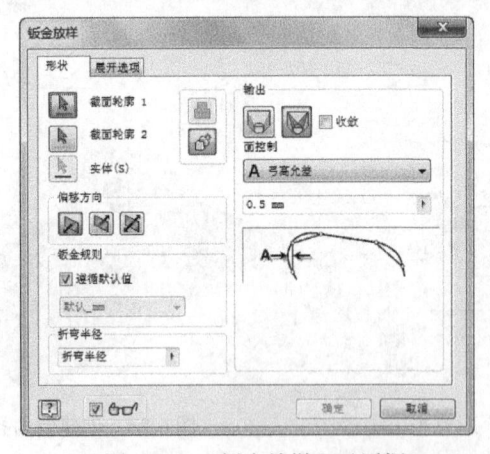

图 6-32 "钣金放样"对话框　　图 6-33 选择截面

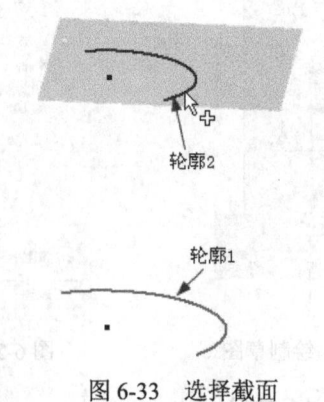

(3) 在对话框中设置轮廓方向、折弯半径和输出形式。

(4) 在对话框中单击"确定"按钮,创建钣金放样,如图 6-34 所示。

"钣金放样"对话框中的选项说明如下。

(1) 形状

● 截面轮廓 1:选择第一个用于定义钣金放样的截面轮廓草图。

❷ 截面轮廓 2：选择第二个用于定义钣金放样的截面轮廓草图。
❸ 反转到对侧：单击此按钮，将材料厚度偏移到选定截面轮廓的对侧。
❹ 对称：单击此按钮，将材料厚度等量偏移到选定截面轮廓的两侧。
（2）输出
❶ 冲压成型：单击此按钮，生成平滑的钣金放样。
❷ 折弯成型：单击此按钮，生成镶嵌的折弯钣金放样，生成的钣金件如图 6-35 所示。

图 6-34 钣金放样　　　　　图 6-35 "折弯成型"放样

❸ 面控制：从下拉列表框中选择方法来控制所得面的大小，包括 A 弓高允差、B 相邻面角度和 C 面宽度 3 种方法。

6.2.7 异形板

通过使用截面轮廓草图和现有平板上的直边来定义异形板。截面轮廓草图由线、圆弧、样条曲线和椭圆弧组成。截面轮廓中的连续几何图元会在轮廓中产生符合钣金样式的折弯半径值的折弯。可以通过使用特定距离、由现有特征定义的自/至位置和从选定边的任一端或两端偏移。

异形板的创建步骤如下：

（1）单击"钣金"选项卡"创建"面板中的"异形板"按钮，打开"异形板"对话框，如图 6-36 所示。

（2）在视图中选择已经绘制好的截面轮廓，如图 6-37 所示。

（3）在视图中选择边或回路，如图 6-37 所示。

（4）在对话框中设置参数，并单击"确定"按钮，完成异形板的创建，如图 6-38 所示。

图 6-36 "异形板"对话框　　　图 6-37 选择边和回路

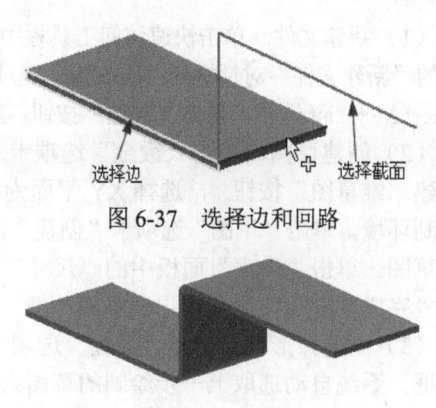

　　　　　　　　　　　　　　　图 6-38 异形板

"异形板"对话框中的选项说明如下。

（1）形状。

❶ 截面轮廓：选择一个包括定义了异形板形状的开放截面轮廓的未使用的草图。

❷ 边选择模式：选择一条或多条独立边。边必须垂直于截面轮廓草图平面。当截面轮廓草图的起点或终点与选定的第一条边定义的无穷直线不重合或者选定的截面轮廓包含非直线或圆弧段的几何图元时，不能选择多边。

❸ 回路选择模式：选择一个边回路，然后将凸缘应用于选定回路的所有边。截面轮廓草图必须和回路的任一边重合。

（2）折弯半径：确定折弯参与平板的边之间的延伸材料。在折弯边不等长的情况下，可以选择"与侧面对齐的延伸折弯"和"与侧面垂直的延伸折弯"两种方式。

❶ 与侧面对齐的延伸折弯：沿由折弯连接的侧边上的平板延伸材料，而不是垂直于折弯轴。在平板的侧边不垂直时有用。

❷ 与侧面垂直的延伸折弯：与侧面垂直地延伸材料。

（3）宽度范围：可有各种终止方式来确定异形板的宽度，包括边、宽度、偏移量、从表面到表面、距离。

❶ 边：以之前选定的现有特征上的边的长度作为宽度。

❷ 宽度：以之前选定边的中点为基准，"居中"方式确定"宽度"；或者以现有特征上的顶点、平面、工作点或工作面为"偏移"基准确定宽度。

❸ 偏移量：选定两个现有特征上的顶点、平面、工作点或工作面为"偏移"基准，并输入两个相对"偏移量"距离。

❹ 从表面到表面：以两个现有特征的顶点、平面、工作点或工作面来确定距离。

❺ 距离：从平面按指定方向和"距离"来确定异形板的"宽度"。

> 技巧：可以通过使用哪些条件创建异形板？
>
> 可以通过特定距离、由现有特征定义的自/至位置和从选定边的任一端或两端偏移来创建异形板。

6.2.8 实例——消毒柜箱体底板

绘制如图 6-39 所示的箱体底板。

操作步骤：

（1）新建文件。单击快速访问工具栏中的"新建"按钮，在打开的"新建文件"对话框的 Templates 选项卡的零件下拉列表中选择 Sheet Metal.ipt 选项，单击"创建"按钮，新建一个零件文件。

（2）创建草图。单击"钣金"选项卡"草图"面板中的"开始创建二维草图"按钮，选择 XY 平面为草图绘制平面，进入草图绘制环境。单击"草图"选项卡"创建"面板中的"线"按钮，

图 6-39 箱体底板

绘制草图。单击"约束"面板中的"尺寸"按钮，标注尺寸如图 6-40 所示。单击"草图"选项卡中的"完成草图"按钮，退出草图环境。

（3）创建异形板。单击"钣金"选项卡"创建"面板中的"异形板"按钮，打开"异形板"对话框，系统自动选取上一步绘制的草图为截面轮廓，输入距离为 400mm，单击"中间平面距离"按钮，如图 6-41 所示。单击"确定"按钮，完成底板的主体创建，如图 6-42 所示。

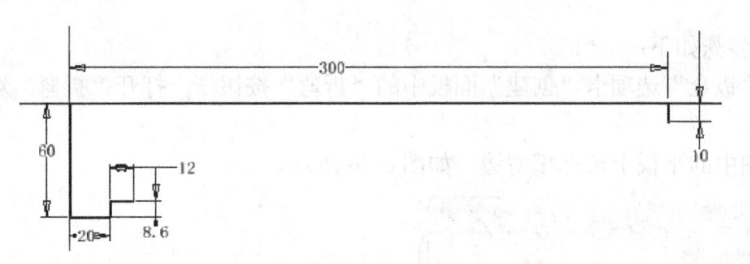

图 6-40 绘制草图

图 6-41 "异形板"对话框

图 6-42 创建底板主体

（4）创建凸缘。单击"钣金"选项卡"创建"面板中的"凸缘"按钮，打开"凸缘"对话框，选择如图 6-43 所示的边，输入高度为 10mm，凸缘角度为 90，选择"从两个外侧面的交线折弯"选项和"从相邻面折弯"选项，单击"应用"按钮，完成一侧凸缘的创建，在另一侧创建相同参数的凸缘，如图 6-44 所示。

图 6-43 设置参数

图 6-44 创建凸缘

6.2.9 折弯

钣金折弯特征通常用于连接为满足特定设计条件而在某个特殊位置创建的钣金平板。通过选择现有钣金特征上的边，使用由钣金样式定义的折弯半径和材料厚度将材料添加到模型。

折弯的操作步骤如下：

（1）单击"钣金"选项卡"创建"面板中的"折弯"按钮，打开"折弯"对话框，如图 6-45 所示。

（2）在视图中的平板上选择模型边，如图 6-46 所示。

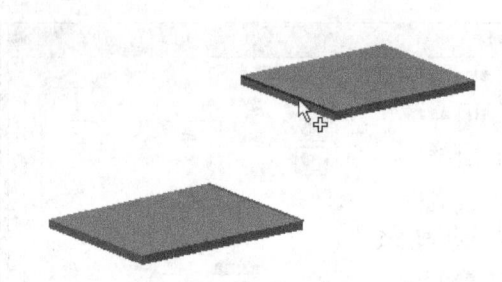

图 6-45 "折弯"对话框   图 6-46 选择边

（3）在对话框中选择折弯类型，设置折弯参数，如图 6-47 所示。如果平板平行但不共面，在双向折弯选项中选择折弯方式。

（4）在对话框中单击"确定"按钮，完成折弯特征，结果如图 6-48 所示。

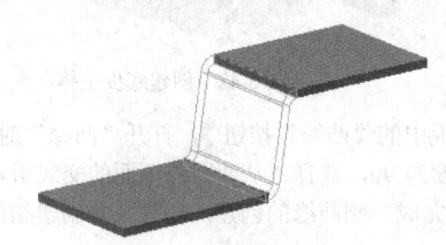

图 6-47 设置折弯参数   图 6-48 折弯特征

"折弯"对话框中的选项说明如下。

（1）折弯

❶ 边：在每个平板上选择模型边，根据需要修剪或延伸平板创建折弯。

❷ 折弯半径：显示默认的折弯半径。

（2）双向折弯

❶ 固定边：添加等长折弯到现有的钣金边。

❷ 45 度：对平板根据需要进行修剪或延伸，并插入 45°折弯。

❸ 全半径：对平板根据需要进行修剪或延伸，并插入半圆折弯。

❹ 90 度：对平板根据需要进行修剪或延伸，并插入 90°折弯。

❺ 固定边反向：反转顺序。

6.3 修改钣金特征

在 Autodesk Inventor 中可以生成复杂的钣金零件，并可以对其进行参数化编辑，能够定义和仿真钣金零件的制造过程，对钣金模型进行展开和重叠的模拟操作。

6.3.1 剪切

剪切就是从钣金平板中删除材料，在钣金平板上绘制截面轮廓，然后贯穿一个或多个平板进行切割。
剪切钣金特征的操作步骤如下：

（1）单击"钣金"选项卡"修改"面板中的"剪切"按钮，打开"剪切"对话框，如图 6-49 所示。

图 6-49 "剪切"对话框

（2）如果草图中只有一个截面轮廓，系统将自动选择，如果有多个截面轮廓，单击"截面轮廓"按钮，选择要切割的截面轮廓，如图 6-50 所示。

（3）在"范围"下拉列表框中选择终止方式，调整剪切方向。

（4）在对话框中单击"确定"按钮，完成剪切，结果如图 6-51 所示。

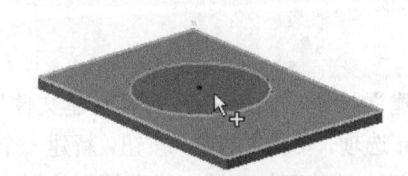

图 6-50 选择截面轮廓　　　　图 6-51 完成剪切

"剪切"对话框中的选项说明如下。

（1）形状

❶ 截面轮廓：选择一个或多个截面作为要删除材料的截面轮廓，必须是封闭草图。

❷ 冲裁贯穿折弯：选中此复选框，通过环绕截面轮廓贯通平板以及一个或多个钣金折弯的截面轮廓来删除材料。

❸ 法向剪切：将选定的截面轮廓投影到曲面，然后按垂直于投影相交的面进行剪切。

（2）范围

❶ 距离：默认为平板的厚度，如图 6-52（a）所示。

❷ 到表面或平面：剪切终止于下一个表面或平面，如图 6-52（b）所示。

❸ 到：选择终止剪切的表面或平面。可以在所选面或其延伸面上终止剪切，如图 6-52（c）所示。

❹ 从表面到表面：选择终止拉伸的起始和终止面或平面，如图 6-52（d）所示。

❺ 贯通：在指定方向上贯通所有特征和草图拉伸截面轮廓，如图 6-52（e）所示。

(a) 距离为厚度/2　　　　　　(b) 到表面或平面　　　　　　(c) 到

(d) 从表面到表面　　　　　　　　　(e) 贯通

图 6-52　范围示意图

6.3.2　实例——吊板

绘制如图 6-53 所示的吊板。

图 6-53　吊板

操作步骤：

（1）新建文件。单击快速访问工具栏中的"新建"按钮，在打开的"新建文件"对话框的 Templates 选项卡的零件下拉列表中选择 Sheet Metal.ipt 选项，单击"创建"按钮，新建一个零件文件。

（2）创建草图。单击"钣金"选项卡"草图"面板中的"开始创建二维草图"按钮，选择 XY 平面为草图绘制平面，进入草图绘制环境。单击"草图"选项卡"创建"面板中的"线"按钮，绘制草图。单击"约束"面板中的"尺寸"按钮，标注尺寸如图 6-54 所示。单击"草图"选项卡中的"完成草图"按钮，退出草图环境。

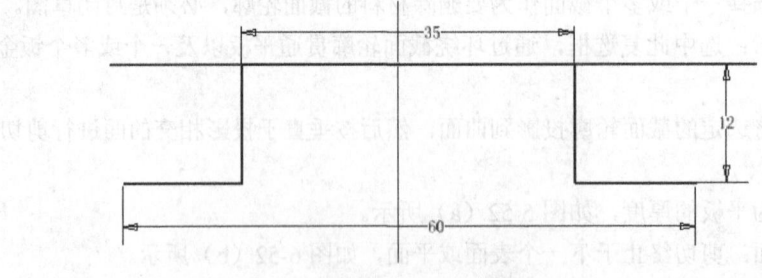

图 6-54　绘制草图

（3）创建异形板。单击"钣金"选项卡"创建"面板中的"异形板"按钮，打开"异形板"对话框，系统自动选取上一步绘制的草图为截面轮廓，输入距离为 370mm，单击"中间平面距离"

第6章 钣金设计

按钮🔲，如图6-55所示。单击"确定"按钮，完成底板的主体创建，如图6-56所示。

图6-55　"异形板"对话框

图6-56　创建吊板主体

（4）创建草图。单击"钣金"选项卡"草图"面板中的"开始创建二维草图"按钮，选择异形板的上表面为草图绘制平面，进入草图绘制环境。单击"草图"选项卡"创建"面板中的"线"按钮和"阵列"面板中的"镜像"按钮，绘制草图。单击"约束"面板中的"尺寸"按钮，标注尺寸如图6-57所示。单击"草图"选项卡中的"完成草图"按钮，退出草图环境。

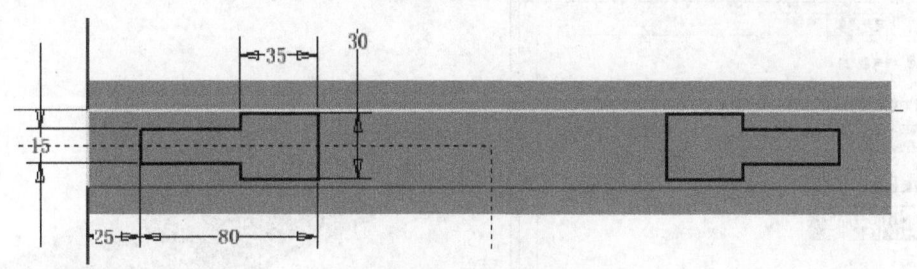

图6-57　绘制草图

（5）创建剪切。单击"钣金"选项卡"修改"面板中的"剪切"按钮，打开"剪切"对话框，选择如图6-58所示的截面轮廓。采用默认设置，单击"确定"按钮，结果如图6-59所示。

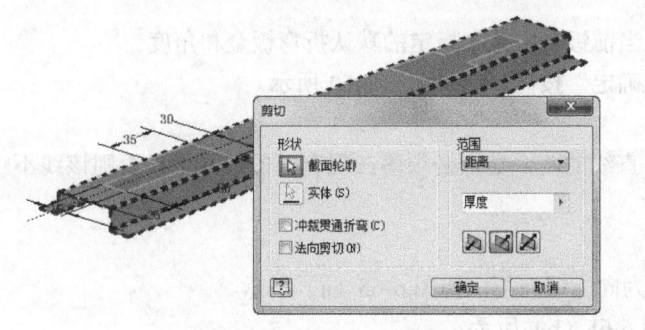

图6-58　"剪切"对话框

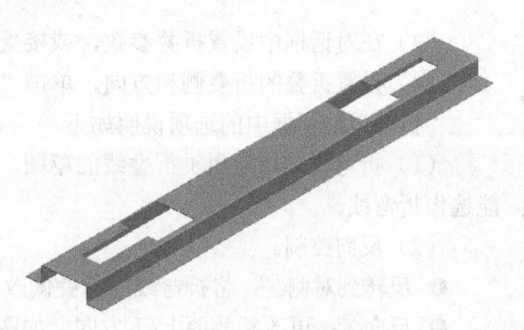

图6-59　剪切图形

（6）圆角拐角。单击"钣金"选项卡"修改"面板中的"拐角圆角"按钮，打开"拐角圆角"对话框，设置圆角半径为2mm，选取剪切后图形的棱边进行拐角圆角处理，如图6-60所示，单击"确

· 179 ·

定"按钮,结果如图 6-61 所示。

图 6-60 设置参数　　　　　　　　　图 6-61 拐角圆角处理

6.3.3 折叠

在现有平板上沿折弯草图线折弯钣金平板。

折叠的操作步骤如下:

(1) 单击"钣金"选项卡"创建"面板中的"折叠"按钮，打开"折叠"对话框,如图 6-62 所示。

(2) 在视图中选择用于折叠的折弯线,如图 6-63 所示。折弯线必须放置在要折叠的平板上,并终止于平板的边。

图 6-62 "折叠"对话框　　　　　　　图 6-63 选择折弯线

(3) 在对话框中设置折叠参数,或接受当前钣金样式中指定的默认折弯钣金和角度。

(4) 设置折叠的折叠侧和方向,单击"确定"按钮,结果如图 6-64 所示。

"折叠"对话框中的选项说明如下。

(1) 折弯线:指定用于折叠线的草图。直线的两个端点必须落在现有板的边界上,否则该线不能选作折弯线。

(2) 反向控制。

❶ 反转到对侧：将折弯线的折叠侧改为向上或向下,如图 6-65 (a) 所示。

❷ 反向：更改折叠的上/下方向,如图 6-65 (b) 所示。

(3) 折叠位置。

❶ 折弯中心线：将草图线用作折弯的中心线,如图 6-66 (a) 所示。

(a) 反转到对侧　　　　　　　(b) 反向

图 6-64　折叠　　　　　　　　　图 6-65　反向控制

❷ 折弯起始线：将草图线用作折弯的起始线，如图 6-66（b）所示。
❸ 折弯终止线：将草图线用作折弯的终止线，如图 6-66（c）所示。

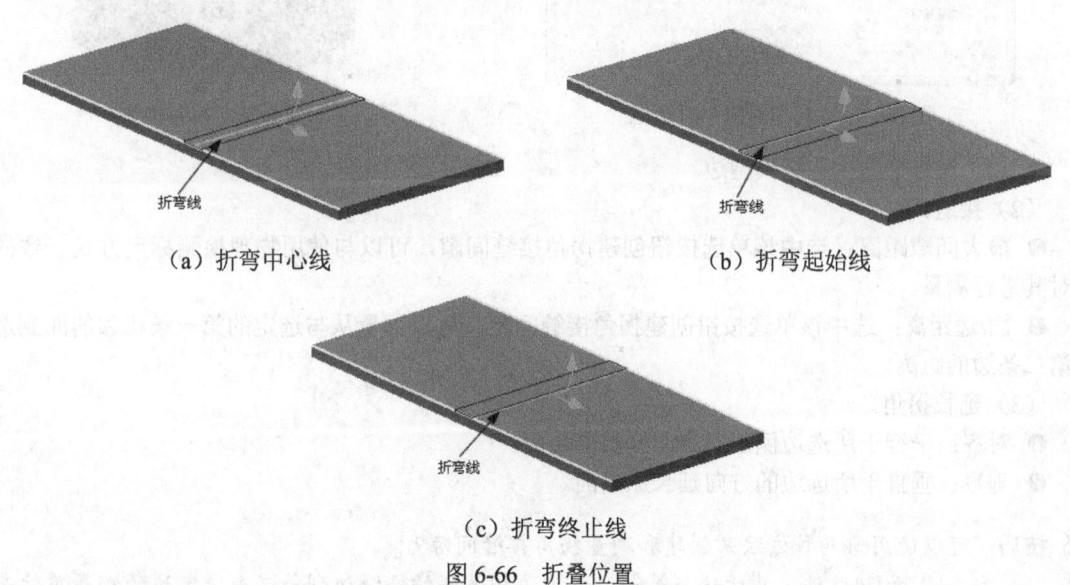

（a）折弯中心线　　　　　　　　　　（b）折弯起始线

（c）折弯终止线

图 6-66　折叠位置

（4）折叠角度：指定用于折叠的角度。

6.3.4　拐角接缝

在钣金平板中添加拐角接缝，可以在相交或共面的两个平板之间创建接缝。
拐角接缝的操作步骤如下：
（1）单击"钣金"选项卡"修改"面板中的"拐角接缝"按钮，打开"拐角接缝"对话框，如图 6-67 所示。
（2）在相邻的两个钣金平板上均选择模型边，如图 6-68 所示。
（3）在对话框中接受默认接缝类型或选择其他接缝类型。
（4）在对话框中单击"确定"按钮，完成拐角接缝，结果如图 6-69 所示。
"拐角接缝"对话框中的选项说明如下：
（1）形状：选择模型的边并指定是否接缝拐角。
❶ 接缝：指定现有的共面或相交钣金平板之间的新拐角结构。
❷ 分割：用于将等壁厚零件转换为钣金件之后，以创建钣金拐角接缝。

图 6-67 "拐角接缝"对话框 　　　　图 6-68 选择边

图 6-69 拐角接缝

❸ 边：在每个面上选择模型边。

（2）接缝。

❶ 最大间隙距离：选中该单选按钮创建拐角接缝间隙，可以与使用物理检测标尺方式一致的方式对其进行测量。

❷ 面/边距离：选中该单选按钮创建拐角接缝间隙，可以测量从与选定的第一条相邻的面到选定的第二条边的距离。

（3）延长拐角。

❶ 对齐：平行于所选边侧面的方向延长原始面。

❷ 垂直：垂直于所选边的方向延长原始面。

> **技巧**：可以使用哪两种方法来创建和测量拐角接缝间隙？
> （1）面/边方法：基于从与第一个选定边相关联的凸缘边到第二个选定边的测量单位而应用接缝间隙的方法。
> （2）最大间隙距离方法：通过滑动物理检测厚薄标尺的应用接缝间隙的方法。

6.3.5　冲压工具

在已有板的基础上，以一个草图点为基准，插入已经做好的、标准的冲压的型孔或拉伸结构。这样的特征也可以被进一步阵列处理。冲压工具原型是 iFearture。

冲压工具的操作步骤如下：

（1）单击"钣金"选项卡"修改"面板中的"冲压工具"按钮，打开"冲压工具目录"对话框，如图 6-70 所示。

（2）在"冲压工具目录"对话框中浏览到包含冲压形状的文件夹，选择冲压形状进行预览，选择好冲压工具后，单击"打开"按钮，打开"冲压工具"对话框，如图 6-71 所示。

（3）如果草图中存在多个中心点，按 Ctrl 键并单击任何不需要的位置以防止在这些位置放置冲压。

（4）在"几何图元"选项卡中指定角度以使冲压相对于平面进行旋转。

（5）在"规格"选项卡中双击参数值进行修改，单击"完成"按钮，完成冲压，如图 6-72 所示。

第 6 章 钣金设计

图 6-70 "冲压工具目录"对话框

图 6-71 "冲压工具"对话框　　图 6-72 冲压

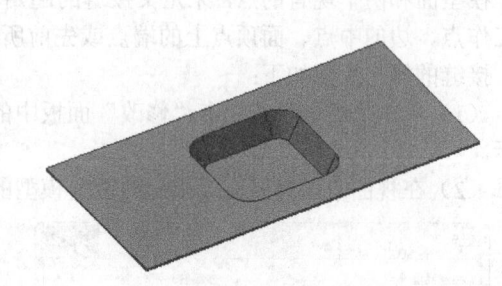

"冲压工具"对话框中的选项说明如下。

(1)"预览"选项卡。

❶ 位置：允许选择包含钣金冲压 iFeature 的文件夹。

❷ 冲压：在选择列表左侧的图形窗格中预览选定的 iFeature。

(2)"几何图元"选项卡，如图 6-73 所示。

❶ 中心：自动选择用于定位 iFeature 的孔中心。如果钣金平板上有多个孔中心，则每个孔中心上都会放置 iFeature。

❷ 角度：指定用于定位 iFeature 的平面角度。

❸ 刷新：重新绘制满足几何图元要求的 iFeature。

(3)"规格"选项卡，如图 6-74 所示。

· 183 ·

图 6-73 "几何图元"选项卡　　　　　图 6-74 "规格"选项卡

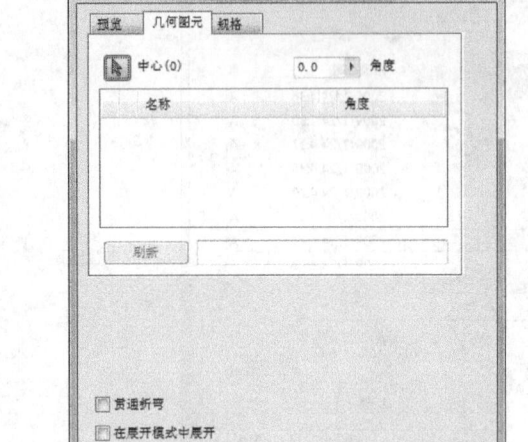

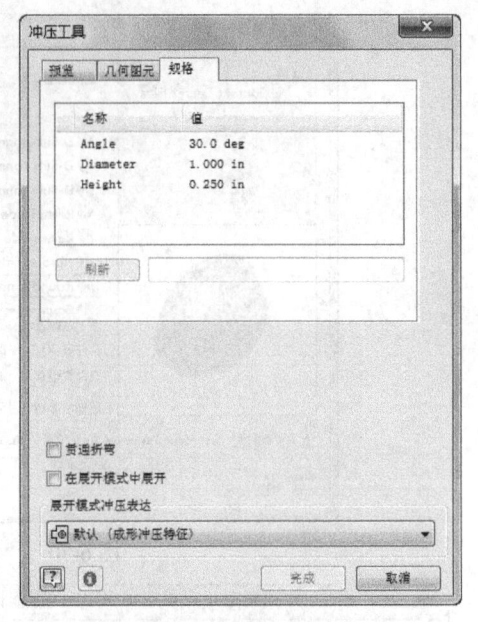

修改冲压形状的参数以更改其大小。列表框中列出每个控制形状的参数的"名称"和"值",双击修改值。

6.3.6 接缝

在使用封闭的截面轮廓草图创建的允许展平的钣金零件创建一个间隙。点到点接缝类型需要选择一个模型面和两个现有的点,来定义接缝的起始和结束位置,就像单点接缝类型一样,选择的点可以是工作点、边的中点、面顶点上的端点或先前所创建草图上的草图点。

接缝的操作步骤如下:

(1) 单击"钣金"选项卡"修改"面板中的"接缝"按钮 ,打开"接缝"对话框,如图 6-75 所示。

(2) 在视图中选择要进行接缝的钣金模型的面,如图 6-76 所示。

图 6-75 "接缝"对话框　　　　　图 6-76 选择放置面

(3) 在视图中选择定义接缝起始位置的点和结束位置的点,如图 6-77 所示。

(4) 在对话框中设置接缝间隙位于选定点或者向右或向左偏移,单击"确定"按钮,完成接缝的创建,结果如图 6-78 所示。

图 6-77 选择点　　　　　　　　图 6-78 创建接缝

"接缝"对话框中的选项说明如下。

（1）接缝类型

❶ 单点：允许通过选择要创建接缝的面和该面某条边上的一个点来定义接缝特征。

❷ 点对点：允许通过选择要创建接缝的面和该面的边上的两个点来定义接缝特征。

❸ 面范围：允许通过选择要删除的模型面来定义接缝特征。

（2）形状

❶ 接缝所在面：选择将应用接缝特征的模型面。

❷ 接缝点：选择定义接缝位置的点。

> 技巧：创建分割的方式有哪些？
> （1）选择曲面边上的点。选择的点可以是边的中点、面顶点上的端点、工作点或先前所创建草图上的草图点。
> （2）在选定面的相对侧上的两点之间分割。这两个点可以是工作点、面边的中点、面顶点上的端点或先前所创建草图上的草图点。
> （3）删除整个选定的面。

6.3.7 展开

展开一个或多个钣金折弯或相对参考面的卷曲。"展开"命令会向钣金零件浏览器中添加展开特征，并允许向模型的展平部分添加其他特征。

展开的操作步骤如下：

（1）单击"钣金"选项卡"修改"面板中的"展开"按钮，打开"展开"对话框，如图 6-79 所示。

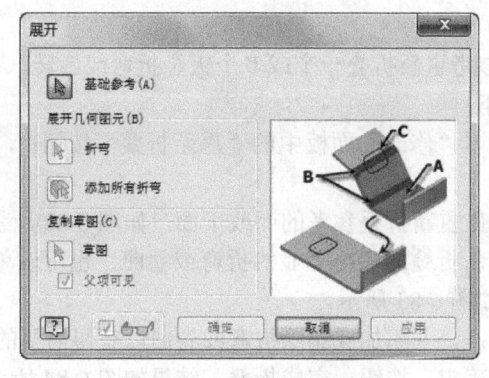

图 6-79 "展开"对话框

（2）在视图中选择用于做展开参考的面或平面，如图6-80所示。

（3）在视图中选择要展开的各个亮显的折弯或卷曲，也可以单击"添加所有折弯"按钮来选择所有亮显的几何图元，如图6-80所示。

（4）预览展平的状态，并添加或删除折弯或卷曲以获得需要的平面。

（5）在"展开"对话框中单击"确定"按钮，完成展开，结果如图6-81所示。

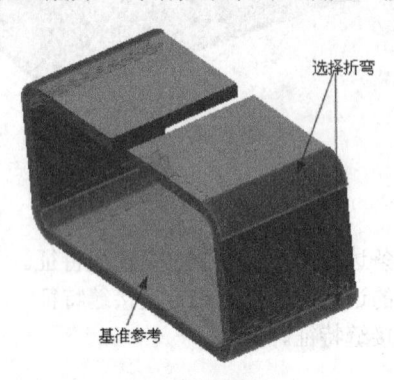

图6-80　选择基础参考　　　　　　图6-81　展开钣金

"展开"对话框中的选项说明如下。

（1）基础参考：选择用于定义展开或重新折叠折弯或旋转所参考的面或参考平面。

（2）展开几何图元。

❶ 折弯：选择要展开或重新折叠的各个折弯或旋转特征。

❷ 添加所有折弯：选择要展开或重新折叠的所有折弯或旋转特征。

（3）复制草图：选择要展开或重新折叠的未使用的草图。

> **技巧**：阵列中的钣金特征需要注意以下几点。
> （1）展开特征通常沿整条边进行拉伸，可能不适用于阵列。
> （2）钣金剪切类似于拉伸剪切。使用"完全相同"终止方式获得的结果可能会与使用"根据模型调整"终止方式获得的结果不同。
> （3）冲裁贯通折弯特征阵列结果因折弯几何图元和终止方式的不同而不同。
> （4）不支持多边凸缘阵列。
> （5）"完全相同"终止方式仅适用于面特征、凸缘、异形板和卷边特征。

6.3.8　重新折叠

使用此命令可以相对于参考重新折叠一个或多个钣金折弯或旋转。

重新折叠的操作步骤如下：

（1）单击"钣金"选项卡"修改"面板中的"重新折叠"按钮，打开"重新折叠"对话框，如图6-82所示。

（2）在视图中选择用于做重新折叠参考的面或平面，如图6-83所示。

（3）在视图中选择要重新折叠的各个亮显的折弯或卷曲，也可以单击"添加所有折弯"按钮来选择所有亮显的几何图元，如图6-83所示。

（4）预览重新折叠的状态，并添加或删除折弯或卷曲以获得需要的折叠模型状态。

（5）在对话框中单击"确定"按钮，完成折叠，结果如图6-84所示。

第6章 钣金设计

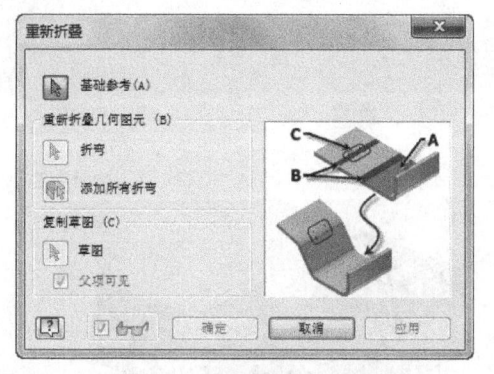

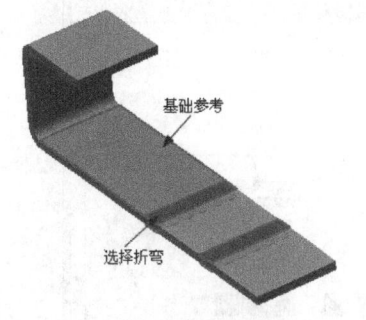

图 6-82 "重新折叠"对话框　　图 6-83 选择基础参考　　图 6-84 重新折叠

6.3.9 实例——电气箱下箱体

绘制如图 6-85 所示的电气箱下箱体。

操作步骤：

（1）新建文件。单击快速访问工具栏中的"新建"按钮，在打开的"新建文件"对话框的 Templates 选项卡的零件下拉列表中选择 Sheet Metal.ipt 选项，单击"创建"按钮，新建一个零件文件。

（2）创建草图。单击"钣金"选项卡"草图"面板中的"开始创建二维草图"按钮，选择 XY 平面为草图绘制平面，进入草图绘制环境。单击"草图"选项卡"创建"面板中的"线"按钮，绘制草图。单击"约束"面板中的"尺寸"按钮，标注尺寸如图 6-86 所示。单击"草图"选项卡中的"完成草图"按钮，退出草图环境。

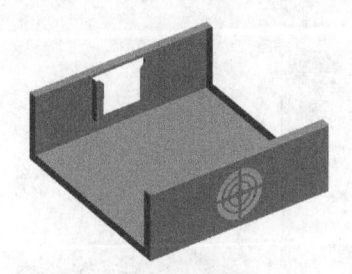

图 6-85 电气箱下箱体　　图 6-86 绘制草图

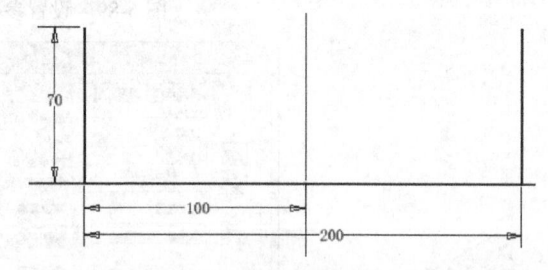

（3）创建异形板。单击"钣金"选项卡"创建"面板中的"异形板"按钮，打开"异形板"对话框，系统自动选取上一步绘制的草图为截面轮廓，输入距离为 200mm，单击"中间平面距离"按钮，如图 6-87 所示。单击"确定"按钮，完成底板的主体创建，如图 6-88 所示。

（4）展开图形。单击"钣金"选项卡"修改"面板中的"展开"按钮，打开"展开"对话框，选择如图 6-89 所示的基础参考，添加所有折弯，单击"确定"按钮，完成钣金展开，如图 6-90 所示。

（5）创建凸缘。单击"钣金"选项卡"创建"面板中的"凸缘"按钮，打开"凸缘"对话框，选择如图 6-91 所示的边，输入高度为 10mm，凸缘角度为 90，选择"从两个外侧面的交线折弯"选项和"从相邻面折弯"选项，单击"确定"按钮，完成凸缘的创建，如图 6-92 所示。

（6）展开图形。单击"钣金"选项卡"修改"面板中的"展开"按钮，打开"展开"对话框，选择如图 6-92 所示的基础参考，添加所有折弯，单击"确定"按钮，完成钣金展开，如图 6-93 所示。

187

图 6-87 "异形板"对话框　　　　图 6-88 创建箱体主体

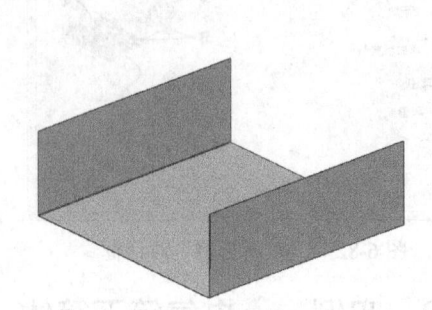

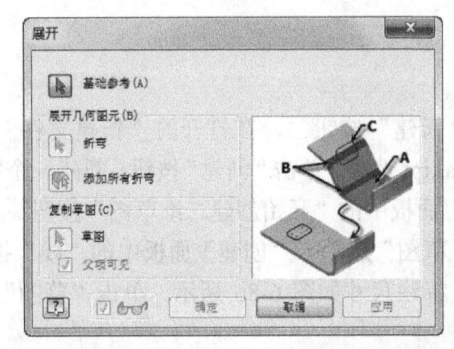

图 6-89 设置参数

图 6-90 钣金展开　　　　图 6-91 设置参数

图 6-92 创建凸缘　　　　图 6-93 钣金展开

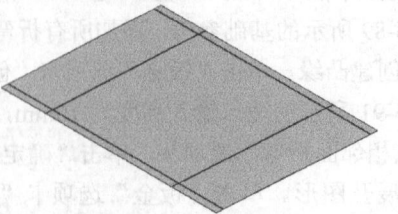

（7）创建草图。单击"钣金"选项卡"草图"面板中的"开始创建二维草图"按钮，选择零件

· 188 ·

的上表面为草图绘制平面，进入草图绘制环境。单击"草图"选项卡"创建"面板中的"线"按钮，绘制草图。单击"约束"面板中的"尺寸"按钮，标注尺寸如图 6-94 所示。单击"草图"选项卡中的"完成草图"按钮，退出草图环境。

（8）创建剪切。单击"钣金"选项卡"修改"面板中的"剪切"按钮，打开"剪切"对话框，选择如图 6-94 所示的截面轮廓。采用默认设置，单击"确定"按钮，结果如图 6-95 所示。

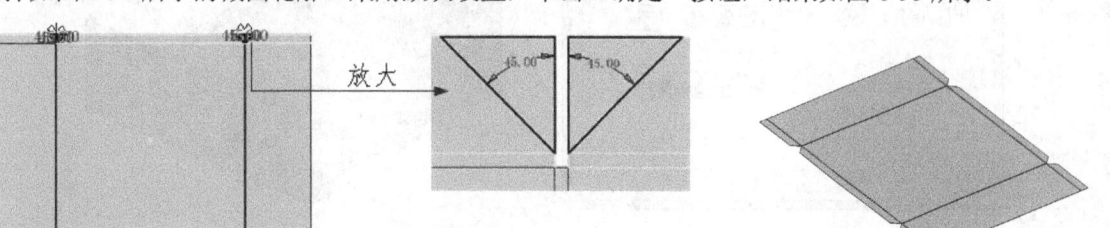

图 6-94 绘制草图   图 6-95 剪切图形

（9）折叠图形。单击"钣金"选项卡"修改"面板中的"重新折叠"按钮，打开"重新折叠"对话框，选择如图 6-96 所示的基础参考，添加所有折弯，单击"确定"按钮，完成钣金展开，如图 6-97 所示。

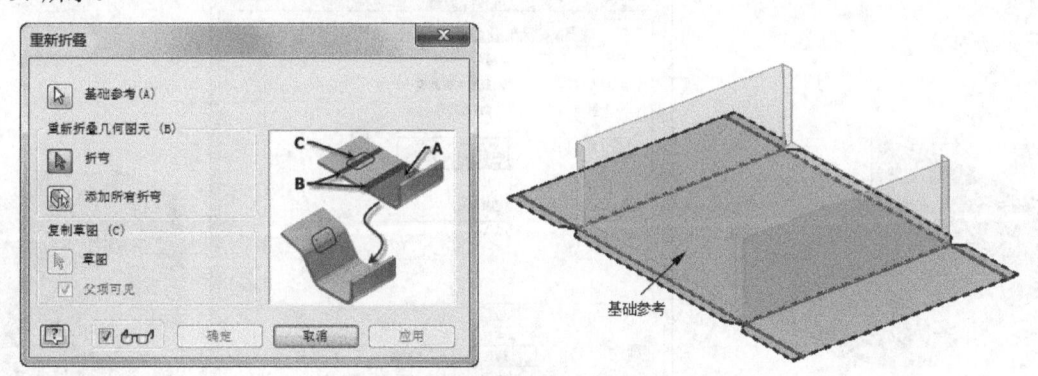

图 6-96 设置参数

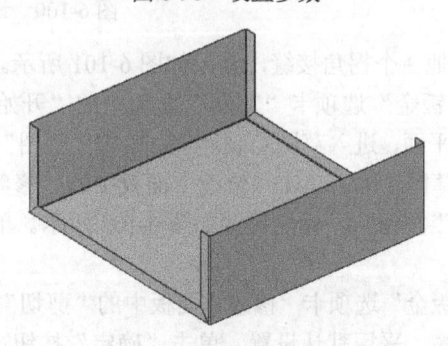

图 6-97 钣金折叠

（10）创建凸缘。单击"钣金"选项卡"创建"面板中的"凸缘"按钮，打开"凸缘"对话框，选择如图 6-98 所示的边，输入高度为 10mm，凸缘角度为 90，选择"从两个外侧面的交线折弯"选项和"从相邻面折弯"选项，单击"确定"按钮，完成凸缘的创建；采用相同方法创建另一侧的凸缘，如图 6-99 所示。

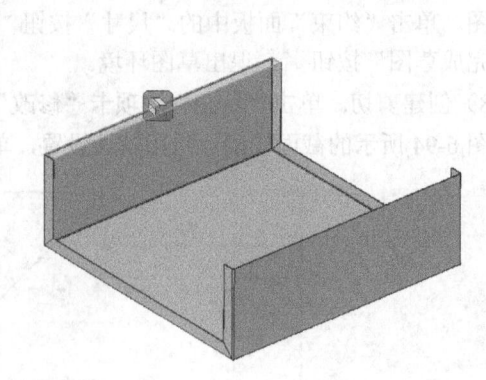

图 6-98　设置参数

（11）创建拐角接缝。单击"钣金"选项卡"创建"面板中的"拐角接缝"按钮，打开"拐角接缝"对话框，选取两条凸缘边，选择"对称间隙"接缝，输入间隙为 0.1mm，如图 6-100 所示，单击"确定"按钮，完成拐角接缝的创建。

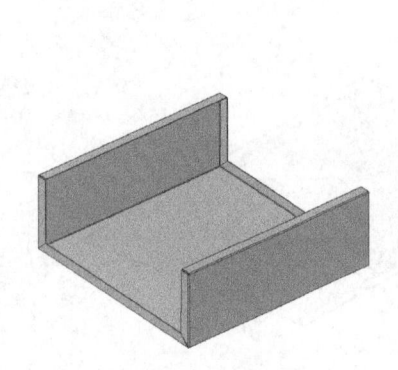

图 6-99　创建凸缘　　　　　　　　图 6-100　设置参数

采用相同的方法，创建其他 3 个拐角接缝，结果如图 6-101 所示。

（12）创建草图。单击"钣金"选项卡"草图"面板中的"开始创建二维草图"按钮，选择图 6-101 中的面 1 为草图绘制平面，进入草图绘制环境。单击"草图"选项卡"创建"面板中的"圆"按钮和"线"按钮，绘制草图轮廓。单击"修改"面板中的"修剪"按钮，修剪多余的线段。单击"约束"面板中的"尺寸"按钮，标注尺寸如图 6-102 所示。单击"草图"选项卡中的"完成草图"按钮，退出草图环境。

（13）创建剪切。单击"钣金"选项卡"修改"面板中的"剪切"按钮，打开"剪切"对话框，选择如图 6-103 所示的截面轮廓。采用默认设置，单击"确定"按钮，结果如图 6-104 所示。

（14）创建草图。单击"钣金"选项卡"草图"面板中的"开始创建二维草图"按钮，选择图 6-104 中的面 1 为草图绘制平面，进入草图绘制环境。单击"草图"选项卡"创建"面板中的"矩形"按钮，绘制草图轮廓。单击"约束"面板中的"尺寸"按钮，标注尺寸如图 6-105 所示。单击"草图"选项卡中的"完成草图"按钮，退出草图环境。

（15）创建剪切。单击"钣金"选项卡"修改"面板中的"剪切"按钮，打开"剪切"对话框，选择如图 6-105 所示的截面轮廓。采用默认设置，单击"确定"按钮，结果如图 6-106 所示。

（16）创建凸缘。单击"钣金"选项卡"创建"面板中的"凸缘"按钮，打开"凸缘"对话框，选择如图 6-107 所示的边，输入高度为 15mm，凸缘角度为 90，选择"从两个外侧面的交线折弯"选项和"从相邻面折弯"选项，单击"确定"按钮，完成凸缘的创建如图 6-108 所示。

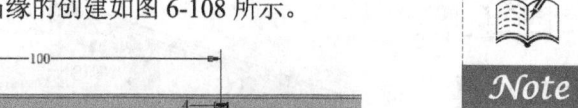

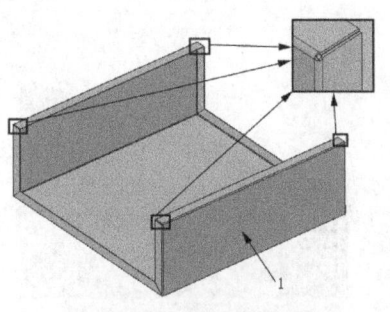

图 6-101 创建拐角接缝

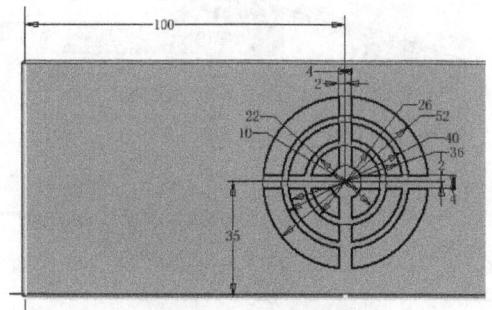

图 6-102 绘制草图

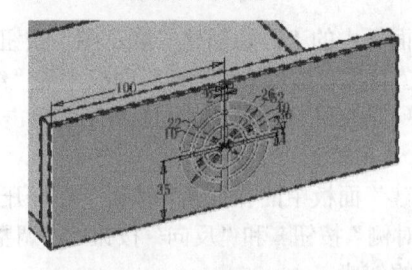

图 6-103 选取截面轮廓

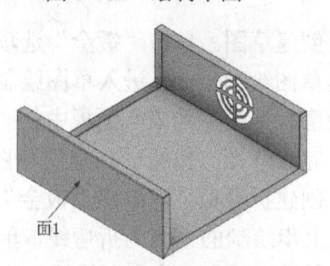

图 6-104 剪切图形

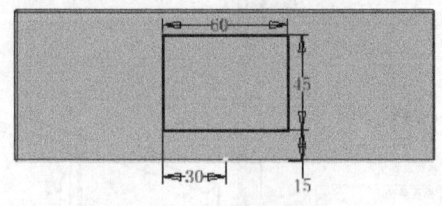

图 6-105 绘制草图

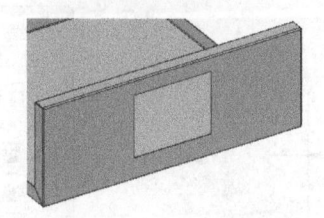

图 6-106 剪切图形

采用相同的方法，在另一侧创建相同参数的凸缘，结果如图 6-108 所示的创建凸缘

图 6-107 设置参数

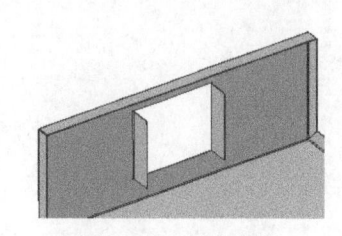

图 6-108 创建凸缘

（17）拐角倒角。单击"钣金"选项卡"修改"面板中的"拐角倒角"按钮，打开"拐角倒角"对话框，设置倒角边长为5mm，选取上步创建的两个凸缘的棱边进行拐角倒角处理，如图6-109所示，单击"确定"按钮，结果如图6-110所示。

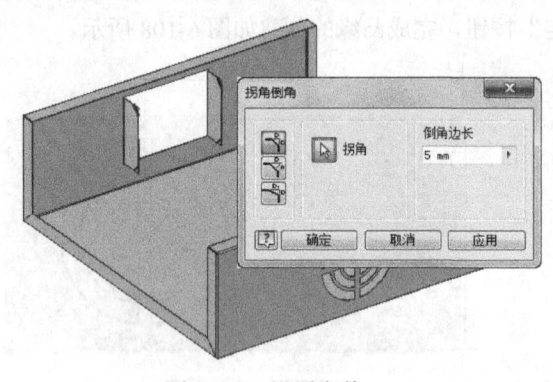

图6-109 设置参数

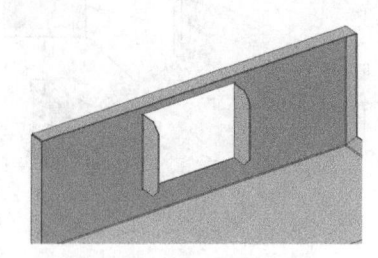

图6-110 拐角倒角处理

（18）创建草图。单击"钣金"选项卡"草图"面板中的"开始创建二维草图"按钮，选择凸缘的表面为草图绘制平面，进入草图绘制环境。单击"草图"选项卡"创建"面板中的"线"按钮，绘制草图轮廓。单击"约束"面板中的"尺寸"按钮，标注尺寸如图6-111所示。单击"草图"选项卡中的"完成草图"按钮，退出草图环境。

（19）创建折叠特征。单击"钣金"选项卡"创建"面板中的"折叠"按钮，打开"折叠"对话框，选取上步绘制的草图为折弯线，单击"反转到对侧"按钮和"反向"按钮，调整折叠方向，如图6-112所示。单击"确定"按钮，完成折叠特征的创建。

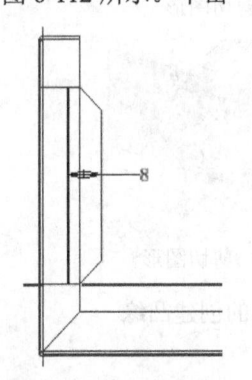

图6-111 绘制草图

图6-112 设置参数

（20）重复步骤（18）和步骤（19），在另一侧凸缘上创建相同参数的折叠特征，结果如图6-113所示。

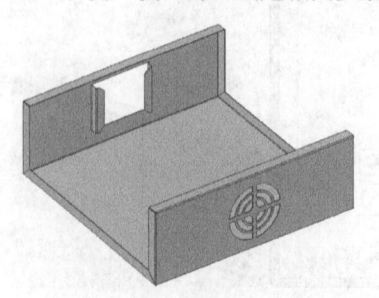

图6-113 折叠特征

6.3.10 创建展开模式

可计算展开三维钣金模型所需的材料和布局。多数条件下，单击"钣金"选项卡"展开模式"面板中的"创建展开模式"按钮即可，展开结果也是三维模型。

Inventor 允许对展开模式下的模型进行进一步编辑处理，但会弹出警告提示。

对展开模式的编辑不会反映到翻折模型上，而是反映在工程图的展开模式中。展开与原模型存在同一个文件中，钣金模型修改后，展开模型将自动更新。

展开模式的操作步骤如下：

（1）单击"钣金"选项卡"展开模式"面板中的"创建展开模式"按钮，在视图中选择要创建展开模式的钣金件。

（2）展开钣金件，如图 6-114 所示。浏览器中增加展开模式图标，如图 6-115 所示。

图 6-114　展开钣金件　　　　图 6-115　浏览器

6.4　综合实例——软驱底座

绘制如图 6-116 所示的软驱底座。

操作步骤：

（1）新建文件。单击快速访问工具栏中的"新建"按钮，在打开的"新建文件"对话框的 Templates 选项卡的零件下拉列表中选择 Sheet Metal.ipt 选项，单击"创建"按钮，新建一个零件文件。

（2）设置钣金厚度。单击"钣金"选项卡"设置"面板中的"钣金默认设置"按钮，打开"钣金默认设置"对话框，取消选中"使用规则中的厚度"复选框，输入钣金厚度为 1mm，其他采用默认设置，如图 6-117 所示，单击"确定"按钮。

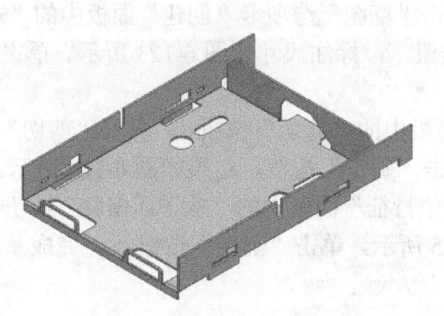

图 6-116　软驱底座　　　　图 6-117　"钣金默认设置"对话框

(3) 创建草图。单击"钣金"选项卡"草图"面板中的"开始创建二维草图"按钮，选择 XZ 平面为草图绘制平面，进入草图绘制环境。单击"草图"选项卡"创建"面板中的"线"按钮，绘制草图。单击"约束"面板中的"尺寸"按钮，标注尺寸如图 6-118 所示。单击"草图"选项卡中的"完成草图"按钮，退出草图环境。

(4) 创建平板。单击"钣金"选项卡"创建"面板中的"平板"按钮，打开"面"对话框，系统自动选取上一步绘制的草图为截面轮廓，如图 6-119 所示。单击"确定"按钮，完成平板的创建，如图 6-120 所示。

图 6-118 绘制草图 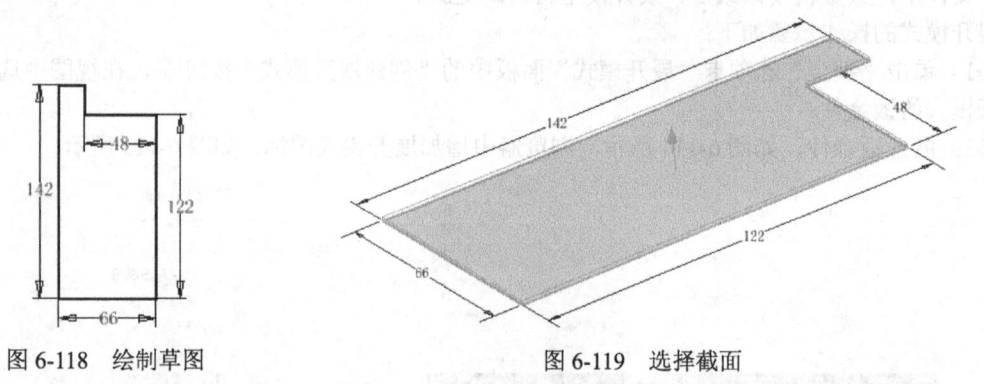   图 6-119 选择截面

(5) 创建草图。单击"钣金"选项卡"草图"面板中的"开始创建二维草图"按钮，选择平板的上表面为草图绘制平面，进入草图绘制环境。单击"草图"选项卡"创建"面板中的"矩形"按钮，绘制草图。单击"约束"面板中的"尺寸"按钮，标注尺寸如图 6-121 所示。单击"草图"选项卡中的"完成草图"按钮，退出草图环境。

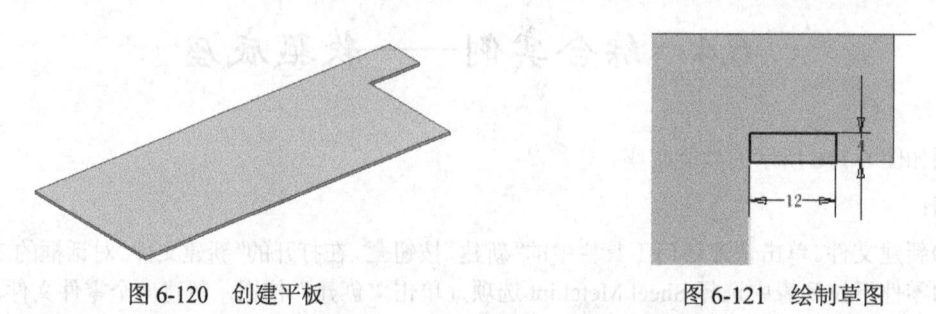

图 6-120 创建平板   图 6-121 绘制草图

(6) 创建剪切。单击"钣金"选项卡"修改"面板中的"剪切"按钮，打开"剪切"对话框，选择如图 6-121 所示的截面轮廓。采用默认设置，单击"确定"按钮，结果如图 6-122 所示。

(7) 创建草图。单击"钣金"选项卡"草图"面板中的"开始创建二维草图"按钮，选择平板的上表面为草图绘制平面，进入草图绘制环境。单击"草图"选项卡"创建"面板中的"矩形"按钮，绘制草图。单击"约束"面板中的"尺寸"按钮，标注尺寸如图 6-123 所示。单击"草图"选项卡中的"完成草图"按钮，退出草图环境。

(8) 创建剪切。单击"钣金"选项卡"修改"面板中的"剪切"按钮，打开"剪切"对话框，选择如图 6-123 所示的截面轮廓。采用默认设置，单击"确定"按钮，结果如图 6-124 所示。

(9) 创建基准平面 1。单击"钣金"选项卡"定位特征"面板中的"从平面偏移"按钮，选取左侧端面并拖动，输入偏移距离为-11mm，如图 6-125 所示，单击"确定"按钮，完成基准平面 1 的创建。

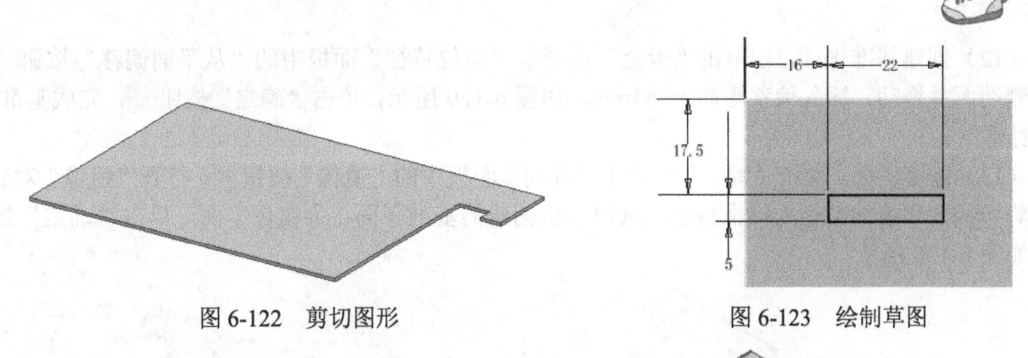

第6章 钣金设计

图6-122 剪切图形　　　　　　　　图6-123 绘制草图

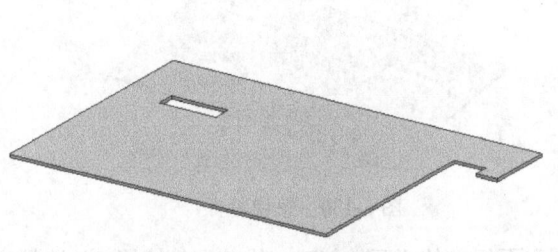

图6-124 剪切图形 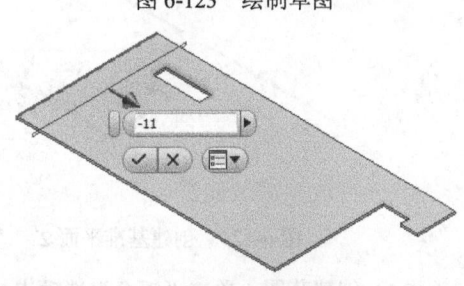　　　　　　　　图6-125 创建基准平面1

（10）创建草图。单击"钣金"选项卡"草图"面板中的"开始创建二维草图"按钮，选择上一步创建的基准平面1为草图绘制平面，进入草图绘制环境。单击"草图"选项卡"创建"面板中的"线"按钮，绘制草图。单击"约束"面板中的"尺寸"按钮，标注尺寸如图6-126所示。单击"草图"选项卡中的"完成草图"按钮，退出草图环境。

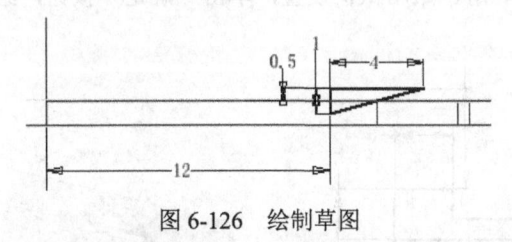

图6-126 绘制草图

（11）创建拉伸体。单击"三维模型"选项卡"创建"面板中的"拉伸"按钮，打开"拉伸"对话框，选取上一步绘制的草图为拉伸截面轮廓，设置拉伸距离为4mm，单击"方向2"按钮，调整拉伸方向，如图6-127所示。单击"确定"按钮，完成拉伸，如图6-128所示。

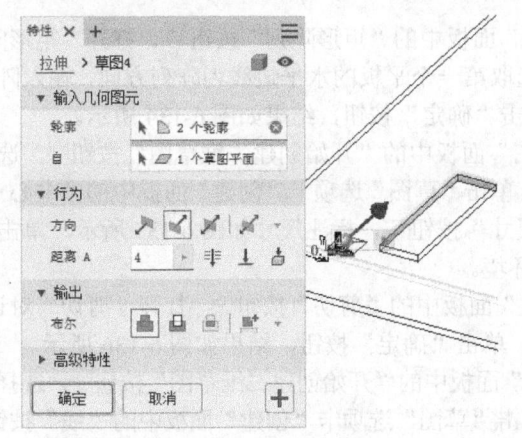

图6-127 拉伸示意图 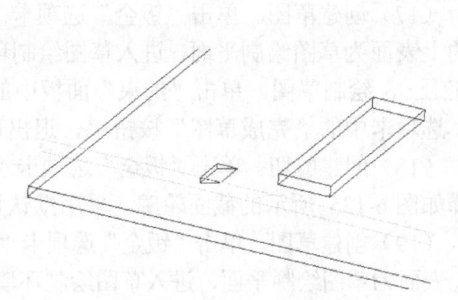　　　　　　　图6-128 拉伸切除实体

· 195 ·

（12）创建基准平面 2。单击"钣金"选项卡"定位特征"面板中的"从平面偏移"按钮，选取左侧端面并拖动，输入偏移距离为-61mm，如图 6-129 所示，单击"确定"按钮，完成基准平面 2 的创建。

（13）镜像特征。单击"钣金"选项卡"阵列"面板中的"镜像"按钮，打开"镜像"对话框，选取剪切特征和拉伸特征为镜像特征，选取上步创建的基准平面 2 为镜像平面，单击"确定"按钮，结果如图 6-130 所示。

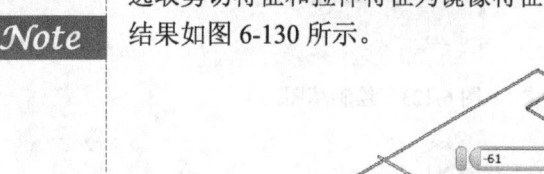

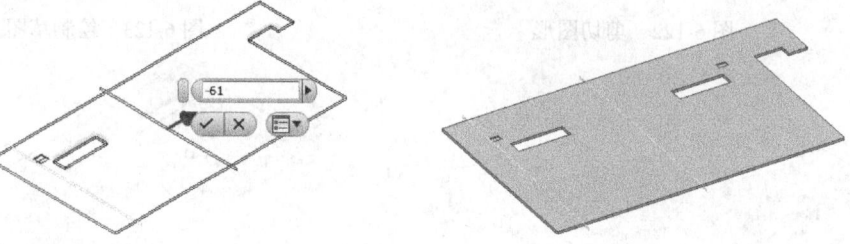

图 6-129　创建基准平面 2　　　　　　图 6-130　镜像特征

（14）创建草图。单击"钣金"选项卡"草图"面板中的"开始创建二维草图"按钮，选择平板的上表面为草图绘制平面，进入草图绘制环境。单击"草图"选项卡"创建"面板中的"线"按钮，绘制草图。单击"约束"面板中的"尺寸"按钮，标注尺寸如图 6-131 所示。单击"草图"选项卡中的"完成草图"按钮，退出草图环境。

（15）创建剪切。单击"钣金"选项卡"修改"面板中的"剪切"按钮，打开"剪切"对话框，选择如图 6-131 所示的截面轮廓。采用默认设置，单击"确定"按钮，结果如图 6-132 所示。

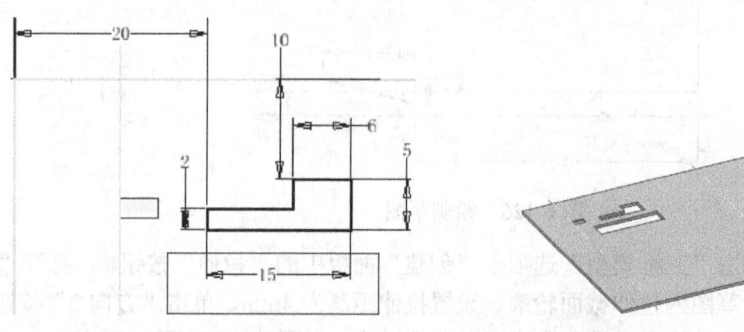

图 6-131　绘制草图　　　　　　图 6-132　剪切图形

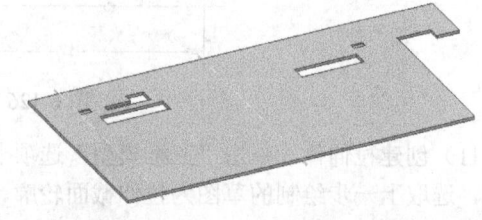

（16）矩形阵列。单击"钣金"选项卡"阵列"面板中的"矩形阵列"按钮，打开"矩形阵列"对话框，选取上步创建的剪切特征为阵列特征，选取第一个平板的水平边线为阵列方向，输入阵列个数为 2，输入距离为 68mm，如图 6-133 所示，单击"确定"按钮，结果如图 6-134 所示。

（17）创建草图。单击"钣金"选项卡"草图"面板中的"开始创建二维草图"按钮，选择平板的上表面为草图绘制平面，进入草图绘制环境。单击"草图"选项卡"创建"面板中的"中心点槽"按钮，绘制草图。单击"约束"面板中的"尺寸"按钮，标注尺寸如图 6-135 所示。单击"草图"选项卡中的"完成草图"按钮，退出草图环境。

（18）创建剪切。单击"钣金"选项卡"修改"面板中的"剪切"按钮，打开"剪切"对话框，选择如图 6-135 所示的截面轮廓。采用默认设置，单击"确定"按钮，结果如图 6-136 所示。

（19）创建草图。单击"钣金"选项卡"草图"面板中的"开始创建二维草图"按钮，选择平板的上表面为草图绘制平面，进入草图绘制环境。单击"草图"选项卡"创建"面板中的"线"按钮，绘制草图。单击"约束"面板中的"尺寸"按钮，标注尺寸如图 6-137 所示。单击"草图"选项卡中的"完成草图"按钮✓，退出草图环境。

图 6-133 设置参数

图 6-134 阵列特征

图 6-135 绘制草图

图 6-136 剪切图形

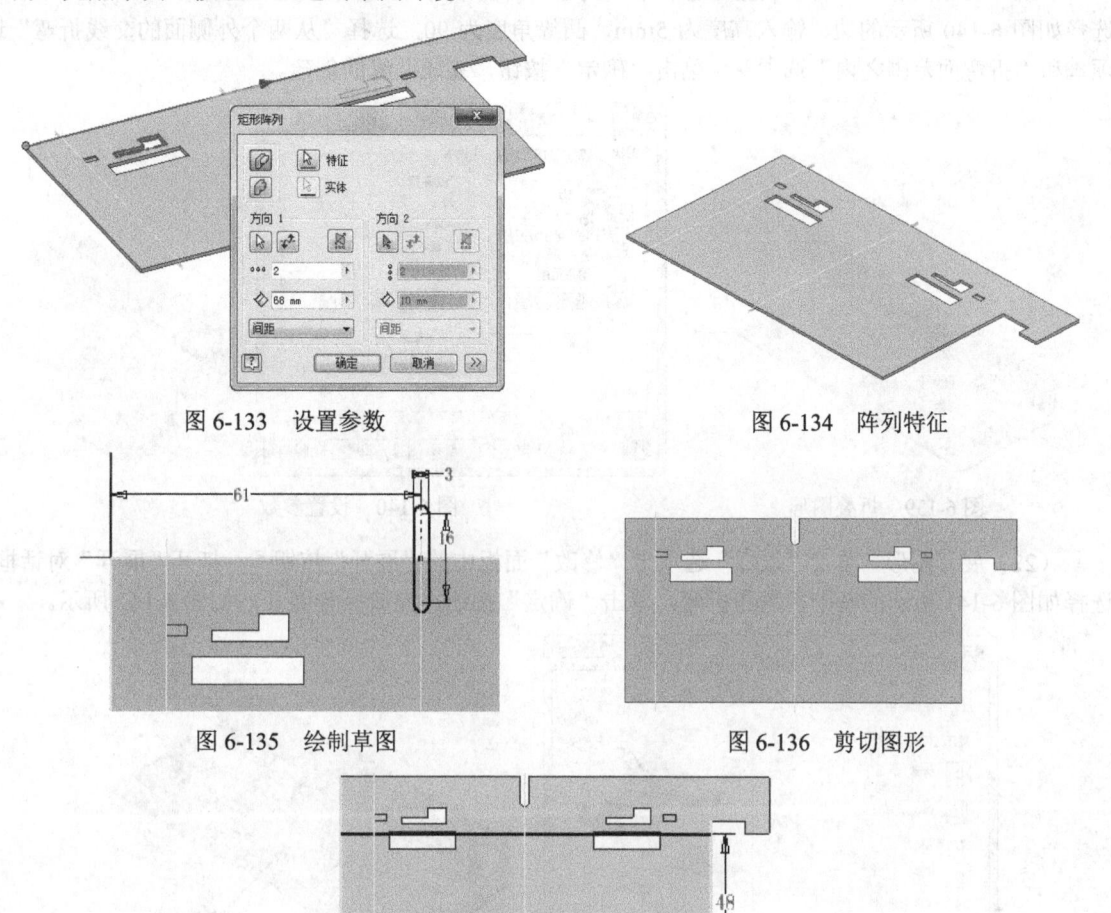

图 6-137 绘制草图

（20）创建折叠。单击"钣金"选项卡"创建"面板中的"折叠"按钮，打开"折叠"对话框，选取上步绘制的直线为折弯线，可以单击"反转到对侧"按钮和"反向"按钮，调整折叠方向，如图 6-138 所示，其他采用默认设置，单击"确定"按钮，结果如图 6-139 所示。

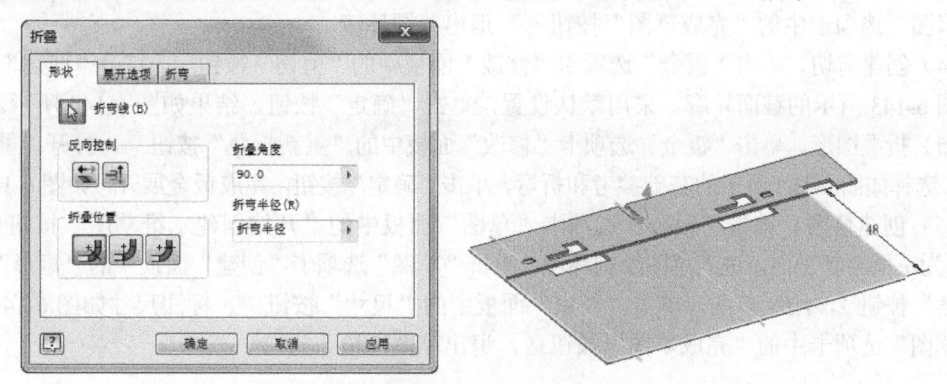

图 6-138 设置参数

• 197 •

（21）创建凸缘。单击"钣金"选项卡"创建"面板中的"凸缘"按钮，打开"凸缘"对话框，选择如图 6-140 所示的边，输入高度为 5mm，凸缘角度为 90，选择"从两个外侧面的交线折弯"选项和"折弯面范围之内"选项，单击"确定"按钮，完成凸缘的创建。

图 6-139　折叠图形　　　　　　　图 6-140　设置参数

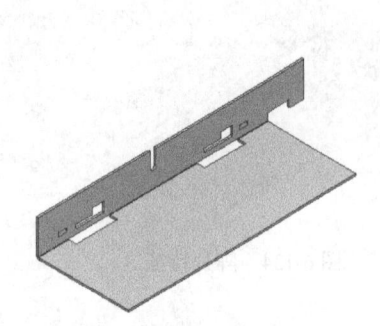

（22）展开图形。单击"钣金"选项卡"修改"面板中的"展开"按钮，打开"展开"对话框，选择如图 6-141 所示的基础参考和折弯，单击"确定"按钮，完成钣金展开，如图 6-142 所示。

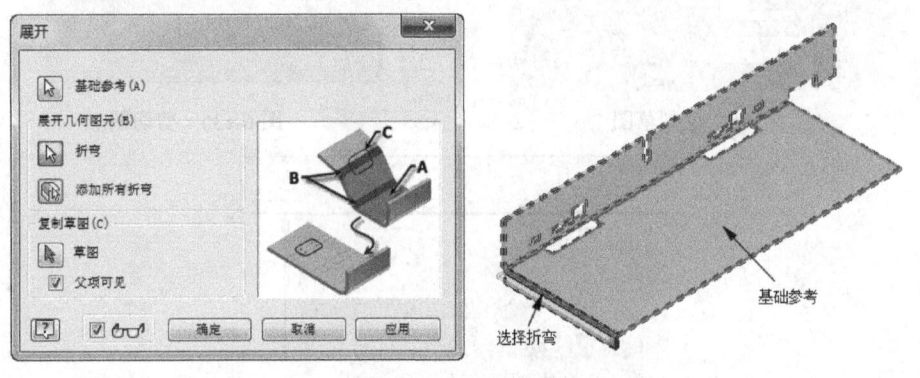

图 6-141　设置参数

（23）创建草图。单击"钣金"选项卡"草图"面板中的"开始创建二维草图"按钮，选择平板的上表面为草图绘制平面，进入草图绘制环境。利用"草图"选项卡"创建"面板中的"线"按钮和"圆角"按钮，绘制草图。单击"约束"面板中的"尺寸"按钮，标注尺寸如图 6-143 所示。单击"草图"选项卡中的"完成草图"按钮，退出草图环境。

（24）创建剪切。单击"钣金"选项卡"修改"面板中的"剪切"按钮，打开"剪切"对话框，选择如图 6-143 所示的截面轮廓。采用默认设置，单击"确定"按钮，结果如图 6-144 所示。

（25）折叠图形。单击"钣金"选项卡"修改"面板中的"重新折叠"按钮，打开"重新折叠"对话框，选择如图 6-145 所示的基础参考和折弯，单击"确定"按钮，完成钣金展开，如图 6-146 所示。

（26）创建草图。单击"钣金"选项卡"草图"面板中的"开始创建二维草图"按钮，选择 XY 平面为草图绘制平面，进入草图绘制环境。单击"草图"选项卡"创建"面板中的"矩形"按钮和"圆角"按钮，绘制草图。单击"约束"面板中的"尺寸"按钮，标注尺寸如图 6-147 所示。单击"草图"选项卡中的"完成草图"按钮，退出草图环境。

图 6-142　钣金展开　　　　　图 6-143　绘制草图　　　　　图 6-144　剪切图形

图 6-145　设置参数

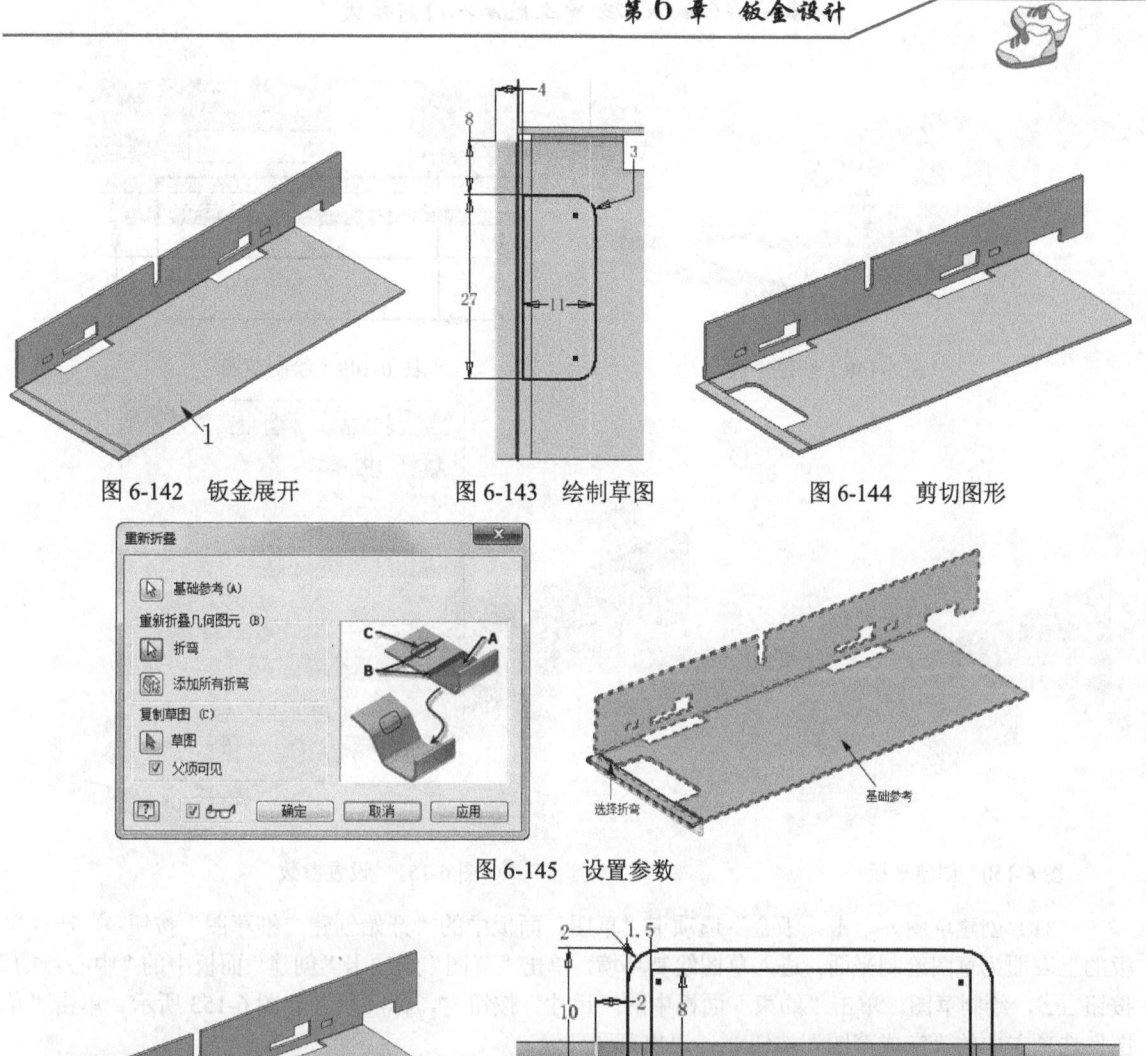

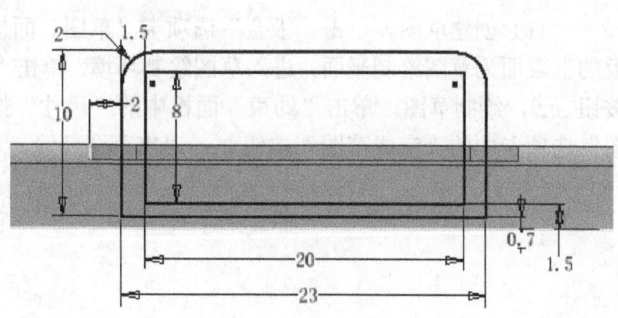

图 6-146　钣金折叠　　　　　　　　　图 6-147　绘制草图

（27）创建平板。单击"钣金"选项卡"创建"面板中的"平板"按钮，打开"面"对话框，选取上一步绘制的草图为截面轮廓，单击"确定"按钮，完成平板的创建，如图 6-148 所示。

（28）创建草图。单击"钣金"选项卡"草图"面板中的"开始创建二维草图"按钮，选择图 6-148 所示的平面 3 为草图绘制平面，进入草图绘制环境。单击"草图"选项卡"创建"面板中的"矩形"按钮，绘制草图。单击"约束"面板中的"尺寸"按钮，标注尺寸如图 6-149 所示。单击"草图"选项卡中的"完成草图"按钮，退出草图环境。

（29）创建平板。单击"钣金"选项卡"创建"面板中的"平板"按钮，打开"面"对话框，选取上一步绘制的草图为截面轮廓，单击"确定"按钮，完成平板的创建，如图 6-150 所示。

（30）矩形阵列。单击"钣金"选项卡"阵列"面板中的"矩形阵列"按钮，打开"矩形阵列"对话框，选取上步创建的平板特征为阵列特征，选取第一个平板的水平边线为阵列方向，输入阵列个数为 2，输入距离为 68mm，如图 6-151 所示，单击"确定"按钮，结果如图 6-152 所示。

·199·

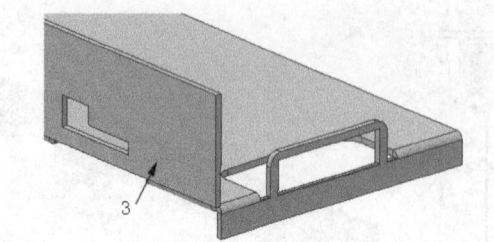

图 6-148　创建平板

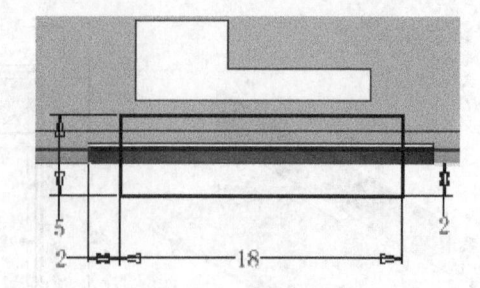

图 6-149　绘制草图

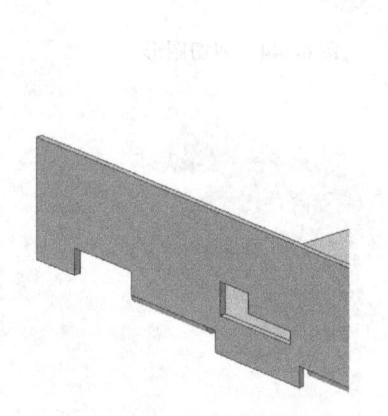

图 6-150　创建平板

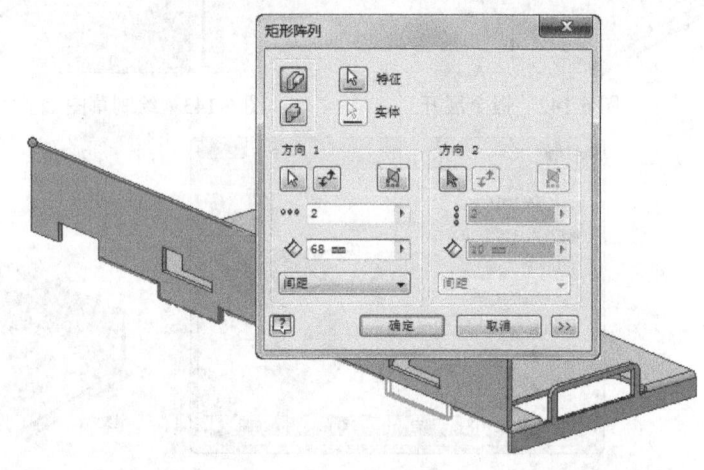

图 6-151　设置参数

（31）创建草图。单击"钣金"选项卡"草图"面板中的"开始创建二维草图"按钮，选择平板的上表面为草图绘制平面，进入草图绘制环境。单击"草图"选项卡"创建"面板中的"中心点槽"按钮，绘制草图。单击"约束"面板中的"尺寸"按钮，标注尺寸如图 6-153 所示。单击"草图"选项卡中的"完成草图"按钮，退出草图环境。

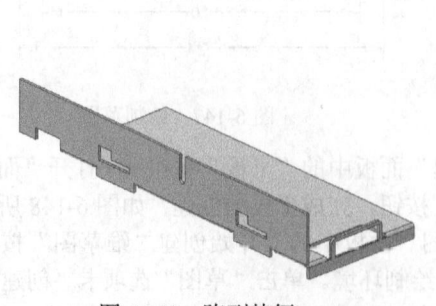

图 6-152　阵列特征

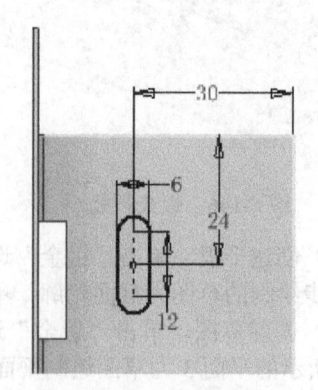

图 6-153　绘制草图

（32）创建剪切。单击"钣金"选项卡"修改"面板中的"剪切"按钮，打开"剪切"对话框，选择如图 6-153 所示的截面轮廓。采用默认设置，单击"确定"按钮，结果如图 6-154 所示。

（33）创建草图。单击"钣金"选项卡"草图"面板中的"开始创建二维草图"按钮，选择平板的上表面为草图绘制平面，进入草图绘制环境。单击"草图"选项卡"创建"面板中的"圆"按钮，绘制草图。单击"约束"面板中的"尺寸"按钮，标注尺寸如图 6-155 所示。单击"草图"选项卡

· 200 ·

中的"完成草图"按钮✓,退出草图环境。

(34)创建剪切。单击"钣金"选项卡"修改"面板中的"剪切"按钮,打开"剪切"对话框,选择如图 6-155 所示的截面轮廓。采用默认设置,单击"确定"按钮,结果如图 6-156 所示。

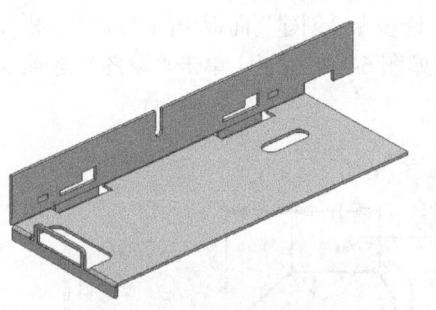

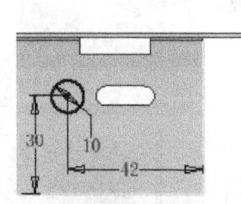

图 6-154 剪切图形   图 6-155 绘制草图   图 6-156 剪切图形

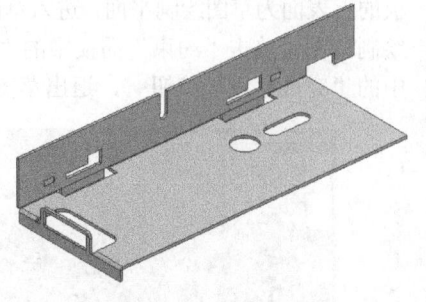

(35)镜像钣金体。单击"钣金"选项卡"阵列"面板中的"镜像"按钮,打开"镜像"对话框,单击"镜像实体"按钮,选取图 6-157 中的最右端的平面为镜像平面,单击"确定"按钮,结果如图 6-158 所示。

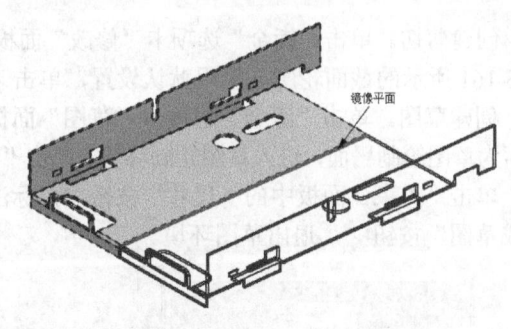

图 6-157 设置参数

(36)创建草图。单击"钣金"选项卡"草图"面板中的"开始创建二维草图"按钮,选择 XZ 平面为草图绘制平面,进入草图绘制环境。单击"草图"选项卡"创建"面板中的"线"按钮,绘制草图。单击"约束"面板中的"尺寸"按钮,标注尺寸如图 6-159 所示。单击"草图"选项卡中的"完成草图"按钮✓,退出草图环境。

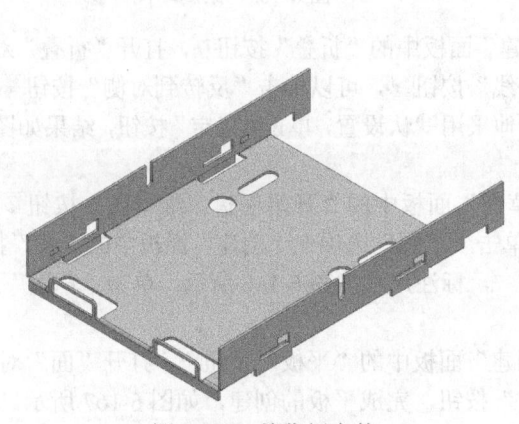

图 6-158 镜像钣金件   图 6-159 绘制草图

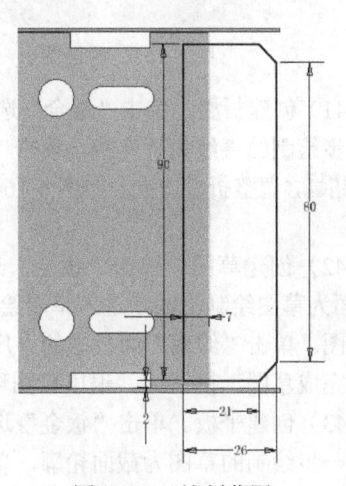

· 201 ·

（37）创建平板。单击"钣金"选项卡"创建"面板中的"平板"按钮，打开"面"对话框，选取上一步绘制的草图为截面轮廓，单击"确定"按钮，完成平板的创建，如图6-160所示。

（38）创建草图。单击"钣金"选项卡"草图"面板中的"开始创建二维草图"按钮，选择平板的上表面为草图绘制平面，进入草图绘制环境。单击"草图"选项卡"创建"面板中的"线"按钮，绘制草图。单击"约束"面板中的"尺寸"按钮，标注尺寸如图6-161所示。单击"草图"选项卡中的"完成草图"按钮，退出草图环境。

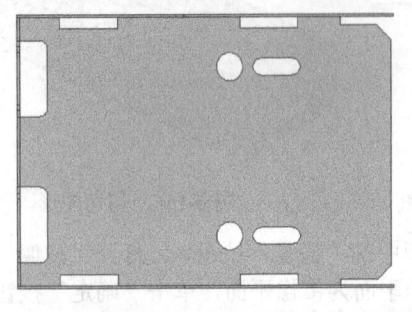

图 6-160　创建平板　　　　图 6-161　绘制草图

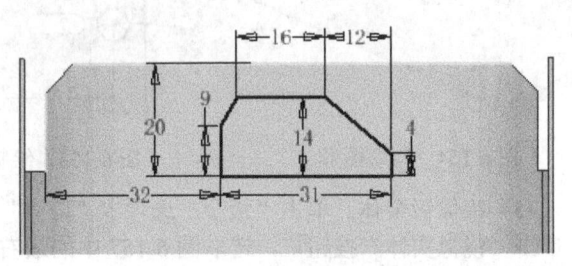

（39）创建剪切。单击"钣金"选项卡"修改"面板中的"剪切"按钮，打开"剪切"对话框，选择如图6-161所示的截面轮廓。采用默认设置，单击"确定"按钮，结果如图6-162所示。

（40）创建草图。单击"钣金"选项卡"草图"面板中的"开始创建二维草图"按钮，选择平板的上表面为草图绘制平面，进入草图绘制环境。单击"草图"选项卡"创建"面板中的"线"按钮，绘制草图。单击"约束"面板中的"尺寸"按钮，标注尺寸如图6-163所示。单击"草图"选项卡中的"完成草图"按钮，退出草图环境。

图 6-162　剪切图形　　　　图 6-163　绘制草图

（41）创建折叠。单击"钣金"选项卡"创建"面板中的"折叠"按钮，打开"折叠"对话框，选取上步绘制的直线为折弯线，单击"折弯起始线"按钮，可以单击"反转到对侧"按钮和"反向"按钮，调整折叠方向，如图6-164所示，其他采用默认设置，单击"确定"按钮，结果如图6-165所示。

（42）创建草图。单击"钣金"选项卡"草图"面板中的"开始创建二维草图"按钮，选择XZ平面为草图绘制平面，进入草图绘制环境。单击"草图"选项卡"创建"面板中的"线"按钮，绘制草图。单击"约束"面板中的"尺寸"按钮，标注尺寸如图6-166所示。单击"草图"选项卡中的"完成草图"按钮，退出草图环境。

（43）创建平板。单击"钣金"选项卡"创建"面板中的"平板"按钮，打开"面"对话框，选取上一步绘制的草图为截面轮廓，单击"确定"按钮，完成平板的创建，如图6-167所示。

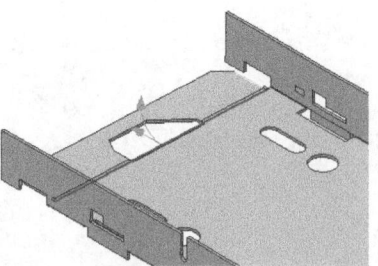

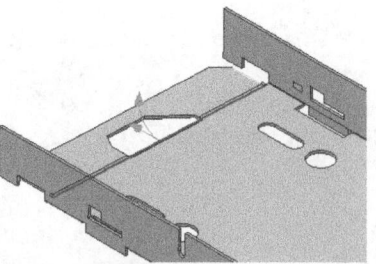

图 6-164　设置参数

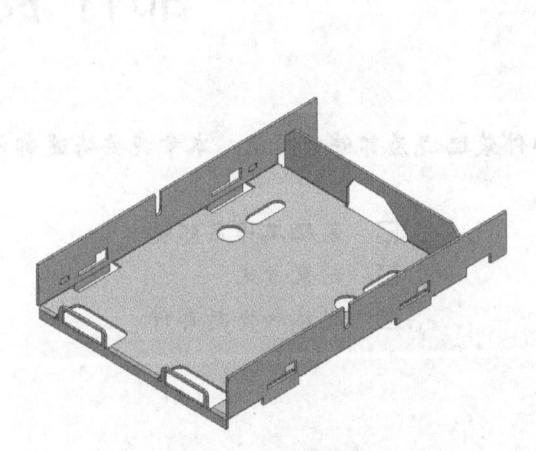

图 6-165　折叠图形

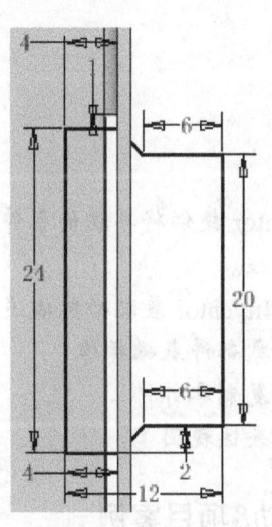

图 6-166　绘制草图

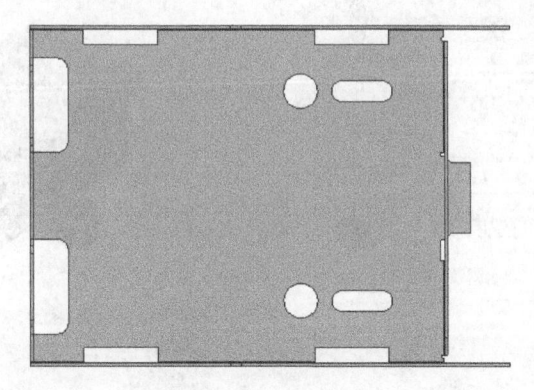

图 6-167　创建平板

（44）保存文件。单击快速访问工具栏中的"保存"按钮，打开"另存为"对话框，输入文件名为"软驱底座.ipt"，单击"保存"按钮，保存文件。

第 7 章

部件装配

Inventor 提供将单独的零件或者子部件装配成为部件的功能，本章扼要讲述部件装配的方法和过程。

- ☑ Inventor 装配功能概述
- ☑ 零部件基础操作
- ☑ 复制零部件
- ☑ 表达视图
- ☑ 装配工作区环境
- ☑ 约束方式
- ☑ 观察和分析部件

任务驱动&项目案例

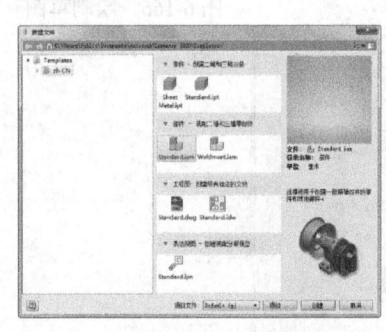

第7章 部件装配

7.1 Inventor 装配功能概述

在 Inventor 中，可以将现有的零件或者部件按照一定的装配约束条件装配成一个部件，同时这个部件也可以作为子部件装配到其他部件中，最后零件和子部件构成一个符合设计构想的整体部件。

按照通常的设计思路，设计者和工程师首先创建布局，然后设计零件，最后把所有零部件组装为部件，这种方法称为自下而上的设计方法。使用 Autodesk Inventor，创建部件时可以在位创建零件或者放置现有零件，从而使设计过程更加简单有效，这种方法称为自上而下的设计方法。这种自上而下的设计方法的优点如下。

（1）这种以部件为中心的设计方法支持自上而下、自下而上和混合的设计策略。Inventor 可以在设计过程中的任何环节创建部件，而不是在最后才创建部件。

（2）如果用户正在做一个全新的设计方案，可以从一个空的部件开始，然后在具体设计时创建零件。

（3）如果要修改部件，可以在位创建新零件，以使它们与现有的零件相配合。对外部零部件所做的更改将自动反映到部件模型和用于说明它们的工程图中。

在 Inventor 中，可以自由地使用自下而上的设计方法、自上而下的设计方法以及二者同时使用的混合设计方法，下面分别简要介绍。

1. 自下而上的设计方法

对于从零件到部件的设计方法，也就是自下而上的部件设计方法，在进行设计时，需要向部件文件中放置现有的零件和子部件，并通过应用装配约束（例如配合和表面齐平约束）将其定位。如果可能，应按照制造过程中的装配顺序放置零部件，除非零部件在它们的零件文件中是以自适应特征创建的，否则它们就有可能无法满足部件设计的要求。

在 Inventor 中，可以在部件中放置零件，然后在部件环境中使零件自适应功能。当零件的特征被约束到其他零部件时，在当前设计中零件将自动调整本身大小以适应装配尺寸。如果希望所有欠约束的特征在被装配约束定位时自适应，可以将子部件指定为自适应。如果子部件中的零件被约束到固定几何图元，它的特征将根据需要调整大小。

2. 自上而下的设计方法

对于从部件到零件的设计方法，也就是自上而下的部件设计方法，用户在进行设计时，会遵循一定的设计标准并创建满足这些标准的零部件。设计者列出已知的参数，并且会创建一个工程布局（贯穿并推进整个设计过程的二维设计）。布局可能包含一些关联项目，例如部件靠立的墙和底板、从部件设计中传入或接受输出的机械以及其他固定数据。布局中也可以包含其他标准，例如机械特征。可以在零件文件中绘制布局，然后将它放置到部件文件中。在设计进程中，草图将不断地生成特征。最终的部件是专门设计用来解决当前设计问题的相关零件的集合体。

3. 混合设计方法

混合部件设计的方法结合了自下而上的设计策略和自上而下的设计策略的优点。在这种设计思路下，可以知道某些需求，也可以使用一些标准零部件，但还是应当产生满足特定目的的新设计。通常，从一些现有的零部件开始设计所需的其他零件，首先分析设计意图，接着插入或创建固定（基础）零部件。设计部件时，可以添加现有的零部件，或根据需要在位创建新的零部件。这样部件的设计过程中就会十分灵活，可以根据具体的情况，选择自下而上或自上而下的设计方法。

7.2 装配工作区环境

7.2.1 进入装配环境

（1）单击"快速入门"选项卡"启动"面板中的"新建"按钮，打开"新建文件"对话框，在对话框中选择 Standard.iam 模板，如图 7-1 所示。

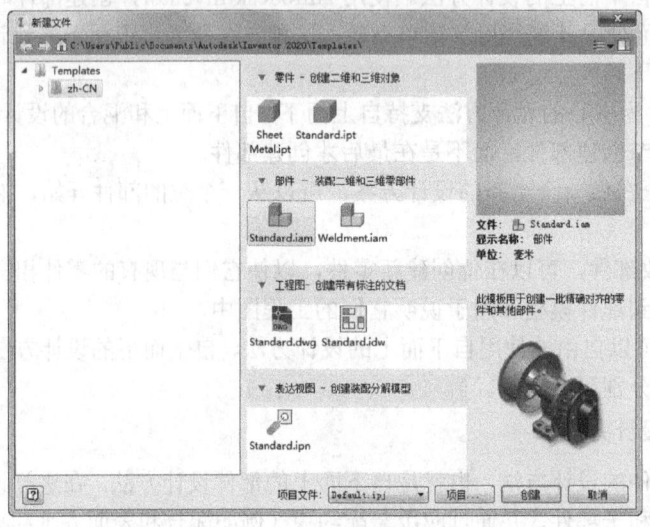

图 7-1 "新建文件"对话框

（2）单击"创建"按钮，进入装配环境，如图 7-2 所示。

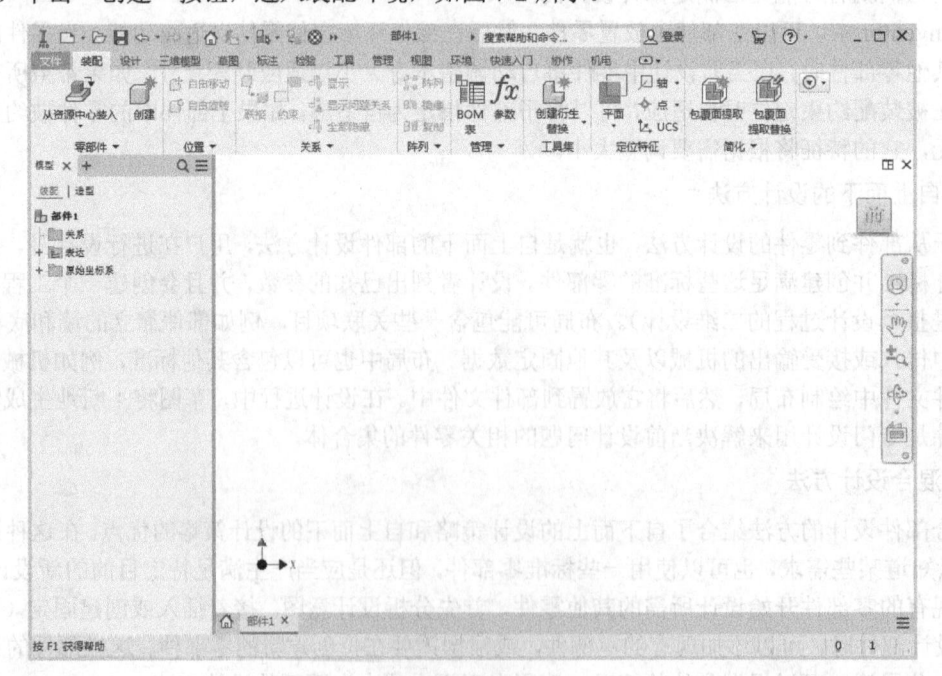

图 7-2 装配环境

7.2.2 配置装配环境

单击"工具"选项卡"选项"面板中的"应用程序选项"按钮，打开"应用程序选项"对话框，选择"部件"选项卡，如图 7-3 所示。

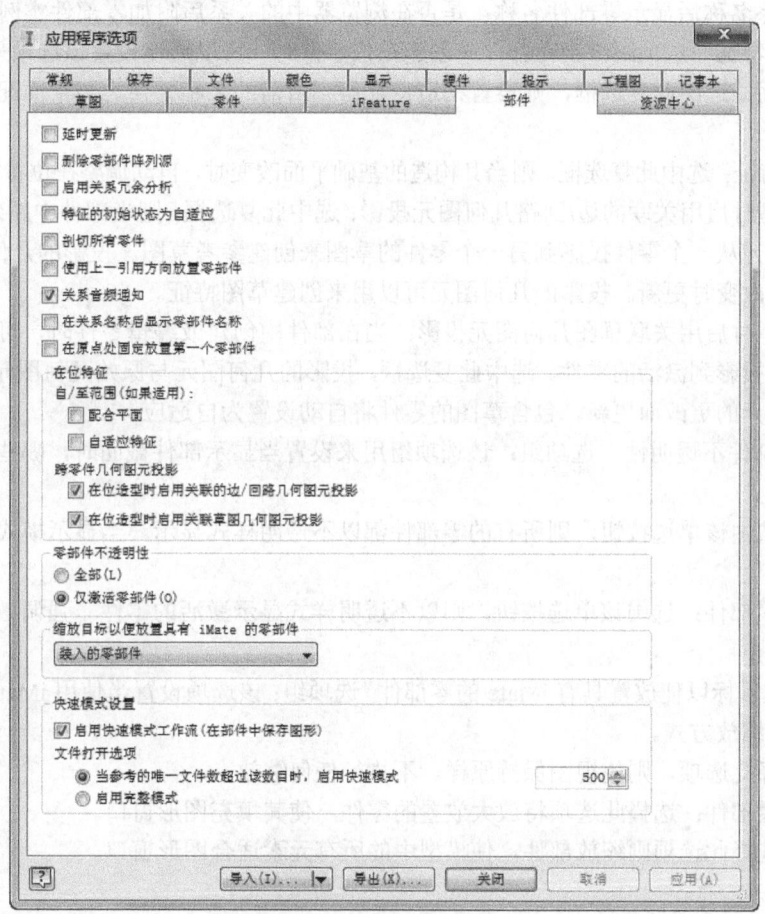

图 7-3 "部件"选项卡

"部件"选项卡中的选项说明如下。

（1）延时更新：利用该选项在编辑零部件时设置更新零部件的优先级。选中该复选框则延迟部件更新，直到单击了该部件文件的"更新"按钮为止，取消选中该复选框则在编辑零部件后自动更新部件。

（2）删除零部件阵列源：该选项设置删除阵列元素时的默认状态。选中该复选框则在删除阵列时删除源零部件，取消选中该复选框则在删除阵列时保留源零部件引用。

（3）启用关系冗余分析：该选项用于指定 Inventor 是否检查所有装配零部件，以进行自适应调整。默认设置为未选中。如果该复选框未选中，则 Inventor 将跳过辅助检查，辅助检查通常会检查是否有冗余约束并检查所有零部件的自由度。系统仅在显示自由度符号时才会更新自由度检查。选中该复选框后，Autodesk Inventor 将执行辅助检查，并在发现冗余约束时通知用户。即使没有显示自由度，系统也将对其进行更新。

（4）特征的初始状态为自适应：控制新创建的零件特征是否可以自动设置为自适应。

(5) 剖切所有零件：控制是否剖切部件中的零件。子零件的剖视图方式与父零件相同。

(6) 使用上一引用方向放置零部件：控制放置在部件中的零部件是否继承与上一个引用的浏览器中的零部件相同的方向。

(7) 关系音频通知：选中此复选框以在创建约束时播放提示音。取消选中该复选框则关闭声音。

(8) 在关系名称后显示零部件名称：是否在浏览器中的关系后附加零部件实例名称。

(9) "在位特征"选项组：当在部件中创建在位零件时，可以通过设置该选项来控制在位特征。

❶ 配合平面：选中此复选框，则设置构造特征得到所需的大小并使之与平面配合，但不允许它调整。

❷ 自适应特征：选中此复选框，则当其构造的基础平面改变时，自动调整在位特征的大小或位置。

❸ 在位造型时启用关联的边/回路几何图元投影：选中此复选框，则当部件中新建零件的特征时，将所选的几何图元从一个零件投影到另一个零件的草图来创建参考草图。投影的几何图元是关联的，并且会在父零件改变时更新。投影的几何图元可以用来创建草图特征。

❹ 在位造型时启用关联草图几何图元投影：当在部件中创建或编辑零件时，可以将其他零件中的草图几何图元投影到激活的零件。选中此复选框，投影的几何图元与原始几何图元是关联的，并且会随原始几何图元的更改而更新，包含草图的零件将自动设置为自适应。

(10) "零部件不透明性"选项组：该选项组用来设置当显示部件截面时，哪些零部件以不透明的样式显示。

❶ 全部：选中该单选按钮，则所有的零部件都以不透明样式显示（当显示模式为着色或带显示边着色时）。

❷ 仅激活零部件：选中该单选按钮，则以不透明样式显示激活的零件，强调激活的零件，暗显未激活的零件。

(11) "缩放目标以便放置具有 iMate 的零部件"选项组：该选项设置当使用 iMate 放置零部件时，图形窗口的默认缩放方式。

❶ 无：选择此选项，则使视图保持原样。不执行任何缩放。

❷ 装入的零部件：选择此选项将放大放置的零件，使其填充图形窗口。

❸ 全部：选择此选项则缩放部件，使模型中的所有元素适合图形窗口。

7.3 零部件基础操作

本节讲述如何在部件环境中装入零部件、替换零部件、旋转和移动零部件、阵列零部件等基本的操作技巧，这些是在部件环境中进行设计的必需技能。

7.3.1 添加零部件

(1) 单击"装配"选项卡"零部件"面板中的"放置"按钮，打开"装入零部件"对话框，如图 7-4 所示。

(2) 在对话框中选择要装配的零件，然后单击"打开"按钮，将零件放置视图中，单击放置，如图 7-5 所示。

(3) 继续放置零件，单击鼠标右键，在弹出的快捷菜单中选择"确定"命令，如图 7-6 所示，完成零件的放置。

第 7 章 部件装配

图 7-5 放置零件

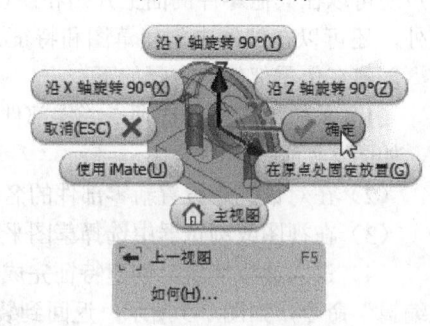

图 7-4 "装入零部件"对话框

图 7-6 快捷菜单

技巧：如果在快捷菜单中选择"在原点处固定放置"命令，它的原点及坐标轴与部件的原点及坐标轴完全重合。要恢复零部件的自由度，可以在图形窗口或浏览器中的零部件上单击鼠标右键，在打开的如图 7-7 所示的快捷菜单中取消"固定"命令的勾选。

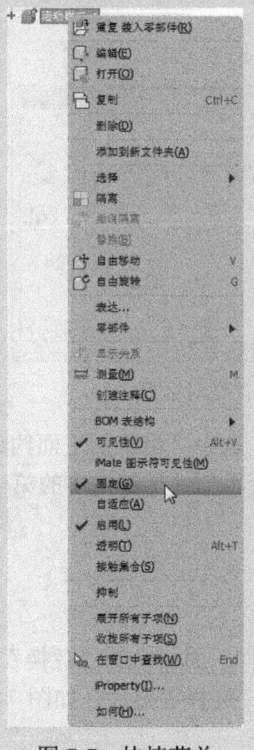

图 7-7 快捷菜单

7.3.2 创建零部件

在位创建零件就是在部件文件环境中新建零件，新建的零件是一个独立的零件，在位创建零件时需要制定创建的零件的文件名和位置，以及使用的模板等。

创建在位零件与插入先前创建的零件文件结果相同，而且可以方便地在零部件面（或部件工作平面）上绘制草图和在特征草图中创建包含其他零部件的几何图元。当创建的零件约束到部件中的固定几何图元时，可以关联包含于其他零件的几何图元，并把零件指定为自适应以允许新零件改变大小。用户还可以在其他零件的面上开始和终止拉伸特征。默认情况下，这种方法创建的特征是自适应的。另外，还可以在部件中创建草图和特征，但它们不是零件。它们包含在部件文件（.iam）中。

创建在位零部件的步骤如下：

（1）单击"装配"选项卡"零部件"面板中的"创建"按钮，打开"创建在位零部件"对话框，如图7-8所示。

（2）在对话框中设置新零部件的名称、位置，单击"确定"按钮。

（3）在视图或浏览器中选择草图平面创建基础特征。

（4）进入造型环境，创建特征完成零件的位置，单击鼠标右键，在打开的快捷菜单中选择"完成编辑"命令，如图7-9所示，返回到装配环境中。

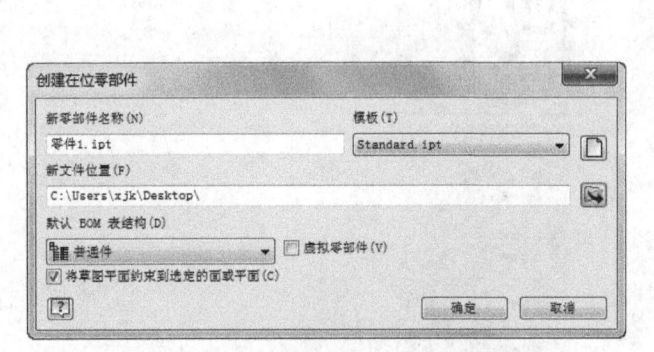

图7-8 "创建在位零部件"对话框　　　　图7-9 快捷菜单

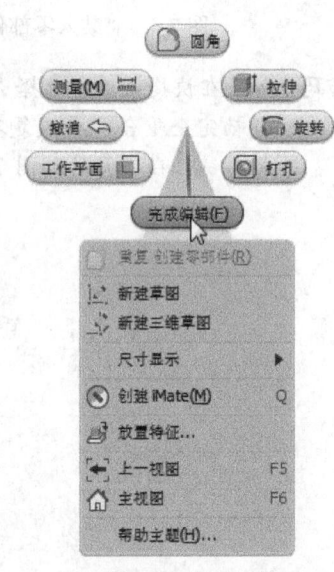

在"创建在位零部件"对话框中，选中"将草图平面约束到选定的面或平面"，则在所选零件面和草图平面之间创建配合约束。如果新零部件是部件中的第一个零部件，则该选项不可用。

7.3.3 替换零部件

替换零部件的步骤如下：

（1）单击"装配"选项卡"零部件"面板中的"替换"按钮，选择要进行替换的零部件。

（2）打开"装入零部件"对话框，选择零部件，如图7-10所示，单击"打开"按钮，完成零部件的替换。

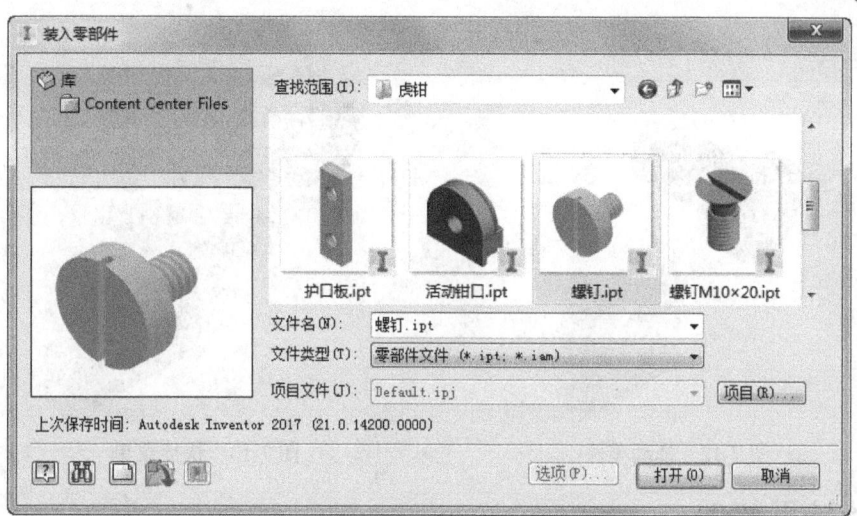

图 7-10 "装入零部件"对话框

✍ **技巧**：如果替换零部件具有与原始零部件不同的形状，弹出如图 7-11 所示的"关系可能丢失"对话框，单击"确定"按钮，原始零部件的所有装配约束都将丢失，结果如图 7-11 所示。必须添加新的装配约束以正确定位零部件。如果装入的零件为原始零件的继承零件（包含编辑内容的零件副本），则替换时约束就不会丢失。

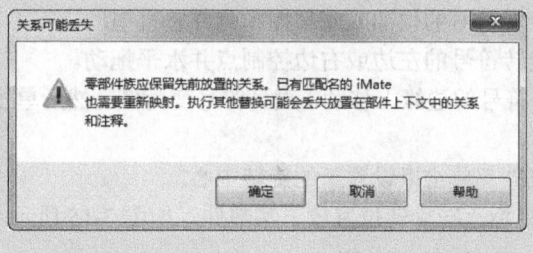

图 7-11 约束丢失

7.3.4 移动零部件

约束零部件时，可能需要暂时移动或旋转约束的零部件，以便更好地查看其他零部件或定位某个零部件以便于放置约束。

移动零部件的步骤如下：

（1）单击"装配"选项卡"位置"面板中的"自由移动"按钮 。

（2）在视图中选择零部件，并将其拖动到新位置，释放鼠标放下零部件，如图 7-12 所示。

（3）确认放置位置后，单击鼠标右键，在弹出的快捷菜单中选择"确定"命令，如图 7-13 所示，完成零部件的移动。

以下准则适用于所移动的零部件。

（1）没有关系的零部件仍保留在新位置，直到将其约束或连接到另一个零部件。

（2）打开自由度的零部件将调整位置以满足关系。

（3）当更新部件时，零部件将捕捉回由其与其他零部件之间的关系所定义的位置。

图 7-12　拖动零件　　　　　　　　　　图 7-13　快捷菜单

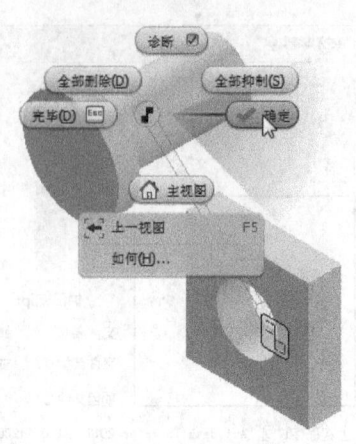

7.3.5　旋转零部件

旋转零部件的步骤如下：

（1）单击"装配"选项卡"位置"面板中的"自由旋转"按钮，在视图中选择要旋转的零部件。

（2）显示三维旋转符号，如图 7-14 所示。

要进行自由旋转，可在三维旋转符号内单击，并拖动到要查看的方向。

要围绕水平轴旋转，可以单击三维旋转符号的顶部或底部控制点并竖直拖动。

要围绕竖直轴旋转，可以单击三维旋转符号的左边或右边控制点并水平拖动。

要平行于屏幕旋转，可以在三维旋转符号的边缘上移动，直到符号变为圆，然后单击边框并在环形方向拖动。

要改变旋转中心，可以在边缘内部或外部单击以设置新的旋转中心。

（3）拖动零部件到适当位置，释放鼠标，在旋转位置放下零部件，如图 7-15 所示。

图 7-14　显示三维旋转符号　　　　　　图 7-15　旋转零部件

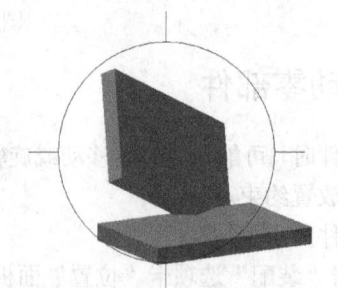

7.3.6　夹点捕捉

1. 面移动

通过选取面来移动零部件的步骤如下：

（1）单击"装配"选项卡"位置"面板中的"夹点捕捉"按钮，选择零件面，打开夹点工具栏，如图 7-16 所示。

第 7 章 部件装配

(2) 选择移动类型,并将零部件移动到适当位置,如图 7-17 所示。

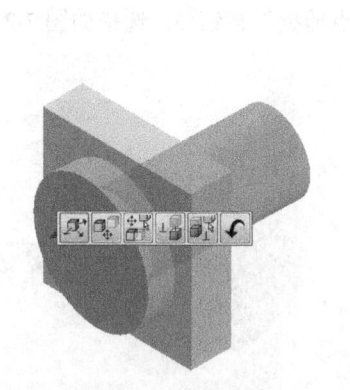

图 7-16 选择表面　　　　图 7-17 移动零部件

(3) 单击鼠标右键,在弹出的快捷菜单中选择"确定"命令,如图 7-18 所示。

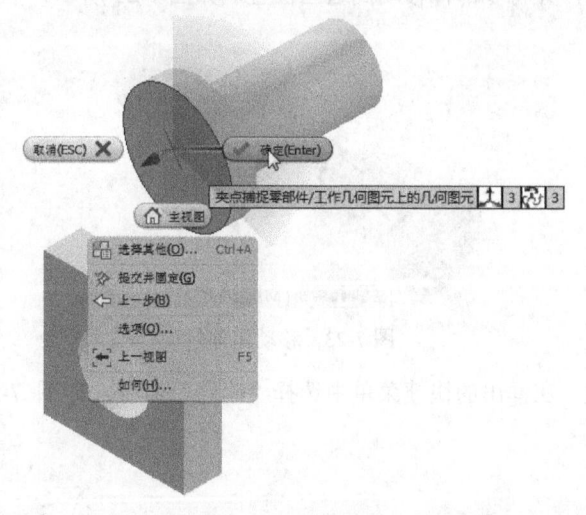

图 7-18 快捷菜单

(4) 打开"关系管理"对话框,如图 7-19 所示。在对话框中选择零部件中存在的约束,选中"抑制关系"或"删除关系"单选按钮,单击"确定"按钮,完成夹点移动,结果如图 7-20 所示。

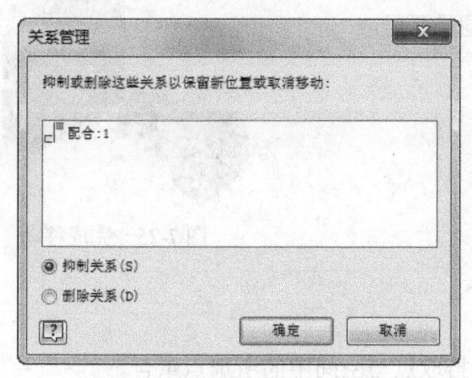

图 7-19 "关系管理"对话框　　　　图 7-20 完成移动

2. 轴移动

通过选取轴线来移动零部件的步骤如下：

（1）单击"装配"选项卡"位置"面板中的"夹点捕捉"按钮，选择如图 7-21 所示的轴线，打开小工具栏，如图 7-22 所示。

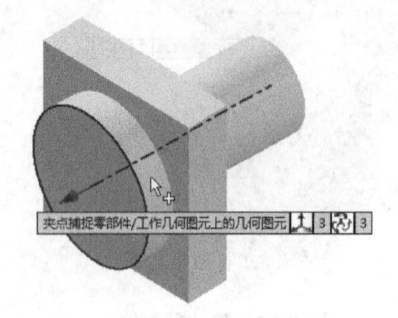

图 7-21 选择轴线

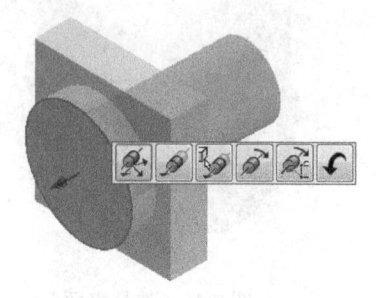

图 7-22 小工具栏

（2）选择移动类型，并将零部件移动到适当位置，如图 7-23 所示。

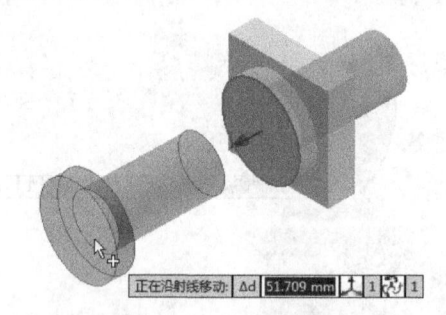

图 7-23 移动零部件

（3）单击鼠标右键，在弹出的快捷菜单中选择"确定"命令，如图 7-24 所示。结果如图 7-25 所示。

图 7-24 快捷菜单

图 7-25 完成移动

图 7-16 和图 7-22 中的小工具选项说明如下。

（1）平面为第一个选择

❶ 自由拖动：定位以使平面上的原光标拾取点与空间中的所选点重合。

❷ 拖动平面：重置以使平面上的原光标拾取点与空间中的所选点重合。

❸ 使用参考几何图元移动平面：在位移平面内移动从所选两点衍生的零部件大小。
❹ 沿法向拖动：移动至由空间沿位移的射线所选的点定义的位置。
❺ 使用参考几何图元沿法向移动：沿位移射线移动从所选两点衍生的零部件大小。
（2）圆矢量作为第一选择
❶ 自由拖动：重置以使边上的原光标拾取点与空间中的所选点重合。
❷ 沿轴拖动：移动到由在空间中沿轴所选的点定义的位置。
❸ 使用参考几何图元沿轴移动：沿位移轴移动从所选两点衍生的零部件大小。
❹ 沿轴转动：绕由所选线定义的轴旋转。
❺ 使用参考几何图元沿轴转动：绕由所选线定义的轴旋转，旋转角度将从所选点衍生。

7.4 约束方式

本节主要介绍如何正确地使用装配约束来装配零部件。

除添加装配约束以组合零部件以外，Inventor 还可以添加运动约束以驱动部件的转动部分转动，以方便进行部件运动动态的观察，甚至可以录制部件运动的动画视频文件；还可以添加过渡约束，使得零部件之间的某些曲面始终保持一定的关系。下面分别讲解。

在部件文件中装入或创建零部件后，可以使用装配约束建立部件中的零部件的方向并模拟零部件之间的机械关系。例如，可以使两个平面配合，将两个零件上的圆柱特征指定为保持同心关系，或约束一个零部件上的球面，使其与另一个零部件上的平面保持相切关系。装配约束决定了部件中的零部件如何配合在一起。当应用了约束，就删除了自由度，限制了零部件移动的方式。

装配约束不仅仅是将零部件组合在一起，正确应用装配约束还可以为 Inventor 提供执行干涉检查、冲突和接触动态的分析以及质量特性计算所需的信息。当正确应用约束时，可以驱动基本约束的值并查看部件中零部件的移动，关于驱动约束的问题将在后面章节中讲述。

7.4.1 配合约束

配合约束将零部件面对面放置或使这些零部件表面齐平相邻，该约束将删除平面之间的一个线性平移自由度和两个角度旋转自由度。

通过配合约束装配零部件的步骤如下：

（1）单击"装配"选项卡"关系"面板中的"约束"按钮，打开"放置约束"对话框，选择"配合"类型，如图 7-26 所示。

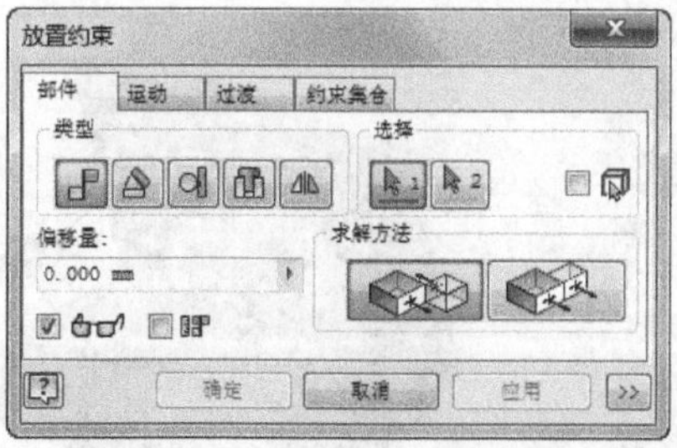

（2）在视图中选择要配合的两个平面、轴线或者曲面等，如图 7-27 所示。

图 7-26 "放置约束"对话框

（3）在对话框中选择求解方法，并设置偏移量，单击"确定"按钮，完成配合约束，结果如图 7-28 所示。

"放置约束"对话框中的配合约束说明如下：

（1）配合：将选定面彼此垂直放置且面发生重合。

（2）表面齐平：用来对齐相邻的零部件，可以通过选中的面、线或点来对齐零部件，使其表面法线指向相同方向。

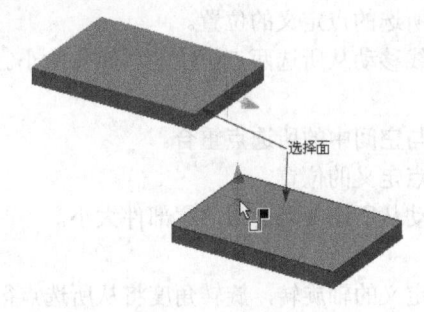

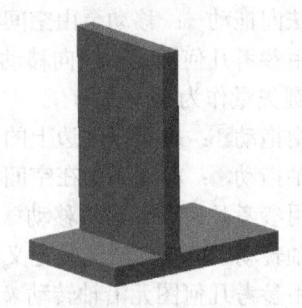

图 7-27　选择面　　　　　　　　图 7-28　配合约束

（3）先拾取零件：选中此复选框将可选几何图元限制为单一零部件。这个功能适合在零部件处于紧密接近或部分相互遮挡时使用。

（4）偏移量：用来指定零部件相互之间偏移的距离。

（5）显示预览：选中此复选框，预览装配后的图形。

（6）预计偏移量和方向：装配时由系统自动预测合适的装配偏移量和偏移方向。

7.4.2　角度约束

对准角度约束可以使得零部件上平面或者边线按照一定的角度放置，该约束删除平面之间的一个旋转自由度或两个角度旋转自由度。

通过角度约束装配零部件的步骤如下：

（1）单击"装配"选项卡"关系"面板中的"约束"按钮，打开"放置约束"对话框，选择"角度"类型，如图 7-29 所示。

（2）在对话框中选择求解方法，并在视图中选择平面，如图 7-30 所示。

图 7-29　"放置约束"对话框

（3）在对话框中输入角度值，单击"确定"按钮，完成角度约束，如图 7-31 所示。

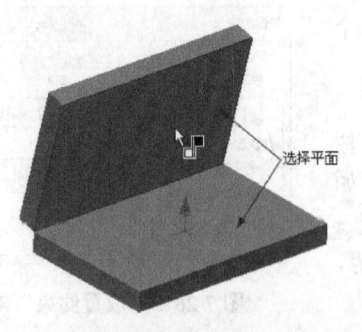

图 7-30　选择平面　　　　　　　　图 7-31　角度约束

"放置约束"对话框中的角度约束说明如下：

（1）定向角度：它始终应用于右手规则，也就是说右手的拇指外的四指指向旋转的方向，拇指指向为旋转轴的正向。当设定了一个对准角度之后，需要对准角度的零件总是沿一个方向旋转即旋转轴的正向。

（2）非定向角度：它是默认的方式，在该方式下可以选择任意一种旋转方式。如果解出的位置近似于上次计算出的位置，则自动应用右手定则。

（3）明显参考矢量：通过向选择过程添加第三次选择来显式定义 Z 轴矢量（叉积）的方向。约束驱动或拖动时，减小角度约束的角度以切换至替换方式。

7.4.3 相切约束

相切约束定位面、平面、圆柱面、球面、圆锥面和规则的样条曲线在相切点处相切，相切约束将删除线性平移的一个自由度，或在圆柱和平面之间，删除一个线性自由度和一个旋转自由度。

通过相切约束装配零部件的步骤如下：

（1）单击"装配"选项卡"关系"面板中的"约束"按钮，打开"放置约束"对话框，选择"相切"类型，如图 7-32 所示。

（2）在对话框中选择求解方法，在视图中选择两个圆柱面，如图 7-33 所示。

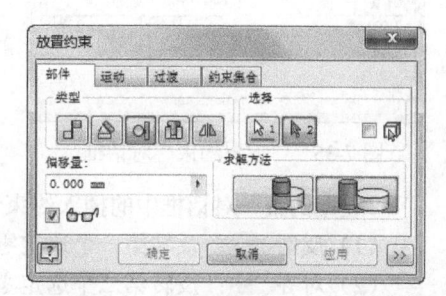

图 7-32 "放置约束"对话框

（3）在对话框中设置偏移量，单击"确定"按钮，完成相切约束，结果如图 7-34 所示。

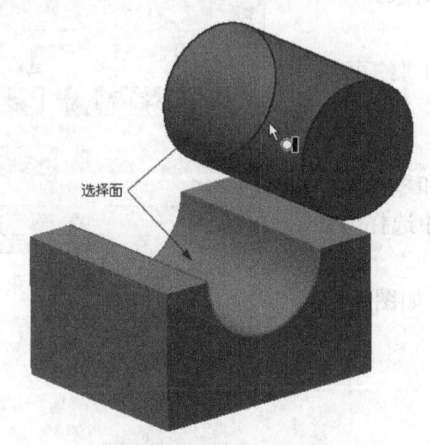

图 7-33 选择面　　　　图 7-34 相切约束

"放置约束"对话框中的相切约束说明如下。

（1）内边框：将在第二个选中零件内部的切点处放置第一个选中零件。

（2）外边框：将在第二个选中零件外部的切点处放置第一个选中零件。默认方式为外边框方式。

7.4.4 插入约束

插入约束是平面之间的面对面配合约束和两个零部件的轴之间的配合约束的组合，它将配合约束放置于所选面之间，同时将圆柱体沿轴向同轴放置。插入约束保留了旋转自由度，平动自由度将被删除。

通过插入约束装配零部件的步骤如下：

（1）单击"装配"选项卡"关系"面板中的"约束"按钮，打开"放置约束"对话框，选择"插入"类型，如图 7-35 所示。

（2）在对话框中选择求解方法，在视图中选择圆形边线，如图 7-36 所示。
（3）在对话框中设置偏移量，单击"确定"按钮，完成插入约束，结果如图 7-37 所示。

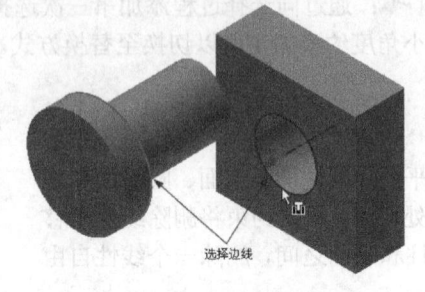

图 7-35 "放置约束"对话框　　　图 7-36 选择边线　　　图 7-37 插入约束

"放置约束"对话框中的插入约束说明如下。
（1）反向：反转第一个选定零部件的配合方向。
（2）对齐：反转第二个选定零部件的配合方向。

7.4.5 对称约束

对称约束根据平面或平整面对称地放置两个对象。
通过对称约束装配零部件的步骤如下：
（1）单击"装配"选项卡"关系"面板中的"约束"按钮，打开"放置约束"对话框，选择"对称"类型，如图 7-38 所示。
（2）在视图中选择如图 7-39 所示的零件 1 和零件 2。
（3）在浏览器中零件 1 的原始坐标系文件中选择 YZ 平面为对称平面。
（4）单击"确定"按钮，完成约束的创建，如图 7-40 所示。

图 7-38 "放置约束"对话框

图 7-39 配合前的图形　　　图 7-40 对称配合后的图形

7.4.6 实例——虎钳主体装配

装配如图 7-41 所示的虎钳。
操作步骤：
（1）新建文件。运行 Inventor，单击快速访问工具栏中的"新建"按钮，在打开的"新建文件"对话框的 Templates 选项卡的零件下拉列表中选择 Standard.iam 选项，如图 7-42 所示，单击"创

第 7 章 部件装配

建"按钮，新建一个装配文件。

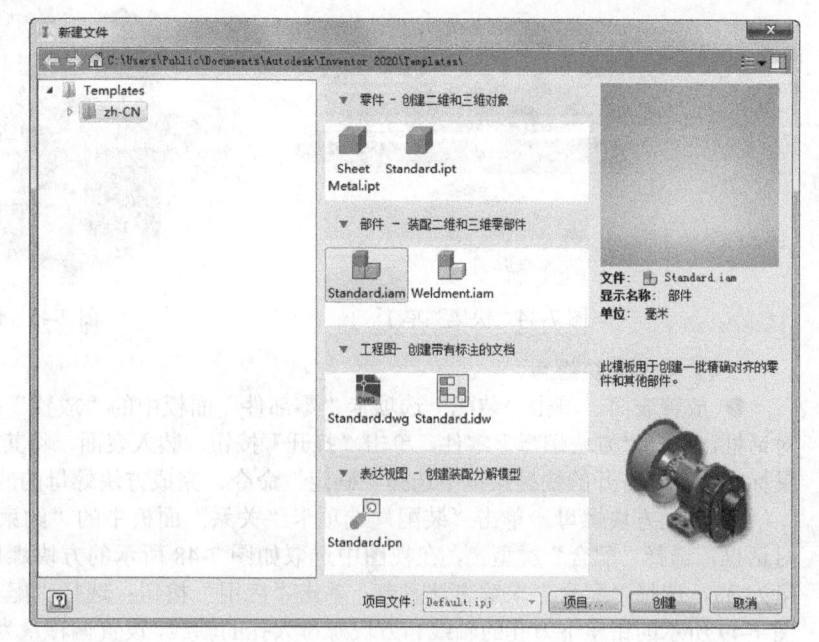

图 7-41 虎钳装配

图 7-42 "新建文件"对话框

（2）安装钳座。单击"装配"选项卡"零部件"面板中的"放置"按钮，打开"装入零部件"对话框，选择"钳座"零件，如图 7-43 所示，单击"打开"按钮，装入钳座，单击鼠标右键，在打开的快捷菜单中选择"在原点处固定放置"命令，钳座固定放置到坐标原点，继续单击鼠标右键，在打开的快捷菜单中选择"确定"命令，完成钳座的放置。

图 7-43 "装入零部件"对话框

（3）放置钳座。单击"装配"选项卡"零部件"面板中的"放置"按钮，打开"装入零部件"对话框，选择"钳座"零件，如图 7-43 所示，单击"打开"按钮，装入钳座，单击鼠标右键，在打开的快捷菜单中选择"在原点处固定放置"命令，如图 7-44 所示，钳座固定放置到坐标原点，继续单击鼠标右键，在打开的快捷菜单中选择"确定"命令，如图 7-45 所示，完成钳座的放置如图 7-46 所示。

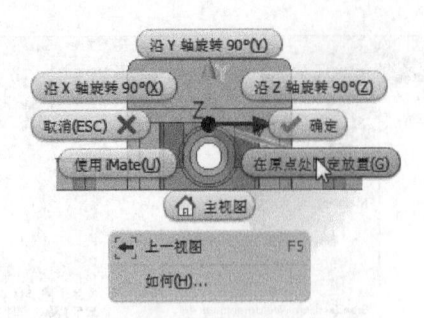

图 7-44　快捷菜单 1　　　　　　　　图 7-45　快捷菜单 2

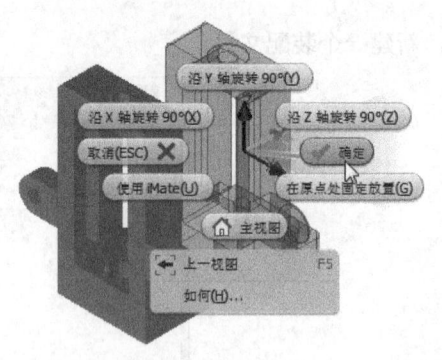

（4）安装方块螺母。

❶ 放置表面。单击"装配"选项卡"零部件"面板中的"放置"按钮，打开"装入零部件"对话框，选择"方块螺母"零件，单击"打开"按钮，装入表面，将其放置到视图中适当位置。单击鼠标右键，在打开的快捷菜单中选择"确定"命令，完成方块螺母的放置，如图 7-47 所示。

❷ 装配方块螺母。单击"装配"选项卡"关系"面板中的"约束"按钮，打开"放置约束"对话框，选择"配合"类型，在视图中选取如图 7-48 所示的方块螺母的侧面和钳座面，设置偏移量为 33，选择"配合"求解方法，单击"应用"按钮；选择"配合"类型，在视图中选取如图 7-49 所示的钳座下方孔的轴线和方块螺母大孔的轴线，设置偏移量为 0，选择"对齐"求解方法，单击"确定"按钮，结果如图 7-50 所示。

图 7-46　放置钳座　　　　　图 7-47　装入表面　　　　　图 7-48　选择平面

（5）安装活动钳口。

❶ 放置活动钳口。单击"装配"选项卡"零部件"面板中的"放置"按钮，打开"装入零部件"对话框，选择"活动钳口"零件，单击"打开"按钮，装入活动钳口，将其放置到视图中适当位置。单击鼠标右键，在打开的快捷菜单中选择"确定"命令，完成活动钳口的放置，如图 7-51 所示。

图 7-49　选择轴线　　　　　图 7-50　安装表面　　　　　图 7-51　装入时针

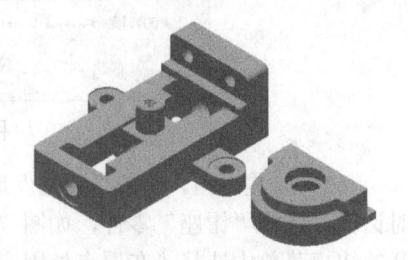

❷ 装配活动钳口。单击"装配"选项卡"关系"面板中的"约束"按钮，打开"放置约束"对话框，选择"配合"类型，在视图中选取如图 7-52 所示的活动钳口的底面和钳座的上表面，设

第7章 部件装配

置偏移量为 0，选择"配合"求解方法，单击"应用"按钮；选择"配合"类型，在视图中选取如图 7-53 所示的活动钳口上孔的轴线和方块螺母中间轴的轴线，设置偏移量为 0，选择"配合"求解方法，单击"应用"按钮；选择"角度"类型，在视图中选取如图 7-54 所示的钳座侧面和活动钳口的侧面，设置角度为 180deg，选择"定向角度"求解方法，单击"确定"按钮，结果如图 7-55 所示。

图 7-52 选择平面　　　　图 7-53 选择轴线　　　　图 7-54 选择面

（6）安装螺钉。

❶ 放置螺钉。单击"装配"选项卡"零部件"面板中的"放置"按钮，打开"装入零部件"对话框，选择"螺钉"零件，单击"打开"按钮，装入螺钉，将其放置到视图中适当位置。单击鼠标右键，在打开的快捷菜单中选择"确定"命令，完成螺钉的放置，如图 7-56 所示。

❷ 装配螺钉。单击"装配"选项卡"关系"面板中的"约束"按钮，打开"放置约束"对话框，选择"配合"类型，在视图中选取如图 7-57 所示的螺钉的螺帽底面和活动钳口的台阶面，设置偏移量为 0，选择"配合"求解方法，单击"应用"按钮；选择"配合"类型，在视图中选取如图 7-58 所示的活动钳口孔的轴线和螺钉的轴线，设置偏移量为 0，选择"反向"求解方法，单击"确定"按钮，拖动时针调整分针的位置，结果如图 7-59 所示。

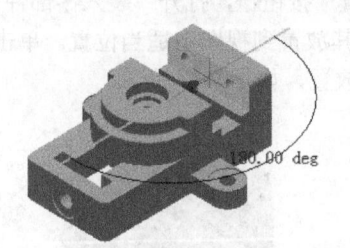

图 7-55 安装活动钳口　　　　图 7-56 装入分针　　　　图 7-57 选择平面

（7）安装垫圈。

❶ 放置垫圈。单击"装配"选项卡"零部件"面板中的"放置"按钮，打开"装入零部件"对话框，选择"垫圈"零件，单击"打开"按钮，装入垫圈，将其放置到视图中适当位置。单击鼠标右键，在打开的快捷菜单中选择"确定"选项，完成垫圈的放置，如图 7-60 所示。

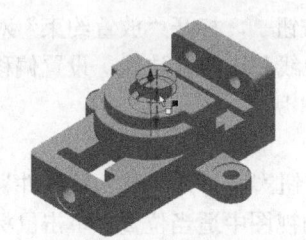

图 7-58 选择轴线　　　　图 7-59 安装螺钉　　　　图 7-60 装入垫圈

❷装配垫圈。单击"装配"选项卡"关系"面板中的"约束"按钮，打开"放置约束"对话框，选择"插入"类型，在视图中选取如图 7-61 所示的垫圈的孔边线和钳座右侧孔边线，设置偏移量为 0，选择"反向"求解方法，单击"确定"按钮，结果如图 7-62 所示。

（8）安装螺杆。

❶放置螺杆。单击"装配"选项卡"零部件"面板中的"放置"按钮，打开"装入零部件"对话框，选择"螺杆"零件，单击"打开"按钮，装入螺杆，将其放置到视图中适当位置。单击鼠标右键，在打开的快捷菜单中选择"确定"选项，完成螺杆的放置，如图 7-63 所示。

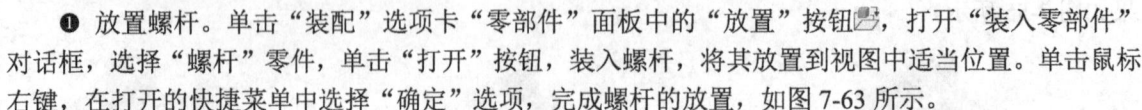

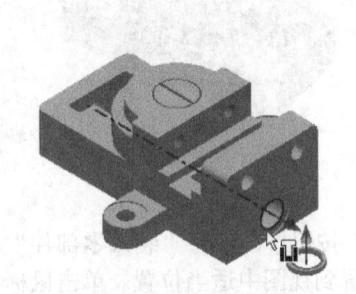

图 7-61　选择边线　　　　图 7-62　安装垫圈　　　　图 7-63　装入螺杆

❷装配螺杆。单击"装配"选项卡"关系"面板中的"约束"按钮，打开"放置约束"对话框，选择"插入"类型，在视图中选取如图 7-64 所示的垫圈的孔边线和螺杆边线，设置偏移量为 0，选择"反向"求解方法，单击"确定"按钮，结果如图 7-65 所示。

（9）安装垫圈 10。

❶放置垫圈 10。单击"装配"选项卡"零部件"面板中的"放置"按钮，打开"装入零部件"对话框，选择"垫圈 10"零件，单击"打开"按钮，装入垫圈，将其放置到视图中适当位置。单击鼠标右键，在打开的快捷菜单中选择"确定"选项，完成垫圈 10 的放置，如图 7-66 所示。

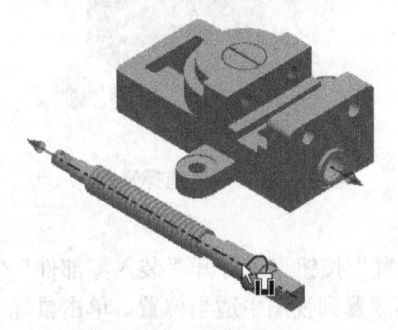

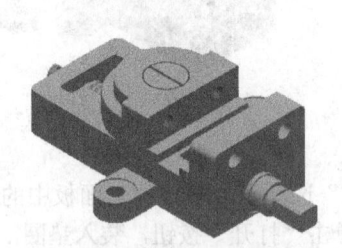

图 7-64　选择边线　　　　图 7-65　安装螺杆　　　　图 7-66　装入垫圈 10

❷装配垫圈 10。单击"装配"选项卡"关系"面板中的"约束"按钮，打开"放置约束"对话框，选择"插入"类型，在视图中选取如图 7-67 所示的垫圈的孔边线和钳座孔边线，设置偏移量为 0，选择"反向"求解方法，单击"确定"按钮，结果如图 7-68 所示。

（10）安装螺母。

❶放置螺母。单击"装配"选项卡"零部件"面板中的"放置"按钮，打开"装入零部件"对话框，选择"螺母"零件，单击"打开"按钮，装入螺母，将其放置到视图中适当位置。单击鼠标右键，在打开的快捷菜单中选择"确定"选项，完成螺母的放置，如图 7-69 所示。

第 7 章 部件装配

图 7-67 选择边线　　　　　图 7-68 安装垫圈 10　　　　　图 7-69 装入螺母

❷ 装配螺母。单击"装配"选项卡"关系"面板中的"约束"按钮，打开"放置约束"对话框，选择"插入"类型，在视图中选取如图 7-70 所示的螺母的圆弧边线和垫圈圆弧边线，设置偏移量为 0，选择"反向"求解方法，单击"应用"按钮，选择"角度"类型，在视图中选取如图 7-71 所示的钳座上表面和螺母的一侧面，设置角度为 0，选择"定向角度"求解方法，单击"确定"按钮，结果如图 7-72 所示。

图 7-70 选择边线　　　　　图 7-71 选择平面　　　　　图 7-72 安装螺母

(11) 安装销。

❶ 放置销。单击"装配"选项卡"零部件"面板中的"放置"按钮，打开"装入零部件"对话框，选择"销 3×16"零件，单击"打开"按钮，装入销，将其放置到视图中适当位置。单击鼠标右键，在打开的快捷菜单中选择"确定"选项，完成销的放置，如图 7-73 所示。

❷ 装配销。单击"装配"选项卡"关系"面板中的"约束"按钮，打开"放置约束"对话框，选择"配合"类型，在视图中选取如图 7-74 所示的销的轴线和螺杆孔的轴线，设置偏移量为 0，选择"对齐"求解方法，单击"应用"按钮；选择"配合"类型，在视图中选取如图 7-75 所示的销的大端面和螺母的水平面，选择"表面对齐"求解方法，设置偏移量为-2.2mm，单击"确定"按钮，结果如图 7-76 所示。

图 7-73 装入销　　　　　图 7-74 选择轴线　　　　　图 7-75 选择平面

(12) 安装护口板。

❶ 放置护口板。单击"装配"选项卡"零部件"面板中的"放置"按钮，打开"装入零部件"

· 223 ·

对话框，选择"护口板"零件，单击"打开"按钮，装入护口板，将其放置到视图中适当位置。单击鼠标右键，在打开的快捷菜单中选择"确定"选项，完成护口板的放置，如图 7-77 所示。

❷ 装配护口板。单击"装配"选项卡"关系"面板中的"约束"按钮，打开"放置约束"对话框，选择"配合"类型，在视图中选取如图 7-78 所示的护口板底面和活动钳口侧面，设置偏移量为 0，选择"配合"求解方法，单击"应用"按钮；选择"配合"类型，在视图中选取如图 7-79 所示的护口板一侧孔的轴线和活动孔的轴线，选择"反向"求解方法，采用相同的方法添加另一侧孔轴线的配合关系，单击"确定"按钮，结果如图 7-80 所示。

图 7-76　安装销　　　　　图 7-77　装入护口板　　　　　图 7-78　选择平面

图 7-79　选择轴线　　　　　图 7-80　装护口板

7.5　复制零部件

在特征环境下可以阵列和镜像特征，在部件环境下也可以阵列和镜像零部件。通过阵列、镜像和复制零部件，可以减小不必要的重复设计的工作量，增加工作效率。

7.5.1　复制

复制选定的零部件调入装配中。

复制零部件的步骤如下：

（1）单击"装配"选项卡"阵列"面板中的"复制"按钮，打开"复制零部件：状态"对话框，如图 7-81 所示。

（2）在视图中选择要复制的零部件，选择的零部件在对话框的浏览器中列出。

（3）在对话框的顶端选择状态按钮，更改选定零部件的状态，单击"下一步"按钮。

（4）打开"复制零部件：文件名"对话框，如图 7-82 所示。检查复制的文件并根据需要进行修改，例如修改名称和文件位置，单击"确定"按钮，完成零部件的复制。

第7章 部件装配

图 7-81 "复制零部件：状态"对话框

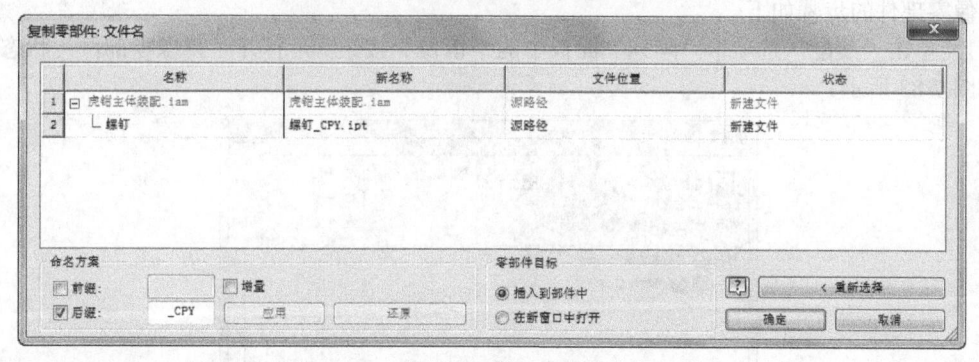

图 7-82 "复制零部件：文件名"对话框

对话框中的选项说明如下。

（1）"复制零部件：状态"对话框

❶ 零部件：选择零部件，复制所有子零部件。如果父零部件的复制状态更改，所有子零部件也将自动重新设置为相同状态。

❷ 状态。

☑ 复制选定的对象：创建零部件的副本。复制的每个零部件都保存在一个与源文件不关联的新文件中。

☑ 重新选定的对象：创建零部件的引用。

☑ 排除选定的对象：从复制操作中排除零部件。

（2）"复制零部件：文件名"对话框

❶ 名称：列出通过复制操作创建的所有零部件，重复的零部件只显示一次。

❷ 新名称：列出新文件的名称。单击名称进行编辑。如果名称已经存在，将按顺序为新文件名添加一个数字，直到定义一个唯一的名称。

❸ 文件位置：指定新文件的保存位置。默认的保存位置是源路径，意味着新文件与原始零部件保存在相同的位置。

❹ 状态：表明新文件名是否有效。自动创建的名称显示为白色背景，手动重命名的文件显示黄色背景，冲突的名称显示红色背景。

225

☑ 新建文件：表明新文件名有效，名称在文件位置中不存在。
☑ 重用现有的：表明文件位置中已经使用了该文件名，但它是选定零部件的有效名称。可以重用零部件，但是整个部件必须与源部件类似。重用零件没有限制。
☑ 名称冲突：指明该文件，名称在文件位置中已存在。可以指明同一源部件存在其他同名引用。

❺ 命名方案：单击"应用"按钮后，使用指定的"前缀"或"后缀"重命名"名称"列表中的选定零部件。复制零部件默认的后缀为_CPY。

❻ 零部件目标：指定复制的零部件的目标。
☑ 插入到部件中：默认选项将所有新部件作为同级对象放到顶级部件中。
☑ 在新窗口中打开：在新窗口中打开包含所有复制的零部件的新部件。

❼ 重新选择：返回到"镜像零部件：状态"对话框中重新选择零部件。

7.5.2 镜像

使用此功能完成零件或子装配的面对称结果，镜像完成后，需给镜像得到的零部件添加约束。

镜像零部件的步骤如下：

（1）单击"装配"选项卡"阵列"面板中的"镜像"按钮，打开"镜像零部件：状态"对话框，如图 7-83 所示。

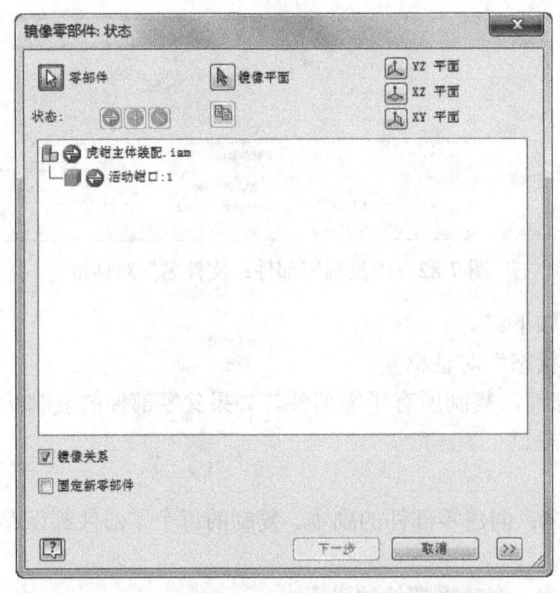

图 7-83 "镜像零部件：状态"对话框

（2）在视图中选择要镜像的零部件，选择的零部件在对话框的浏览器中列出。

（3）在对话框的顶端选择状态按钮，更改选定零部件的状态，然后选择镜像平面，单击"下一步"按钮。

（4）打开"镜像零部件：文件名"对话框，如图 7-84 所示。检查镜像的文件并根据需要进行修改，例如修改名称和文件位置，单击"确定"按钮，完成零部件的镜像。

对话框中的选项说明如下：

（1）镜像选定的对象：表示在新部件文件中创建镜像的引用，引用和源零部件关于镜像平面对称。

图 7-84 "镜像零部件：文件名"对话框

（2）重用选定的对象：表示在当前或新部件文件中创建重复使用的新引用，引用将围绕最靠近镜像平面的轴旋转并相对于镜像平面放置在相对的位置。

（3）排除选定的对象：表示子部件或零件不包含在镜像操作中。

（4）如果部件包含重复使用的和排除的零部件，或者重复使用的子部件不完整，则显示图标。该图标不会出现在零件图标左侧，仅出现在部件图标左侧。

对零部件进行镜像复制需要注意如下事项。

（1）生成的镜像零部件并不关联，因此如果修改原始零部件，它并不会更新。

（2）装配特征（包含工作平面）不会从源部件复制到镜像的部件中。

（3）焊接不会从源部件复制到镜像的部件中。

（4）零部件阵列中包含的特征将作为单个元素（而不是作为阵列）被复制。

（5）镜像的部件使用与原始部件相同的设计视图。

（6）仅当镜像或重复使用约束关系中的两个引用时，才会保留约束关系，如果仅镜像其中一个引用，则不会保留。

（7）镜像的部件中维护了零件或子部件中的工作平面间的约束；如果有必要，则必须重新创建零件和子部件间的工作平面以及部件的基准工作平面。

7.5.3 阵列

Inventor 中可以在部件中将零部件排列为矩形或环形阵列。使用零部件阵列可以提高生产效率，并且可以更有效地实现用户的设计意图。例如，用户可能需要放置多个螺栓以便将一个零部件固定到另一个零部件上，或者将多个零件或子部件装入一个复杂的部件中。在零件特征环境已经有了关于阵列特征的内容，在部件环境中的阵列操作与其类似，这里重点介绍不同点。

1. 矩形阵列

矩形阵列零部件的步骤如下：

（1）单击"装配"选项卡"阵列"面板中的"阵列"按钮，打开"阵列零部件"对话框，选择"矩形阵列"选项卡，如图 7-85 所示。

（2）在视图中选择要阵列的零部件，选择阵列方向。

（3）在对话框中设置行和列的个数和间距，单击"确定"按钮。

2. 环形阵列

环形阵列零部件的步骤如下：

（1）单击"装配"选项卡"阵列"面板中的"阵列"按钮，打开"阵列零部件"对话框，选择"环形阵列"选项卡，如图 7-86 所示。

图 7-85 "矩形阵列"选项卡 　　　图 7-86 "环形阵列"选项卡

（2）在视图中选择环形阵列轴向。
（3）在对话框中设置阵列个数和角度，单击"确定"按钮。

技巧：部件阵列中可包含哪些内容？
（1）包含关联至零件特征。如果编辑零件或者在零件阵列中添加或删除零件，部件中会自动出现相应的结果。
（2）视为具有与单独放置的零部件不同的特性的部件对象。
（3）包含在其他零部件阵列中。

7.5.4　实例——虎钳装配螺钉

本例接 7.4.6 小节，继续安装螺钉 M10×20。

操作步骤：

（1）放置螺钉 M10×20。单击"装配"选项卡"零部件"面板中的"放置"按钮，打开"装入零部件"对话框，选择"螺钉 M10×20"零件，单击"打开"按钮，装入螺钉 M10×20，将其放置到视图中适当位置。单击鼠标右键，在打开的快捷菜单中选择"确定"选项，完成螺钉 M10×20 的放置，如图 7-87 所示。

（2）装配螺钉 M10×20。单击"装配"选项卡"关系"面板中的"约束"按钮，打开"放置约束"对话框，选择"插入"类型，在视图中选取如图 7-88 所示的螺钉 M10×20 的圆弧边线和护口板的孔边线，设置偏移量为 0，选择"反向"求解方法，单击"确定"按钮，结果如图 7-89 所示。

图 7-87 装入螺钉 M10×20 　　　图 7-88 选择边线 　　　图 7-89 安装螺钉 M10×20

（3）阵列螺钉。单击"装配"选项卡"阵列"面板上的"阵列"按钮，打开"阵列零部件"对话框，选择上步装配的螺钉为要阵列的零部件，选择"矩形阵列"选项卡，选取护口板的上边线为

阵列方向，单击"反向"按钮，输入个数为2，距离为40mm，如图7-90所示，单击"确定"按钮，结果如图7-91所示。

图 7-90 设置参数　　　　　　　　　　　图 7-91 阵列螺钉

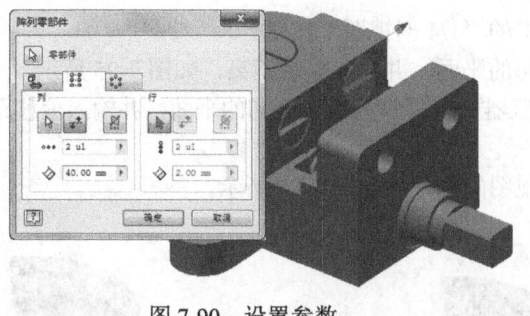

（4）重复以上步骤，安装另一侧的护扣板和螺钉M10×20，结果如图7-87所示。

7.6 观察和分析部件

在Inventor中，可以利用它提供的工具方便地观察和分析零部件，如创建各个方向的剖视图以观察部件的装配是否合理；可以分析零件的装配干涉以修正错误的装配关系；还可以驱动运动约束使零部件发生运动，以便更加直观地观察部件的装配是否可以达到预定的要求等。下面分别讲述如何实现上述功能。

7.6.1 部件剖视图

部件的剖视图可以帮助用户更加清楚地了解部件的装配关系，因为在剖切视图中，腔体内部或被其他零部件遮挡的部件部分完全可见。在剖切部件时，仍然可以使用零件和部件工具在部件环境中创建或修改零件。

1. 半剖视图

创建半剖视图的步骤如下：

（1）单击"视图"选项卡"外观"面板中的"半剖视图"按钮。

（2）在视图或浏览器中选择作为剖切的平面，如图7-92所示。

（3）在小工具栏中输入偏移距离，如图7-93所示，单击"确定"按钮，完成半剖视图的创建，如图7-94所示。

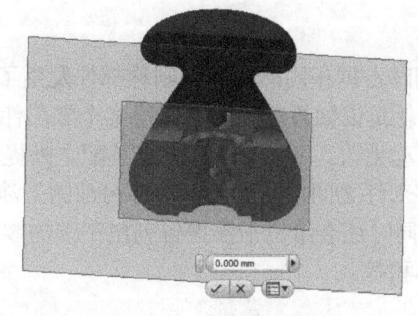

图 7-92 选择剖切面　　　　　图 7-93 小工具栏　　　　　图 7-94 半剖视图

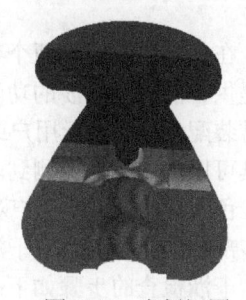

2. 1/4 或 3/4 剖视

创建 1/4 或 3/4 剖视图的步骤如下：

（1）单击"视图"选项卡"外观"面板中的"1/4 剖视图"按钮。

（2）在视图或浏览器中选择作为第一剖切的平面，并输入偏移距离，如图 7-95 所示。

（3）单击"继续"按钮，在视图或浏览器中选择作为第二剖切的平面，并输入偏移距离，如图 7-96 所示。

（4）单击"确定"按钮，完成 1/4 剖视图的创建，如图 7-97 所示。

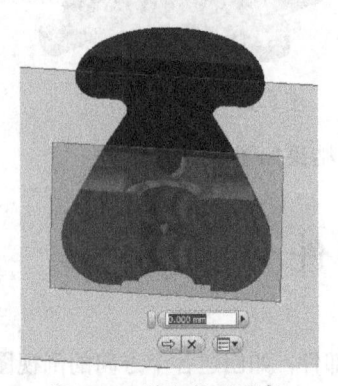

图 7-95　输入偏移距离 1　　　图 7-96　输入偏移距离 2　　　图 7-97　1/4 剖视图

在部件上单击鼠标右键，在弹出的快捷菜单中选择"反向剖切"命令，显示在相反方向上进行剖切的结果，如图 7-98 所示。

在右键快捷菜单中选择"3/4 剖"命令，则部件被 1/4 剖切后的剩余部分即部件的 3/4 将成为剖切结果显示，剖切结果如图 7-99 所示。同样，在 3/4 剖的右键快捷菜单中也会出现"1/4 剖视图"选项，作用与此相反。

图 7-98　1/4 反向剖切　　　图 7-99　3/4 剖切

7.6.2 干涉检查

在部件中，如果两个零件同时占据相同的空间，则称部件发生了干涉。Inventor 的装配功能本身不提供智能检测干涉的功能，也就是说如果装配关系使得某个零部件发生了干涉，那么也会按照约束照常装配，不会提示用户或者自动更改。所以 Inventor 在装配之外提供了干涉检查的工具，利用这个工具可以很方便地检测到两组零部件之间以及一组零部件内部的干涉部分，并且将干涉部分暂时显示为红色实体，以方便用户观察；同时还会给出干涉报告列出干涉的零件或者子部件，显示干涉信息如干涉部分的质心坐标或干涉的体积等。

干涉检查的步骤如下：

(1)单击"检验"选项卡"干涉"面板中的"干涉检查"按钮，打开"干涉检查"对话框，如图 7-100 所示。

(2)在视图中选择作为定义为选择集 1 的零部件，单击"定义选择集 2"按钮，在视图中选择定义为选择集 2 的零部件，如图 7-101 所示。

图 7-100　"干涉检查"对话框　　　　图 7-101　选择零部件

(3)单击"确定"按钮，若零部件之间有干涉，会打开如图 7-102 所示的"检测到干涉"对话框，零部件中的干涉部分会高亮显示，如图 7-103 所示。

(4)调整视图中零部件的位置，重复步骤（1）～步骤（3），直到打开的对话框提示"没有检测到干涉"，如图 7-104 所示。

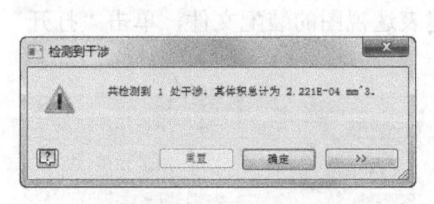

图 7-102　检测到干涉　　　　图 7-103　干涉部分高亮显示　　　　图 7-104　提示对话框

7.7　表 达 视 图

在实际生产中，工人往往是按照装配图的要求对部件进行装配。装配图相对于零件图来说具有一定的复杂性，需要有一定看图经验的人才能明白设计者的意图。如果部件足够复杂的话，那么即使是有看图经验的"老手"，也要花费很多的时间和精力来读图。如果能动态地显示部件中每一个零件的装配位置，甚至显示部件的装配过程，那么势必能节省工人读懂装配图的时间，大大提高工作效率，表达视图的产生就是为了满足这种需要。

表达视图是动态显示部件装配过程的一种特定视图，在表达视图中，通过给零件添加位置参数和轨迹线，使其成为动画，动态演示部件的装配过程。表达视图不仅说明了模型中零部件和部件之间的相互关系，还说明了零部件的安装顺序，将表达视图用在工程图文件中来创建分解视图，也就是俗称的爆炸图。

7.7.1　进入表达视图环境

单击快速访问工具栏中的"新建"按钮，在打开的"新建文件"对话框中选择 Standard.ipt，如图 7-105 所示。

图 7-105 "新建文件"对话框

单击"创建"按钮,打开"插入"对话框,选择要创建表达视图的装配文件,单击"打开"文件,进入表达视图环境,如图 7-106 所示。

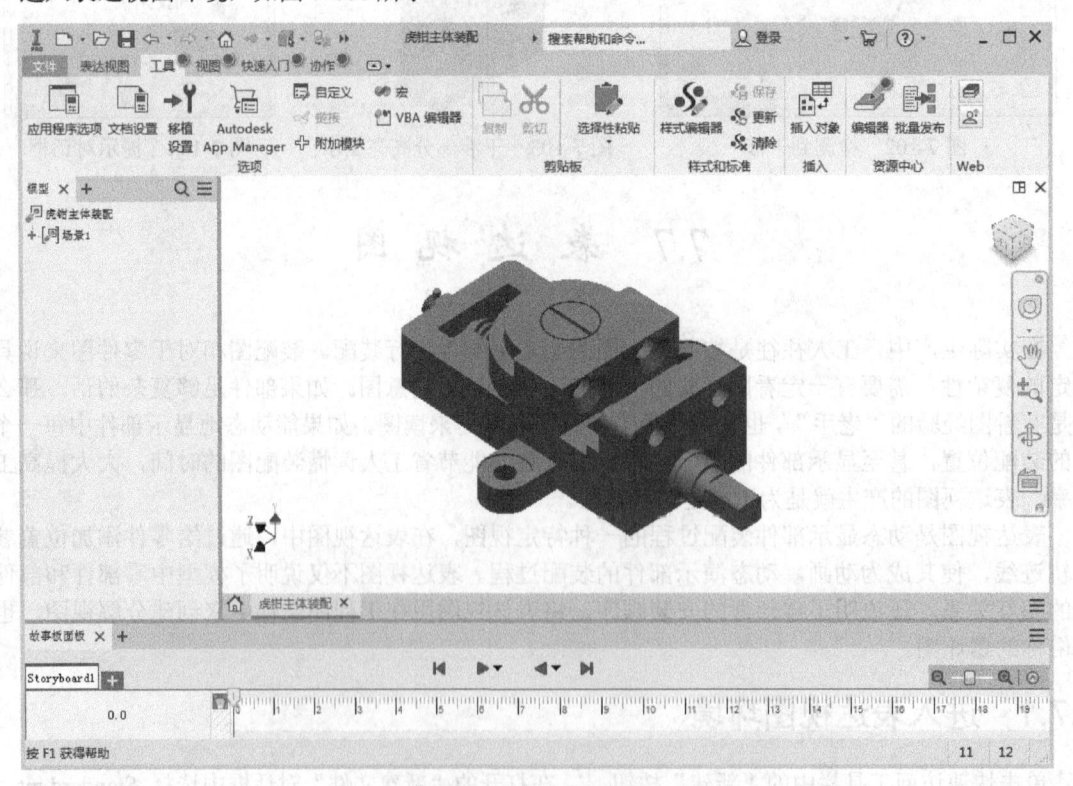

图 7-106 表达视图环境

在 Inventor 2020 中对表达视图用户界面进行了重大更改,提高了用于生成分解视图和装配或拆卸动画零部件的交互。

"快照视图"面板列出并管理模型的快照视图,快照视图可捕获时间轴中指定点的模型和照相机布局,并在创建后将它们链接在一起。通过编辑视图并打断链接可使链接视图相互独立。

模型浏览器显示有关表达视图场景的信息,其中场景包含模型和位置参数文件夹,包含在相关故事板中使用的所有位置参数。

7.7.2 创建故事板

动画由在一个或多个故事板的时间轴上排列的动作组成。动画用于发布视频或创建快照视图序列,创建表达视图的步骤如下:

(1)单击"表达视图"选项卡"专题研习"面板上的"新建故事板"按钮,打开"新建故事板"对话框,如图 7-107 所示。

(2)在对话框中选择故事板类型。

(3)单击"确定"按钮,新建一个故事板。

"新建故事板"对话框中的选项说明如下:

(1)干净的:启动故事板,并且其模型和照相机设置基于当前场景使用的设计视图表达。

图 7-107 "新建故事板"对话框

(2)紧接上一个开始:新故事板会插入选定故事板的后面。直至源故事板终点的零部件位置、可见性、不透明度和照相机设置会为新故事板建立初始状态。

"故事板"面板列出了在表达视图文件中保存的所有故事板。故事板包含模型和照相机的动画,如图 7-108 所示。使用故事板创建视频或者以可编辑的形式存储各个快照视频或一系列快照视图的位置。"故事板"可以浮动并移动到屏幕空间中的任意位置,也可固定到另一个监视器。

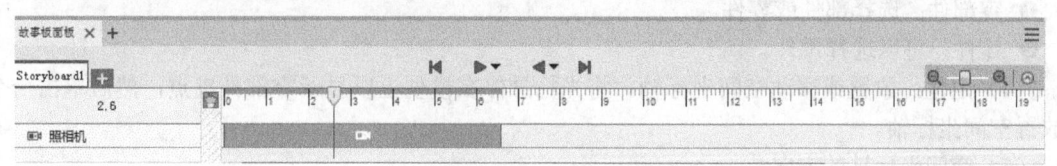

图 7-108 "故事板"面板

7.7.3 新建快照视图

快照视图存储零部件位置、可见性、不透明度和照相机位置。快照视图是可以独立的,也可以链接故事板时间轴。使用快照视图为 Inventor 模型创建工程视图或光栅图像。

(1)单击"表达视图"选项卡"专题研习"面板上的"快照视图"按钮,新的表达视图将添加到"快照视图"面板中,如图 7-109 所示。

(2)双击创建好的快照视图进入"编辑视图"模式,可以更改零部件的可见性、不透明度或位置,单击"编辑视图"选项卡中的"完成编辑视图"按钮,退出视图编辑模式。

图 7-109 "快照视图"面板

7.7.4 调整零部件位置

自动生成的表达视图在分解效果上有时不会太令人满意，有时可能需要在局部调整零件之间的位置关系以便更好地观察，这时可以使用"调整零部件位置"对话框来达到目的。

（1）单击"表达视图"选项卡"零部件"面板上的"调整零部件位置"按钮，打开"调整零部件位置"小工具栏，如图 7-110 所示。

（2）选取要调整位置的零部件，默认为移动，出现一个坐标系的预览，如图 7-111 所示，可以设定零部件将沿着这个坐标系的某个轴移动。

图 7-110　"调整零部件位置"小工具栏　　　　图 7-111　坐标系的预览

（3）选择一个坐标轴且输入平移的距离，或者直接拖到坐标轴移动零部件，然后单击 按钮即可。也可以小工具栏中的"旋转"按钮，使零部件绕坐标轴进行旋转。

对"调整零部件位置"小工具栏中的选项说明如下。

（1）移动：创建平动位置参数。

（2）旋转：创建旋转位置参数。

（3）选择过滤器。

❶ 零部件：选择部件或零件。

❷ 零件：可以选择零件。

（4）定位：放置或移动空间坐标轴。将光标悬停在模型上以显示零部件夹点，然后单击一个点来放置空间坐标轴。

（5）空间坐标轴的方向。

❶ 局部：使空间坐标轴的方向与附着空间坐标轴的零部件坐标系一致。

❷ 将空间坐标轴与几何图元对齐：旋转空间坐标轴，使坐标与选定零部件的几何图元对齐。

❸ 世界：使空间坐标轴的方向与表达视图中的世界坐标系一致。

（6）添加轨迹：为当前位置参数创建另一条轨迹。

（7）删除轨迹：删除为当前位置参数创建的轨迹。

7.7.5 创建视频

将故事板发布为 AVI 和 WMV 视频文件。

（1）单击"表达视图"选项卡"发布"面板上的"视频"按钮，打开"发布为视频"对话框，如图 7-112 所示。

（2）在"发布范围"选项组中，设置发布范围。

（3）在视频分辨率中选择视频输出窗口的预定义大小也可以自定义宽度和高度。

（4）指定输出文件的位置和文件名。

第 7 章　部件装配

图 7-112　"发布为视频"对话框

（5）在文件格式中选择要发布的格式，然后单击"确定"按钮，发布视频。
"发布为视频"对话框中的选项说明如下。
（1）发布范围
❶ 当前故事板范围：可以指定发布的时间间隔。
❷ 反转：选中此复选框，可按相反顺序（即从终点到起点）发布视频。
（2）视频分辨率
可以从下拉列表中选择当前文档窗口大小，或直接选择视频的分辨率，如果选择"自定义"，则可以直接输入视频的宽度和高度。
（3）输出
❶ 文件名：输入输出视频的文件名。
❷ 文件位置：指定视频发布的位置，也可以单击 按钮，选择存放的位置。
❸ 文件格式：可以从下拉列表中选择发布视频的文件格式为 WMV 文件或 AVI 文件。

第8章

零部件设计加速器

设计加速器是在装配模式中运行的,可以用来对零部件进行设计和计算。它是 Inventor 功能设计中的一个重要组件,可以进行工程计算、设计使用标准零部件或创建基于标准的几何图元。有了这个功能工程师可以节省大量设计和计算的时间,这也是被称为设计加速器的原因。设计加速器包括紧固件生成器、动力传动生成器和机械计算器等。

采用设计加速器命令可以完成以下操作:
- ☑ 简化设计过程。
- ☑ 自动完成选择和创建几何图元。
- ☑ 通过针对设计要求进行验证,提高初始设计质量。
- ☑ 通过为相同的任务选择相同的零部件,提高标准化。
- ☑ 紧固件生成器
- ☑ 弹簧
- ☑ 机械计算器

任务驱动&项目案例

第8章 零部件设计加速器

8.1 紧固件生成器

紧固件包括螺栓联接和各种销联接，可以通过输入简单或详细的机械属性来自动创建符合机械原理的零部件。例如，使用螺栓联接生成器一次插入一个螺栓联接。通过主动选择正确的零件插入螺栓联接，选择孔，然后将零部件装配在一起。

8.1.1 螺栓联接

使用螺栓联接零部件生成器可以设计和检查承受轴向力或切向力载荷的预应力的螺栓联接。在指定要求的工作载荷后选择适当的螺栓联接。强度计算执行螺栓联接校核（例如，联接紧固和操作过程中螺纹的压力和螺栓应力）。

1. 插入螺栓联接的操作步骤

（1）单击"设计"选项卡"紧固"面板中的"螺栓联接"按钮，打开"螺栓联接零部件生成器"对话框，如图8-1所示。

图8-1 "螺栓联接零部件生成器"对话框

注意：若要使用螺栓联接生成器插入螺栓联接，部件必须至少包含一个零部件（这是放置螺栓联接所必需的条件）。

（2）在"类型"区域中，选择螺栓联接的类型（如果部件仅包含一个零部件，则选择"贯通"联接类型）。

（3）从"放置"下拉列表框中选择放置类型。
❶ 线性：通过选择两条线性边来指定放置。
❷ 同心：通过选择环形边来指定放置。
❸ 参考点：通过选择一个点来指定放置。
❹ 随孔：通过选择孔来指定放置。

（4）指定螺栓联接的位置。根据选择的放置，系统会提示指定起始平面、边、点、孔和终止平面。显示的选项取决于所选的放置类型，如图8-2所示。

（5）指定螺栓联接的放置，以选择用于螺栓联接的紧固件。螺栓联接生成器根据在"设计"选项卡左侧指定的放置过滤紧固件选择。当未确立放置规格时，"设计"选项卡右侧的紧固件选项不会启用。

（6）将螺栓联接插入包含两个或多个零部件的部件中，并选择"盲孔"联接类型。在"放置"区域中，系统将提示选择"盲孔起始平面"（而不是终止平面）来指定盲孔的起始位置。

（7）在"螺纹"区域中，从"螺纹"下拉列表框中指定螺纹类型，然后选择直径尺寸，如图 8-3 所示。

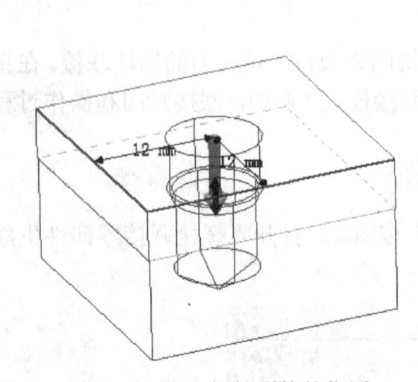

图 8-2　指定螺栓联接的位置　　　　　图 8-3　"螺栓联接零部件生成器"对话框

（8）选择"单击以添加紧固件"以连接到可从中选择零部件的资源中心，选择螺栓件，最后生成的螺栓结构如图 8-4 所示。

2. 使用线性放置选项插入螺栓联接

选择线性类型的放置以通过选择两条线性边来指定螺栓联接位置。

（1）在"设计"选项卡的"放置"区域中，从下拉列表框中选择"线性"，如图 8-5 所示。

图 8-4　创建螺栓联接　　　　　图 8-5　选择"线性"类型

（2）在图形窗口中，选择起始平面，如图 8-6 所示。选择后，将启用其他用于放置的按钮（"线

性边 1""线性边 2""终止方式")。

（3）如图 8-7 所示，选择第 1 条线性边，之后如图 8-8 所示再选择第 2 条线性边。

（4）选择终止平面，如图 8-9 所示。

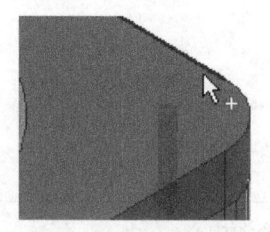

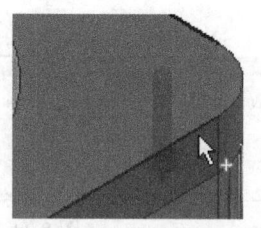

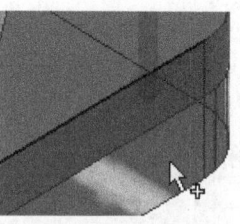

图 8-6 选择起始平面　　图 8-7 第 1 条线性边　　图 8-8 选择第 2 条线性边　　图 8-9 选择终止平面

8.1.2 带孔销

计算、设计和校核带孔销强度、最小直径和零件材料的带孔销联接。

带孔销用于机器零件的可分离、旋转联接。通常，这些联接仅传递垂直作用于带孔销轴上的横向力。带孔销通常为间隙配合以构成耦合联接（杆-U 形夹耦合）。H11/h11、H10/h8、H8/f8、H8/h8、D11/h11、D9/h8 是最常用的配合方式。带孔销的连接应通过开口销、软制安全环、螺母、调整环等来确保无轴向运动。标准化的带孔销可以加工头也可以不加工头，无论哪种情况，都应为开口销提供孔。

1. 插入整个带孔销联接的操作步骤

（1）单击"设计"选项卡"紧固"面板中的"带孔销"按钮，打开"带孔销零部件生成器"对话框，如图 8-10 所示。

图 8-10 "带孔销零部件生成器"对话框

（2）从"放置"区域的选择列表中选择放置类型，放置方式与螺栓联接方式相同。

❶ 指定销直径。

❷ 生成器设计孔，或者添加孔或删除所有内容。

（3）选择"单击以添加销"以连接到可从中选择零部件的资源中心，选择带孔销类型，如图 8-11 所示。

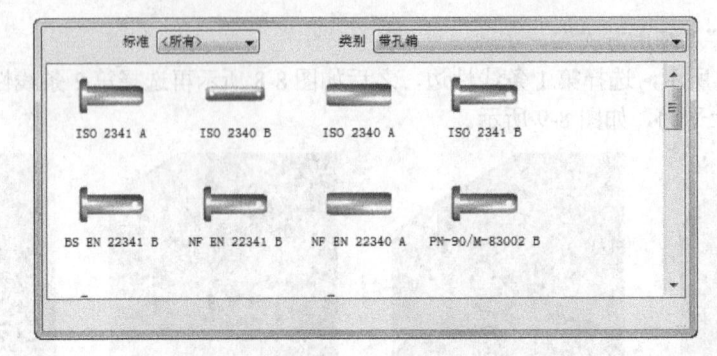

图 8-11 资源中心

注意：必须连接到资源中心服务器，并且必须在计算机上对资源中心进行配置，才能选择带孔销。

（4）单击"确定"按钮完成插入带孔销的操作。

注意：可以切换至"计算"选项卡，以执行计算和强度校核。单击"计算"按钮即可执行计算。

2. 编辑带孔销

（1）打开已插入设计加速器带孔销的 Autodesk Inventor 部件。

（2）选择带孔销，右击以显示关联菜单，然后选择"使用设计加速器进行编辑"命令。

（3）编辑带孔销。可以更改带孔销的尺寸或更改计算参数。如果更改了计算值，则需选择"计算"选项卡查看是否通过强度校核。计算结果会显示在"结果"区域中。导致计算失败的输入将以红色显示（它们的值与插入的其他值或计算标准不符）。计算报告会显示在"消息摘要"区域中，选择"计算"和"设计"选项卡右下部分中的 V 形即可显示该区域。

（4）单击"确定"按钮完成修改。

8.1.3 安全销

安全销用于使两个机械零件之间形成牢靠且可拆开的联接，确保零件的位置正确，消除横向滑动力。

1. 插入整个安全销联接的操作步骤

（1）单击"设计"选项卡"紧固"面板中的"安全销"按钮，打开"安全销零部件生成器"对话框，如图 8-12 所示。

图 8-12 "安全销零部件生成器"对话框

（2）从"类型"框中选择孔类型，包括"贯通"联接类型和锥形孔。

（3）从"放置"区域的选择列表中选择放置类型，包括线性、同心、参考点和随孔。

（4）输入销直径。

注意：必须连接到资源中心服务器，并且必须在计算机上对资源中心进行配置，才能选择安全销。

（5）单击"确定"按钮完成插入安全销的操作。

注意：在"计算"选项卡中，可以执行计算和强度校核。单击"计算"按钮即可执行计算。

2. 编辑安全销

（1）打开已插入设计加速器安全销的 Autodesk Inventor 部件。

（2）选择安全销，右击以显示快捷菜单，然后选择"使用设计加速器编辑"命令。

（3）编辑安全销。可以更改安全销的尺寸和计算参数。如果更改了计算值，选择"计算"选项卡以查看是否通过强度校核。计算结果会显示在"结果"区域中。导致计算失败的输入将以红色显示（它们的值与插入的其他值或计算标准不符）。计算报告会显示在"消息摘要"区域中，选择"计算"和"设计"选项卡右下部分中的 V 形即可显示该区域。

（4）单击"确定"按钮完成修改。

3. 计算安全销

（1）单击"设计"选项卡"紧固"面板中的"安全销"按钮，打开"安全销零部件生成器"对话框。

（2）在安全销联接生成器的"设计"选项卡上，从资源中心选择安全销。在"零部件"区域中，单击编辑字段旁边的箭头。选择标准和安全销。

注意：必须连接到资源中心服务器，并且必须在计算机上对资源中心进行配置，才能选择安全销。

（3）切换到"计算"选项卡。

（4）选择强度计算类型。

（5）输入计算值。可以在编辑字段中直接更改值和单位。

（6）单击"计算"按钮以执行计算。计算结果会显示在"结果"区域中。导致计算失败的输入将以红色显示（它们的值与插入的其他值或计算标准不符）。计算报告会显示在"消息摘要"区域中，选择"计算"和"设计"选项卡右下部分中的 V 形即可显示该区域。

（7）如果计算结果与设计相符，则单击"确定"按钮完成计算。

8.1.4　实例——虎钳安装螺钉

本例为虎钳安装螺钉，如图 8-13 所示。

操作步骤：

（1）打开文件。运行 Inventor，单击快速访问工具栏中的"打开"按钮，在打开的"打开"对话框中选择"虎钳.iam"装配文件，单击"打开"按钮，打开虎钳装配文件，如图 8-14 所示。

（2）添加螺钉。单击"设计"选项卡"紧固"面板中的"螺栓联接"按钮，打开"螺栓联接零部件生成器"对话框，选择"盲孔"连接类型，选择"同心"放置方式。

在视图中选择护口板的表面为起始平面，选择沉头孔的圆形边线

图 8-13　安装螺钉

为圆形参考，选择护口板的另一面为盲孔起始平面，如图 8-15 所示。

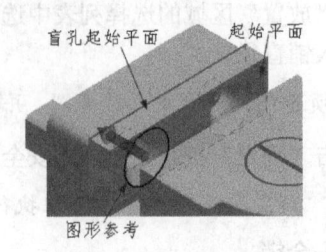

图 8-14 虎钳　　　　　图 8-15 选择放置面

在对话框中选择 GB Metric profile 螺纹类型，直径为 10mm，单击"单击以添加紧固件"项，连接到零部件的资源中心，从中选择"ISO 2009（开槽沉头螺钉-A 级）"类型螺钉，默认尺寸为 M10×25×4，如图 8-16 所示。

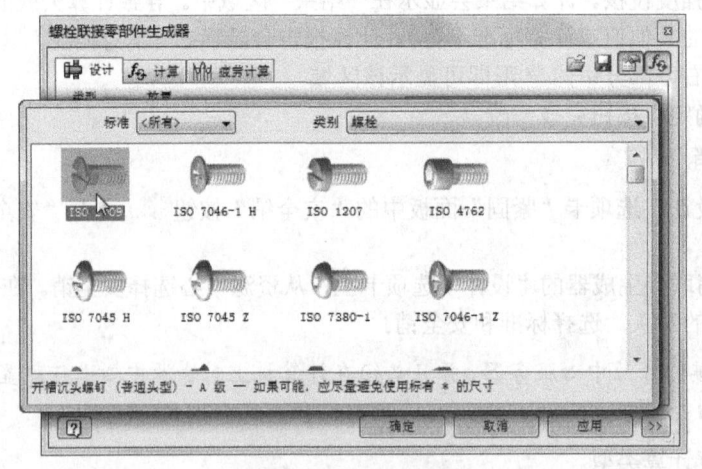

图 8-16 选择螺钉

在视图中可以拖动箭头调整螺纹的深度，如图 8-17 所示，在本例中采用默认设置，此时对话框如图 8-18 所示，单击"确定"按钮，完成第一个螺钉的添加，如图 8-19 所示。

图 8-17 拖动螺纹深度　　　　　图 8-18 "螺栓联接零部件生成器"对话框

第 8 章 零部件设计加速器

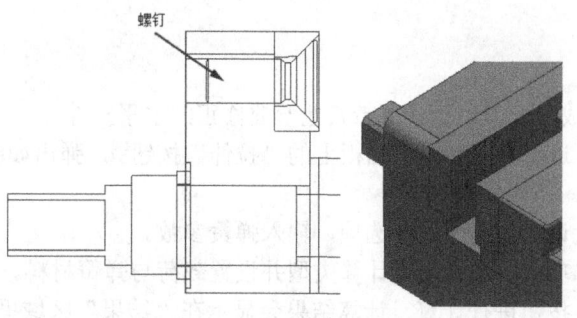

图 8-19 添加第一螺钉

（3）重复步骤（2），在护口板上添加其他 3 个螺钉，结果如图 8-13 所示。

8.2 弹 簧

8.2.1 压缩弹簧

压缩弹簧零部件生成器计算具有其他弯曲修正的水平压缩。

（1）单击"设计"选项卡"弹簧"面板上的"压缩"按钮，弹出如图 8-20 所示的"压缩弹簧零部件生成器"对话框。

（2）选择轴和起始平面放置弹簧。

（3）输入弹簧参数。

（4）单击"计算"按钮进行计算，计算结果会显示在"结果"区域里，导致计算失败的输入将以红色显示，即它们的值与插入的其他值或计算标准不符。

（5）单击"确定"按钮，将弹簧插入 Autodesk Inventor 部件中，如图 8-21 所示。

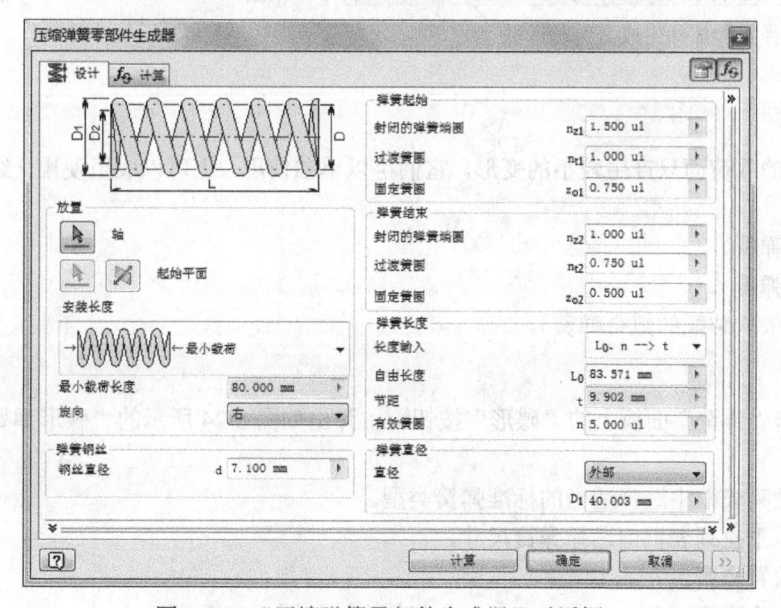

图 8-20 "压缩弹簧零部件生成器"对话框

图 8-21 压缩弹簧

8.2.2 拉伸弹簧

拉伸弹簧零部件生成器专门用于计算带其他弯曲修正的水平拉伸。

（1）单击"设计"选项卡"弹簧"面板上的"拉伸"按钮，弹出如图 8-22 所示的"拉伸弹簧零部件生成器"对话框。

（2）选择用于所设计的拉伸弹簧的选项，输入弹簧参数。

（3）在"计算"选项卡中选择强度计算类型并设置载荷与弹簧材料。

（4）单击"计算"按钮进行计算，计算结果会显示在"结果"区域里，导致计算失败的输入将以红色显示，即它们的值与插入的其他值或计算标准不符。

（5）单击"确定"按钮，将弹簧插入 Autodesk Inventor 部件中，如图 8-23 所示。

图 8-22 "拉伸弹簧零部件生成器"对话框　　　　图 8-23 拉伸弹簧

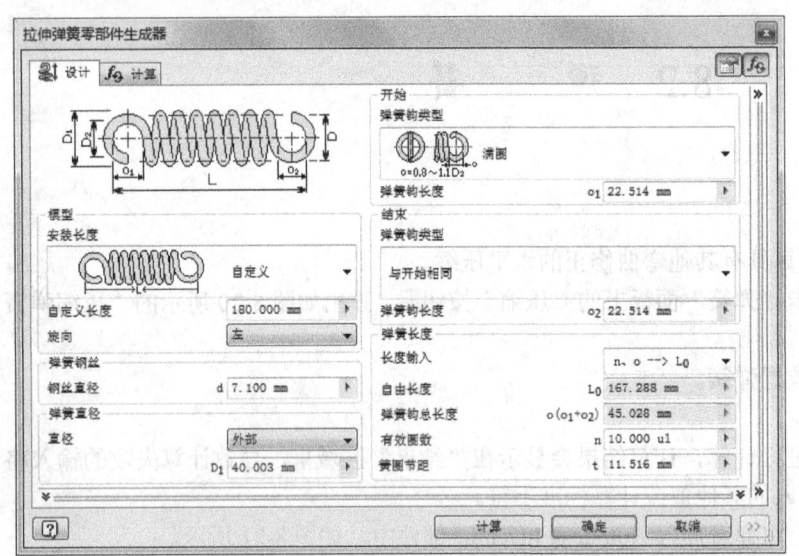

8.2.3 碟形弹簧

碟形弹簧可用于承载较大的载荷而只产生较小的变形。它们可以单独使用，也可以成组使用。组合弹簧具有以下装配方式：

☑ 叠合组合（依次装配弹簧）。
☑ 对合组合（反向装配弹簧）。
☑ 复合组合（反向部件依次装配的组合弹簧）。

1. 插入独立弹簧

（1）单击"设计"选项卡"弹簧"面板上的"碟形"按钮，弹出如图 8-24 所示的"碟形弹簧生成器"对话框。

（2）从"弹簧类型"下拉列表框中选择适当的标准弹簧类型。

（3）从"单片弹簧尺寸"下拉列表框中选择弹簧尺寸。

（4）选择轴和起始平面放置弹簧。

（5）单击"确定"按钮，将弹簧插入 Autodesk Inventor 部件中，如图 8-25 所示。

2. 插入组合弹簧

（1）单击"设计"选项卡"弹簧"面板上的"碟形"按钮，弹出如图 8-24 所示的"碟形弹簧生成器"对话框。

（2）从"弹簧类型"下拉列表框中选择适当的标准弹簧类型。

（3）从"单片弹簧尺寸"下拉列表框中选择弹簧尺寸。

（4）选择轴和起始平面放置弹簧。

（5）选中"组合弹簧"复选框，选择组合弹簧类型，然后输入对合弹簧数和叠合弹簧数。

（6）单击"确定"按钮，将弹簧插入 Autodesk Inventor 部件中，如图 8-26 所示。

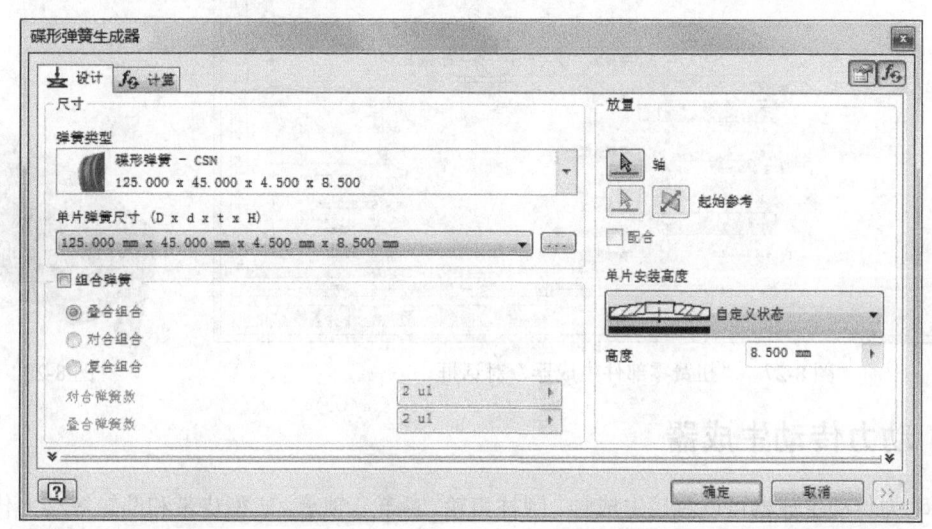

图 8-24 "碟形弹簧生成器"对话框

图 8-25 碟形弹簧

图 8-26 碟形弹簧

8.2.4 扭簧

扭簧零部件生成器计算用于设计和校核由冷成形线材或由环形剖面的钢条制成的螺旋扭簧。

扭簧有以下 4 种基本弹簧状态。

- ☑ 自由：弹簧未加载（指数 0）。
- ☑ 预载：弹簧指数应用最小的工作扭矩（指数 1）。
- ☑ 完全加载：弹簧应用最大的工作扭矩（指数 8）。
- ☑ 限制：弹簧变形到实体长度（指数 9）。

（1）单击"设计"选项卡"弹簧"面板上的"扭簧"按钮，弹出如图 8-27 所示的"扭簧零部件生成器"对话框。

（2）在"设计"选项卡中输入弹簧的钢丝直径、臂类型等参数。

（3）在"计算"选项卡中输入载荷、弹簧材料等用于扭簧计算的参数。

（4）单击"计算"按钮进行计算，计算结果会显示在"结果"区域里，导致计算失败的输入将以红色显示，即它们的值与插入的其他值或计算标准不符。

（5）单击"确定"按钮，将弹簧插入 Autodesk Inventor 部件中，如图 8-28 所示。

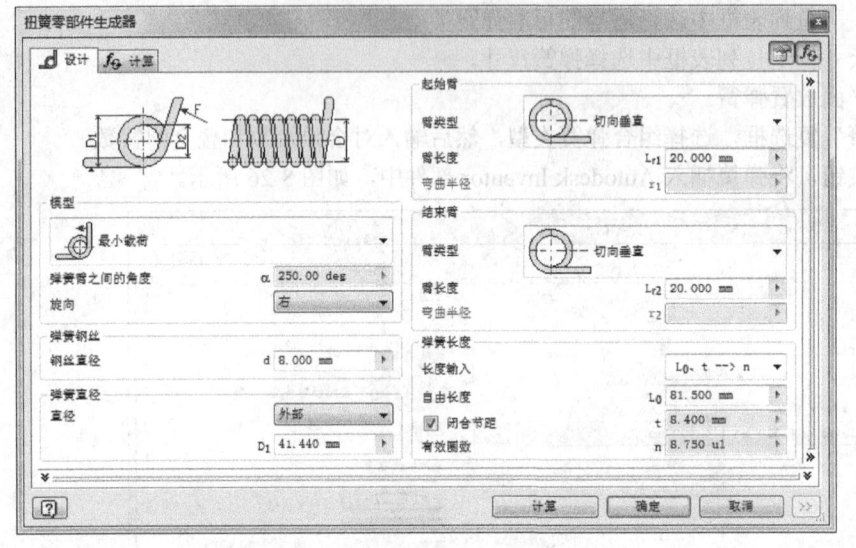

图 8-27 "扭簧零部件生成器"对话框　　　　　　　　　　　图 8-28 扭簧

8.2.5 动力传动生成器

利用动力传动生成器可以直接生成轴、圆柱齿轮、蜗轮、轴承、V 型皮带和凸轮等动力传动部件，如图 8-29 所示为动力传动生成器面板。

图 8-29 动力传动生成器面板

8.2.6 轴生成器

使用轴生成器可以直接设计轴的形状、计算校核及在 Autodesk Inventor 中生成轴的模型。创建轴需要由不同的特征（倒角、圆角、颈缩等）和截面类型和大小（圆柱、圆锥和多边形）装配而成。

使用轴生成器可执行以下操作：
- ☑ 设计和插入带有无限多个截面（圆柱、圆锥、多边形）和特征（圆角、倒角、螺纹等）的轴。
- ☑ 设计空心形状的轴。
- ☑ 将特征（倒角、圆角、螺纹）插入内孔。
- ☑ 分割轴圆柱并保留轴截面的长度。
- ☑ 将轴保存到模板库。
- ☑ 向轴设计添加无限多个载荷和支承。

轴生成器的窗口分为设计（如图 8-30 所示）、计算（如图 8-31 所示）和图形（如图 8-32 所示）3个选项卡，分别实现不同的功能。

图 8-30 "设计"选项卡

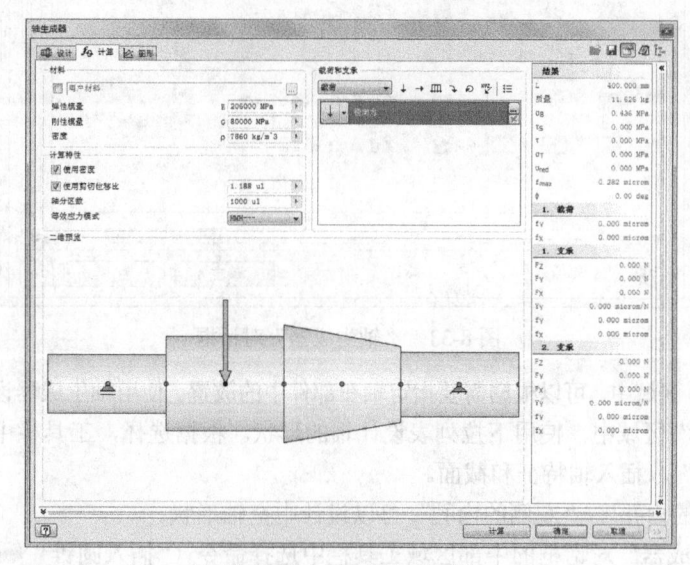

图 8-31 "计算"选项卡

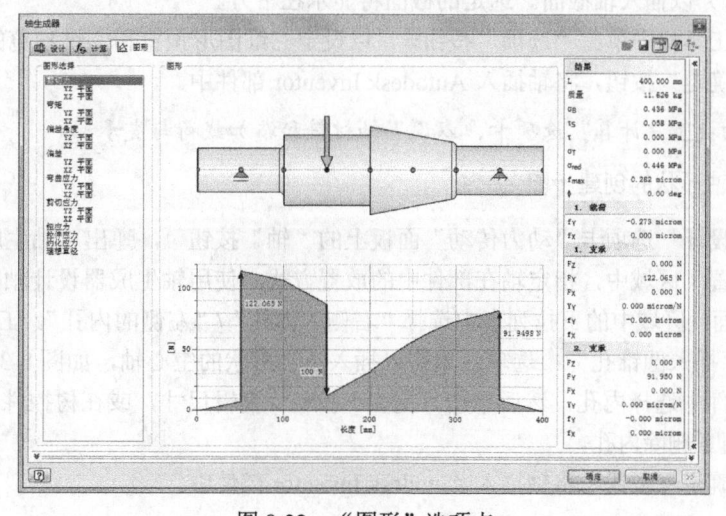

图 8-32 "图形"选项卡

1. 设计轴的创建步骤

(1) 单击"设计"选项卡"动力传动"面板上的"轴"按钮，弹出如图 8-33 所示的"轴生成器"对话框。

图 8-33 "轴生成器"对话框

(2) 在"放置"区域中，可以根据需要指定轴在部件中的放置。使用轴生成器设计轴时不需要放置。

(3) 在"截面"区域中，使用下拉列表设计轴的形状。根据选择，工具栏中将显示命令。

❶ 选择"截面"以插入轴特征和截面。

❷ 选择"右侧的内孔"/"左侧的内孔"可以设计中空轴形状。

(4) 从"轴生成器"对话框的中部区域工具栏中选择命令（"插入圆锥"、"插入圆柱"、"插入多边形"）以插入轴截面。选定的截面将显示在下方。

(5) 可以从工具栏中单击"选项"按钮，以设定三维图形预览和二维预览的选项。

(6) 单击"确定"按钮，将轴插入 Autodesk Inventor 部件中。

注意：可以切换至"计算"选项卡，以设置轴材料和添加载荷与支承。

2. 设计空心轴形状的创建步骤

(1) 单击"设计"选项卡"动力传动"面板上的"轴"按钮，弹出"轴生成器"对话框。

(2) 在"放置"区域中，指定轴在部件中的放置方式。使用轴生成器设计轴时不需要放置。

(3) 在"截面"区域中的下拉列表中选择"右侧的内孔"/"左侧的内孔"。工具栏上将显示"插入圆柱孔"和"插入圆锥孔"选项。单击以插入适当形状的空心轴，如图 8-34 所示。

(4) 在树控件中选择内孔，然后单击"更多"按钮编辑尺寸，或在树控件中选择内孔，然后单击"删除"按钮删除内孔。

(5) 单击"确定"按钮，将轴插入 Autodesk Inventor 部件中。

第 8 章 零部件设计加速器

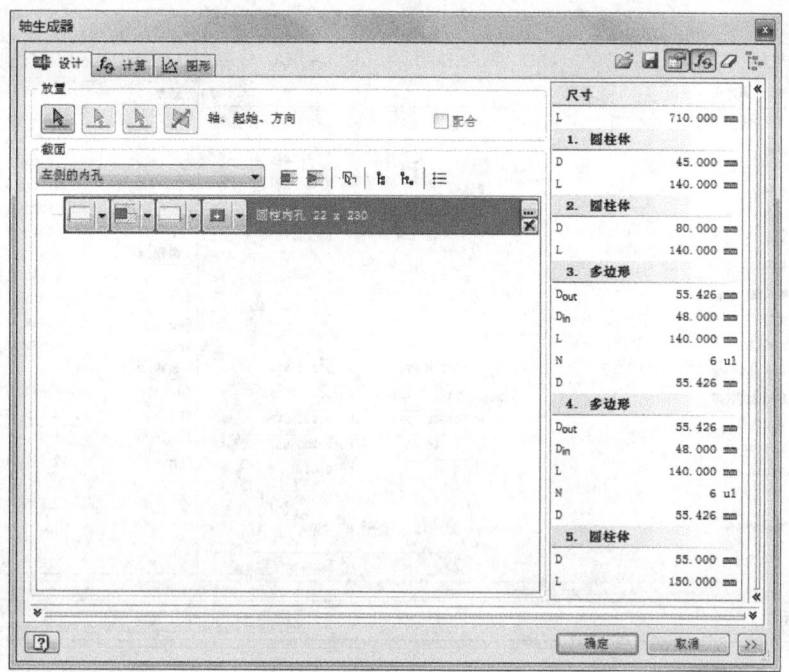

图 8-34 设计空心轴

8.2.7 正齿轮

利用正齿轮零部件生成器，可以计算外部和内部齿轮传动装置（带有直齿和螺旋齿）的尺寸并校核其强度。它包含的几何计算可设计不同类型的变位系数分布，包括滑动补偿变位系数。正齿轮零部件生成器可以计算、检查尺寸和载荷力，并可以执行强度校核。

正齿轮零部件生成器的窗口分为设计（如图 8-35 所示）和计算（如图 8-36 所示）两个选项卡，分别实现不同的功能。

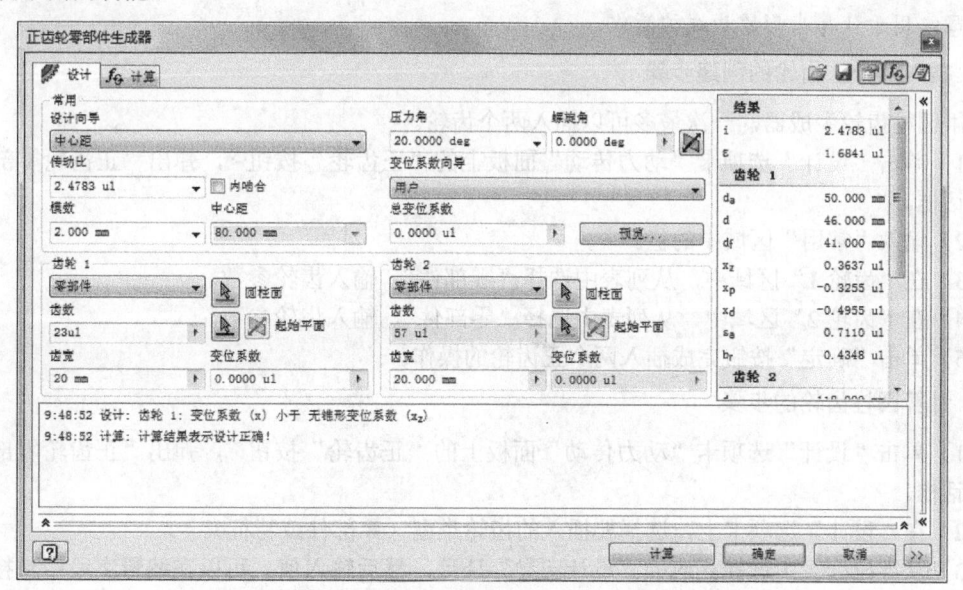

图 8-35 "设计"选项卡

图 8-36 "计算"选项卡

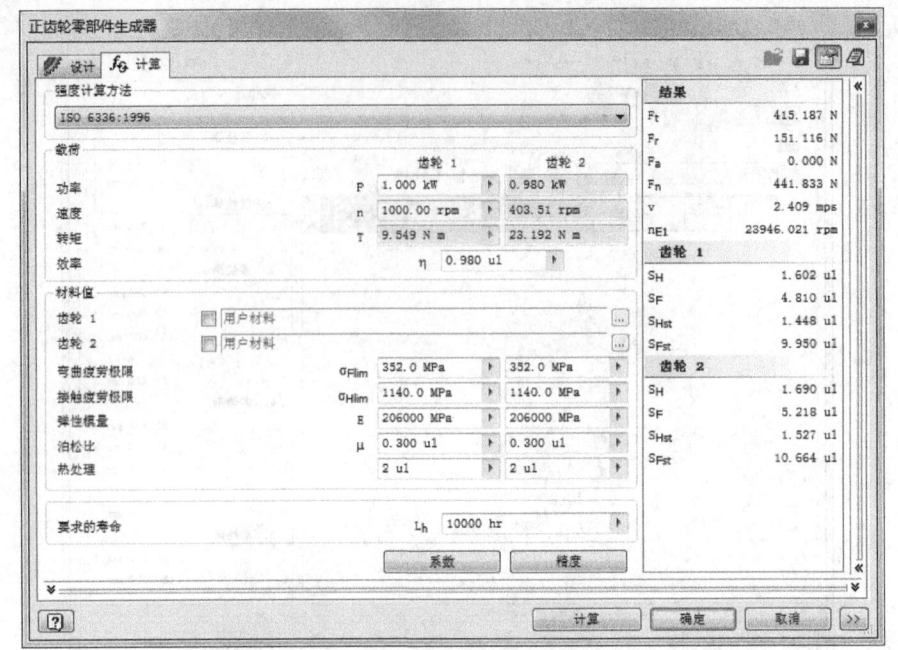

1. 插入一个正齿轮的创建步骤

（1）单击"设计"选项卡"动力传动"面板上的"正齿轮"按钮，弹出"正齿轮零部件生成器"对话框。

（2）输入"常用"区域中的值。

（3）在"齿轮 1"区域中，从列表中选择"零部件"，输入齿轮参数。

（4）在"齿轮 2"区域中，从列表中选择"无模型"。

（5）单击"确定"按钮完成创建插入一个正齿轮的操作。

注意：用于计算齿形的曲线被简化。

2. 插入两个正齿轮的创建步骤

使用圆柱齿轮生成器，一次最多可以插入两个齿轮。

（1）单击"设计"选项卡"动力传动"面板上的"正齿轮"按钮，弹出"正齿轮零部件生成器"对话框。

（2）输入"常用"区域中的值。

（3）在"齿轮 1"区域中，从列表中选择"零部件"，输入齿轮参数。

（4）在"齿轮 2"区域中，从列表中选择"零部件"，输入齿轮参数。

（5）单击"确定"按钮完成插入两个正齿轮的操作。

3. 计算圆柱齿轮的步骤

（1）单击"设计"选项卡"动力传动"面板上的"正齿轮"按钮，弹出"正齿轮零部件生成器"对话框。

（2）在"设计"选项卡上，选择要插入的齿轮类型（零部件或特征）。

（3）从下拉列表中选择相应的"设计向导"选项，然后输入值。可以在编辑字段中直接更改值和单位。

注意：单击"设计"选项卡右下角的"更多"按钮，打开"更多选项"区域，可以在其中选择其他计算选项。

（4）在"计算"选项卡上，从下拉列表中选择"强度计算方式"，并输入值以执行强度校核。

（5）单击"系数"按钮以显示一个对话框，可以在其中更改选定的强度计算方法的系数。

（6）单击"精度"按钮以显示一个对话框，可以在其中更改精度设置。

（7）单击"计算"按钮进行计算。

（8）计算结果会显示在"结果"区域中。导致计算失败的输入将以红色显示（它们的值与插入的其他值或计算标准不符）。计算报告会显示在"消息摘要"区域中，单击"计算"选项卡右下部分中的 V 形按钮即可显示该区域。

（9）单击"结果"按钮以显示含有计算的值的 HTML 报告。

（10）单击"确定"按钮完成计算圆柱齿轮的操作。

4. 根据已知的参数设计齿轮组

使用正齿轮生成器将齿轮模型插入部件中。当已知所有参数，并且希望仅插入模型而不执行任何计算或重新计算值，则可以使用以下设置。

可以使用这些设置插入一个或两个齿轮。

（1）单击"设计"选项卡"动力传动"面板上的"正齿轮"按钮，弹出"正齿轮零部件生成器"对话框。

（2）在"常用"区域中，从"设计向导"下拉列表中选择"中心距"或"总变位系数"选项。根据从下拉菜单中选择的选项，"设计"选项卡上的选项将处于启用状态。这两个选项可以启用大多数逻辑选项以便插入齿轮模型。

（3）设定需要的值，例如压力角、螺旋角或模量。

（4）在"齿轮 1"和"齿轮 2"区域中，从下拉列表中选择"零部件""特征"或"无模型"。

（5）单击右下角的"更多"按钮，以插入更多计算值和标准。

（6）单击"确定"按钮将齿轮组插入部件中。

8.2.8 蜗轮

利用蜗轮零部件生成器，可以计算蜗轮传动装置（普通齿或螺旋齿）的尺寸、力比例和载荷。它包含对中心距的几何计算或基于中心距的计算，以及齿轮传动比的计算，以此来进行齿轮变位系数设计。

生成器可计算主要产品并校核尺寸、载荷力的大小、蜗轮与蜗杆材料的最小要求，并基于 CSN 与 ANSI 标准执行强度校核。蜗轮零部件生成器的对话框分为设计（如图 8-37 所示）和计算（如图 8-38 所示）两个选项卡，分别实现不同的功能。

1. 插入一个蜗轮的步骤

（1）单击"设计"选项卡"动力传动"面板上的"蜗轮"按钮，弹出如图 8-37 所示的"蜗轮零部件生成器"对话框。

（2）在"常用"区域中输入值。

（3）在"蜗轮"区域中，从列表中选择"零部件"，输入齿轮参数。

（4）在"蜗杆"区域中，从列表中选择"无模型"。

（5）单击"确定"按钮完成插入一个蜗轮的操作。

图 8-37 "设计"选项卡

图 8-38 "计算"选项卡

2. 计算蜗轮的步骤

（1）单击"设计"选项卡"动力传动"面板上的"蜗轮"按钮，弹出如图 8-37 所示的"蜗轮零部件生成器"对话框。

（2）在生成器的"设计"选项卡中，选择要插入的齿轮类型（零部件、无模型）并指定齿轮数。

（3）在"计算"选项卡中，输入值以执行强度校核。

(4)单击"系数"按钮以显示一个对话框,可以在其中更改选定的强度计算方法的系数。

(5)单击"精度"按钮以显示一个对话框,可以在其中更改精度设置。

(6)单击"计算"按钮,开始计算。

(7)计算结果会显示在"结果"区域中。导致计算失败的输入将以红色显示(它们的值与插入的其他值或计算标准不符)。计算报告会显示在"消息摘要"区域中,单击"计算"选项卡右下部分中的 V 形按钮即可显示该区域。

(8)单击"结果"按钮,以显示含有计算的值的 HTML 报告。

(9)单击"确定"按钮完成蜗轮的操作。

8.2.9 锥齿轮

锥齿轮零部件生成器用于计算锥齿轮传动装置(带有直齿和螺旋齿)的尺寸,并可以进行强度校核。它不仅包含几何计算可设计不同类型的变位系数分布,包括滑动补偿变位系数。

计算锥齿轮传动装置(带有直齿和螺旋齿)的尺寸和强度校核。它包含的几何计算可设计不同类型的变位系数分布,包括滑动补偿变位系数。该生成器将根据 Bach、Merrit、CSN 01 4686、ISO 6336、DIN 3991、ANSI/AGMA 2001-D04:2005 或旧 ANSI 计算所有主要产品、校核尺寸以及载荷力大小,并执行强度校核。锥齿轮零部件生成器的对话框分为设计(如图 8-39 所示)和计算(如图 8-40 所示)两个选项卡,分别实现不同的功能。

图 8-39 "设计"选项卡

1. 插入一个锥齿轮的步骤

(1)单击"设计"选项卡"动力传动"面板上的"锥齿轮"按钮,弹出如图 8-39 所示的"锥齿轮零部件生成器"对话框。

(2)在"常用"区域中输入值。

(3)使用选择列表,在"齿轮 1"区域中选择"零部件"选项,输入齿轮参数。

(4)使用选择列表,在"齿轮 2"区域中选择"无模型"选项。

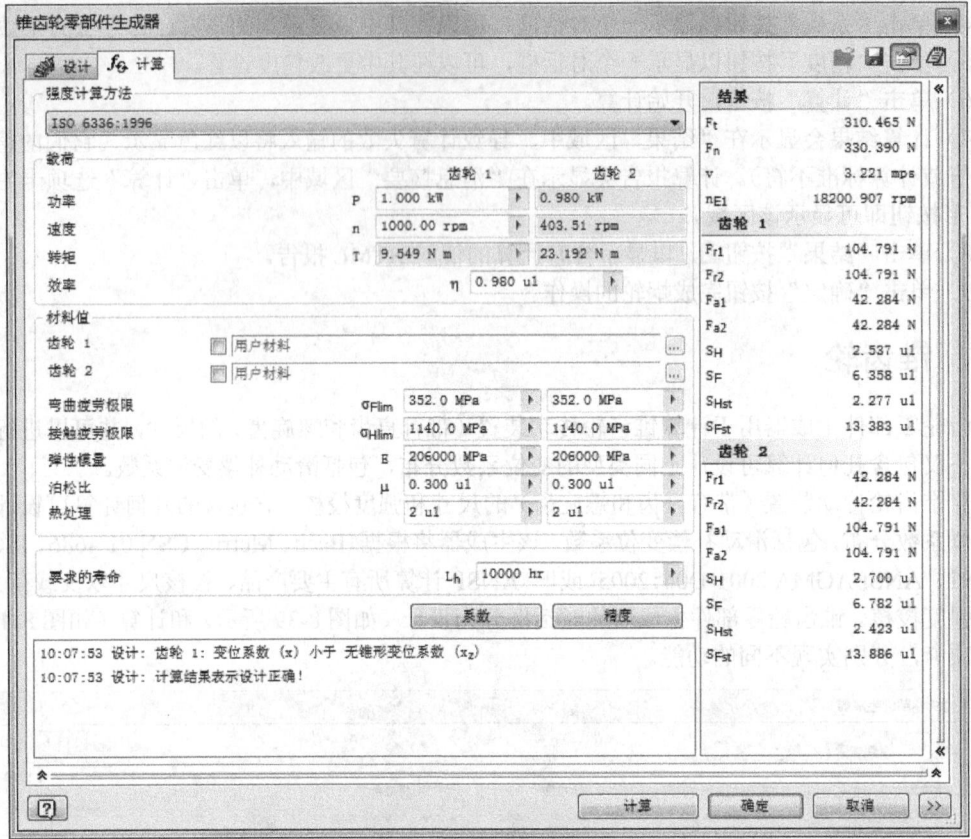

图 8-40 "计算"选项卡

（5）单击"确定"按钮完成插入一个锥齿轮的操作。

2. 插入两个锥齿轮的步骤

（1）单击"设计"选项卡"动力传动"面板上的"锥齿轮"按钮，弹出如图 8-39 所示的"锥齿轮零部件生成器"对话框。

（2）在"常用"区域中插入值。

（3）使用选择列表，在"齿轮1"区域中选择"零部件"选项，输入齿轮参数。

（4）使用选择列表，在"齿轮2"区域中选择"零部件"选项，输入齿轮参数。

（5）选择所有两个圆柱面，因为齿轮会自动啮合在一起。

（6）单击"确定"按钮完成插入两个锥齿轮的操作。

3. 计算锥齿轮的步骤

（1）单击"设计"选项卡"动力传动"面板上的"锥齿轮"按钮，弹出如图 8-39 所示的"锥齿轮零部件生成器"对话框。

（2）在"设计"选项卡上，选择要插入的齿轮类型（零部件、无模型）并指定齿轮数。

（3）在"计算"选项卡中，输入值以进行强度校核。

（4）单击"系数"按钮以显示一个对话框，可以在其中更改选定的强度计算方法的系数。

（5）单击"精度"按钮以显示一个对话框，可以在其中更改精度设置。

（6）单击"计算"按钮，开始计算。

(7)计算结果会显示在"结果"区域中。导致计算失败的输入将以红色显示(它们的值与插入的其他值或计算标准不符)。计算报告会显示在"消息摘要"区域中,单击"计算"选项卡右下部分中的V形按钮即可显示该区域。

(8)单击"结果"按钮,以显示含有计算的值的HTML报告。

(9)单击"确定"按钮完成计算锥齿轮的操作。

8.2.10 轴承

轴承零部件生成器用于计算滚子轴承和球轴承。其中包含完整的轴承参数设计和计算。计算参数及其表达都保存在工程图中,可以随时重新开始计算。使用滚动轴承零部件生成器可以在"设计"选项卡上,根据输入条件(轴承类型、外径、轴直径、轴承宽度)选择轴承。也可以在"计算"选项卡上,设置计算轴承的参数。例如,执行强度校核(静态和动态载荷)、计算调整后的轴承寿命。选择符合计算标准和要求的寿命的轴承。

轴承生成器的窗口分为设计(如图8-41所示)和计算(如图8-42所示)两个选项卡,分别实现不同的功能。

图8-41 "设计"选项卡

1. 插入轴承的步骤

(1)单击"设计"选项卡"动力传动"面板上的"轴承"按钮,弹出如图8-41所示的"轴承生成器"对话框。

(2)选择轴的圆柱面和起始平面。轴的直径值将自动插入"设计"选项卡中。

(3)从"资源中心"中选择轴承的类型。若要打开资源中心,单击"族"/"类别"编辑字段旁边的箭头。

图 8-42 "计算"选项卡

（4）根据设计者的需要选择（族/类别）并指定轴承过滤器值，与标准相符的轴承列表显示在"设计"选项卡的下半部分。

（5）在列表中单击适当的轴承。选择的结果将显示在选择列表上方的字段中，并且单击"确定"按钮将可用。

（6）单击"确定"按钮完成插入轴承的操作。

2. 计算轴承的步骤

（1）单击"设计"选项卡"动力传动"面板上的"轴承"按钮，弹出如图 8-41 所示的"轴承生成器"对话框。

（2）在"设计"选项卡上，选择轴承。

（3）单击切换到"计算"选项卡，选择强度计算的方法。

（4）输入计算值，可以在编辑字段中直接更改值和单位。

（5）单击"计算"按钮进行计算。

（6）计算结果会显示在"结果"区域中。导致计算失败的输入将以红色显示（它们的值与插入的其他值或计算标准不符）。不满足条件的结果说明显示在"消息摘要"区域中，单击"计算"选项卡右下角的 V 形后即显示该区域。

（7）单击"确定"按钮完成计算轴承的操作。

8.2.11　V 型皮带

使用 V 型皮带零部件生成器可设计和分析在工业中使用的机械动力传动。V 型皮带零部件生成器用于设计两端连接的 V 型皮带。这种传动只能是所有皮带轮毂都平行的平面传动。并不考虑任何不对齐的皮带轮。皮带中间平面是皮带坐标系的 XY 平面。

动力传动理论上可由无限多个皮带轮组成。皮带轮可以是带槽的，也可以是平面的。相对于右侧坐标系，皮带可以沿顺时针方向或逆时针方向旋转。带凹槽皮带轮必须位于皮带回路内部。张紧轮可以位于皮带回路内部或外部。

第一个皮带轮被视为驱动皮带轮。其余皮带轮为从动轮或空转轮。可以使用每个皮带轮的功率比系数在多个从动皮带轮之间分配输入功率，并相应地计算力和转矩。

V 型皮带零部件生成器的窗口分为设计（如图 8-43 所示）和计算（如图 8-44 所示）两个选项卡，分别实现不同的功能。

图 8-43　"设计"选项卡

1. 设计使用两个皮带轮的皮带传动的步骤

（1）单击"设计"选项卡"动力传动"面板上的"V 型皮带"按钮，弹出如图 8-43 所示的"V 型皮带零部件生成器"对话框。

（2）选择皮带轨迹的基础中间平面。

（3）单击"皮带"编辑字段旁边的向下箭头以选择皮带。

（4）添加两个皮带轮。第一个皮带轮始终为驱动轮。

（5）通过拖动皮带轮中心处的夹点来指定每个皮带轮的位置。

（6）通过拖动夹点或使用"皮带轮特性"对话框指定皮带轮直径。

（7）单击"确定"按钮以生成皮带传动。

图 8-44 "计算"选项卡

2. 设计使用 3 个皮带轮的皮带传动的步骤

（1）单击"设计"选项卡"动力传动"面板上的"V 型皮带"按钮，弹出如图 8-43 所示的"V 型皮带零部件生成器"对话框。

（2）选择皮带轨迹的基础中间平面。

（3）单击"皮带"编辑字段旁边的向下箭头以选择皮带。

（4）添加 3 个皮带轮。第一个皮带轮始终为驱动轮。

（5）通过拖动皮带轮中心处的夹点来指定每个皮带轮的位置。

（6）通过拖动夹点或使用"皮带轮特性"对话框指定皮带轮直径。

（7）打开"皮带轮特性"对话框以确定功率比。如果皮带轮的功率比为 0，则认为该皮带轮是空转轮。

（8）单击"确定"按钮以生成皮带传动。

8.2.12 凸轮

设计和计算平动臂或摆动臂类型从动件的盘式凸轮、线性凸轮和圆柱凸轮，可以完整地计算和设计凸轮参数，并可使用运动参数的图形结果。

这些生成器可根据最大行程、加速度、速度或压力角等凸轮特性来设计凸轮。

盘式凸轮零部件生成器的窗口分为设计（如图 8-45 所示）和计算（如图 8-46 所示）两个选项卡，分别实现不同的功能。

图 8-45 "设计"选项卡

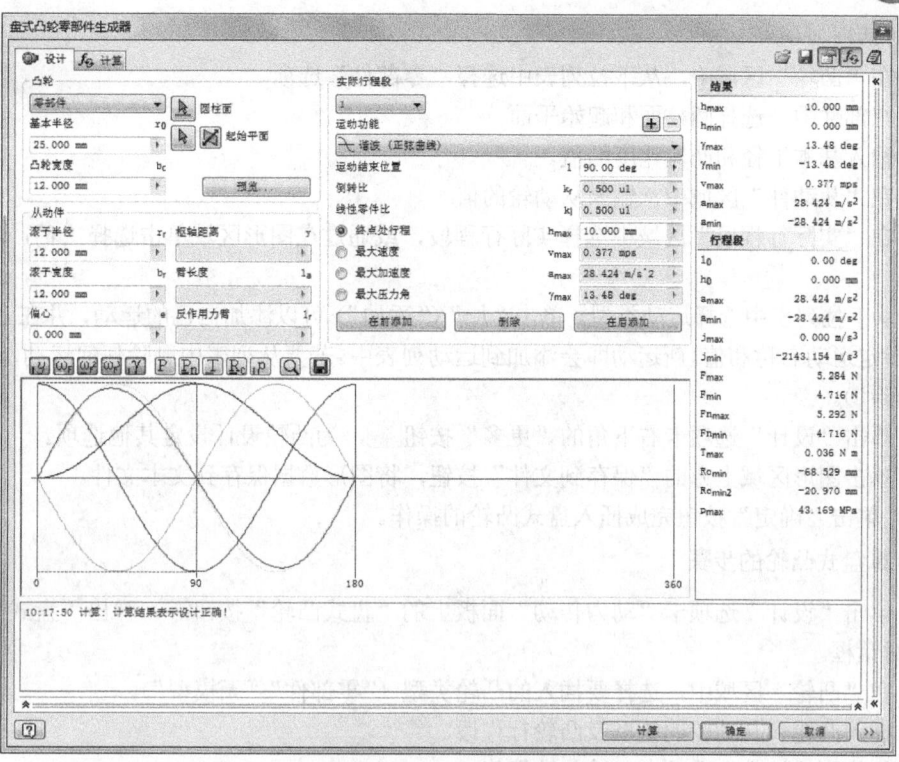

图 8-46 "计算"选项卡

1. 插入盘式凸轮的步骤

（1）单击"设计"选项卡"动力传动"面板上的"盘式凸轮"按钮◉，弹出"盘式凸轮零部件生成器"对话框。

(2) 在"凸轮"区域中，从下拉列表中选择"零部件"选项。

(3) 在部件中，选择圆柱面和起始平面。

(4) 输入基本半径和凸轮宽度的值。

(5) 在"从动件"区域中，输入从动轮的值。

(6) 在"实际行程段"区域中选择实际行程段，或通过在图形区域单击选择"1"，然后输入图形值。

(7) 从下拉列表中选择运动类型。单击"加"（"添加"）可以添加自己的运动，并在"添加运动"对话框中指定运动名称和值。新运动即会添加到运动列表中。若要从列表中删除任何运动，请单击"减"按钮（"删除"）。

(8) 单击"设计"选项卡右下角的"更多"按钮 >> ，为凸轮设计设定其他选项。

(9) 单击图形区域上方的"保存到文件"按钮，将图形数据保存到文本文件。

(10) 单击"确定"按钮完成插入盘式凸轮的操作。

2．计算盘式凸轮的步骤

(1) 单击"设计"选项卡"动力传动"面板上的"盘式凸轮"按钮 ◎ ，弹出"盘式凸轮零部件生成器"对话框。

(2) 在"凸轮"区域中，选择要插入的凸轮类型（"零部件""无模型"）。

(3) 插入凸轮和从动轮的值以及凸轮行程段。

(4) 切换到"计算"选项卡，输入计算值。

(5) 单击"计算"按钮进行计算。

(6) 计算结果会显示在"结果"区域中。导致计算失败的输入将以红色显示（它们的值与插入的其他值或计算标准不符）。计算报告会显示在"消息摘要"区域中，单击"计算"选项卡右下部分中的 V 形即可显示该区域。

(7) 单击图形区域上方的"设计"选项卡中的"保存到文件"按钮，将图形数据保存到文本文件。

(8) 单击右上角的"结果"按钮 ，打开 HTML 报告。

(9) 如果计算结果与设计相符，请单击"确定"按钮完成计算盘式凸轮的操作。

8.2.13 矩形花键

矩形花键零部件生成器用于矩形花键的计算和设计。可以设计花键轴以及提供强度校核。使用花键连接计算，可以根据指定的传递转矩确定有效的轮毂长度。通过轴上的键对内花键的侧面压力传递切向力，反之亦然。所需的轮毂长度由不能超过槽轴承区域的许用压力这一条件来决定。

矩形花键适合于传递大的循环冲击扭矩。实际上，这类联接器是最常用的一种花键（约占 80%）。这种类型的花键可以用于带轮毂圆柱轴的固定联接器和滑动联接器。定心方式是根据工艺、操作及精度要求进行选择的。可以根据内径（很少用）或齿侧面进行定心。直径定心适用于需要较高精度轴承的场合。以侧面定心的联接器显示出大的载荷能力，适合于承受可变力矩和冲击。矩形花键零部件生成器的窗口分为设计（如图 8-47 所示）和计算（如图 8-48 所示）两个选项卡，分别实现不同的功能。

1．设计矩形花键的步骤

(1) 单击"设计"选项卡"动力传动"面板上的"矩形花键"按钮 ，弹出如图 8-47 所示的"矩形花键联接生成器"对话框。

图 8-47 "设计"选项卡

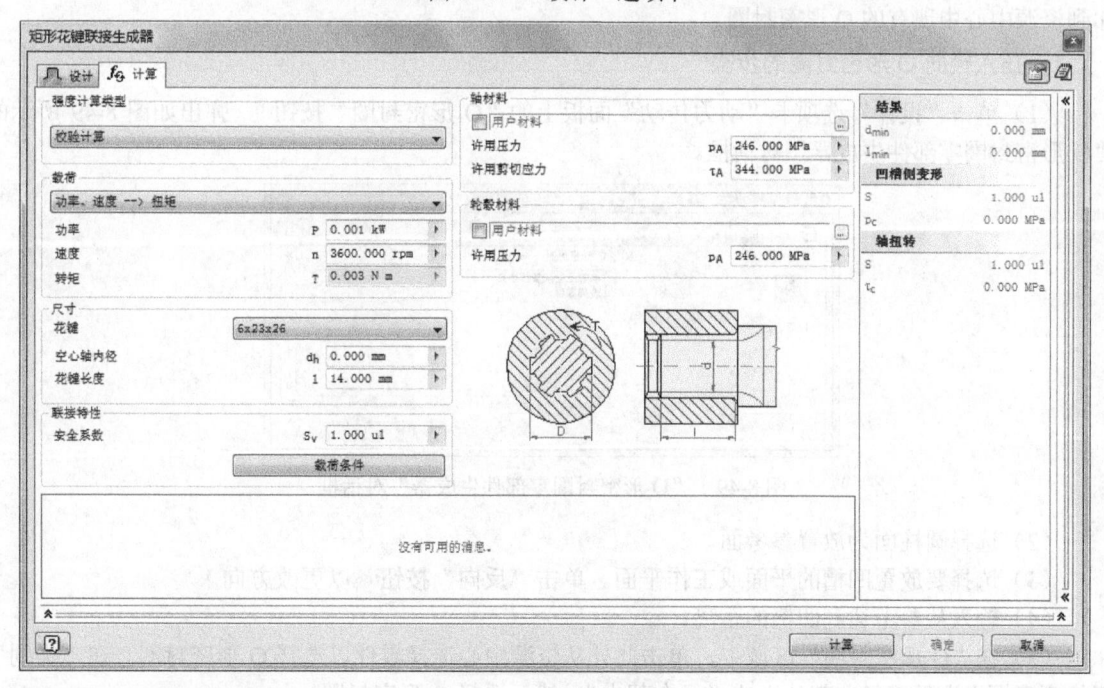

图 8-48 "计算"选项卡

（2）单击"花键类型"编辑字段旁边的箭头以选择花键。
（3）输入花键尺寸。
（4）指定轴槽的位置。读者既可以创建新的轴槽，也可以选择现有的槽。根据读者的选择，将启用"轴槽"区域中的放置选项。
（5）指定轮毂槽的位置。
（6）在"选择要生成的对象"区域中，选择要插入的对象。默认情况下会启用这两个选项。
（7）单击"确定"按钮，生成矩形花键。

2. 计算矩形花键的步骤

（1）单击"设计"选项卡"动力传动"面板上的"矩形花键"按钮，弹出如图 8-47 所示的"矩形花键联接生成器"对话框。

（2）在"设计"选项卡上，单击"花键类型"编辑字段旁边的箭头，选择花键并输入花键尺寸。

（3）切换到"计算"选项卡，选择强度计算类型，输入计算值。

（4）单击"计算"按钮进行计算。

（5）计算结果会显示在"结果"区域中。导致计算失败的输入将以红色显示（它们的值与插入的其他值或计算标准不符）。计算报告会显示在"消息摘要"区域中，单击"计算"和"设计"选项卡右下部分中的 V 形按钮即可显示该区域。

（6）单击"确定"按钮完成的操作。

8.2.14 O 形密封圈

O 形密封圈零部件生成器将在圆柱和平面（轴向密封）上创建密封和凹槽。如果在柱面上插入密封，则要求杆和内孔具有精确直径。必须创建圆柱曲面才能使用 O 形密封圈生成器。

O 形密封圈在多种材料和横截面上可用。仅有圆形横截面的 O 形密封圈受支持。不能将材料添加到资源中心中现有的 O 形密封圈。

1. 插入径向 O 形密封圈的步骤

（1）单击"设计"选项卡"动力传动"面板上的"O 形密封圈"按钮，弹出如图 8-49 所示的"O 形密封圈零部件生成器"对话框。

图 8-49 "O 形密封圈零部件生成器"对话框

（2）选择圆柱面为放置参考面。

（3）选择要放置凹槽的平面或工作平面。单击"反向"按钮以更改方向。

（4）输入从参考边到凹槽的距离。

（5）在"O 形密封圈"区域中，单击此处从资源中心选择零件以选择 O 形密封圈。在"类别"下拉列表框中选择"径向朝外"或"径向朝内"，然后选择 O 形密封圈。

（6）单击"确定"按钮以向部件中插入 O 形密封圈。

2. 插入轴向 O 形密封圈的步骤

（1）单击"设计"选项卡"动力传动"面板上的"O 形密封圈"按钮，弹出如图 8-49 所示的"O 形密封圈零部件生成器"对话框。

（2）选择平面或工作平面为放置参考面。

（3）选择参考边（圆或弧）、垂直面或垂直工作平面以定位槽。单击"反向"按钮以更改方向。

（4）在"O 形密封圈"区域中，单击此处从资源中心选择零件以选择 O 形密封圈。在"类别"

下拉列表框中选择"轴向外部压力"或"轴向内部压力",选择 O 形密封圈,凹槽直径基于密封的内径还是外径取决于密封承受的是外部压力还是内部压力。

(5)单击"确定"按钮向部件中插入 O 形密封圈。

8.2.15 实例——传动轴组件

本例创建如图 8-50 所示的传动轴组件。

操作步骤:

(1)新建文件。单击快速访问工具栏上的"新建"按钮,在打开的"新建文件"对话框的 Templates 选项卡的零件下拉列表中选择 Standard.iam 选项,单击"创建"按钮,新建一个装配体文件。

(2)保存文件。选择主菜单下的"保存"命令,打开"另存为"对话框,输入文件名为"传动轴组件",单击"保存"按钮,保存文件。

图 8-50 传动轴组件

(3)创建轴。

❶ 单击"设计"选项卡"动力传动"面板上的"轴"按钮,弹出"轴生成器"对话框,如图 8-51 所示。

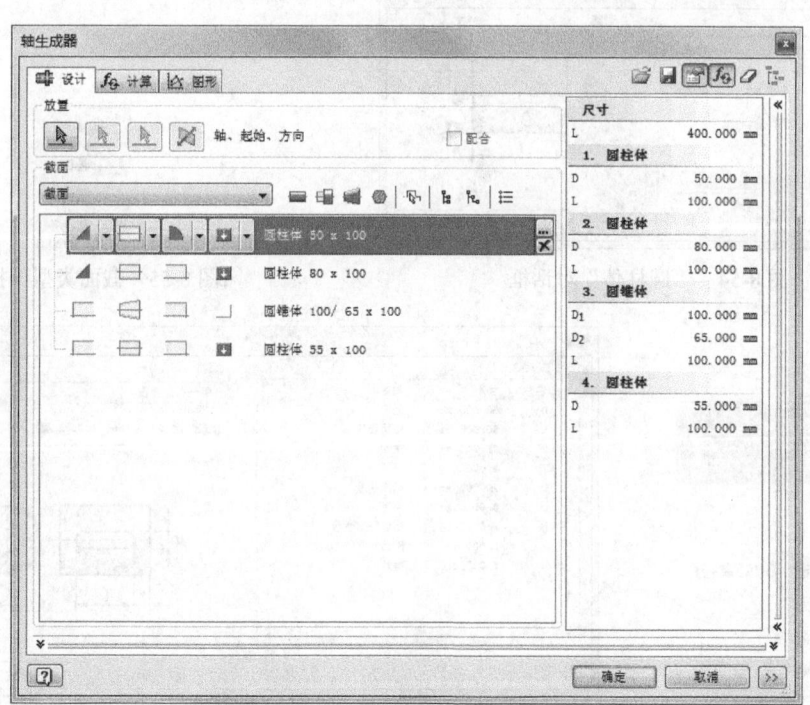

图 8-51 "轴生成器"对话框

❷ 选择第一段轴,对第一段轴进行配置,单击"第一条边的倒角特征"按钮,弹出"倒角"对话框,单击"倒角边长"按钮,输入倒角边长为 2mm,如图 8-52 所示,单击"确定"按钮,返回到"轴生成器"对话框,单击"第二条边特征"下拉按钮,打开下拉菜单,选择"无特征"选项,如图 8-53 所示;单击"截面特性"按钮,弹出"圆柱体"对话框,更改直径 D 为 55mm,长度 L 为 16mm,如图 8-54 所示,单击"确定"按钮,返回到"轴生成器"对话框,完成第一段轴的设计。

263

图 8-52 "倒角"对话框 图 8-53 下拉菜单

❸ 选择第二段轴，对第二段轴进行配置，将第一条边特征设置为"无特征"，单击"截面特性"按钮，弹出"圆柱体"对话框，更改直径 D 为 66mm，长度 L 为 12mm，其他采用默认设置。

❹ 选择第三段轴，对第三段轴进行配置，单击"截面类型"下拉按钮，打开如图 8-55 所示的下拉菜单选择"圆柱"截面类型；单击"截面特性"下拉按钮，打开如图 8-56 所示的下拉菜单，选择"添加键槽"选项，添加键槽，然后单击"键槽特性"按钮，弹出"键槽"对话框，选择"键 GB/T 1566-2003 A 型"，更改键槽长度 L 为 70mm，更改键槽距离轴端的距离为 5mm，如图 8-57 所示，单击"确定"按钮，返回到"轴生成器"对话框，单击"截面特性"按钮，弹出"圆柱体"对话框，更改直径 D 为 58mm，长度 L 为 80mm。

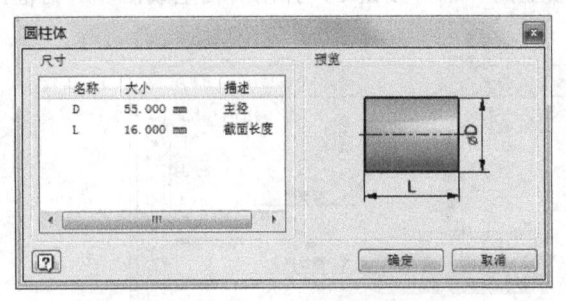

图 8-54 "圆柱体"对话框 图 8-55 截面类型下拉菜单

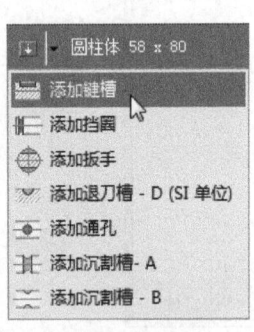

图 8-56 "截面特性"下拉菜单 图 8-57 "键槽"对话框

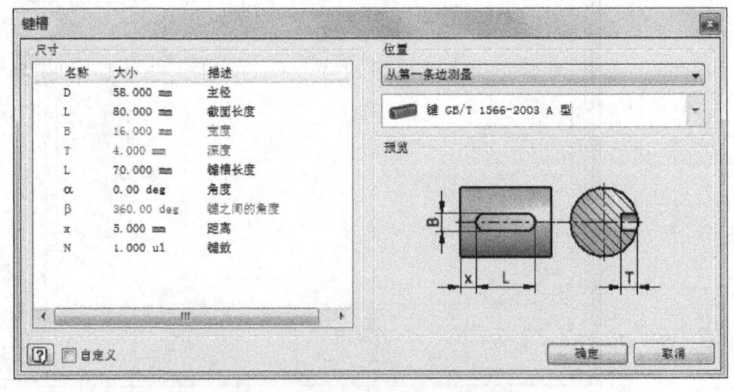

❺ 选择第四段轴，对第四段轴进行配置，单击"截面特性"按钮，弹出"圆柱体"对话框，更改直径 D 为 55mm，长度 L 为 30mm，其他采用默认设置。

❻ 单击"插入圆柱"按钮，添加第五段轴，单击"截面特性"按钮，弹出"圆柱体"对话框，更改直径 D 为 50mm，长度 L 为 80mm，其他采用默认设置。

❼ 单击"插入圆柱"按钮，添加第六段轴，单击"第二条边特征"下拉按钮，打开下拉菜单，选择"倒角"选项，弹出"倒角"对话框，单击"倒角边长"按钮，输入倒角边长为 2mm，

第 8 章　零部件设计加速器

单击"确定"按钮,返回到"轴生成器"对话框;单击"截面特征"下拉按钮,选择"添加键槽"选项,添加键槽,然后单击"键槽特性"按钮,弹出"键槽"对话框,选择"键 GB/T 1566-2003 A 型",更改键槽长度 L 为 50mm,更改键槽距离轴端的距离为 5mm,单击"确定"按钮,返回到"轴生成器"对话框,单击"截面特性"按钮,弹出"圆柱体"对话框,更改直径 D 为 45mm,长度 L 为 60mm。

❽ 设置完 6 段轴参数,其他采用默认设置,单击"确定"按钮,将轴放置在适当位置,完成轴的设计,如图 8-58 所示。

(4)创建平键。单击"设计"选项卡"动力传动"面板上的"键"按钮,弹出"平键联接生成器"对话框,如图 8-59 所示。

图 8-58　轴

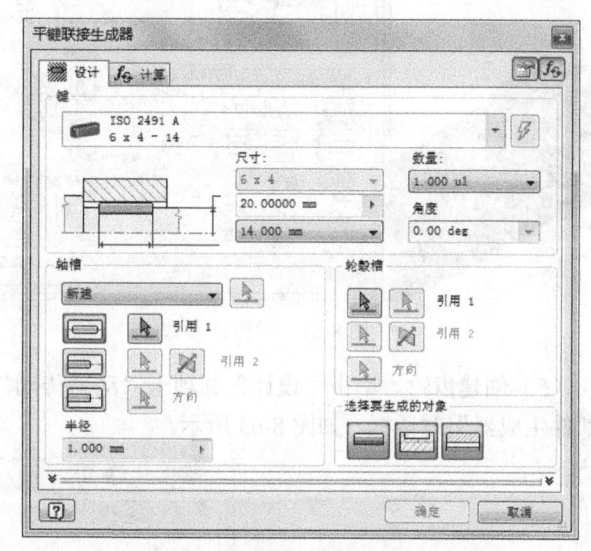

图 8-59　"平键联接生成器"对话框

单击类型下拉框上的"浏览键"按钮,加载资源中心,选择"键 GB/T 1566-2003 A 型",如图 8-60 所示,返回到"平键联接生成器"对话框。

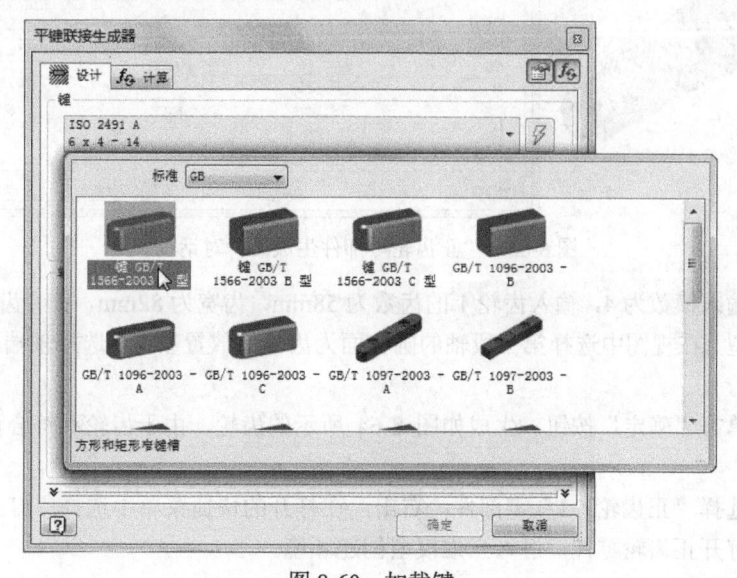

图 8-60　加载键

在"轴槽"选项组中选择"选择现有的"选项，在视图中选择第三段轴上的键槽，然后选择第三段轴圆柱面为圆柱面参考，选择轴端面为起始面并单击"反转到对侧"按钮，调整键的放置方向，在对话框中单击"插入键"按钮，取消"开轮毂槽"按钮的选择，其他采用默认设置，如图8-61所示。

单击"确定"按钮，结果如图8-62所示。

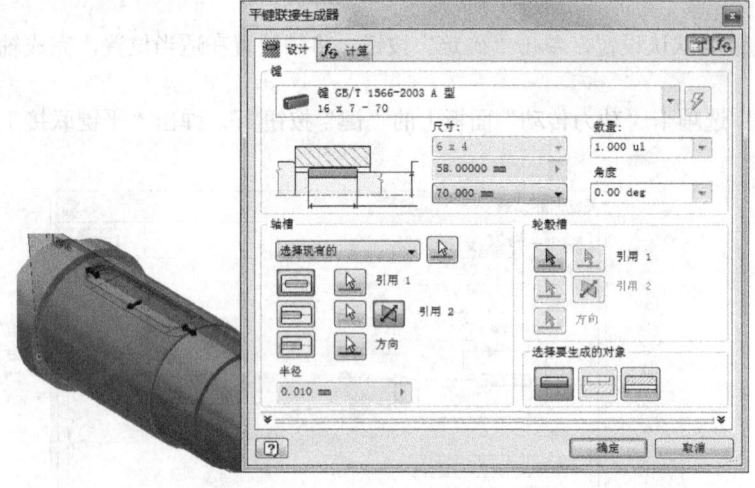

图8-61　键设计参数　　　　　　　　　　　　　图8-62　创建键

（5）创建齿轮。单击"设计"选项卡"动力传动"面板上的"正齿轮"按钮，弹出"正齿轮零部件生成器"对话框，如图8-63所示。

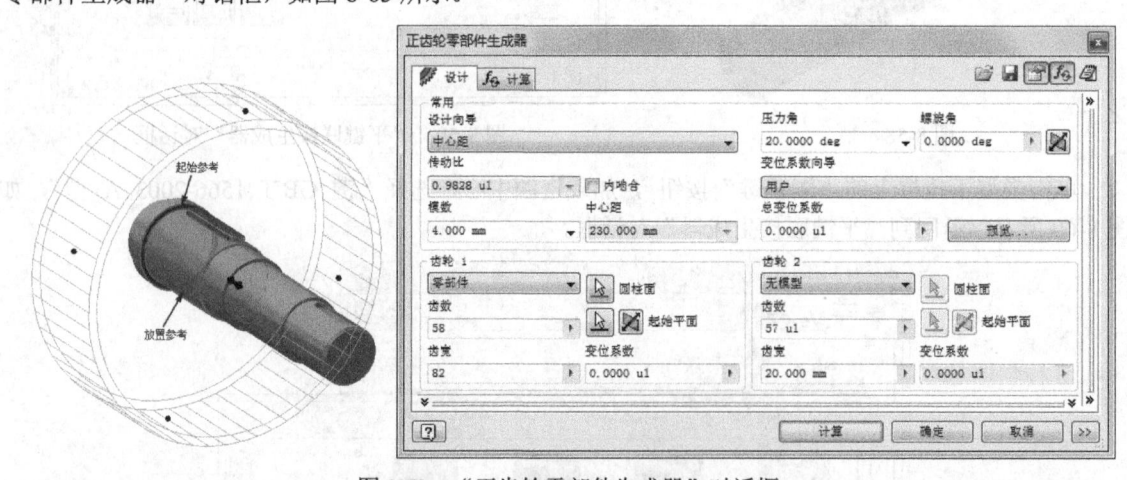

图8-63　"正齿轮零部件生成器"对话框

在对话框中输入模数为4，输入齿轮1的齿数为58mm，齿宽为82mm，在"齿轮2"选项组中设置齿轮2为无模型，在视图中选择第三段轴的圆柱面为齿轮的放置参考，选择轴端面为起始参考，其他采用默认设置。

在对话框中单击"确定"按钮，生成如图8-64所示的齿轮，由于齿轮不符合设计要求，下面对齿轮进行编辑。

在模型树中选择"正齿轮:1"零部件，右击，在打开的快捷菜单中选择"打开"命令，打开正齿轮组件，继续打开正齿轮零件，进入三维模型创建环境。

· 266 ·

第8章 零部件设计加速器

单击"三维模型"选项卡"草图"面板中的"开始创建二维草图"按钮，选择齿轮端面为草图绘制平面，进入草图绘制环境。单击"草图"选项卡"创建"面板中的"圆"按钮，绘制草图轮廓。单击"约束"面板中的"尺寸"按钮，标注尺寸如图 8-65 所示。单击"草图"选项卡中的"完成草图"按钮，退出草图环境。

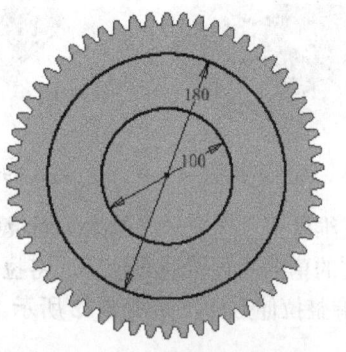

图 8-64 齿轮　　　　　图 8-65 绘制减重槽草图

单击"三维模型"选项卡"创建"面板中的"拉伸"按钮，打开"拉伸"对话框，系统自动选取上一步绘制的草图为拉伸截面轮廓，将拉伸距离设置为 31mm，选择"求差"方式，单击"方向"按钮，调整拉伸方向，如图 8-66 所示。单击"确定"按钮，完成拉伸切除，如图 8-67 所示。

图 8-66 设置参数　　　　　图 8-67 创建拉伸切除

（6）圆角处理。单击"三维模型"选项卡"修改"面板中的"圆角"按钮，打开"圆角"对话框，输入半径为 4mm，选择如图 8-68 所示的边线倒圆角，单击"确定"按钮，完成圆角操作。

（7）创建基准平面。单击"三维模型"选项卡"定位特征"面板中的"从平面偏移"按钮，选择 XY 平面并输入 41mm，如图 8-69 所示，单击"确定"按钮，完成基准平面的创建。

（8）镜像特征。单击"三维模型"选项卡"阵列"面板中的"镜像"按钮，打开"镜像"对话框，选择创建的拉伸特征和圆角特征为镜像特征，选择上步创建的平面 1 为镜像平面，单击"确定"按钮，结果如图 8-70 所示。

单击"三维模型"选项卡"草图"面板中的"开始创建二维草图"按钮，选择齿轮端面为草图绘制平面，进入草图绘制环境。利用草图工具，绘制草图轮廓。单击"约束"面板中的"尺寸"按钮，标注尺寸如图 8-71 所示。单击"草图"选项卡中的"完成草图"按钮，退出草图环境。

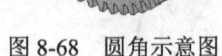

图 8-68 圆角示意图　　图 8-69 创建平面示意图　　图 8-70 镜像特征

单击"三维模型"选项卡"创建"面板中的"拉伸"按钮，打开"拉伸"对话框，系统自动选取上一步绘制的草图为拉伸截面轮廓，将拉伸距离设置为"贯通"，选择"求差"方式，单击"方向2"按钮，调整拉伸方向，如图 8-72 所示。单击"确定"按钮，完成拉伸切除，如图 8-73 所示。

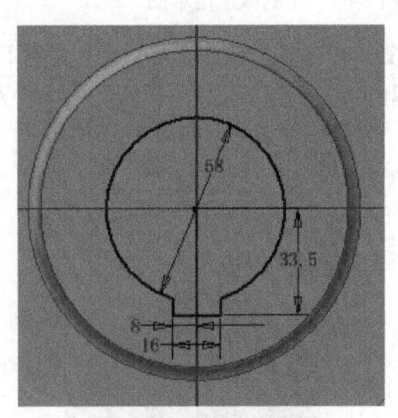

图 8-71 绘制轴孔草图　　图 8-72 设置参数

将文件保存，关闭返回到传动轴组件界面，完成齿轮的设计，结果如图 8-74 所示。

图 8-73 创建轴孔　　图 8-74 设计齿轮

（9）设计轴承。单击"设计"选项卡"动力传动"面板上的"轴承"按钮，弹出"轴承生成器"对话框。

选择第一段轴圆柱面为轴承放置面，选择大轴端面为起始平面，单击"浏览轴承"按钮，在资源环境中加载轴承，选择"滚动轴承 GB/T 292 70000AC 型"，如图 8-75 所示。

第 8 章　零部件设计加速器

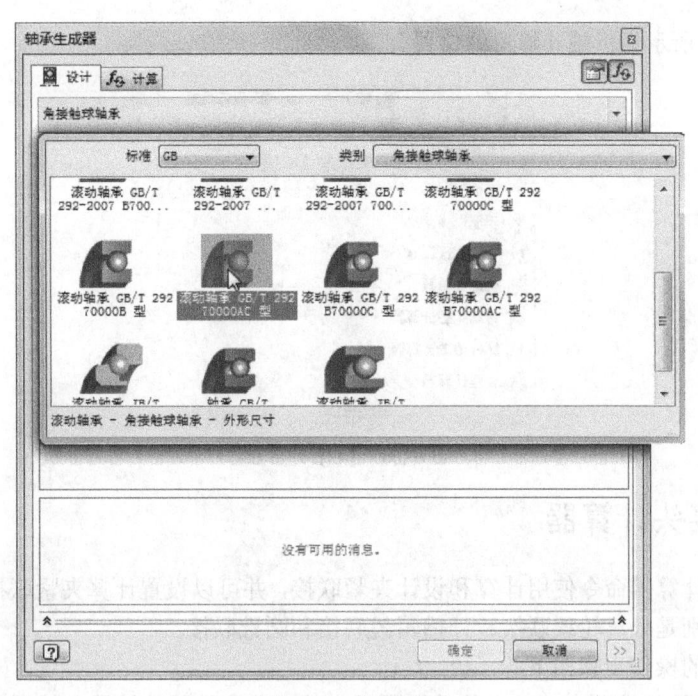

图 8-75　选择轴承

在对话框中单击"更新"按钮，显示轴承规格列表，选择 7011 AC 型，如图 8-76 所示。单击"确定"按钮，完成第一个轴承的设计。

采用相同的方法在第四段轴上设计相同参数的轴承，如图 8-77 所示。

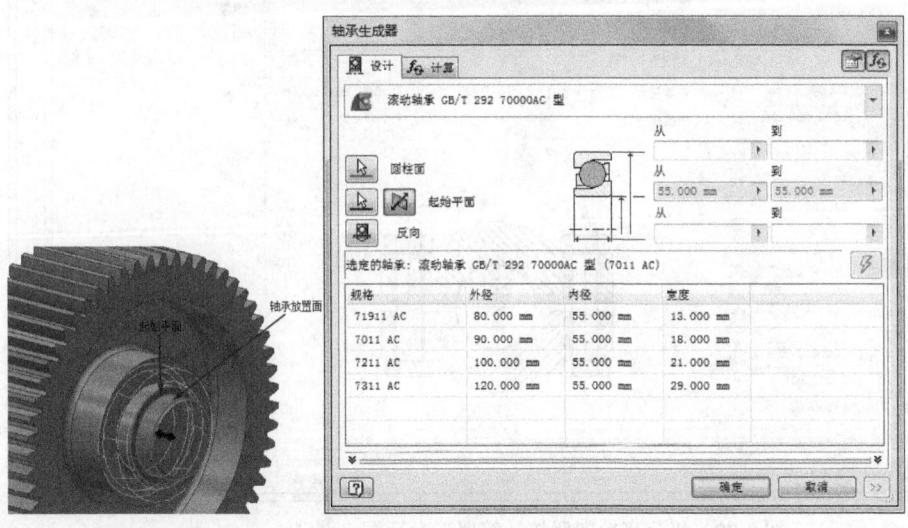

图 8-76　设计轴承参数　　　　　　　　　　图 8-77　设计轴承

8.3　机械计算器

设计加速器里面包含一组工具用于机械工程的计算。可以使用计算器来设计、检查和验证常见工程问题。如图 8-78 所示为机械计算器的位置。

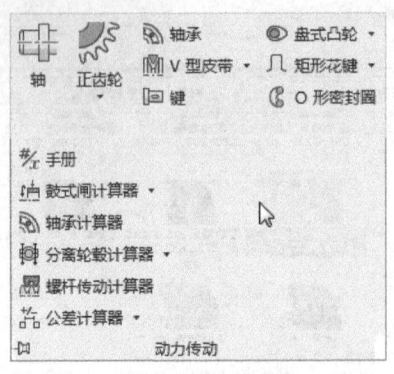

图 8-78 机械计算器

8.3.1 夹紧接头计算器

使用夹紧接头计算器命令使用计算和设计夹紧联接，并可以设置计算夹紧联接的参数。可用的夹紧接头有 3 种，分别是分离轮毂联接、开槽轮毂联接和圆锥联接。

计算分离联接的操作步骤如下：

（1）单击"设计"选项卡"动力传动"面板中的"分离轮毂计算器"按钮，打开"分离轮毂联接计算器"对话框，如图 8-79 所示。

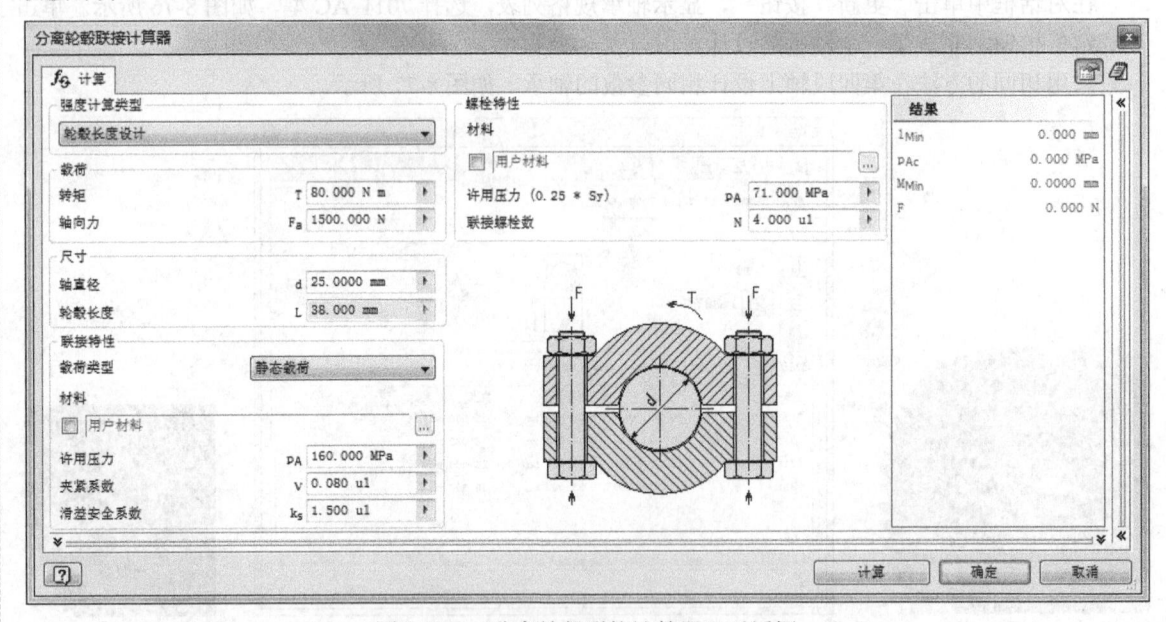

图 8-79 "分离轮毂联接计算器"对话框

（2）在"计算"选项卡中输入计算参数。

（3）单击"计算"按钮以执行计算。结果将显示在"结果"区域中。

（4）如果计算结果符合要求，单击"确定"按钮，将分离轮毂连接计算插入 Autodesk Inventor 部件。

8.3.2 公差机械零件计算器

公差机械零件计算器可以计算各个零件或部件中闭合的线性尺寸链。尺寸链包含各个元素，例如各零件之间的尺寸与间距（齿隙）。所有链元素都可以增加、减小或闭合。闭合元素是在装配给定零件（部件结果元素，如齿隙）时或是在生成过程（产品结果元素）中形成的参数。公差机械零件计算器命令可在两种基本模式中进行操作，分别是计算最终尺寸，包括公差（校核计算）和计算闭合链元素的公差（设计计算）。

计算公差的操作步骤如下：

（1）单击"设计"选项卡"动力传动"面板中的"公差计算器"按钮，打开"公差计算器"对话框，如图 8-80 所示。

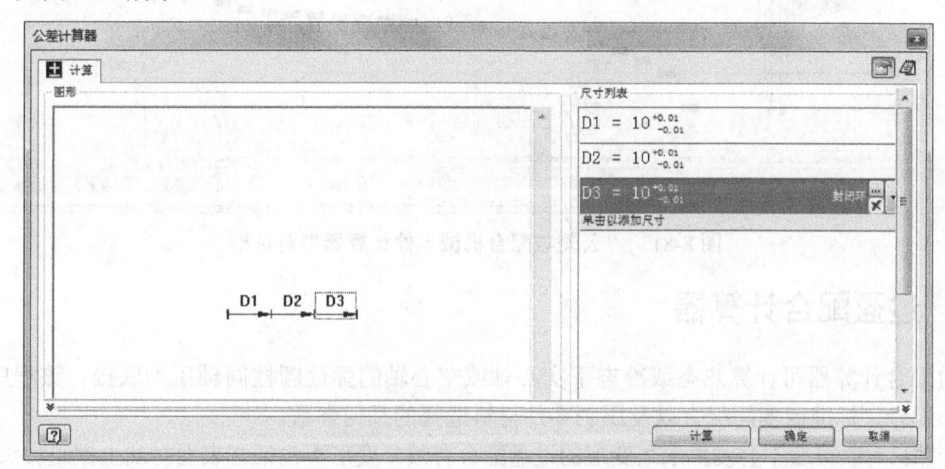

图 8-80 "公差计算器"对话框

（2）在"尺寸列表"区域，单击"单击以添加尺寸"添加尺寸。
（3）单击 按钮，打开"公差"对话框，指定公差。
（4）单击 设定链中的元素类型，包括增环、减环和封闭环。
（5）单击"计算"按钮，计算公差。

8.3.3 公差与配合机械零件计算器

"公差与配合"用于定义配合零件的公差。公差最常用于圆柱孔和轴，但是其可用于任何彼此配合的零件，而不考虑几何图形。公差是指轴或孔的公差上下限，而配合包括一对公差。有 3 种类别：间隙、过渡和过盈。

计算公差与配合的操作步骤如下：

（1）单击"设计"选项卡"动力传动"面板中的"公差/配合计算器"按钮，打开"公差与配合机械零件计算器"对话框，如图 8-81 所示。

（2）在"要求"区域中，选择基本配合系统并输入计算条件。
（3）在"公差带"区域中，从下拉列表中选择配合类型（例如"过盈"配合）。
（4）可以从计算结果的不同颜色公差带中进行选择。如果这样的公差带不存在，则表示输入的条件找不到任何合适的配合。

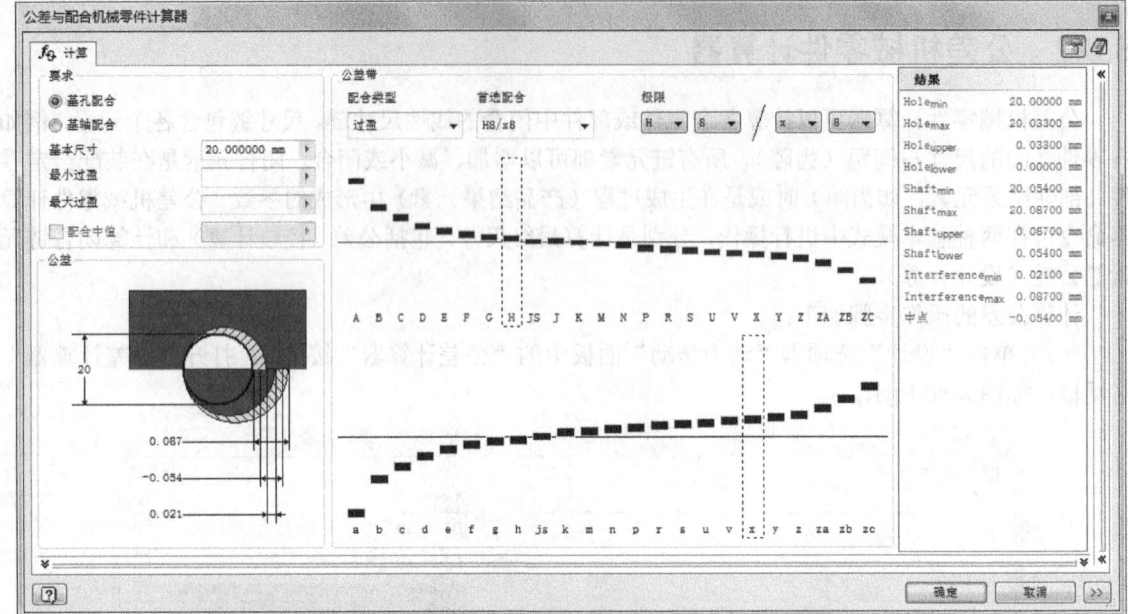

图 8-81 "公差与配合机械零件计算器"对话框

8.3.4 过盈配合计算器

过盈配合计算器可计算热态或冷态下实心轴或空心轴的弹性圆柱同轴压力联接。该程序计算连接、最小配合、标准或实际配合以及压制零件材料选择的几何参数。

该计算只对联接后不会发生永久变形的过盈配合有效。变形不包括在表面材质上摆正尖头和隆起。

该计算只对非外部压力所加载的联接或由未限制长度的管状零件制成的联接有效。零件由遵守胡克定律的材料制成。

该计算不考虑离心力、加强筋或其他加固零件的影响或温度分布不均的零件的影响。

未限定长度的过盈配合连接是长度等于或大于直径的一种连接。如果它小于直径，则实际接触压力将大于计算的结果。该计算为防止过盈配合变松提供了更多安全性。

在确保过盈配合的最小要求载荷能力以及其他系数时，确定最小干涉。

根据 HMH 弹性条件（Huber、Misses、Hencky）和其他系数，在不存在弹性变形的情况下确定最大干涉。

进行过盈配合时，压紧速度必须较低（大约 3mm/s～0.12in/s）。较高的速度将降低配合的载荷能力。

计算的温度必须认为是最低的，因为它们不考虑在压紧过程中的温度平衡，例如，也不考虑将轮毂从熔炉中取出后轮毂的冷却时间。

下面计算夹紧系数（压紧）v1=0.055ml，轮毂材料为钢，轴材料为钢的过盈配合。

（1）单击"设计"选项卡"动力传动"面板中的"过盈配合计算器"按钮，打开"过盈配合计算器"对话框，如图 8-82 所示。

（2）在"要求的载荷"下拉列表框中选择"要求的转矩"，输入"转矩"为 500N·m，"安全系数"为 1ul。

（3）在"尺寸"区域中，输入"外径"为 100mm，"联接长度"为 78mm。

（4）在"高级"区域中，选中"表面平滑度"复选框，输入"夹紧系数"为 0.09ul，"夹紧系数

（压紧）"为0.055ul。

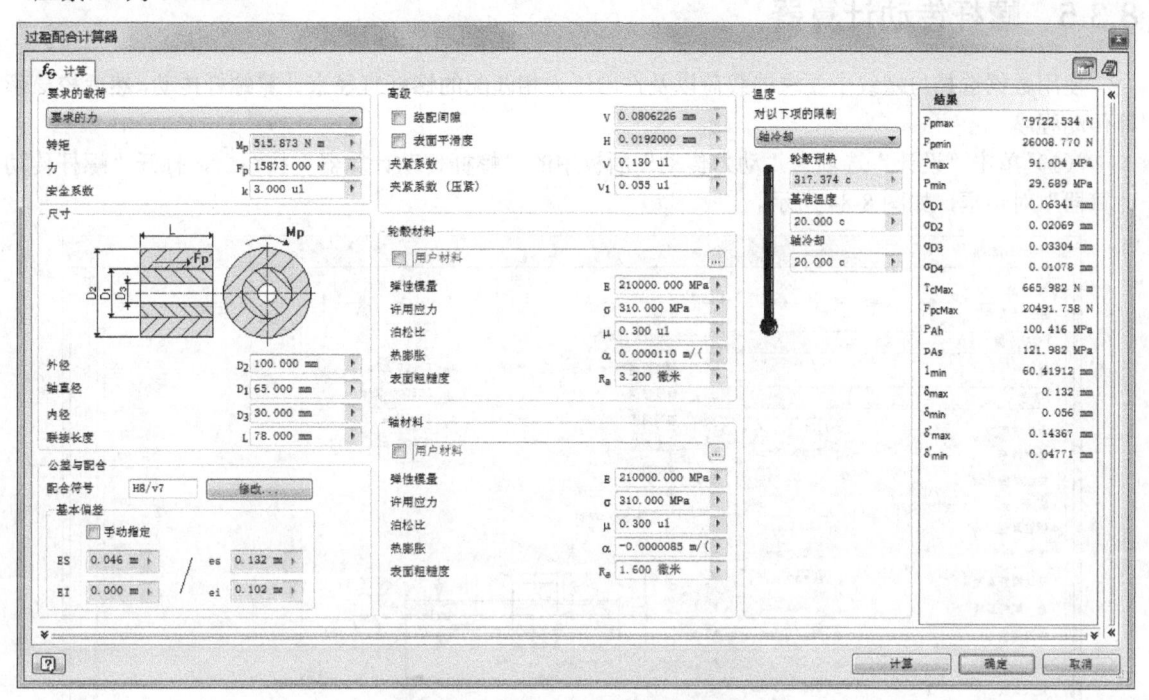

图 8-82　"过盈配合计算器"对话框

（5）在"温度"区域的"对以下项的限制"下拉列表框中选择"轴冷却"。

（6）在"轴材料"区域中，选中该复选框打开如图 8-83 所示的"压力接头材料"对话框，选择"钢"并单击"确定"按钮完成轮廓材料的选择。

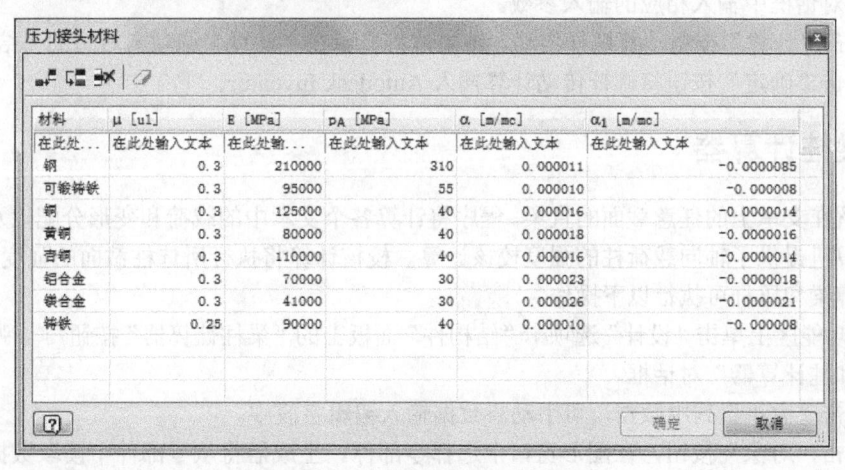

图 8-83　"压力接头材料"对话框

（7）在"轴材料"区域中，选中该复选框打开如图 8-83 所示"压力接头材料"对话框。选择"钢"并单击"确定"按钮完成轴材料的选择。

（8）单击"计算"按钮。计算结果显示"结果"栏中。

在轴未冷却的条件下，设计的最优配合为 H8/u8 且计算的环境温度为 20℃。

（9）单击"确定"按钮，将过盈配合计算插入 Autodesk Inventor 部件。

8.3.5 螺杆传动计算器

使用数据选择与螺纹中要求的载荷以及许用压力相匹配的螺杆直径来计算螺杆传动，然后校核螺杆传动强度。

（1）单击"设计"选项卡"动力传动"面板中的"螺杆传动计算器"按钮，打开"螺杆传动计算器"对话框，如图 8-84 所示。

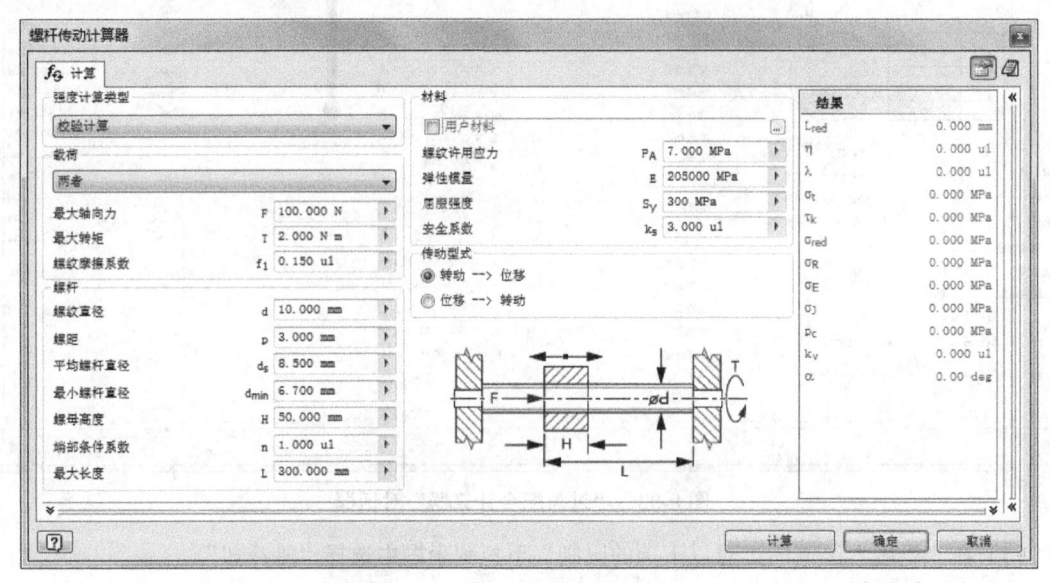

图 8-84 "螺杆传动计算器"对话框

（2）在对话框中输入相应的输入参数。

（3）单击"计算"按钮计算螺杆传动。结果值将显示在"计算"选项卡右边的"结果"区域中。

（4）单击"确定"按钮将螺杆传动计算插入 Autodesk Inventor。

8.3.6 梁柱计算器

计算放置在支承上的任意截面的直梁。程序将计算各个支承中的载荷和变形分配以及反作用力大小。梁柱计算机提供了轴向载荷柱的强度校核计算。校核计算将执行所选柱截面的强度校核。

使用计算梁和压杆可执行以下操作。

（1）在功能区上单击"设计"选项卡"结构件"面板上的"梁柱计算器"按钮，弹出如图 8-85 所示的"梁和柱计算器"对话框。

（2）单击"大小"列中数据，可手动将数据输入编辑字段中。

（3）单击"对象"按钮，在图形窗口中选择零部件。生成器将从零部件中读取数据并将其输入表格中。

（4）单击"剖视"按钮，选择梁形状并设定合适的尺寸。

（5）在"计算类型"区域中，选择要执行的计算类型。根据选择，将启用"梁计算"或"柱计算"选项卡（可以同时选择二者）。

（6）在"材料"区域中，指定材料值。选中此复选框将打开如图 8-86 所示的"材料类型"对话框，可以直接选择数据库中材料，也可以在其中编辑表格中的值。

图 8-85 "梁和柱计算器"对话框

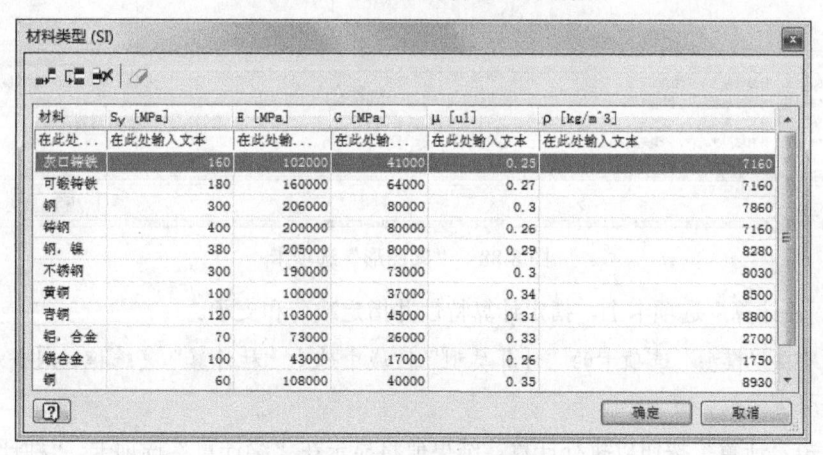

图 8-86 "材料类型"对话框

（7）选择"梁计算"选项卡，如图 8-87 所示，指定计算特性并指定载荷和支承。

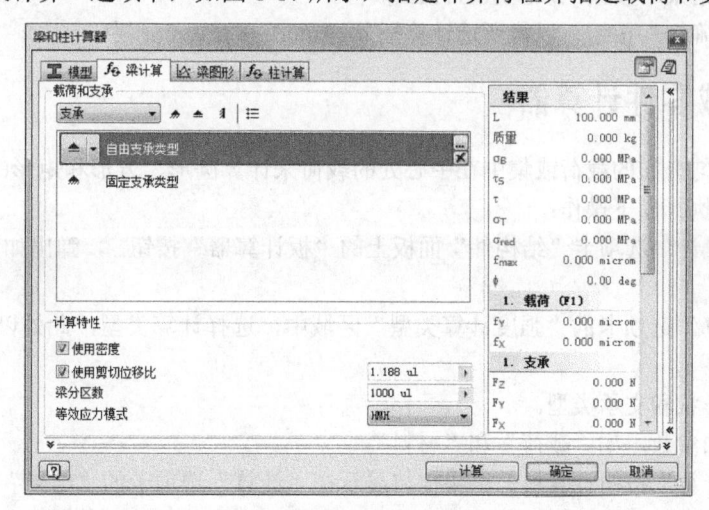

图 8-87 "梁计算"选项卡

注意：如果在"模型"选项卡的"计算类型"区域中选中"梁计算"复选框，则会启用"梁计算"选项卡。

（8）选择"梁图形"选项卡，如图 8-88 所示，查看各个梁载荷（例如力或力矩）的示意图。

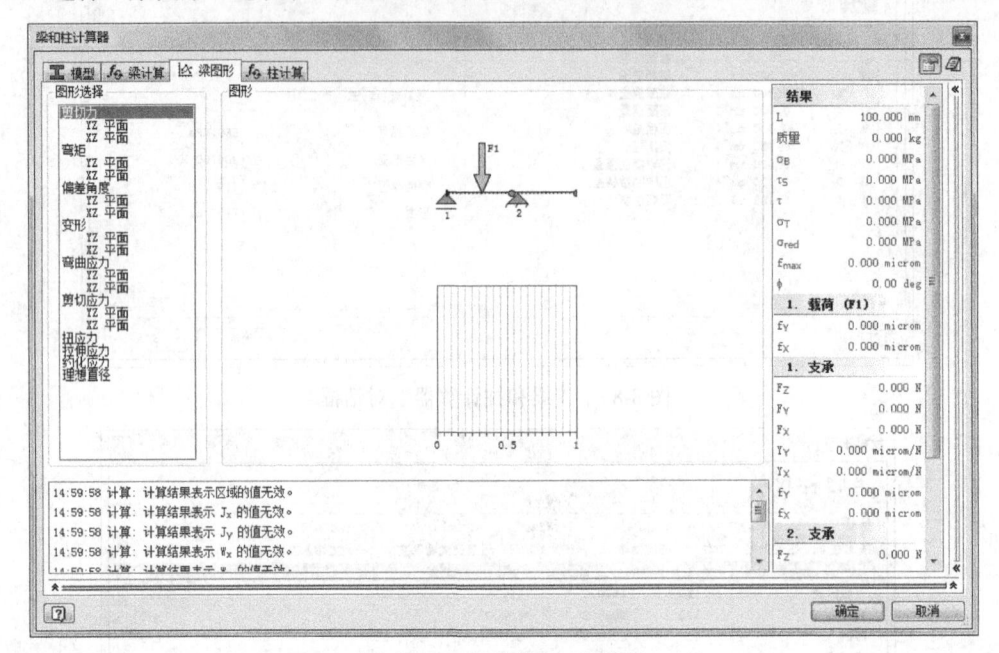

图 8-88 "梁图形"选项卡

（9）在"柱计算"选项卡上，指定计算特性并指定载荷和支承。

注意：如果在"模型"选项卡的"计算类型"区域中选中"柱计算"复选框，则会启用"柱计算"选项卡。

（10）单击"计算"按钮以执行计算。结果值将显示在"梁计算"选项卡、"柱计算"选项卡和"梁图形"选项卡右侧的"结果"区域中。

（11）单击"结果"按钮，以显示 HTML 报告。

（12）单击"确定"按钮，以将所选计算插入 Autodesk Inventor 中。

8.3.7 板机械零件计算器

使用曲面上均匀分布的载荷或集中在中心处的载荷来计算圆形、方形和矩形的平板。

使用计算板可执行以下操作：

（1）单击"设计"选项卡"结构件"面板上的"板计算器"按钮，弹出如图 8-89 所示的"板计算器"对话框。

（2）在"计算"选项卡的"强度计算类型"区域中，选择计算类型，此处以选择"板厚设计"为例。

（3）选择板形状和支承类型。

（4）输入已知参数，如"载荷"和"材料"。

（5）单击"计算"按钮计算板。结果值将显示在"计算"选项卡的"结果"区域中。

（6）单击"确定"按钮将板插入 Autodesk Inventor。

图 8-89 "板计算器"对话框

8.3.8 制动机械零件计算器

使用这些计算器可以设计和计算锥形闸、盘式闸、鼓式闸和带闸,用于计算制动转矩、力、压力、基本尺寸以及停止所需的时间和转数。计算中只考虑恒定的制动转矩。本计算器可以计算 4 种类型的制动机械零件,分别是锥形闸、盘式闸、鼓式闸瓦和带闸。下面以计算锥形闸为例说明计算制动机械零件的步骤。

使用计算锥形闸可执行以下操作:

(1) 在功能区上单击"设计"选项卡"动力传动"面板上的"锥形闸计算器"按钮,弹出如图 8-90 所示的"锥形闸计算器"对话框。

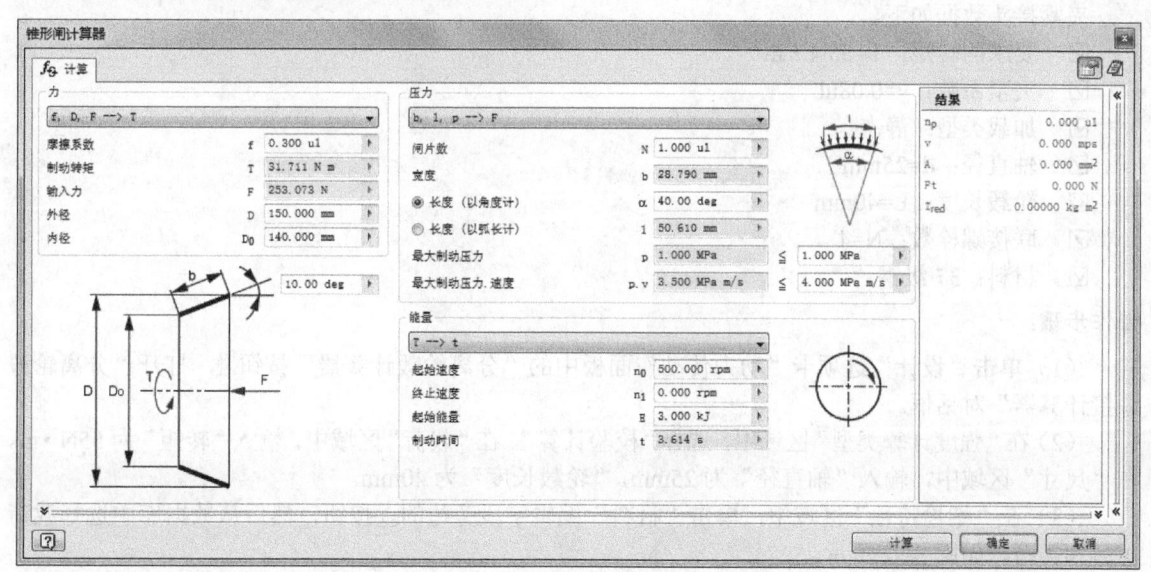

图 8-90 "锥形闸计算器"对话框

(2) 在"计算"选项卡中,输入相应的输入参数。

(3) 单击"计算"按钮计算锥形阀闸。结果值将显示在"计算"选项卡右边的"结果"区域中。

(4) 单击"确定"按钮,将闸计算插入 Autodesk Inventor。

8.3.9 工程师手册

设计加速器中的工程师手册提供了丰富的工程理论、公式和算法参考资料，以及一个可在 Inventor 中任意位置访问的设计知识库。单击"设计"选项卡"动力传动"面板中的"手册"按钮，可以打开 Inventor 帮助网页文件，如图 8-91 所示。

图 8-91 "工程师手册"网页文件

8.3.10 实例——夹紧接头

夹紧接头数据如下。

- ☑ 要求的转矩：T=55N·m
- ☑ 夹紧系数：v=0.08ul
- ☑ 加载类型：静态
- ☑ 轴直径：d=25mm
- ☑ 轮毂长度：L=40mm
- ☑ 联接螺栓数：N=4
- ☑ 材料：37 级钢

操作步骤：

（1）单击"设计"选项卡"动力传动"面板中的"分离轮毂计算器"按钮，打开"分离轮毂联接计算器"对话框。

（2）在"强度计算类型"区域中，选择"校验计算"。在"载荷"区域中，输入"转矩"为55N·m。在"尺寸"区域中，输入"轴直径"为 25mm，"轮毂长度"为 40mm。

（3）在"螺栓特性"区域中，单击"材料"编辑字段旁边的按钮，然后从数据库中选择载荷材料和类型，如图 8-92 所示。

（4）返回到"分离轮毂计算器"对话框，输入"夹紧系数"为 0.08ul。在"螺栓特性"区域中，输入"联接螺栓数"为 4ul，如图 8-93 所示。

（5）单击"计算"按钮执行分离轮毂连接强度校核。优化轮毂长度取决于螺栓中的最小轮毂长度、连接强度、压力值和轴向力。计算结果如图 8-94 所示。

（6）单击"确定"按钮，将分离轮毂连接计算插入 Autodesk Inventor 部件。

第 8 章 零部件设计加速器

图 8-92 选择载荷材料和类型

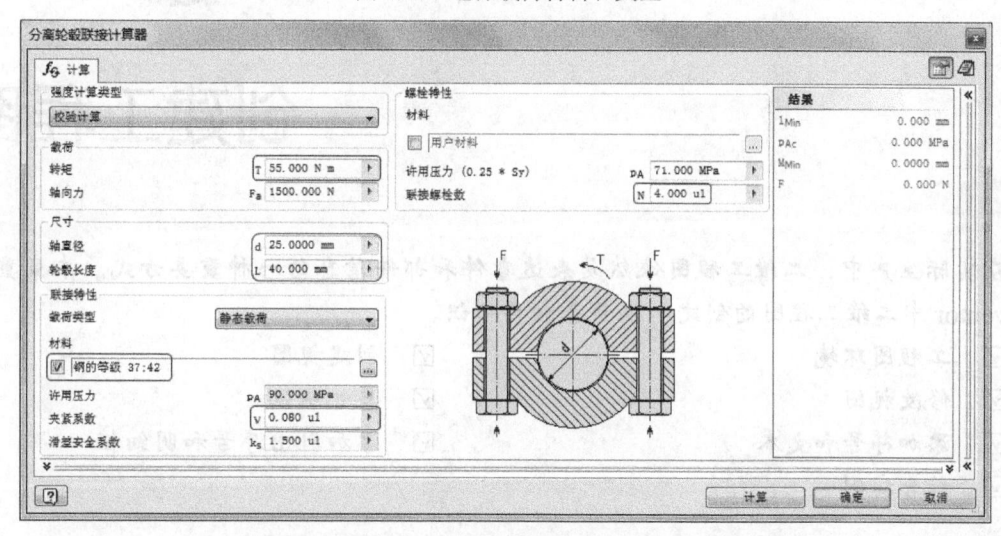

图 8-93 设置后的"分离轮毂联接计算器"对话框

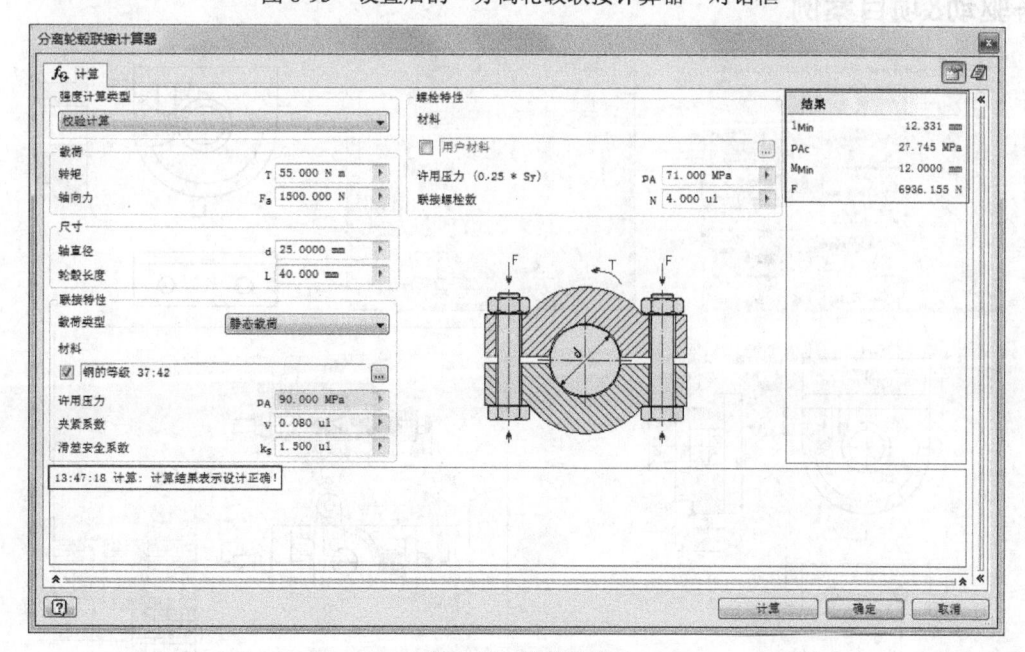

图 8-94 计算结果

第9章

创建工程图

在实际生产中，二维工程图依然是表达零件和部件信息的一种重要方式。本章重点讲述 Inventor 中二维工程图的创建和编辑等相关知识。

- ☑ 工程图环境
- ☑ 修改视图
- ☑ 添加符号和文本
- ☑ 综合实例
- ☑ 创建视图
- ☑ 尺寸标注
- ☑ 添加引出序号和明细栏

任务驱动&项目案例

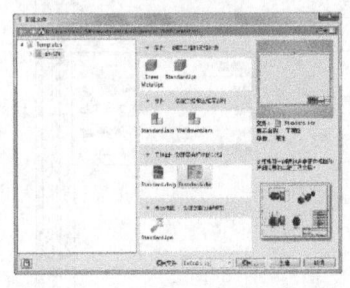

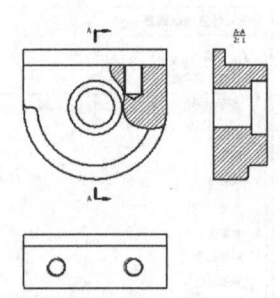

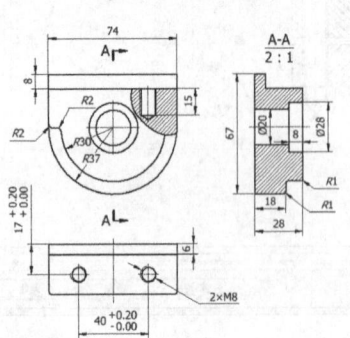

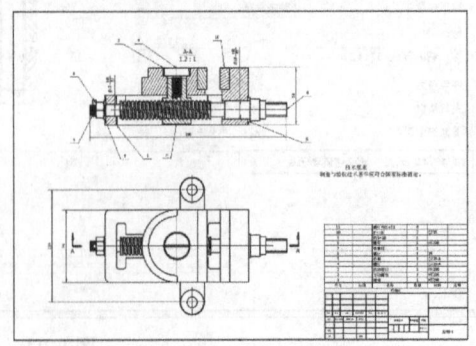

第9章 创建工程图

9.1 工程图环境

在 Inventor 中完成了三维零部件的设计造型后，接下来的工作就是要生成零部件的二维工程图。Inventor 与 AutoCAD 同出于 Autodesk 公司，Inventor 不仅继承了 AutoCAD 的众多优点，并且具有更多强大和人性化的功能。

（1）Inventor 自动生成二维视图，用户可自由选择视图的格式，如标准三视图（主视图、俯视图、侧视图）、局部视图、打断视图、剖面图、轴测图等，Inventor 还支持生成零件的当前视图，也就是说可从任何方向生成零件的二维视图。

（2）用三维图生成的二维图是参数化的，同时二维、三维可双向关联，也就是说当改变了三维实体的尺寸时，对应的二维工程图的尺寸会自动更新；当改变了二维工程图的某个尺寸时，对应的三维实体的尺寸也随之改变。这就大大节约了设计过程中的劳动量。

9.1.1 进入工程图环境

（1）单击"快速入门"选项卡"启动"面板中的"新建"按钮，打开"新建文件"对话框，选择 Standard.idw 模板，如图 9-1 所示。

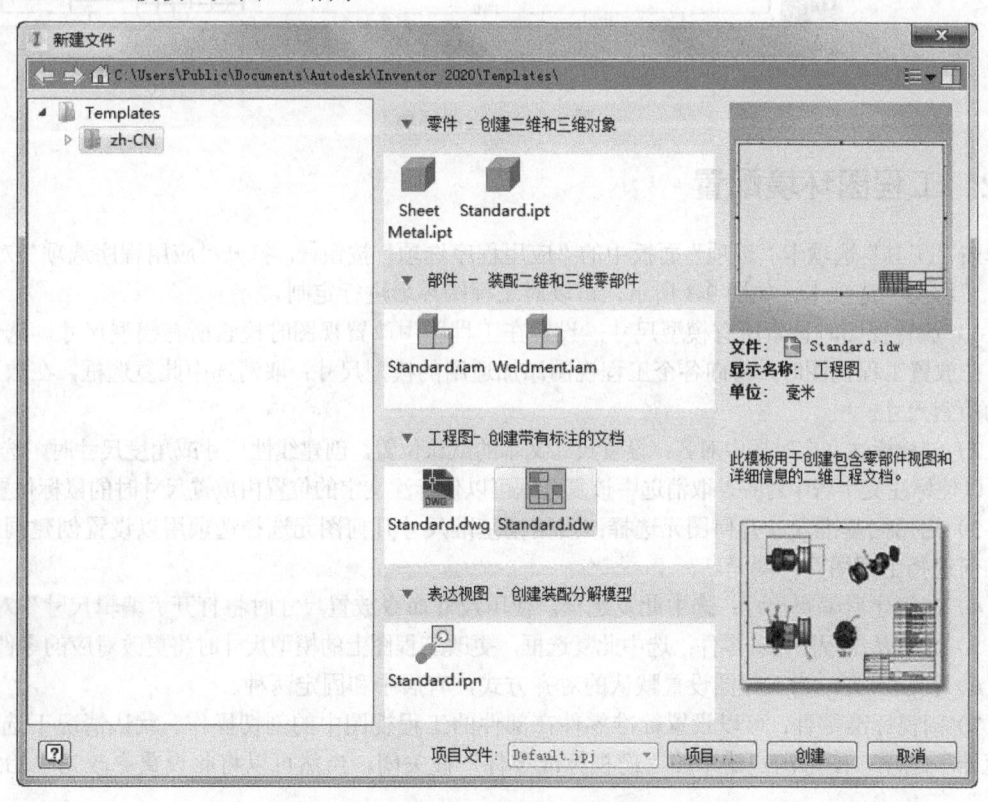

图 9-1 "新建文件"对话框

（2）单击"创建"按钮，进入工程图环境，如图 9-2 所示。

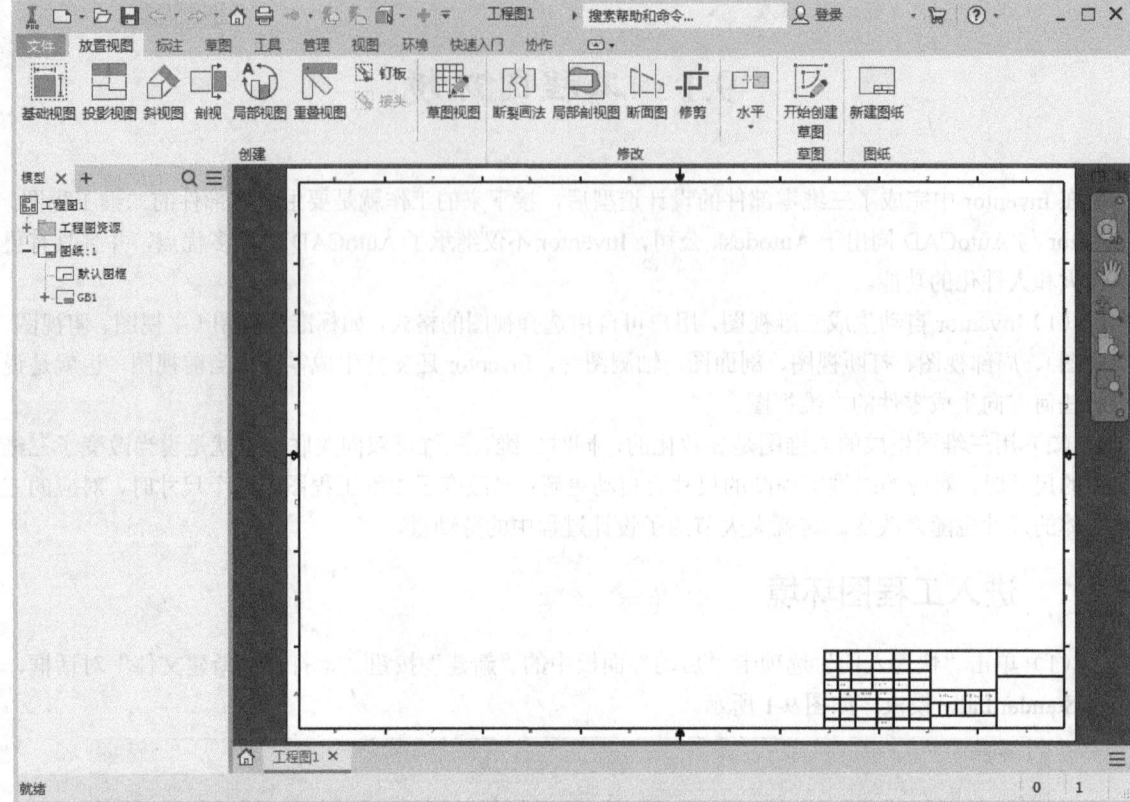

图 9-2　工程图环境

9.1.2　工程图环境配置

单击"工具"选项卡"选项"面板中的"应用程序选项"按钮，打开"应用程序选项"对话框，选择"工程图"选项卡，如图 9-3 所示，可以对工程图环境进行定制。

（1）放置视图时检索所有模型尺寸：设置在工程图中放置视图时检索所有模型尺寸。选中此复选框，在放置工程视图时，将向各个工程视图添加适用的模型尺寸；取消选中此复选框，在放置视图后手动检索尺寸。

（2）创建标注文字时居中对齐：设置尺寸文本的默认位置。创建线性尺寸或角度尺寸时，选中该复选框可以使标注文字居中对齐，取消选中该复选框可以使标注文字的位置由放置尺寸时的鼠标位置决定。

（3）启用同基准尺寸几何图元选择：启用同基准尺寸几何图元选择选项用以设置创建同基准标注时如何选择工程图几何图元。

（4）在创建后编辑尺寸：选中此复选框，使用尺寸命令放置尺寸时将打开"编辑尺寸"对话框。

（5）允许从工程图修改零件：选中此复选框，更改工程图上的模型尺寸时将更改对应的零件尺寸。

（6）视图对齐：为工程图设置默认的对齐方式，有居中和固定两种。

（7）剖视标准零件：可以设置标准零件在部件的工程视图中的剖切操作。默认情况下选择"遵从浏览器"选项，图形浏览器中的"剖视标准零件"被关闭，当然可以将此设置更改为"始终"或"从不"。

（8）标题栏插入：指定插入标题栏时使用的插入点。

（9）标注类型配置：标注类型配置框中的选项为线性、直径和半径尺寸标注设置首选类型。如

第9章 创建工程图

在标注圆的尺寸时，选择⊘则标注直径尺寸，选择⊙则标注半径尺寸。

图9-3 "工程图"选项卡

（10）显示线宽：选中此复选框，则工程图中的可见线条将以激活的绘图标准中定义的线宽显示。如果取消选中该复选框，所有可见线条将以相同线宽显示。注意，此设置不影响打印工程图的线宽。

（11）默认对象样式。

❶ 按标准：在默认情况下，将对象默认样式指定为采用当前标准的"对象默认值"中指定的样式。

❷ 按上次使用的样式：指定在关闭并重新打开工程图文档时，默认使用上次使用的对象和尺寸样式。该设置可在任务之间继承。

（12）默认图层样式。

❶ 按标准：将图层默认样式指定为采用当前标准的"对象默认值"中指定的样式。

❷ 按上次使用的样式：指定在关闭并重新打开工程图文档时，默认使用上次使用的图层样式。该设置可在任务之间继承。

（13）查看预览显示。

❶ 预览显示为：设置预览图像的配置。默认设置为"所有零部件"。可以从下拉列表中选择"部分"或"边框"。"部分"或"边框"选项可以减少内存消耗。

❷ 以未剖形式预览剖视图：通过剖切或不剖切零部件来控制剖视图的预览。选中此复选框将以未剖形式预览模型；取消选中此复选框（默认设置）将以剖切形式预览。

283

(14）容量/性能。

❶ 启用后台更新：启用或禁用光栅工程视图显示。

❷ 内存节约模式：指示 Autodesk Inventor 在进行视图计算之前和期间通过降低性能来更保守地占用内存。它通过更改加载和卸载零部件的方式来保留内存。

（15）默认工程图文件类型：设置当使用标准工具栏中的"新建工程图"按钮创建新工程图时所使用的默认工程图文件类型（.idw 或.dwg）。

9.2 创建视图

在 Autodesk Inventor 中，可以创建基础视图、投影视图、斜视图、剖视图和局部视图等。

9.2.1 基础视图

新工程图中的第一个视图是基础视图，基础视图是创建其他视图如剖视图、局部视图的基础。用户也可以随时为工程图添加多个基础视图。

创建基础视图的步骤如下：

（1）单击"放置视图"选项卡"创建"面板中的"基础视图"按钮■，打开"工程视图"对话框，如图 9-4 所示。

图 9-4 "工程视图"对话框

（2）在对话框中单击"打开现有文件"按钮■，打开"打开"对话框，选择需要创建视图的零件，这里选择"活动钳口"零件，如图 9-5 所示。

（3）单击"打开"按钮，返回到"工程视图"对话框，系统默认视图方向为前视图，如图 9-6 所示，在视图中单击 ViewCube 中的上侧，切换视图方向到上视图，并单击视图角度，将视图旋转到如图 9-7 所示的方向。

（4）在"工程视图"对话框中，设置缩放比例为 2∶1，单击"不显示隐藏线"按钮■，单击"确定"按钮，完成基础视图的创建，如图 9-8 所示。

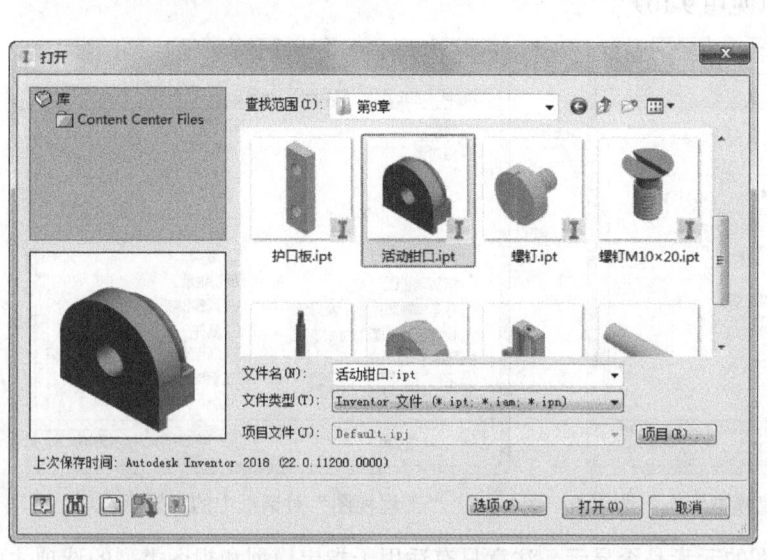

图 9-5 "打开"对话框

图 9-6 默认视图方向

图 9-7 旋转视图

图 9-8 创建视图

"工程视图"对话框中的选项说明如下。

(1)"零部件"选项卡

❶ 文件:用来指定要用于工程视图的零件、部件或表达视图文件。单击"打开现有文件"按钮,打开"打开"对话框,在对话框中选择文件。

❷ 样式。

☑ 比例:设置生成的工程视图相对于零件或部件的比例。另外在编辑从属视图时,该选项可以用来设置视图相对于父视图的比例。可以在框中输入所需的比例,或者单击箭头从常用比例列表中选择。

☑ 视图名称:指定视图的名称。默认的视图名称由激活的绘图标准所决定,要修改名称,可以选择编辑框中的名称并输入新名称。

☑ 切换标签可见性:显示或隐藏视图名称。

☑ 样式:用来定义工程图视图的显示样式,可以选择 3 种显示样式:显示隐藏线、不显示隐藏线和着色。

(2)"模型状态"选项卡

"模型状态"选项卡用于指定要在工程视图中使用的焊接件状态和 iAssembly 或 iPart 成员。指定参考数据,例如线样式和隐藏线计算配置,如图 9-9 所示。

❶ 焊接件:仅在选定文件包含焊接件时可用。单击要在视图中表达的焊接件状态。"成员"列表框中列出了所有处于准备状态的零部件。

❷ 成员:对于 iAssembly 工厂,选择要在视图中表达的成员。

❸ 参考数据:设置视图中参考数据的显示。

☑ 线样式:为所选的参考数据设置线样式,单击列表框以选择样式,可选样式有"按参考零件""按零件""关"。

☑ 边界:设置"边界"选项的值来查看更多参考数据。设置边界值可以使得边界在所有边上以指定值扩展。

☑ 隐藏线计算：指定是计算"所有实体"的隐藏线还是计算"分别参考数据"的隐藏线。
（3）"显示选项"选项卡（见图9-10）

图9-9　"工程视图"对话框中的"模型状态"选项卡　　图9-10　"工程视图"对话框中的"显示选项"选项卡

该选项卡用于设置工程视图的元素是否显示。注意只有适用于指定模型和视图类型的选项才可用。可以选中或清除一个选项来决定该选项对应的元素是否可见。

（4）"恢复选项"选项卡（如图9-11所示）

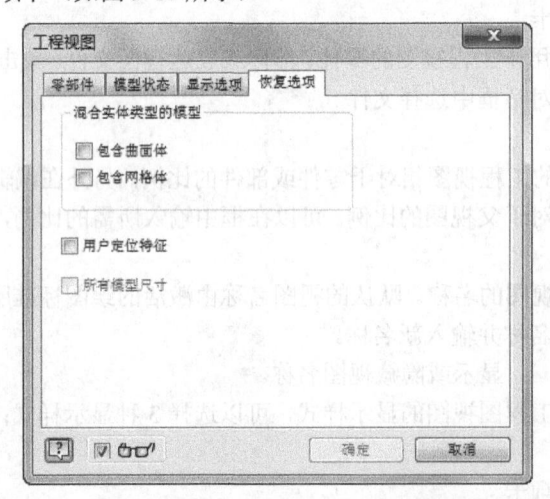

图9-11　"工程视图"对话框中的"恢复选项"选项卡

用于定义在工程图中对曲面和网格实体以及模型尺寸和定位特征的访问。

❶ 混合实体类型的模型。

☑ 包含曲面体：可控制工程视图中曲面体的显示。该复选框默认情况下处于选中状态，用于包含工程视图中的曲面体。

☑ 包含网格体：可控制工程视图中网格体的显示。该复选框默认情况下处于选中状态，用于包含工程视图中的网格体。

❷ 所有模型尺寸：选中该复选框以检索模型尺寸。只显示与视图平面平行并且没有被图纸上现有视图使用的尺寸。清除该复选框，则在放置视图时不带模型尺寸。如果模型中定义了尺寸公差，则模型尺寸中会包括尺寸公差。

第 9 章 创建工程图

❸ 用户定位特征：从模型中恢复定位特征，并在基础视图中将其显示为参考线。选中此复选框来包含定位特征。

此设置仅用于最初放置基础视图。若要在现有视图中包含或排除定位特征，请在"模型"浏览器中展开视图节点，然后在模型上右击，在弹出的快捷菜单中选择"包含定位特征"命令，然后在弹出的"包含定位特征"对话框中指定相应的定位特征。或者，在定位特征上右击，在弹出的快捷菜单中选择"包含"命令。

若要从工程图中排除定位特征，在单个定位特征上右击，然后清除"包含"复选框。

> **技巧**：把鼠标移动到创建的基础视图上，则视图周围出现红色虚线形式的边框。当把鼠标移动到边框的附近时，指针旁边出现移动符号，此时按住鼠标左键就可以拖动视图，以改变视图在图纸中的位置。
> 在视图上右击，则会打开快捷菜单。
> （1）选择"复制"和"删除"命令可以复制和删除视图。
> （2）选择"打开"命令，则会在新窗口中打开要创建工程图的源零部件。
> （3）在视图上双击，则重新打开"工程视图"对话框，用户可以修改其中可以进行修改的选项。
> （4）选择"对齐视图"或"旋转"命令可以改变视图在图纸中的位置。

9.2.2 投影视图

创建了基础视图以后，可以利用一角投影法或者三角投影法创建投影视图。在创建投影视图以前，必须首先创建一个基础视图。

创建投影视图的步骤如下：

（1）单击"放置视图"选项卡"创建"面板中的"投影视图"按钮，在视图中选择要投影的视图，并将视图拖动到投影位置，如图 9-12 所示。

（2）单击放置视图，右击，在打开的快捷菜单中选择"创建"命令，如图 9-13 所示，完成投影视图的创建，如图 9-14 所示。

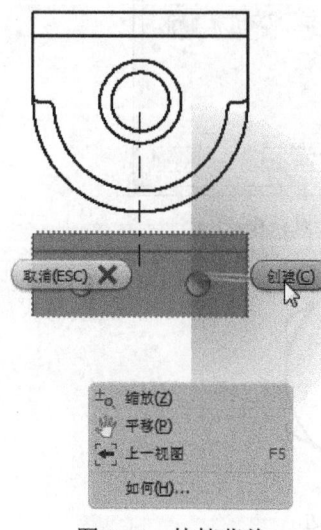

图 9-12 拖动视图　　　　图 9-13 快捷菜单　　　　图 9-14 投影视图

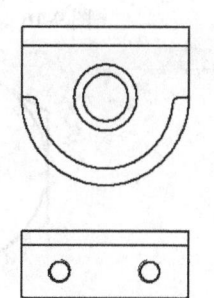

> **技巧**：由于投影视图是基于基础视图创建的，因此常称基础视图为父视图，称投影视图及其他以基础视图为基础创建的视图为子视图。在默认的情况下子视图的很多特性继承自父视图。
> （1）如果拖动父视图，则子视图的位置随之改变，以保持和父视图之间的位置关系。
> （2）如果删除了父视图，则子视图也同时被删除。
> （3）子视图的比例和显示方式同父视图保持一致，当修改父视图的比例和显示方式时，子视图的比例和显示方式也随之改变。

向不同的方向拖动鼠标以预览不同方向的投影视图。如果竖直向上或者向下拖动鼠标，则可以创建仰视图或者俯视图；水平向左或者向右拖动鼠标则可以创建左视图或者右视图；如果向图纸的 4 个角落处拖动则可以创建轴测视图，如图 9-15 所示。

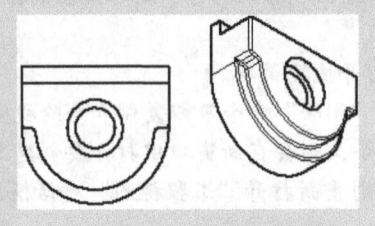

图 9-15　创建轴测视图

9.2.3　斜视图

通过从父视图中的一条边或直线投影来放置斜视图，得到的视图将与父视图在投影方向上对齐。创建斜视图的步骤如下：

（1）单击"放置视图"选项卡"创建"面板中的"斜视图"按钮，选择要投影的视图。
（2）打开"斜视图"对话框，如图 9-16 所示，在对话框中设置视图参数。
（3）在视图中选择线性模型边定义视图方向，如图 9-17 所示。
（4）沿着投影方向拖动视图到适当位置，单击放置视图，如图 9-18 所示。

图 9-16　"斜视图"对话框

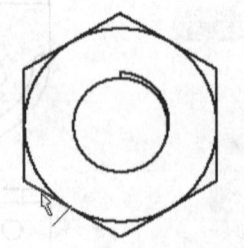

图 9-17　选择边

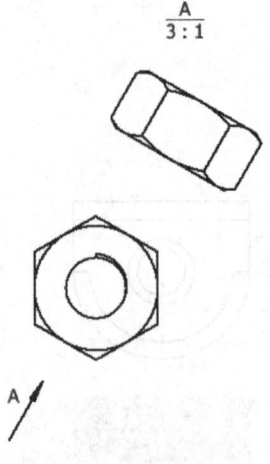

图 9-18　创建斜视图

9.2.4 剖视图

剖视图是表达零部件上被遮挡的特征以及部件装配关系的有效方式。

创建剖视图的步骤如下：

（1）单击"放置视图"选项卡"创建"面板中的"剖视"按钮，在视图中选择父视图。

（2）在父视图上绘制剖切线，剖切线绘制完成后右击，在打开的快捷菜单中选择"继续"命令，如图 9-19 所示。

（3）打开"剖视图"对话框，如图 9-20 所示，在对话框中设置视图参数。

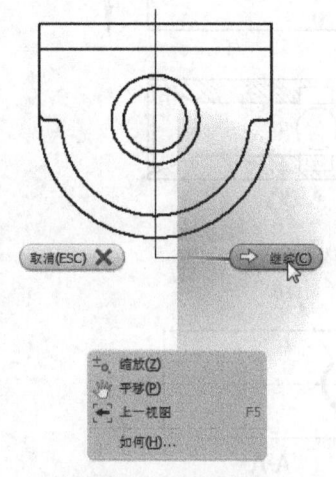

图 9-19　快捷菜单　　　　图 9-20　"剖视图"对话框

（4）将视图拖动到适当位置，单击放置视图，如图 9-21 所示。

"剖视图"对话框中的选项说明如下。

（1）视图/比例标签

❶ 视图标识符：编辑视图标识符号字符串。

❷ 比例：设置相对于零件或部件的视图比例。在框中输入比例，或者单击箭头从常用比例列表中选择。

（2）剖切深度

❶ 全部：零部件被完全剖切。

❷ 距离：按照指定的深度进行剖切。

图 9-21　创建剖视图

（3）切片

❶ 包括切片：如果选中此复选框，则会根据浏览器属性创建包含一些切割零部件和剖视零部件的剖视图。

❷ 剖切整个零件：如果选中此复选框，则会取代浏览器属性，并会根据剖视线几何图元切割视图中的所有零部件。

（4）方式

❶ 投影视图：从草图线创建的投影视图。

❷ 对齐：选中此单选按钮，生成的剖视图将垂直于投影线。

技巧：（1）一般来说，剖切面由绘制的剖切线决定，剖切面过剖切线且垂直于屏幕方向。对于同一个剖切面，不同的投影方向生成的剖视图也不相同。因此在创建剖面图时，一定要选择合适的剖切面和投影方向。在具有内部凹槽的零件中，要表达零件内壁的凹槽，必须使用剖视图。为了表现方形的凹槽特征和圆形的凹槽特征，必须创建不同的剖切平面。要表现方形凹槽所选择的剖切平面以及生成的剖视图如图 9-22 所示，要表现圆形凹槽所选择的剖切平面以及生成的剖视图如图 9-23 所示。

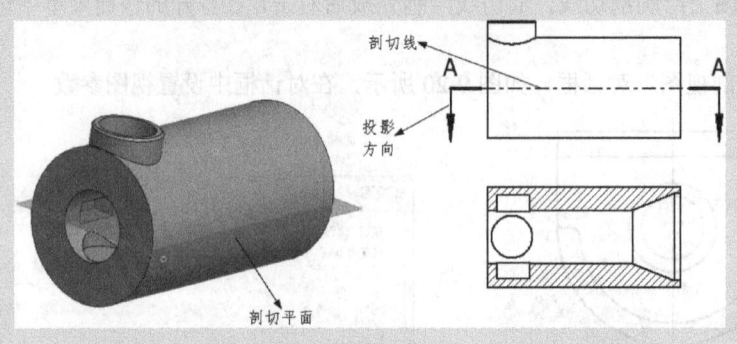

图 9-22　表现方形凹槽的剖视图

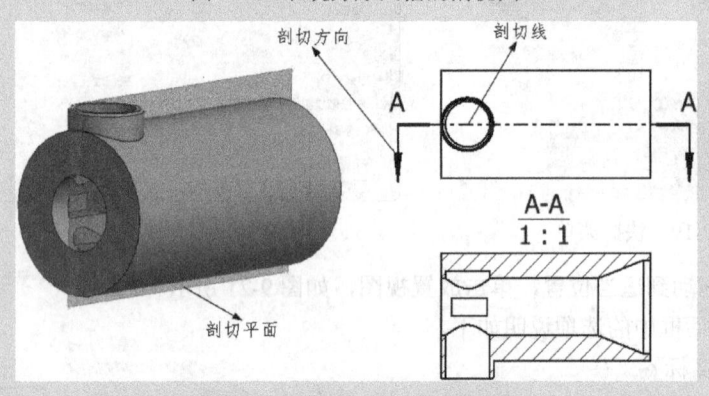

图 9-23　表现圆形凹槽的剖视图

（2）需要特别注意的是，剖切的范围完全由剖切线的范围决定，剖切线在其长度方向上延展的范围决定了所能够剖切的范围。图 9-24 显示了不同长度的剖切线所创建的剖视图是不同的。

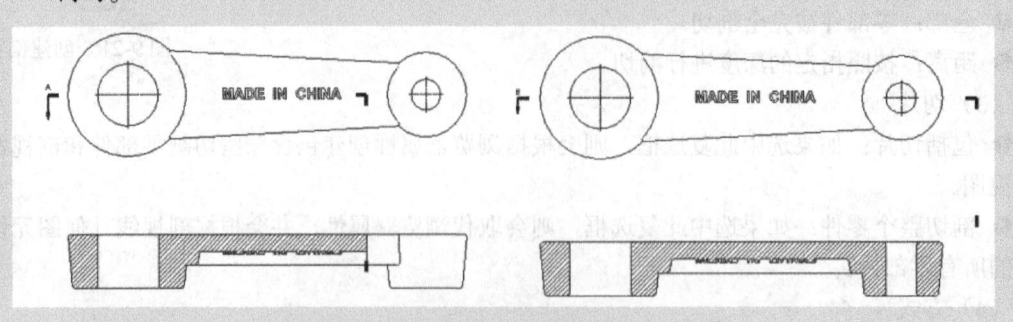

图 9-24　不同长度的剖切线所创建的剖视图

（3）剖视图中投影的方向就是观察剖切面的方向，它也决定了所生成的剖视图的外观。可以选择任意的投影方向生成剖视图，投影方向既可以与剖切面垂直，也可以不垂直，如图 9-25 所示，其中，HH 视图和 JJ 视图是由同一个剖切面剖切生成的，但是投影方向不相同，所以生成的剖视图也不相同。

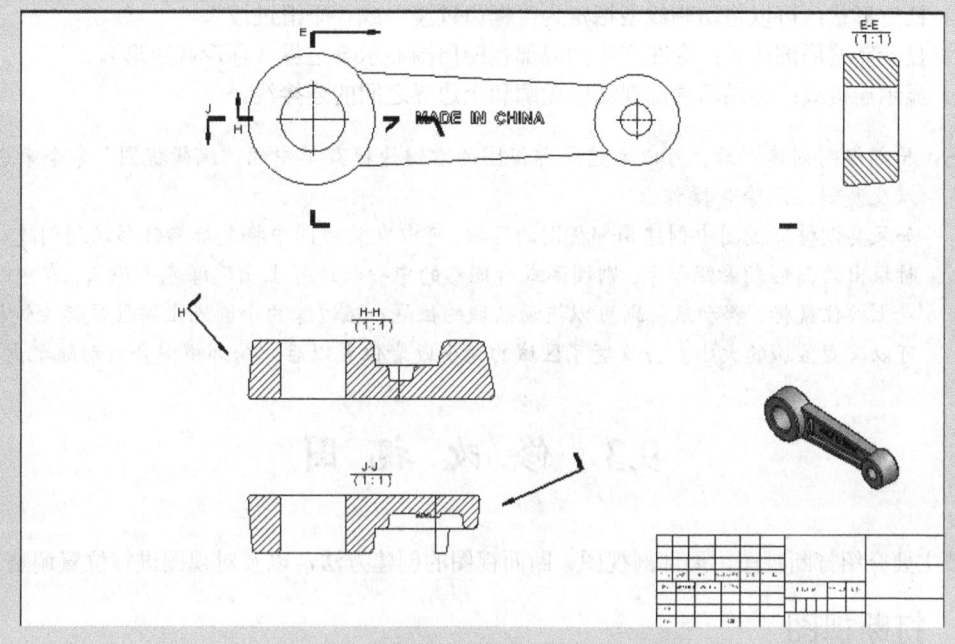

图 9-25 选择任意的投影方向生成剖视图

9.2.5 局部视图

局部视图可以用来突出显示父视图的局部特征。局部视图并不与父视图对齐，默认情况下也不与父视图同比例。

创建局部视图的步骤如下：

（1）单击"放置视图"选项卡"创建"面板中的"局部视图"按钮，选择父视图。

（2）打开"局部视图"对话框，如图 9-26 所示，在对话框中设置视图标识符、缩放比例、轮廓形状和镂空形状等参数。

（3）在视图中要创建局部视图的位置绘制边界，如图 9-27 所示。

（4）将视图拖动到适当位置，单击放置，如图 9-28 所示。

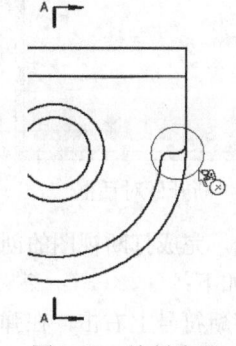

图 9-26 "局部视图"对话框　　图 9-27 绘制边界　　图 9-28 创建局部视图

"局部视图"对话框中的选项说明如下。

（1）轮廓形状：为局部视图指定圆形或矩形轮廓形状。父视图和局部视图的轮廓形状相同。

（2）镂空形状：可以将切割线型指定为"锯齿过渡"或"平滑过渡"。

（3）显示完整局部边界：会在产生的局部视图周围显示全边界（环形或矩形）。

（4）显示连接线：会显示局部视图中轮廓和全边界之间的连接线。

> 技巧：局部视图创建以后，可以通过局部视图的右键快捷菜单中的"编辑视图"命令来进行编辑以及复制、删除等操作。
>
> 如果要调整父视图中创建局部视图的区域，可以在父视图中将鼠标指针移动到创建局部视图时拉出的圆形或者矩形上，则圆形或者矩形的中心和边缘上出现绿色小原点，在中心的小圆点上按住鼠标，移动鼠标则可以拖动区域的位置；在边缘的小圆点上按住鼠标左键拖动，则可以改变区域的大小。当改变了区域的大小或者位置以后，局部视图会自动随之更新。

9.3 修改视图

本节主要介绍打断视图、局部剖视图、断面视图的创建方法，以及对视图进行位置调整。

9.3.1 打断视图

打断视图是通过修改已建立的工程视图来创建的，可以创建打断视图的工程图有零件视图、部件视图、投影视图、等轴测视图、剖视图、局部视图，也可以用打断视图来创建其他视图。

创建打断视图的步骤如下：

（1）单击"放置视图"选项卡"修改"面板中的"断裂画法"按钮，选择要打断的视图。

（2）打开"断开"对话框，如图9-29所示，在对话框中设置打断样式、打断方向及间隙等参数。

（3）在视图中放置一条打断线，将第二条打断线拖动到适当位置，如图9-30所示。

图9-29　"断开"对话框　　　　图9-30　放置打断线

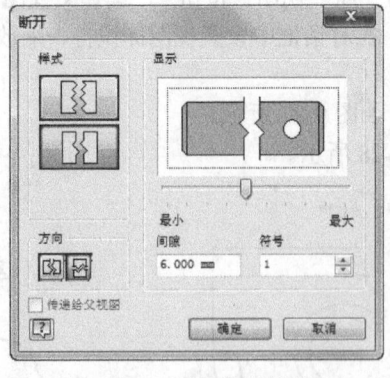

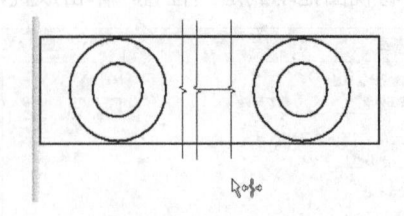

（4）单击放置打断线，完成打断视图的创建，如图9-31所示。

编辑打断视图的步骤如下：

（1）在打断视图的打断符号上右击，在弹出的快捷菜单中选择"编辑打断"命令，则重新打开"断开"对话框，可以重新对打断视图的参数进行定义。

（2）如果要删除打断视图，选择右键菜单中的"删除"命令即可。

（3）另外，打断视图提供了打断控制器以直接在图纸上对打断视图进行修改。当鼠标指针位于打断视图符号的上方时，打断控制器（一个绿色的小圆形）即会显示，可以用鼠标左键点住该控制器，左右或者上下拖动以改变打断的位置，如图 9-32 所示。还可以通过拖动两条打断线来改变去掉的零部件部分的视图量。如果将打断线从初始视图的打断位置移走，则会增加去掉零部件的视图量，将打断线移向初始视图的打断位置，会减少去掉零部件的视图量。

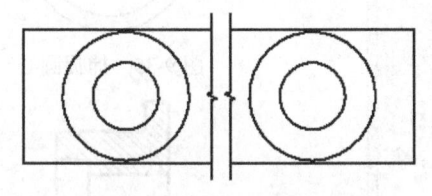

图 9-31　创建打断视图　　　　　　　　图 9-32　拖动打断线

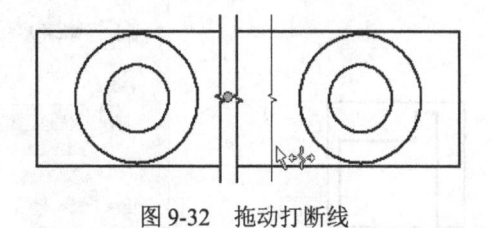

"断开"对话框中的选项说明如下。

（1）样式

❶ 矩形样式：为非圆柱形对象和所有剖视打断的视图创建打断。

❷ 构造样式：使用固定格式的打断线创建打断。

（2）方向

❶ 水平方向：设置打断方向为水平方向。

❷ 竖直方向：设置打断方向为竖直方向。

（3）显示

❶ 显示：设置每个打断类型的外观。当拖动滑块时，控制打断线的波动幅度，表示为打断间隙的百分比。

❷ 间隙：指定打断视图中打断之间的距离，指定打断视图中打断之间的距离。

❸ 符号：指定所选打断处的打断符号的数目，每处打断最多允许使用 3 个符号，并且只能在"构造样式"的打断中使用。

（4）传递给父视图

如果选中此复选框，则打断操作将扩展到父视图。此选项的可用性取决于视图类型和"打断继承"选项的状态。

9.3.2　局部剖视图

要显示零件局部被隐藏的特征，可以创建局部剖视图，通过去除一定区域的材料，以显示现有工程视图中被遮挡的零件或特征。局部剖视图需要依赖于父视图，所以要创建局部剖视图，必须先放置父视图，然后创建与一个或多个封闭的截面轮廓相关联的草图，来定义局部剖区域的边界。需要注意的是，父视图必须与包含定义局部剖边界的截面轮廓的草图相关联。

创建局部剖视图的步骤如下：

（1）在视图中选择要创建局部剖视图的视图。

（2）单击"放置视图"选项卡"草图"面板中的"开始创建草图"按钮，进入草图环境。

（3）绘制局部剖视图边界，如图 9-33 所示，完成草图绘制，返回到工程图环境。

（4）单击"放置视图"选项卡"修改"面板中的"局部剖视图"按钮，打开"局部剖视图"

对话框，如图 9-34 所示。

（5）捕捉如图 9-35 所示的圆弧圆心为深度点，其他采用默认设置，单击"确定"按钮，完成局部剖视图的创建，如图 9-36 所示。

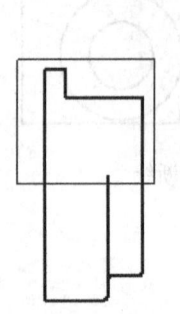

图 9-33　绘制边界　　　　图 9-34　"局部剖视图"对话框　　　　图 9-35　捕捉圆心

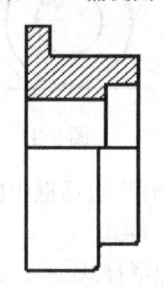

图 9-36　创建局部剖视图

"局部剖视图"对话框中的选项说明如下。

（1）深度。

❶ 自点：为局部剖的深度设置数值。

❷ 至草图：使用与其他视图相关联的草图几何图元定义局部剖的深度。

❸ 至孔：使用视图中孔特征的轴定义局部剖的深度。

❹ 贯通零件：使用零件的厚度定义局部剖的深度。

（2）显示隐藏边：临时显示视图中的隐藏线，可以在隐藏线几何图元上拾取一点来定义局部剖深度。

（3）剖切所有零件：选中此复选框，以剖切当前未在局部剖视图区域中剖切的零件。

9.3.3　断面视图

在工程图中创建真正的零深度剖视图。剖切截面轮廓由所选源视图中的关联草图几何图元组成。断面操作将在所选的目标视图中执行。

创建断面视图的步骤如下：

（1）在视图中选择要创建局断面图的视图。

（2）单击"放置视图"选项卡"草图"面板中的"开始创建草图"按钮 ，进入草图环境。

（3）绘制断面草图，如图 9-37 所示，完成草图绘制，返回到工程图环境。

（4）在视图中选择要剖切的视图，如图 9-38 所示。

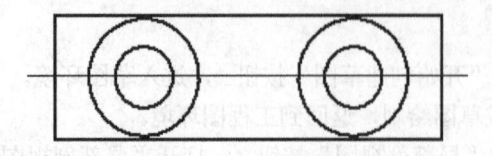

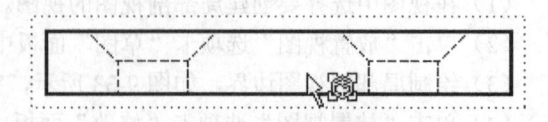

图 9-37　绘制草图　　　　图 9-38　选择剖切视图

第 9 章 创建工程图

(5) 打开"断面图"对话框，如图 9-39 所示。在视图中选择 9-39 中绘制的草图。
(6) 在对话框中单击"确定"按钮，完成断面图的创建，如图 9-40 所示。

图 9-39 "断面图"对话框

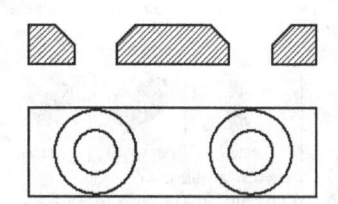

图 9-40 创建断面图

"断面视图"对话框中的选项说明如下。

剖切整个零件：选中此复选框，断面草图几何图元穿过的所有零部件都参与断面，与断面草图几何图元不相交的零部件不会参与断面操作。

9.3.4 修剪

修剪操作用于修剪包含已定义边界的工程视图。可以通过用鼠标拖动拉出的环形或矩形或预定义视图草图来执行修剪操作。修剪操作不能对包含断开视图的视图、包含重叠的视图、抑制的视图和已经被修剪过的视图进行修剪。

修剪视图的步骤如下：
(1) 单击"放置视图"选项卡"修改"面板中的"修剪"按钮，在视图中选择要修剪的视图。
(2) 选择要保留的区域，如图 9-41 所示。
(3) 单击，完成视图修剪，结果如图 9-42 所示。

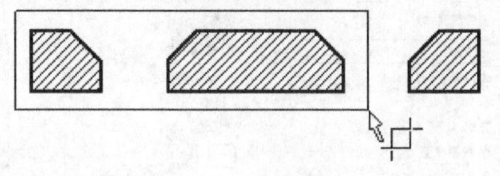

图 9-41 选择区域

图 9-42 修剪视图

9.3.5 实例——创建活动钳口工程视图

本例绘制活动钳口工程视图，如图 9-43 所示。

操作步骤：

(1) 新建文件。单击"快速入门"选项卡"启动"面板上的"新建"按钮，在打开的"新建文件"对话框的 Templates 选项卡的零件下拉列表中选择 Standard.idw 选项，然后单击"确定"按钮新建一个工程图文件。

(2) 创建基础视图。单击"放置视图"选项卡"创建"面板上的"基础视图"按钮，打开"工程视图"对话框，单击"打开现有文件"按钮，打开如图 9-44 所示的"打开"对话框，选择"活动钳口"零件，如图 9-44 所示，单击"打开"按钮，打开"活动钳口"零件；选择比例为 2∶1，选择样式为"不显示隐藏线"，如图 9-45 所示，单击"确定"按钮，完成基础视图的创建，如图 9-46 所示。

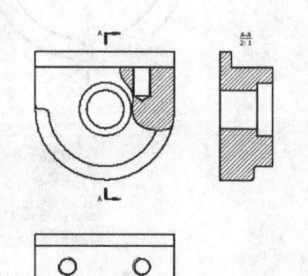

图 9-43 活动钳口工程视图

295

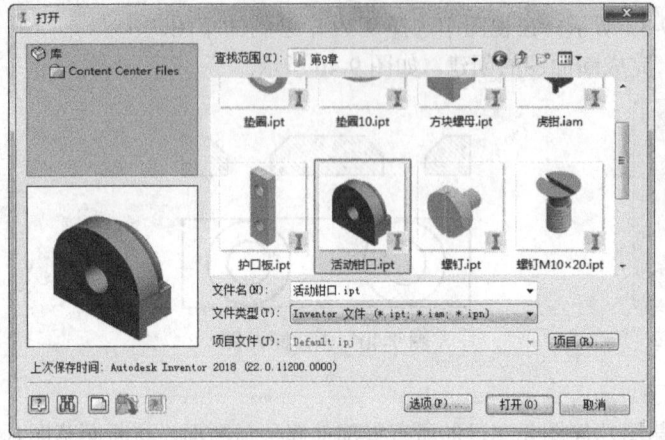

图 9-44 "打开"对话框　　　　　图 9-45 设置参数

（3）创建剖视图。单击"放置视图"选项卡"创建"面板上的"剖视"按钮，在视图中选择上步创建的基础视图，通过基础视图的中心绘制一条竖直直线，然后右击，在打开的快捷菜单中选择"继续"命令，如图 9-47 所示，打开"剖视图"对话框，选择"样式"为"不显示隐藏线"选项，如图 9-48 所示，然后向右拖动鼠标，在适当位置单击确定创建剖视图的位置，生成的投影视图如图 9-49 所示。

图 9-46 创建基础视图

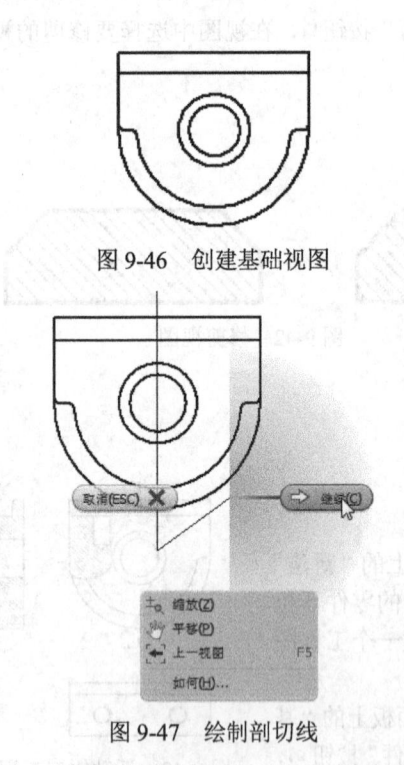

图 9-48 "剖视图"对话框

图 9-47 绘制剖切线　　　　　图 9-49 创建剖视图

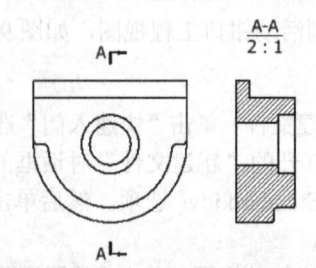

（4）创建投影视图。单击"放置视图"选项卡"创建"面板上的"投影视图"按钮，在视图中选择上步创建的基础视图，然后向下拖动鼠标，在适当位置单击确定创建投影视图的位置。再右击，在打开的快捷菜单中选择"创建"命令，如图 9-50 所示，生成的投影视图如图 9-51 所示。

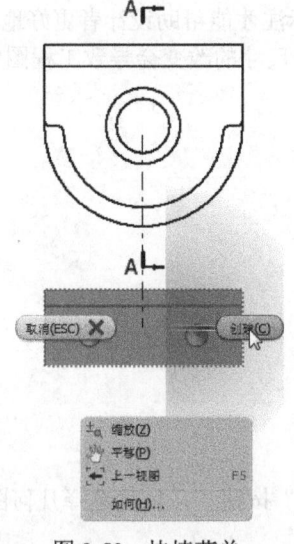

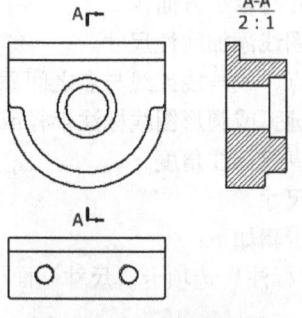

图 9-50　快捷菜单　　　　图 9-51　创建投影视图

(5) 创建局部剖视图。

❶ 在视图中选取基础视图,单击"放置视图"选项卡"草图"面板中的"开始创建草图"按钮，进入草图绘制环境。单击"草图"选项卡"创建"面板中的"样条曲线（插值）"按钮，绘制一个封闭轮廓,如图 9-52 所示。单击"草图"选项卡上的"完成草图"按钮，退出草图环境。

❷ 单击"放置视图"选项卡"修改"面板上的"局部剖视图"按钮，在视图中选取基础视图，打开如图 9-53 所示的"局部剖视图"对话框。在深度下拉列表中选择"至孔"选项，系统自动捕捉上步绘制的草图为截面轮廓,选择如图 9-54 所示的孔,输入深度为 0,单击"确定"按钮,完成局部剖视图的创建,如图 9-55 所示。

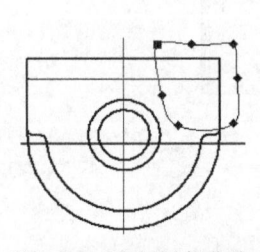

图 9-52　绘制样条曲线　　图 9-53　"局部剖视图"对话框　　图 9-54　选择孔　　图 9-55　创建局部剖视图

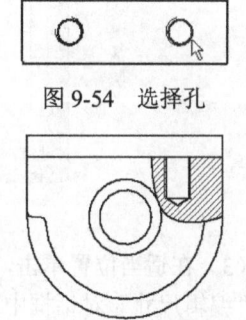

(6) 保存文件。单击快速访问工具栏上的"保存"按钮，打开"另存为"对话框，输入文件名为"创建活动钳口视图.idw",单击"保存"按钮,保存文件。

9.4 尺 寸 标 注

创建完视图后,需要对工程图进行尺寸标注。尺寸标注是工程图设计中的重要环节,它关系到零

· 297 ·

件的加工、检验和实用各个环节。只有配合合理的尺寸标注才能帮助设计者更好地表达其设计意图。工程视图中的尺寸标注是与模型中的尺寸相关联的，模型尺寸的改变会导致工程图中尺寸的改变。同样，工程图中尺寸的改变会导致模型尺寸的改变。

9.4.1 通用尺寸

可标注的尺寸有以下方面。

- ☑ 为选定图线添加线性尺寸。
- ☑ 为点与点、线与线或线与点之间添加线性尺寸。
- ☑ 为选定圆弧或圆形图线标注半径或直径尺寸。
- ☑ 选两条直线标注角度。
- ☑ 虚交点尺寸。

标注尺寸的步骤如下：

（1）单击"标注"选项卡"尺寸"面板中的"尺寸"按钮▢，依次选择几何图元的组成要素即可。例如：

❶ 要标注直线的长度，可以依次选择直线的两个端点，或者直接选择整条直线。
❷ 要标注角度，可以依次选择角的两条边。
❸ 要标注圆或者圆弧的半径（直径），选取圆或者圆弧即可。

（2）选择图元后，显示尺寸并打开"编辑尺寸"对话框，如图 9-56 所示，在对话框中设置尺寸参数。

图 9-56 "编辑尺寸"对话框

（3）在适当位置单击，放置尺寸。

"编辑尺寸"对话框中的选项说明如下。

（1）文本。

❶ ▤▤▤ ▤▤▤：编辑文本位置。

❷ 隐藏尺寸值：选中此复选框，则可以编辑尺寸的计算值，可以直接输入尺寸值。取消选中此复选框，则恢复计算值。

❸ 启动文本编辑器▢：单击此按钮，打开"文本格式"对话框，对文字进行编辑。

❹ 在创建后编辑尺寸：选中此复选框，每次插入新的尺寸时都会打开"编辑尺寸"对话框，编辑尺寸。

❺ "符号"列表：在列表中选择符号插入到光标位置。

(2)"精度和公差"选项卡，如图 9-57 所示。

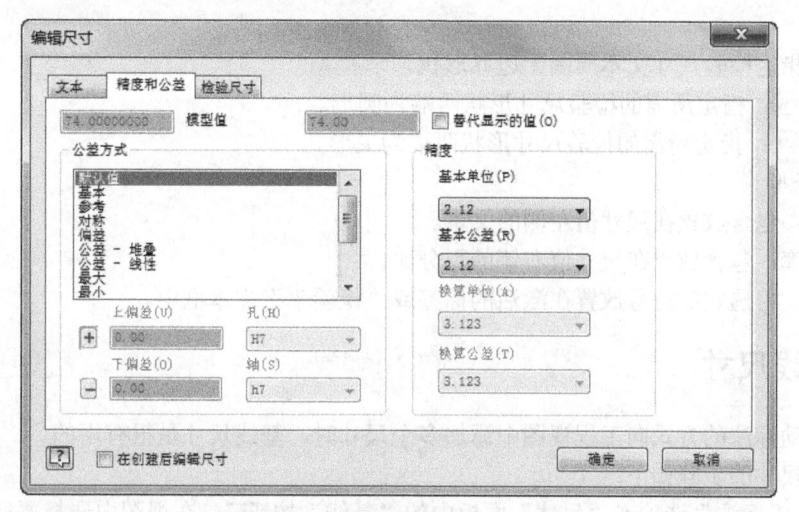

图 9-57 "精度和公差"选项卡

❶ 模型值：显示尺寸的模型值。
❷ 替代显示的值：选中此复选框，关闭计算的模型值，输入替代值。
❸ 公差方式：在列表中指定选定尺寸的公差方式。
- ☑ 上偏差：设置上偏差的值。
- ☑ 下偏差：设置下偏差的值。
- ☑ 孔：当选择"公差与配合"公差方式时，设置孔尺寸的公差值。
- ☑ 轴：当选择"公差与配合"公差方式时，设置轴尺寸的公差值。
❹ 精度：数值将按指定的精度四舍五入。
- ☑ 基本单位：设置选定尺寸的基本单位的小数位数。
- ☑ 基本公差：设置选定尺寸的基本公差的小数位数。
- ☑ 换算单位：设置选定尺寸的换算单位的小数位数。
- ☑ 换算公差：设置选定尺寸的换算公差的小数位数。

(3)"检验尺寸"选项卡，如图 9-58 所示。

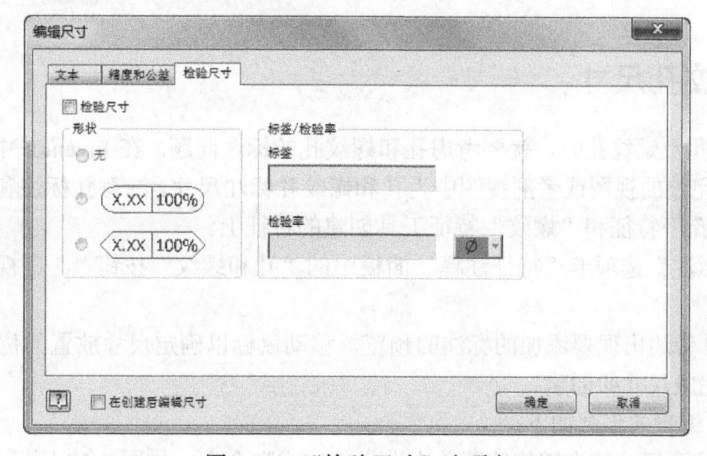

图 9-58 "检验尺寸"选项卡

❶ 检验尺寸：选中此复选框，将选定的尺寸指定为检验尺寸并激活检验选项。
❷ 形状。
☑ 无：指定检验尺寸文本周围无边界形状。
☑ ⬭X.XX 100%⬭：指定所需的检验尺寸形状两端为圆形。
☑ ⟨X.XX 100%⟩：指定所需的检验尺寸形状两端为尖形。
❸ 标签/检验率。
☑ 标签：包含放置在尺寸值左侧的文本。
☑ 检验率：包含放置在尺寸值右侧的百分比。
☑ 符号：将选定的符号放置在激活的标签或"检验率"文本框中。

9.4.2 基线尺寸

当要以自动标注的方式向工程视图中添加多个尺寸时，基线尺寸是很有用的。
标注基线尺寸的步骤如下：
（1）单击"标注"选项卡"尺寸"面板中的"基线"按钮，在视图中选择要标注的图元。
（2）选择完毕后，右击在弹出的快捷菜单中选择"继续"命令，出现基线尺寸的预览。
（3）在要放置尺寸的位置单击，即完成基线尺寸的创建。
（4）如果要在其他位置放置相同的尺寸集，可以在结束命令之前按 Backspace 键，将再次出现尺寸预览，单击其他位置放置尺寸。

9.4.3 同基准尺寸

可以在 Inventor 中创建同基准尺寸或者由多个尺寸组成的同基准尺寸集。
标注同基准尺寸的步骤如下：
（1）单击"标注"选项卡"尺寸"面板中的"同基准"按钮，然后在图纸中单击一个点或者一条直线边作为基准，此时移动鼠标以指定基准的方向，基准的方向垂直于尺寸标注的方向，单击以完成基准的选择。
（2）依次选择要进行标注的特征的点或者边，选择完则尺寸自动被创建。
（3）当全部选择完毕以后，可以右击，在弹出的快捷菜单中选择"创建"命令，即可完成同基准尺寸的创建。

9.4.4 孔/螺纹孔尺寸

当零件上存在孔及螺纹孔时，就要考虑孔和螺纹孔的标注问题。在 Inventor 中，可以利用"孔和螺纹标注"工具在完整的视图或者剖视图中为孔和螺纹孔标注尺寸。注意孔标注和螺纹标注只能添加到在零件中使用"孔"特征和"螺纹"特征工具创建的特征上。
（1）单击"标注"选项卡"特征注释"面板中的"孔和螺纹"按钮，在视图中选择孔或者螺纹孔。
（2）鼠标指针旁边出现要添加的标注的预览，移动鼠标以确定尺寸放置的位置。
（3）单击以完成尺寸的创建。
孔/螺纹孔尺寸编辑的步骤如下：
（1）在孔/螺纹孔尺寸的右键快捷菜单中选择"文本"命令，如图 9-59 所示，打开"文本格式"对话框以编辑尺寸文本的格式，如设定字体和间距等。

(2)选择"编辑孔尺寸"命令,打开"编辑孔注释"对话框,如图 9-60 所示,可以为现有孔标注添加符号或值、编辑文本或者修改公差。在"编辑孔注释"对话框中,取消选中"使用默认值"复选框;在编辑框中单击并输入修改内容;单击相应的按钮为尺寸添加符号或值;要添加文本,可以使用键盘进行输入;要修改公差格式或精度,可以单击"精度和公差"按钮并在弹出的"精度和公差"对话框中进行修改。需要注意的是,孔标注的默认格式和内容由该工程图的激活尺寸样式控制。要改变默认设置,可以编辑尺寸样式或改变绘图标准以使用其他尺寸样式。

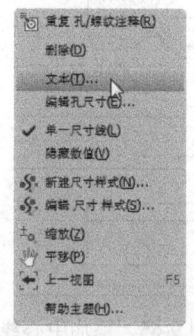

图 9-59 快捷菜单　　　　　　　图 9-60 "编辑孔注释"对话框

9.4.5 实例——标注活动钳口尺寸

本例将标注活动钳口工程图,如图 9-61 所示。

操作步骤:

(1)打开文件。单击"快速入门"选项卡"启动"面板上的"打开"按钮,打开"打开"对话框,在对话框中选择"创建活动钳口视图.idw"文件,然后单击"打开"按钮,打开工程图文件。

(2)添加中心线。

❶ 单击"标注"选项卡"符号"面板上的"中心线"按钮,选择主视图上的螺纹孔两边中点,右击,在弹出的快捷菜单中选择"创建"命令,如图 9-62 所示。

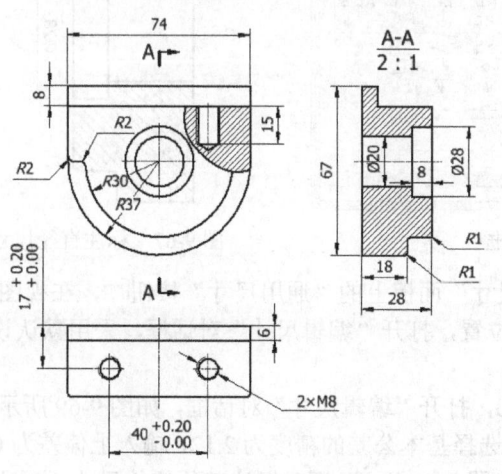

图 9-61 活动钳口工程图　　　　　　　图 9-62 快捷菜单

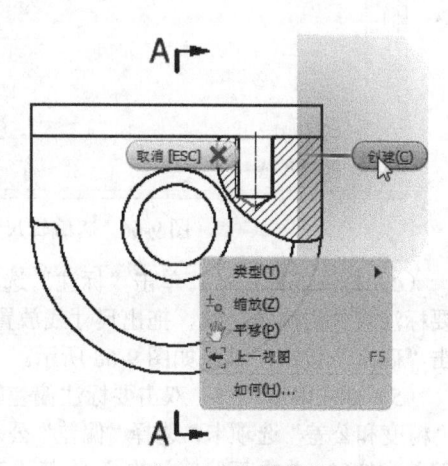

❷ 单击"标注"选项卡"符号"面板上的"中心标记"按钮,在视图中选择圆,为圆添加中心线,如图 9-63 所示。采用相同的方式,对视图中的所有圆添加中心标记,结果如图 9-64 所示。

301

❸ 单击"标注"选项卡"符号"面板上的"对称中心线"按钮，选择要添加中心线的两侧边线，添加中心线，如图 9-65 所示。

图 9-63　为圆添加中心线　　图 9-64　添加圆中心线　　图 9-65　添加中心线

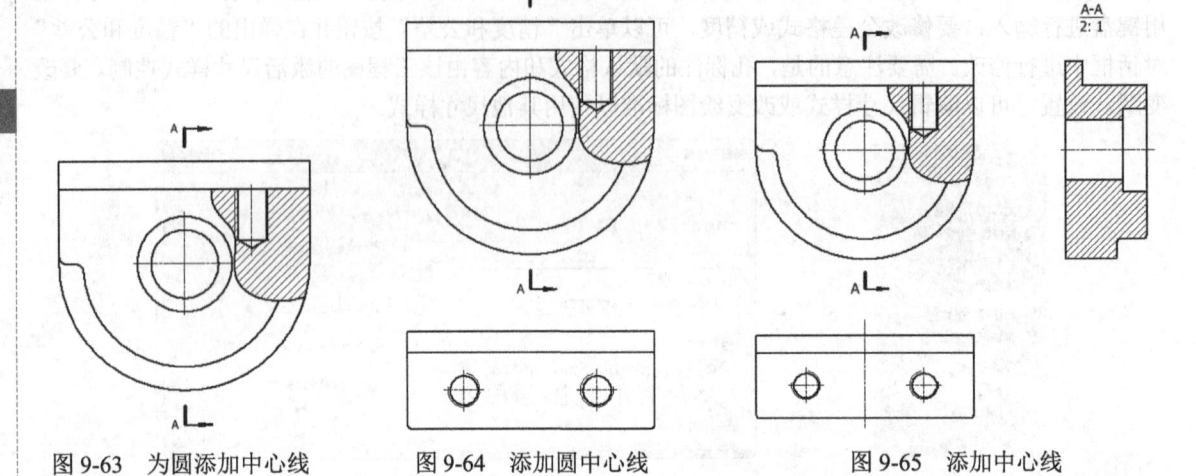

（3）标注直径尺寸。单击"标注"选项卡"尺寸"面板上的"尺寸"按钮，在视图中选择要标注直径尺寸的两条边线，拖出尺寸线放置到适当位置，打开"编辑尺寸"对话框，将光标放置在尺寸值的前端，选择"直径"符号，如图 9-66 所示，单击"确定"按钮，结果如图 9-67 所示。采用相同的方法标注其他直径尺寸。

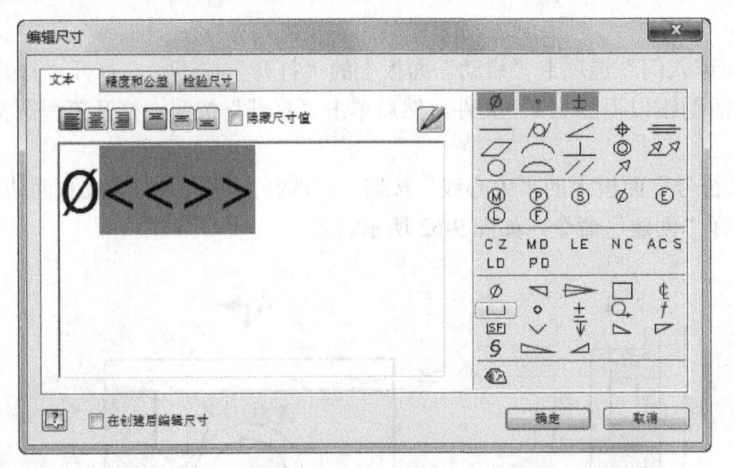

图 9-66　"编辑尺寸"对话框　　　　图 9-67　标注直径尺寸

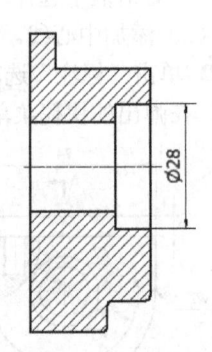

（4）标注线性尺寸。单击"标注"选项卡"尺寸"面板上的"通用尺寸"按钮，在视图中选择要标注尺寸的两条边线，拖出尺寸线放置到适当位置，打开"编辑尺寸"对话框，采用默认设置，单击"确定"按钮，结果如图 9-68 所示。

（5）标注偏差尺寸。双击要标注偏差的尺寸 40，打开"编辑尺寸"对话框，如图 9-69 所示，选择"精度和公差"选项卡，选择"偏差"公差方式，选择基本公差的精度为 2.12，输入上偏差为 0.20，下偏差为 0.00，单击下偏差前的，将其更改为，如图 9-70 所示；同理标注其他偏差尺寸，如图 9-71 所示。

（6）标注半径和螺纹尺寸。单击"标注"选项卡"尺寸"面板上的"尺寸"按钮，在视图中选择要标注半径尺寸的圆弧，拖出尺寸线放置到适当位置，如图 9-72 所示，打开"编辑尺寸"对话框，选中"隐藏尺寸值"复选框，隐藏原始值，然后重新输入要标注的尺寸，将标注的半径符号改为斜体，单击"确定"按钮，同理标注其他直径尺寸，结果如图 9-73 所示。

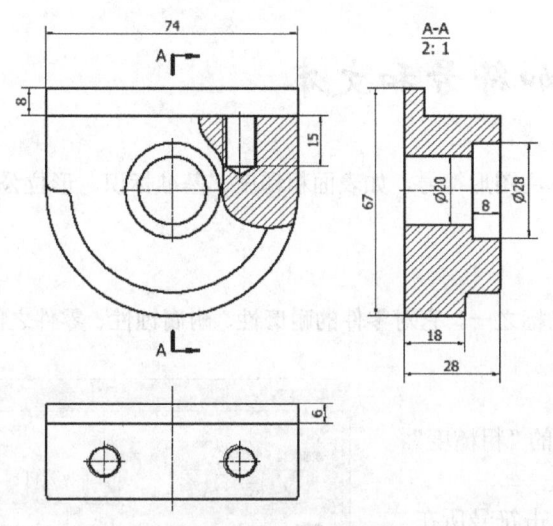

图 9-68　标注线性尺寸

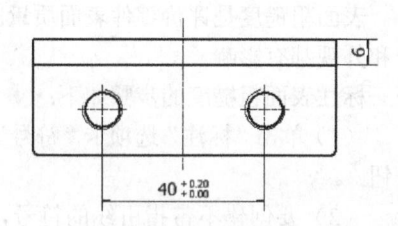

图 9-70　修改尺寸

图 9-69　"编辑尺寸"对话框

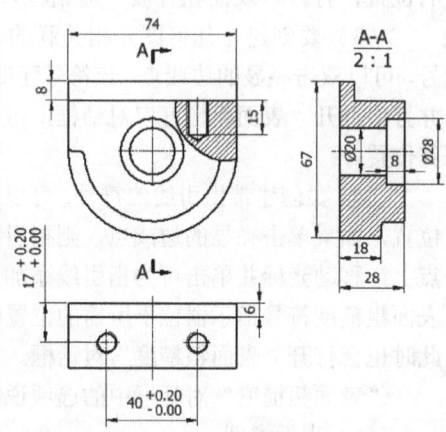

图 9-71　标注偏差尺寸

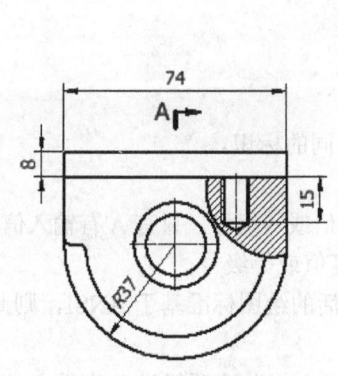

图 9-72　标注半径尺寸

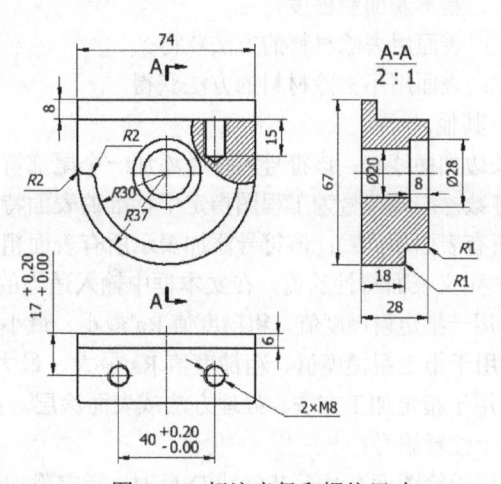

图 9-73　标注半径和螺纹尺寸

· 303 ·

(7)保存文件。选择主菜单下的"另存为"命令,打开"另存为"对话框,输入文件名为"活动钳口尺寸.idw",单击"保存"按钮,保存文件。

9.5 添加符号和文本

一张完整的工程图不仅要有尺寸,还得标注图形符号,如表面粗糙度、基准标识、形位公差等。

9.5.1 表面粗糙度标注

表面粗糙度是评价零件表面质量的重要指标之一,它对零件的耐磨性、耐腐蚀性、零件之间的配合和外观都有影响。

标注表面粗糙度的步骤如下:

(1)单击"标注"选项卡"符号"面板中的"粗糙度"按钮√。

(2)要创建不带指引线的符号,可以双击符号所在的位置,打开"表面粗糙度"对话框,如图9-74所示。

(3)要创建与几何图元相关联的、不带指引线的符号,可以双击亮显的边或点,该符号随即附着在边或点上,并且将打开"表面粗糙度"对话框,可以拖动符号来改变其位置。

(4)要创建带指引线的符号,可以单击指引线起点的位置,如果单击亮显的边或点,则指引线将被附着在边或点上,移动光标并单击可为指引线添加另外一个顶点。当表面粗糙度符号指示器位于所需的位置时,右击,在弹出的快捷菜单中选择"继续"命令以放置符号,此时也会打开"表面粗糙度"对话框。

图9-74 "表面粗糙度"对话框

"表面粗糙度"对话框中的选项说明如下:

(1)表面类型。

❶ ▽:基本表面粗糙度符号。

❷ ▽:表面用去除材料的方法获得。

❸ ▽:表面用不去除材料的方法获得。

(2)其他。

❶ 长边加横线 :该符号为符号添加一个尾部符号。

❷ 多数 :该符号为工程图指定了标准的表面特性。

❸ 所有表面相同 :该符号添加表示所有表面粗糙度相同的标识。

(3)定义表面特性的值,在文本框中输入适当的值。

❶ A用于指定粗糙度值、粗糙度值Ra最小、最小粗糙度值或等级号。只有A'有输入值时才可用。

❷ A'用于指定粗糙度值、粗糙度值Ra最大、最大粗糙度值或等级号。

❸ B用于指定加工方法、处理方法或表面涂层。如果激活的绘图标准基于ANSI,则此框可以用于输入一个注释编号。

❹ B'用于绘图标准基于ISO或DIN时,指定附加的加工方法。此选项仅当B有输入值时才有效。

❺ C 用于对于 ANSI 标准，指定粗糙度平均所用的粗糙度分界值或取样长度；对于 ISO 或 DIN 标准，指定波纹高度或取样长度；对于 JIS 标准，指定分界值和取样长度。

❻ D 用来指定放置方向。单击箭头并在下拉列表中选择符号。如果选择☑，则此选项不可用。

❼ E 用于指定机械加工余量。如果选择☑，则此选项不可用。

9.5.2 基准标识标注

使用此命令创建一个或多个基准标识符号，可以创建带指引线的基准标识符号或单个的标识符号。标注基准标识符号的步骤如下：

（1）单击"标注"选项卡"符号"面板中的"基准标识符号"按钮。

（2）要创建不带指引线的符号，可以双击符号所在的位置，此时打开"文本格式"对话框。

（3）要创建与几何图元相关联的、不带指引线的符号，可以双击亮显的边或点，则符号将被附着在边或点上，并打开"文本格式"对话框，然后可以拖动符号来改变其位置。

（4）如果要创建带指引线的符号，首先单击指引线起点的位置，如果选择单击亮显的边或点，则指引线将被附着在边或点上，然后移动光标以预览将创建的指引线，单击来为指引线添加另外一个顶点。当符号标识位于所需的位置时，右击，在弹出的快捷菜单中选择"继续"命令，则符号成功放置，并打开"文本格式"对话框。

（5）参数设置完毕后，单击"确定"按钮以完成基准标识的标注。

9.5.3 形位公差标注

标注形位公差的步骤如下：

（1）单击"标注"选项卡"符号"面板中的"形位公差符号"按钮。

（2）要创建不带指引线的符号，可以双击符号所在的位置，此时打开"形位公差符号"对话框，如图 9-75 所示。

（3）要创建与几何图元相关联的、不带指引线的符号，可以双击亮显的边或点，则符号将被附着在边或点上，并打开"形位公差符号"对话框，然后可以拖动符号来改变其位置。

（4）如果要创建带指引线的符号，首先单击指引线起点的位置，如果选择单击亮显的边或点，则指引线将被附着在边或点上，然后移动光标以预览将创建的指引线，单击来为指引线添加另外一个顶点。当符号标识位于所需的位置时，右击，在弹出的快捷菜单中选择"继续"命令，则符号成功放置，并打开"形位公差符号"对话框，如图 9-75 所示。

图 9-75 "形位公差符号"对话框

（5）参数设置完毕后，单击"确定"按钮以完成形位公差的标注。

"形位公差符号"对话框中的选项说明如下。

（1）符号：选择要进行标注的项目，一共可以设置 3 个，可以选择直线度、圆度、垂直度、同心度等公差项目。

（2）公差：设置公差值，可以分别设置两个独立公差的数值。但是第二个公差仅适用于 ANSI 标准。

（3）基准：指定影响公差的基准，基准符号可以从下面的符号栏中选择，如 A，也可以手动输入。

（4）基准标识符号：指定与形位公差符号相关的基准标识符号。

（5）注释：向形位公差符号添加注释。

（6）全周边：选中此复选框，用来在形位公差旁添加周围焊缝符号。

> **技巧**：编辑形位公差有以下几种类型。
>
> （1）选择要修改的形位公差，在打开的如图 9-76 所示的快捷菜单中选择"编辑形位公差符号样式"命令，打开"样式和标准编辑器"对话框，其中的"形位公差符号"选项自动打开，如图 9-77 所示，可以编辑形位公差符号的样式。

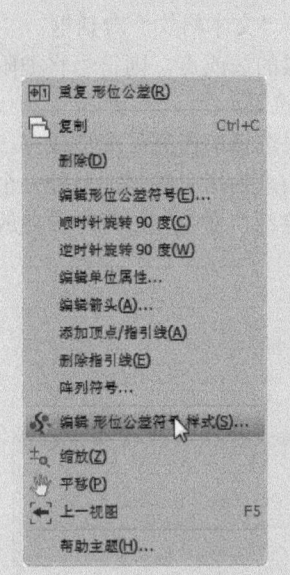

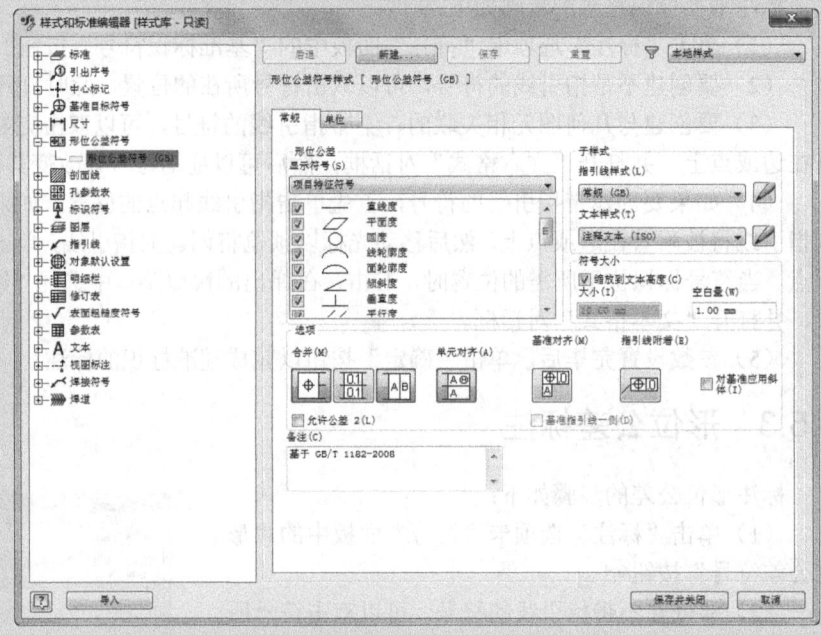

图 9-76　快捷菜单　　　　　　　　图 9-77　"样式和标准编辑器"对话框

（2）在快捷菜单中选择"编辑单位属性"命令后会打开"编辑单位属性"对话框，对公差的基本单位和换算单位进行更改，如图 9-78 所示。

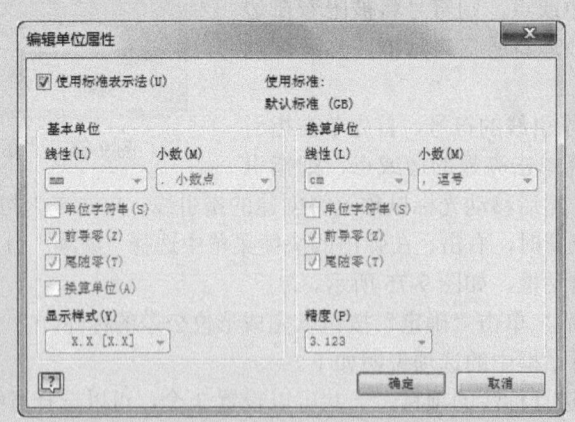

图 9-78　"编辑单位属性"对话框

（3）在快捷菜单中选择"编辑箭头"命令则打开"改变箭头"对话框以修改箭头形状。

9.5.4 文本标注

在 Inventor 中，可以向工程图中的激活草图或工程图资源（例如标题栏格式、自定义图框或略图符号）中添加文本框或者带有指引线的注释文本，作为图纸标题、技术要求或者其他的备注说明文本等。

标注文本的步骤如下：

（1）单击"标注"选项卡"文本"面板中的"文本"按钮A。

（2）在草图区域或者工程图区域按住鼠标左键，移动鼠标拖出一个矩形作为放置文本的区域，松开鼠标后打开"文本格式"对话框，如图 9-79 所示。

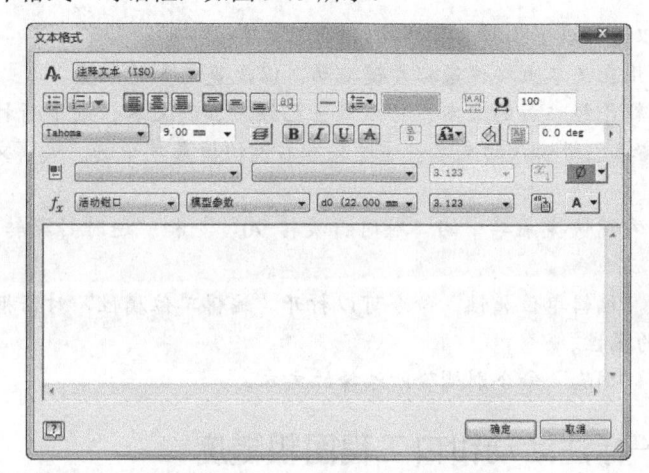

图 9-79 "文本格式"对话框

（3）设置好文本的特性、样式等参数后，在下面的文本框中输入要添加的文本。

（4）单击"确定"按钮以完成文本的添加。

"文本格式"对话框中的选项说明如下。

（1）样式：指定要应用到文本的文本样式。

（2）文本属性。

❶ 对齐：在文本框中定位文本。

❷ 基线对齐：在选中"单行文本"和创建草图文本时可用。

❸ 间距：将行间距设置为"单倍""双倍""1.5 倍""多倍"或"精确"。

❹ 值：将行间距设置为"多倍"或"精确"时，指定行间距的值。

（3）字体属性。

❶ 字体：指定文本字体。

❷ 大小：以图纸单位设置文本高度。

❸ 样式：设置样式。

❹ 堆叠：可以堆叠工程图文本中的字符串以创建斜堆叠分数或水平堆叠分数以及上标或下标字符串。

❺ 颜色：指定文本颜色。

❻ 旋转：设置文本的角度，绕插入点旋转文本。

（4）模型、工程图和自定义特性。

❶ 类型：指定工程图、源模型以及在"文档设置"对话框的"工程图"选项卡上的自定义特性源文件的特性类型。

❷ 特性：指定与所选类型关联的特性。
❸ 精度：指定文本中显示的数字特性的精度。
（5）参数。
❶ 零部件：指定包含参数的模型文件。
❷ 源：选择要显示在"参数"列表中的参数类型。
❸ 参数：指定要插入文本中的参数。
❹ 精度：指定文本中显示的数值型参数的精度。
（6）符号：在插入点将符号插入文本。

> **技巧**：对文本可以进行以下编辑。
> （1）可以用在文本上按住鼠标左键拖动，以改变文本的位置。
> （2）要编辑已经添加的文本，可以双击已经添加的文本，则重新打开"文本格式"对话框，可以编辑已经输入的文本。通过文本右键快捷菜单中的"编辑文本"命令可以达到相同的目的。
> （3）选择右键快捷菜单中的"顺时针旋转90°"和"逆时针旋转90°"命令可以将文本旋转90°。
> （4）通过"编辑单位属性"命令可以打开"编辑单位属性"对话框，以编辑基本单位和换算单位的属性。
> （5）选择"删除"命令则删除所选择的文本。

9.5.5 实例——标注活动钳口工程图粗糙度

本例标注活动钳口工程图粗糙度，如图9-80所示。

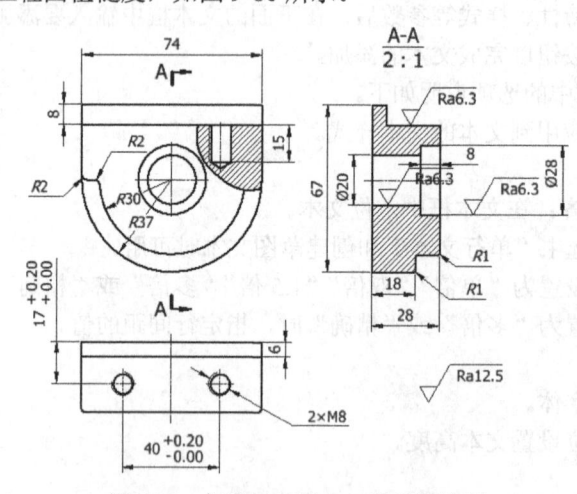

图9-80 标注活动钳口工程图粗糙度

操作步骤：

（1）打开文件。单击"快速入门"选项卡"启动"面板上的"打开"按钮 ，打开"打开"对话框，选择"标注活动钳口尺寸.idw"文件，然后单击"打开"按钮打开工程图文件。

（2）标注粗糙度。单击"标注"选项卡"符号"面板上的"粗糙度"按钮√，在视图中选择如图9-81所示的表面并双击，打开"表面粗糙度"对话框，选择"表面用去除材料的方法获得"√，输入粗糙度值为Ra6.3，如图9-82所示，单击"确定"按钮。同理标注其他粗糙度，结果如图9-83

所示。

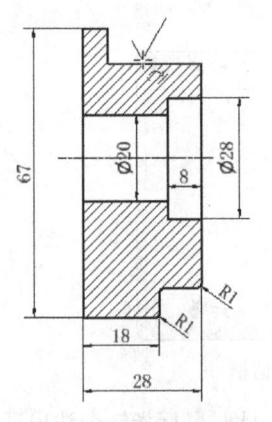

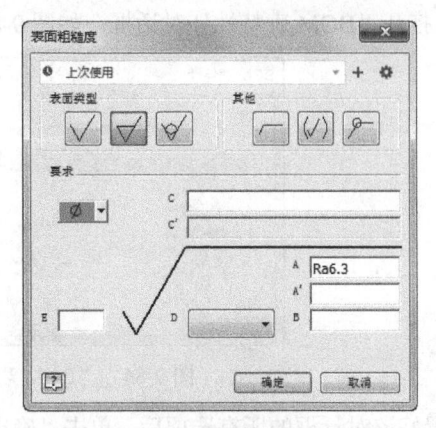

图 9-81　选择表面　　　　　图 9-82　"表面粗糙度"对话框

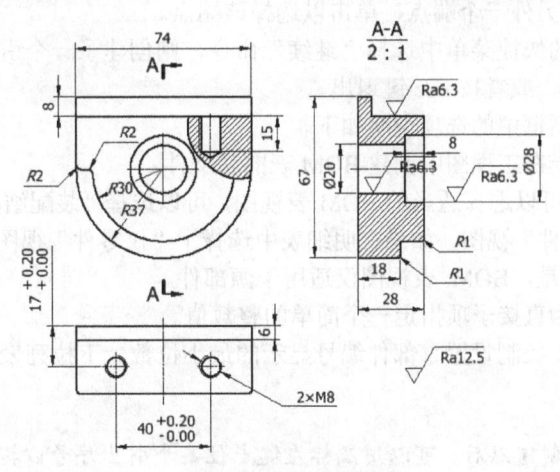

图 9-83　标注粗糙度

（3）保存文件。选择主菜单下"另存为"命令，打开"另存为"对话框，输入文件名为"标注活动钳口粗糙度.idw"，单击"保存"按钮，保存文件。

9.6　添加引出序号和明细栏

创建工程视图尤其是部件的工程图后，往往需要向该视图中的零件和子部件添加引出序号和明细栏。明细表是显示在工程图中的 BOM 表标注，为部件的零件或者子部件按照顺序标号。它可以显示两种类型的信息：仅零件或第一级零部件。引出序号就是一个标注标志，用于标识明细表中列出的项，引出序号的数字与明细表中零件的序号相对应。

9.6.1　手动引出序号

在 Inventor 中，可以为部件中的单个零件标注引出序号，也可以一次为部件中的所有零部件标注引出序号。

手动引出序号的步骤如下：

(1)单击"标注"选项卡"表格"面板中的"引出序号"按钮①,单击一个零件,同时设置指引线的起点,打开"BOM 表特性"对话框,如图 9-84 所示。

图 9-84 "BOM 表特性"对话框

(2)设置好该对话框的所有选项后,单击"确定"按钮,此时鼠标指针旁边出现指引线的预览,移动鼠标以选择指引线的另外一个端点,单击以选择该端点。

(3)右击,在打开的快捷菜单中选择"继续"命令,则创建了一个引出序号。此时可以继续为其他零部件添加引出序号,或者按 Esc 键退出。

"BOM 表特性"对话框中的选项说明如下。

(1)文件:显示用于在工程图中创建 BOM 表的源文件。

(2)BOM 表视图:可以选择适当的 BOM 表视图,可以选择"装配结构"或者"仅零件"选项。源部件中可能禁用"仅零件"视图。如果在明细表中选择了"仅零件"视图,则源部件中将启用"仅零件"视图。需要注意的是,BOM 表视图仅适用于源部件。

(3)级别:第一级为直接子项指定一个简单的整数值。

(4)最少位数:用于控制设置零部件编号显示的最小位数。下拉列表中提供的固定位数范围是 1~6。

技巧:当引出序号被创建以后,可以用鼠标左键点住某个引出序号以拖动到新的位置。还可以利用右键快捷菜单的相关命令对其进行编辑。

(1)选择"编辑引出序号"命令,打开"编辑引出序号"对话框,如图 9-85 所示,可以编辑引出符号的形状、符号等。

图 9-85 "编辑引出序号"对话框

(2)选择"附着引出符号"命令可以将另一个零件或自定义零件的引出序号附着到现有的引出序号。

9.6.2 自动引出序号

在 Inventor 中，可以为部件中的单个零件标注引出序号，也可以一次为部件中的所有零部件标注引出序号。

自动引出序号的步骤如下：

（1）单击"标注"选项卡"表格"面板中的"自动引出符号"按钮。

（2）选择一个视图，此时打开"自动引出序号"对话框，如图 9-86 所示。

图 9-86 "自动引出序号"对话框

（3）在视图中选择要添加或删除的零件。

（4）在对话框中设置序号放置参数，在视图中适当位置单击放置序号。

（5）设置完毕后单击"确定"按钮，则该视图中的所有零部件都会自动添加引出序号。

"自动引出序号"对话框中的选项说明如下。

（1）选择。

❶ 选择视图集：设置引出序号零部件编号的来源。

❷ 添加或删除零部件：向引出序号附件的选择集添加零部件或从中删除零部件。可以通过窗选以及按住 Shift 键选择的方式来删除选择的零部件。

❸ 忽略多个引用：选中此复选框，可以仅在所选的第一个引用上放置引出序号。

（2）放置。

❶ 选择放置方式：指定"环形""水平"或"竖直"。

❷ 偏移间距：设置引出序号边之间的距离。

（3）替代样式：提供创建时引出序号形状的替代样式。

注意：在工程图中一般要求引出序号沿水平或者铅垂方向顺时针或者逆时针排列整齐，虽然可以通过选择放置引出序号的位置使得编号排列整齐，但是编号的大小是系统确定的，有时候数字的排列不是按照大小顺序，这时可以对编号取值进行修改。选择一个要修改的编号右击，在打开的快捷菜单中选择"编辑引出序号"命令即可。

9.6.3 明细栏

用户除了可以为部件自由添加明细，还可以对关联的 BOM 表进行相关设置。

创建明细栏的步骤如下：

（1）单击"标注"选项卡"表格"面板中的"明细栏"按钮，打开"明细表"对话框，如图 9-87 所示。

(2)选择要添加明细表的视图，在对话框中设置明细表参数。

(3)设置完成后，单击"确定"按钮，完成明细表的创建。

"明细栏"对话框中的选项说明如下。

(1) BOM 表视图：选择适当的 BOM 表视图来创建明细表和引出序号。

注意：源部件中可能禁用"仅零件"类型。如果选择此选项，将在源文件中选择"仅零件" BOM 表类型。

(2)表拆分。

❶ "表拆分的方向"中的"左""右"单选按钮表示将明细表行分别向左、右拆分。

❷ 选中"启用自动拆分"复选框启用自动拆分控件。

❸ "最大行数"选项指定一个截面中所显示的行数。输入适当的数字。

❹ "区域数"选项指定要拆分的截面数。

利用右键快捷菜单中的"编辑明细表"命令或者在明细表上双击，可以打开"明细栏"对话框，如图 9-88 所示。编辑序号、代号和添加描述等，以及排序、比较等操作。选择"输出"选项则可以将明细表输出为 Microsoft Acess 文件（*.mdb）。

图 9-87 "明细栏"对话框 1　　　图 9-88 "明细栏"对话框 2

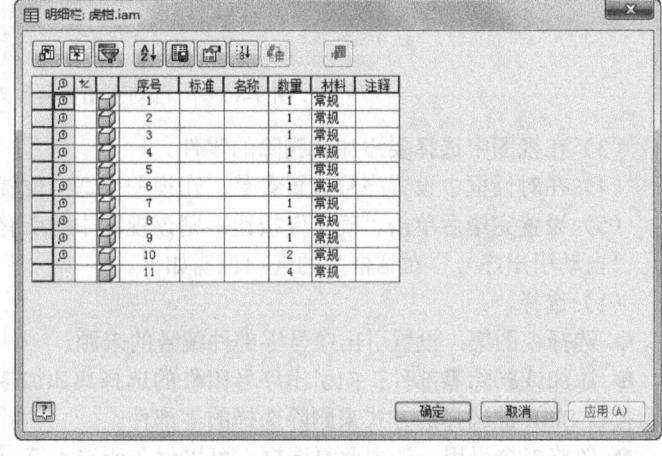

9.7　综合实例——虎钳装配工程图

本例绘制虎钳工程图，如图 9-89 所示。

操作步骤：

(1)新建文件。单击"快速入门"选项卡"启动"面板中的"新建"按钮，在弹出的"新建文件"对话框的 Templates 选项卡的零件下拉列表中选择 Standard.idw 选项，单击"创建"按钮，新建一个工程图文件。

(2)创建基础视图。

❶ 单击"放置视图"选项卡"创建"面板中的"基础视图"按钮，打开"工程视图"对话框，单击"打开现有文件"按钮，打开"打开"对话框，选择"虎钳.iam"文件，单击"打开"按钮，如图 9-90 所示，打开"虎钳"装配体。

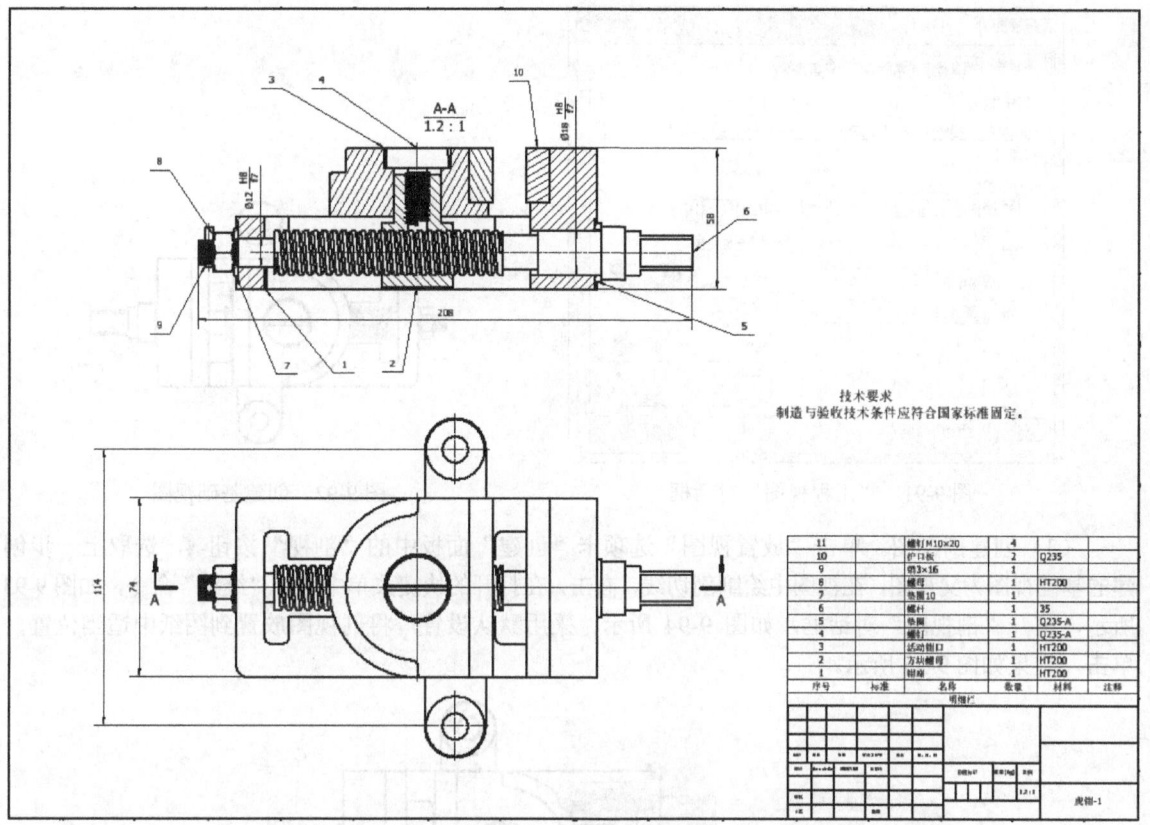

图 9-89 虎钳工程图

图 9-90 "打开"对话框

❷ 在"工程视图"对话框中输入比例为 1.5∶1，选择显示方式为"不显示隐藏线"，先选择右视图然后选择上视图，如图 9-91 所示。单击"确定"按钮，将视图放置在图纸中的适当位置，如图 9-92 所示。

图 9-91 "工程视图"对话框

图 9-92 创建基础视图

（3）创建剖视图。单击"放置视图"选项卡"创建"面板中的"剖视"按钮，选取上一步创建的基础视图为父视图，在视图中绘制剖切线，右击，在打开的快捷菜单中选择"继续"命令，如图 9-93 所示，打开"剖视图"对话框，如图 9-94 所示，采用默认设置，将剖视图放置到图纸中适当位置，单击，结果如图 9-95 所示。

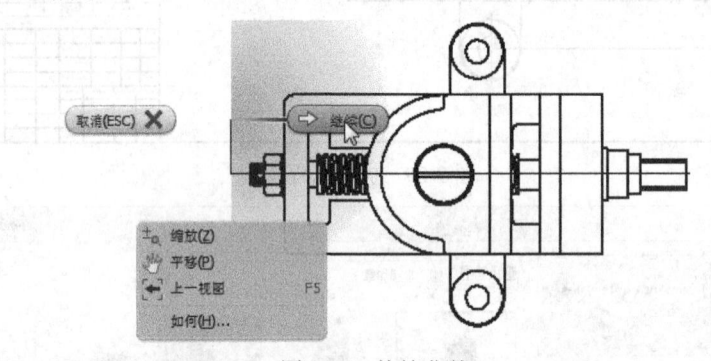

图 9-93 快捷菜单

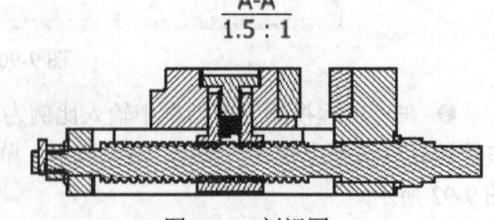

图 9-94 "剖视图"对话框

图 9-95 剖视图

在模型浏览器中选择剖视图螺杆零件，右击，在弹出的快捷菜单中选择"剖切参与件"→"无"

·314·

命令，如图 9-96 所示，将螺杆设置为不剖切。采用相同的方法，将螺母、螺钉和销也设置为不剖切件，结果如图 9-97 所示。

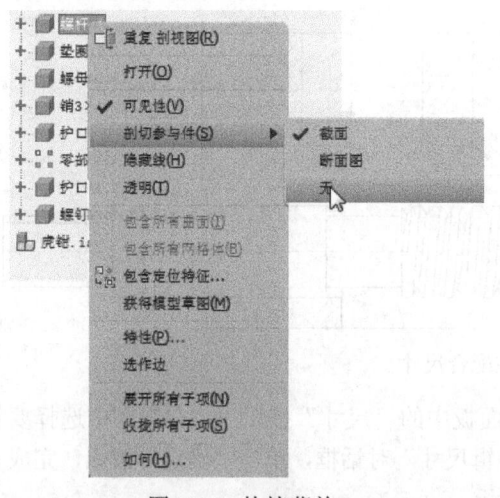

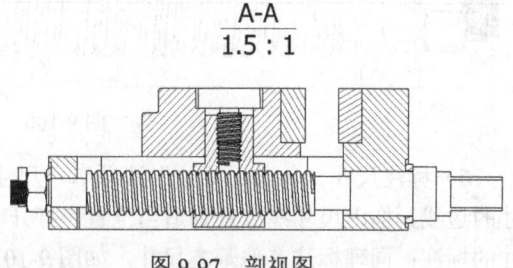

图 9-96 快捷菜单　　　　　　　　　　　图 9-97 剖视图

> **技巧**：有关标准规定，对于紧固件以及轴、连杆、球、键、销等实心零件，若按纵向剖切，且剖切平面通过其对称平面或与对称平面相平行的平面或者轴线时，则这些零件都按照不剖切绘制。

（4）创建中心线。单击"标注"选项卡"符号"面板中的"对分中心线"按钮，选择两条边线，在其中间位置创建中心线，选取中心线，调整中心线的位置；单击"标注"选项卡"符号"面板中的"中心标记"按钮，选择圆弧线添加中心线，结果如图 9-98 所示。

（5）标注配合尺寸。单击"标注"选项卡"尺寸"面板中的"尺寸"按钮，在视图中选择要标注尺寸的边线，拖出尺寸线放置到适当位置，打开"编辑尺寸"对话框，在尺寸前插入直径符号，选择"精度和公差"选项卡，选择"公差/配合-堆叠"选项，选择孔为 H8，轴为 f7，如图 9-99 所示，单击"确定"按钮，完成一个配合尺寸的标注，同理标注其他配合尺寸，如图 9-100 所示。

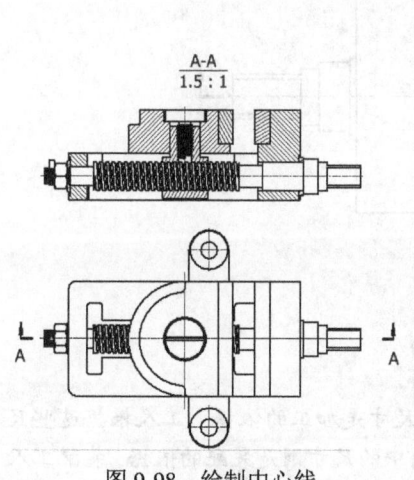

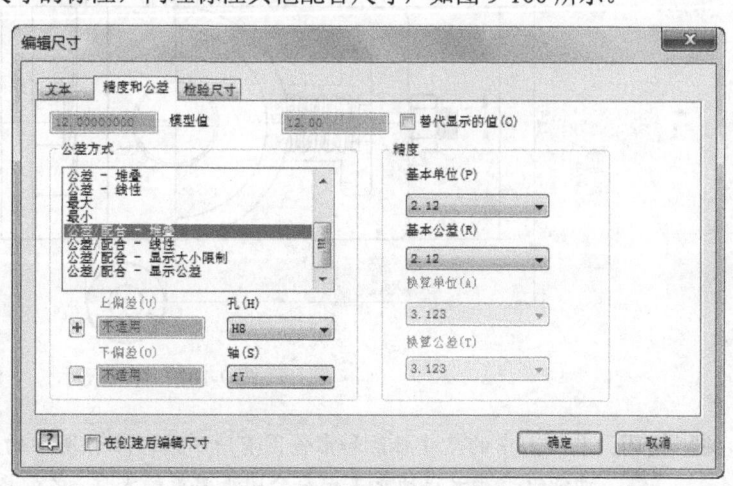

图 9-98 绘制中心线　　　　　　　　　图 9-99 "编辑尺寸"对话框

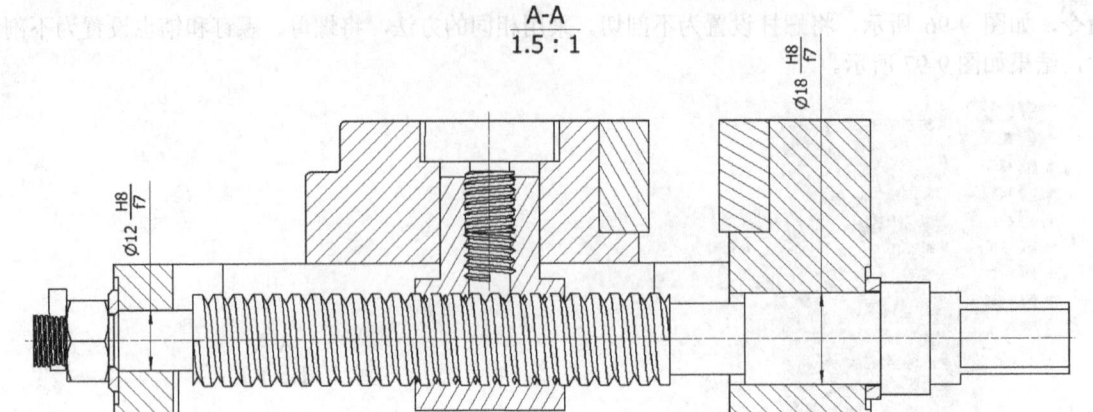

图 9-100 标注配合尺寸

（6）标注尺寸。单击"标注"选项卡"尺寸"面板中的"尺寸"按钮，在视图中选择要标注尺寸的边线，拖出尺寸线放置到适当位置，打开"编辑尺寸"对话框，单击"确定"按钮，完成一个尺寸的标注；同理标注其他基本尺寸，如图 9-101 所示。

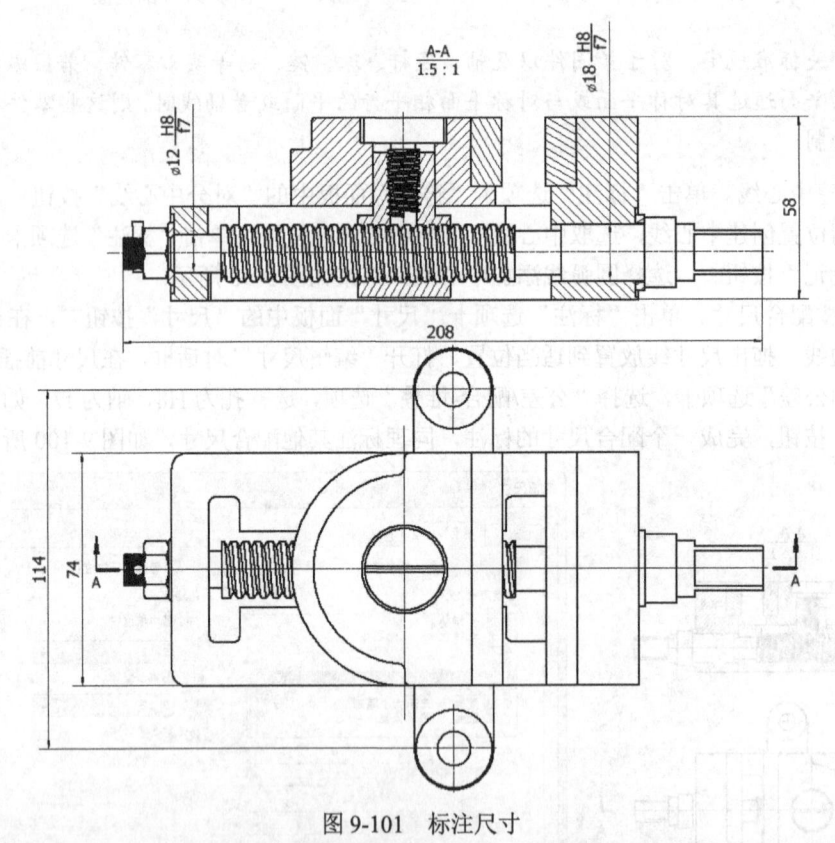

图 9-101 标注尺寸

> **技巧：** 装配图中的尺寸标注和零件图有所不同，零件图中的尺寸是加工的依据，工人根据这些尺寸能够准确无误地加工出符合图纸要求的零件；装配图中的尺寸则是装配的依据，装配工人需要根据这些尺寸来精确地安装零部件。在装配图中，一般需要标注如下几种类型的尺寸。

（1）总体尺寸，即部件的长、宽和高。它为制作包装箱、确定运输方式以及部件占据的空间提供依据。

（2）配合尺寸，表示零件之间的配合性质的尺寸，它规定了相关零件结构尺寸的加工精度要求。

（3）安装尺寸，是部件用于安装定位的连接板的尺寸及其上面的安装孔的定形尺寸和定位尺寸。

（4）重要的相对位置尺寸，是对影响部件工作性能有关的零件的相对位置尺寸，在装配图中必须保证，应该直接注出。

（5）规格尺寸，是选择零部件的依据，在设计中确定，通常要与相关的零件和系统相匹配，比如所选用的管螺纹的外径尺寸。

（6）其他的重要尺寸。需要注意的是，正确的尺寸标注不是机械地按照上述类型的尺寸对装配图进行装配，而是在分析部件功能和参考同类型资料的基础上进行。

（7）添加序号。单击"标注"选项卡"表格"面板中的"自动引出序号"按钮，打开如图9-102所示的"自动引出序号"对话框，在视图中选择主视图，然后添加视图中所有的零件，选择序号的放置位置为环形，将序号放置到视图中适当位置，如图9-103所示，单击"确定"按钮，结果如图9-104所示。

图9-102 "自动引出序号"对话框

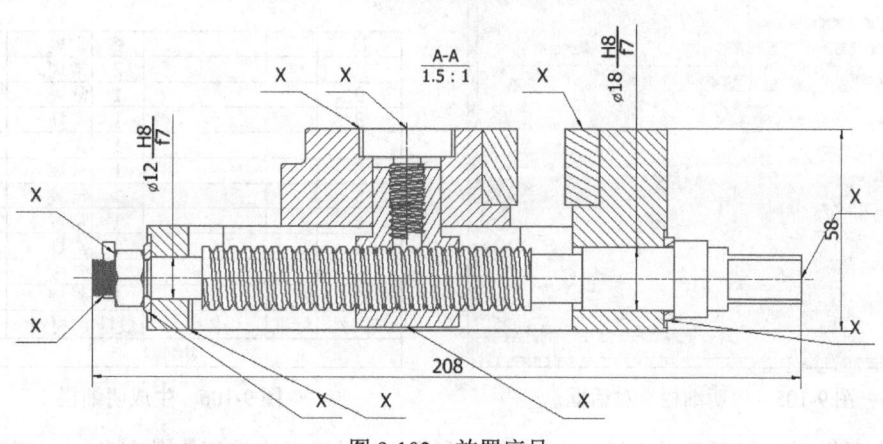

图9-103 放置序号

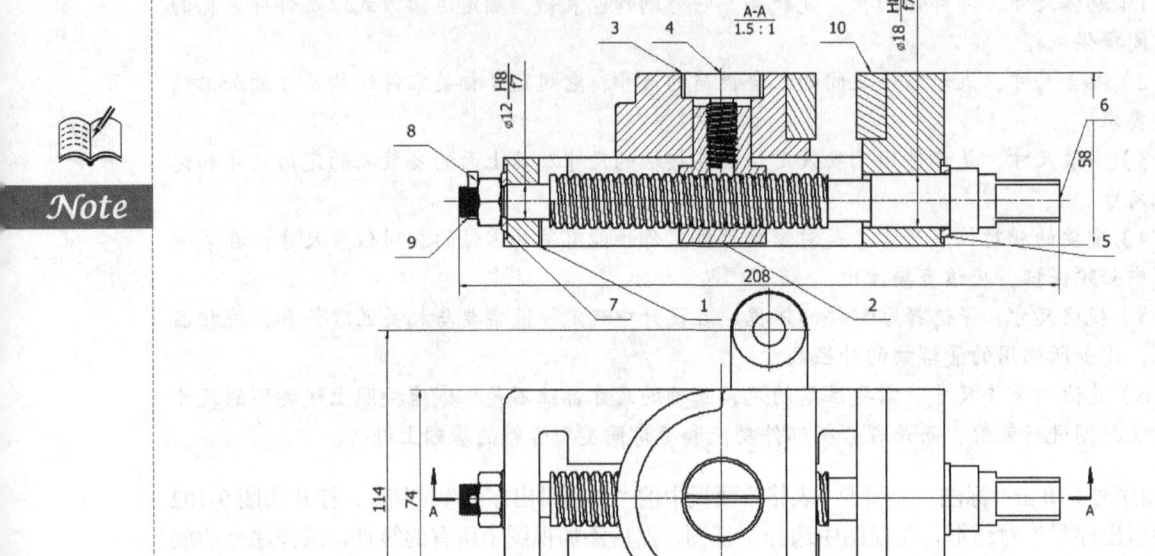

图 9-104 标注序号

（8）添加明细栏。

❶ 单击"标注"选项卡"表格"面板中的"明细栏"按钮，打开"明细栏"对话框，在视图中选择主视图，其他采用默认设置，如图 9-105 所示。单击"确定"按钮，生成明细栏，将其放置到标题栏上方，如图 9-106 所示。

11		4	常规	
10		2	常规	
9		1	常规	
8		1	常规	
7		1	常规	
6		1	常规	
5		1	常规	
4		1	常规	
3		1	常规	
2		1	常规	
1		1	常规	
序号	标准	名称	数量	材料	注释
明细栏				

图 9-105 "明细栏"对话框　　　图 9-106 生成明细栏

❷ 双击明细栏，打开"明细栏：虎钳"对话框，在对话框中填写零件名称、材料等参数，如

图9-107所示；单击"确定"按钮，完成明细栏的填写，如图9-108所示。

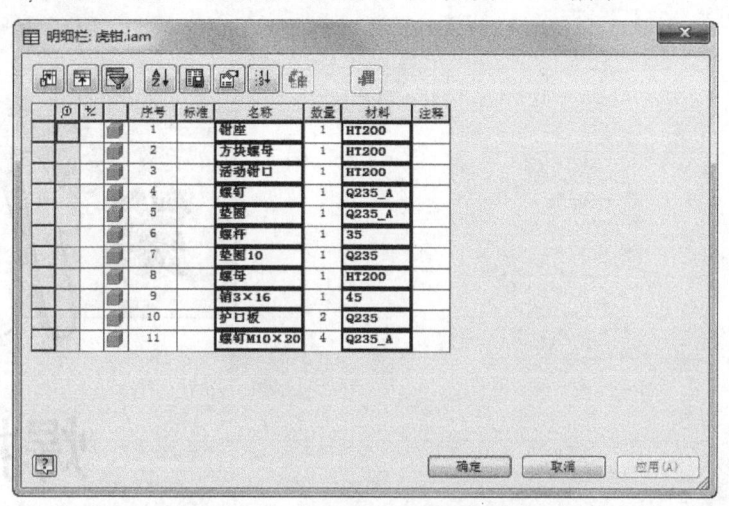

图9-107 "明细栏：虎钳"对话框

（9）填写技术要求。单击"标注"选项卡"文本"面板中的"文本"按钮 A，在视图中指定一个区域，打开"文本格式"对话框，在文本框中输入文本，并设置参数，如图9-109所示；单击"确定"按钮，结果如图9-110所示。

图9-108 明细栏

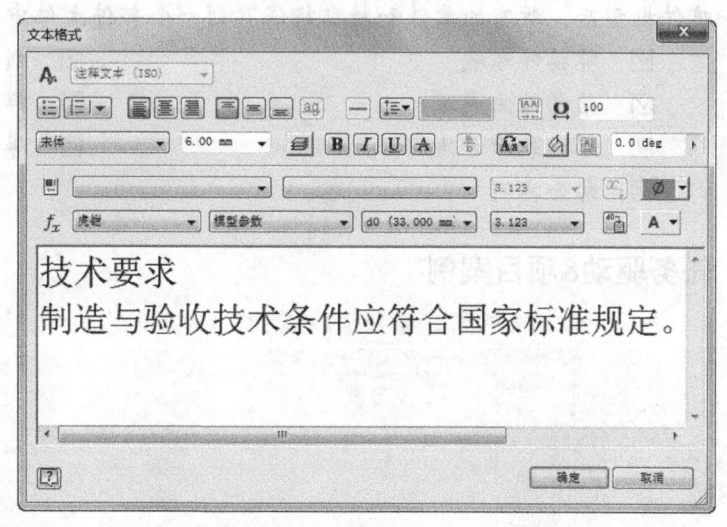

图9-109 "文本格式"对话框

技术要求
制造与验收技术条件应符合国家标准的规定。

图9-110 标注技术要求

（10）保存文件。单击快速访问工具栏中的"保存"按钮，打开"另存为"对话框，输入文件名为"虎钳.idw"，单击"保存"按钮，保存文件。

第10章

焊接设计

在焊接件中，用户可以创建部件，有选择地添加部件特征以准备用于焊接的模型，作为实体特征或示意特征添加焊接，然后添加更多部件特征以用于最后的加工操作。完成焊接件模型后，所有的零件和特征将保存到一个部件文件中并被称为焊接件。

- ☑ 焊接件环境
- ☑ 结构件生成器
- ☑ 焊接表示方法
- ☑ 综合实例
- ☑ 创建焊接件
- ☑ 焊道特征类型
- ☑ 焊缝计算器

任务驱动&项目案例

第 10 章 焊接设计

10.1 焊接件环境

焊接件设计环境是部件装配环境的延伸。可以通过两种方式创建焊接件。在焊接件环境中，使用焊接特定的部件命令的组合。在部件环境中，将部件转换为焊接件。一旦转换后，就可以添加特定的焊接设计方案。

创建焊接件有以下两种方法。

1. 启动新的焊接件

（1）单击"快速入门"选项卡"启动"面板中的"新建"按钮，打开"新建文件"对话框，选择 Weldment.iam 模板，如图 10-1 所示。

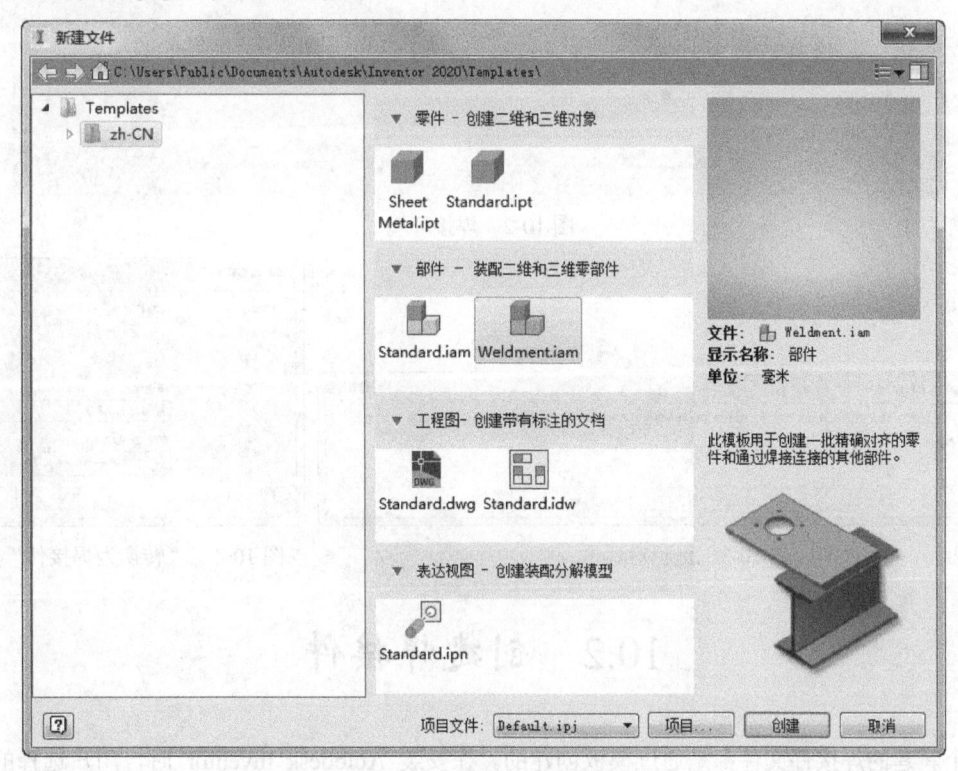

图 10-1 "新建文件"对话框

（2）单击"创建"按钮，进入焊接环境，如图 10-2 所示。

2. 将部件转换为焊接件

（1）打开要转换的部件。

（2）单击"环境"选项卡"转换"面板中的"转换为焊接件"按钮，打开如图 10-3 所示的提示对话框，单击"是"按钮。

（3）打开如图 10-4 所示的"转换为焊接件"对话框，在对话框中选择标准，选择焊道材料并设置 BOM 表结构，单击"确定"按钮，进入焊接环境。

· 321 ·

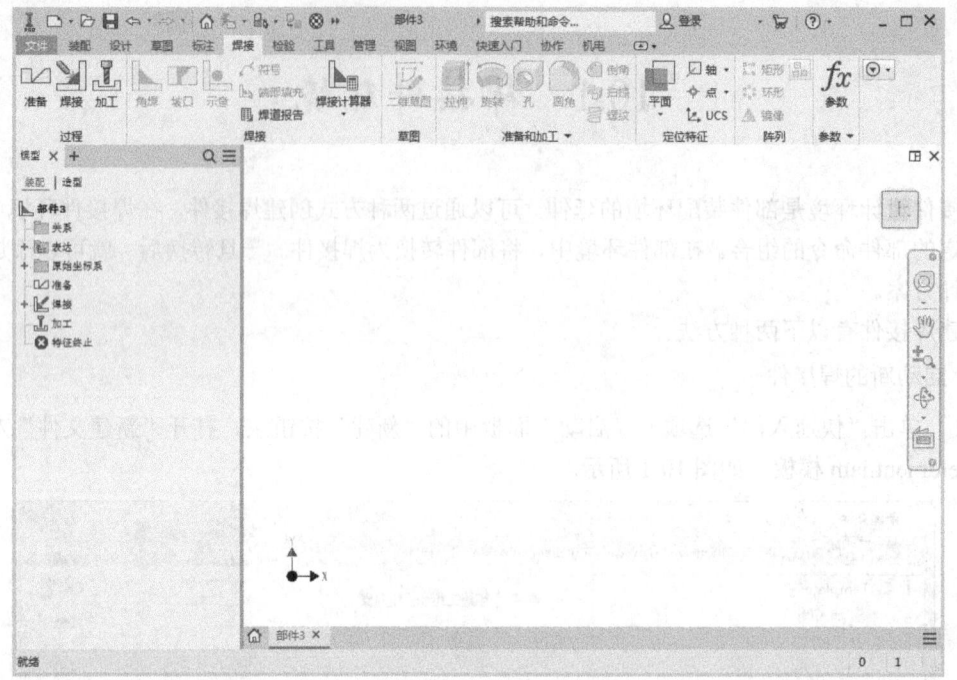

图 10-2 焊接环境

图 10-3 提示对话框　　　　　图 10-4 "转换为焊接件"对话框

10.2 创建焊接件

每个新建的焊接件文件都是通过模板创建的。在安装 Autodesk Inventor 时，用户选择的默认度量单位设置用于创建焊接件的默认模板。用户可以使用此模板或其他预定义模板，也可以修改其中某个预定义模板，或者创建自己的模板。

任何焊接件文件都可以作为模板使用。当把焊接件文件保存到 Templates 文件夹中时，它就成为了模板。例如，如果在一个焊接件文件中包含要在其他焊接件中使用的设置和特性，应将其副本保存在"Autodesk\Inventor [版本]\Templates"文件夹中。下一次创建焊接件文件时，就可以使用这个新模板。

在 Autodesk Inventor 中有以下两种方法创建焊接件。

☑ 由现有的装配转换：可以通过将现有的装配转换为焊接装配件。在应用菜单中，激活焊接应用程序，接着弹出一个提示对话框，警告如果将部件转换为焊接件后，就不能转换回部件。接着选择需转换的现有装配特征，以及选择焊缝材料，一旦转换焊接件，则该装配件和原焊接装配件具有相同的功能。
- ☑ 创建一个新的焊接件：在打开的对话框的"默认""English""Metric"选项卡中，选择焊接 Weldment.iam 模板。

10.2.1 确定要在焊接件模板中包含的内容

任何可使创建焊接件更加简单有效的设置或建立的默认值都可以包含在模板中。
- ☑ 设置和定义默认焊道材料。
- ☑ 设置焊道的可见性和启用状态。
- ☑ 改变基准工作平面的大小，以使其适应所创建的焊接件的平均大小。
- ☑ 如果在不同的焊接件中使用不同的度量单位，应分别为每个焊接件创建不同的模板。
- ☑ 如果使用光源和颜色，可以设置样式以便在需要时使用它们。将模板文件与样式库关联，或如果不使用样式库，则在模板文件中定义样式。
- ☑ 为 BOM 表设置列和格式。
- ☑ 定义常用参数或链接到参数电子表格。使用这种方法，可以创建自己的参数名称，可以在参数列表中输入说明或其他说明性文字，或者设置自己的参数。

10.2.2 设置特性

与标准部件一样，可以指定诸如成本中心、项目名称或主管等特性，并将它们保存为模板的一部分。使用特性来查找、跟踪和管理文件。也可以使用它们在标题栏、明细栏和 BOM 表中自动添加和维护信息。

可以指定焊道所特有的特性，例如，焊道材料及焊道的可见性和启用状态。

10.2.3 设置默认焊接件模板

可以将任何模板设置为用于创建新焊接件的默认模板。若要使模板成为默认模板，可使用文件名 weldment.iam 将其保存在 Templates 文件夹中。为了避免替换现有的默认模板，应在保存新模板之前先移动或重命名现有的标准模板。

创建新文件时，Templates 文件夹中的文件会显示在"新建"对话框的"默认"选项卡上。Templates 文件夹的子文件夹中的文件将显示在"新建"对话框的其他选项卡上。

◀)) **注意**：要将选项卡添加到"新建"对话框中，可在 Templates 文件夹中创建新的子文件夹，然后在其中添加模板文件。"新建"对话框将为 Templates 文件夹中的每一个子文件夹显示一个选项卡。

10.2.4 创建焊接件模板

所有新建的焊接件文件都使用模板创建。新建焊接件时，将使用默认焊接件模板中的设置。用户可以创建自己的模板，并将其添加到 Autodesk Inventor 提供的模板中。
- ☑ 使用现有的模板创建焊接件。
- ☑ 设置默认的度量单位。
- ☑ 设置要使用的标准。
- ☑ 指定焊道材料类型、可见性和启用的状态。

☑ 如果需要，应更改基准工作平面的大小以使其适应平均焊接件大小。
☑ 设置文件特性。
☑ 将文件保存在 Autodesk\Inventor[版本]\Templates 文件夹或其子文件夹中。焊接件文件在保存到 Templates 文件夹中后将自动变为模板。

注意：Templates 文件夹中的文件 weldment.iam 是默认的部件模板。要替换默认的模板，应先删除 weldment.iam 文件，然后用具有相同名称的模板来替换它。

10.3 结构件生成器

可以在部件环境和焊接环境中使用结构件生成器创建内部结构件和外部结构件。在完成的结构部件中，每个结构件必须在参考骨架零件中具有一条相应的直线。

10.3.1 插入结构件

可以从多个零件中选择草图线和边以插入结构件。
创建基础结构件的步骤如下：
（1）单击"设计"选项卡"结构件"面板中的"插入结构件"按钮，打开"插入"对话框，如图10-5 所示。
（2）在"结构件选择"选项组中先选择结构件的标准，然后选择族、大小、材料和外观。
（3）在"方向"选项组中将显示结构件的预览，可在部件中定位结构件，可以通过"竖直偏移""水平偏移""旋转"来调整结构件的位置。
（4）选择用于在部件中放置结构件的放置方式。
（5）在模型上选择边或二维/三维草图创建结构件，结构件的初始方向取决于所选的第一条边。
（6）单击"应用"按钮创建一个结构件。
（7）根据需要继续添加更多的结构件，添加完所有的结构件后，单击"确定"按钮，完成结构件的创建，如图10-6 所示。

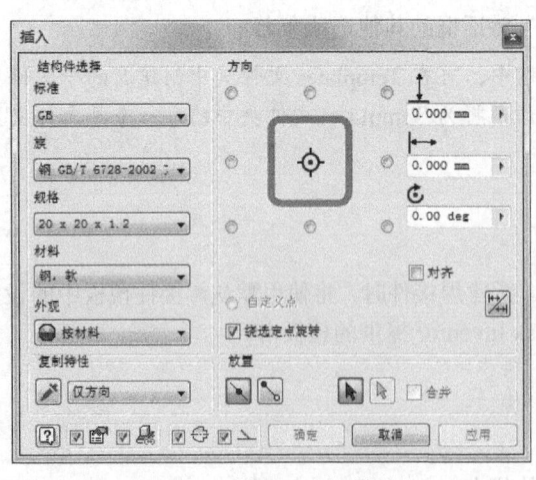

图10-5 "插入"对话框　　　　　　　　　　图10-6 创建结构件

10.3.2 更改结构件

创建结构件后，可以在结构件所在的部件环境中编辑结构件的标准、族、规格、材料、外观和方向。更改结构件的步骤如下：

（1）单击"设计"选项卡"结构件"面板中的"更改"按钮 更改，打开"更改"对话框，如图 10-7 所示。

（2）在视图中选择要更改的结构件。

（3）更改"结构件选择"选项组中的标准、族、规格、材料和外观。

（4）在"方向"选项组中将显示结构件的预览，可在部件中定位结构件，可以通过"竖直偏移""水平偏移""旋转"来调整结构件的位置。

（5）单击"确定"按钮，完成结构件的更改，如图 10-8 所示。

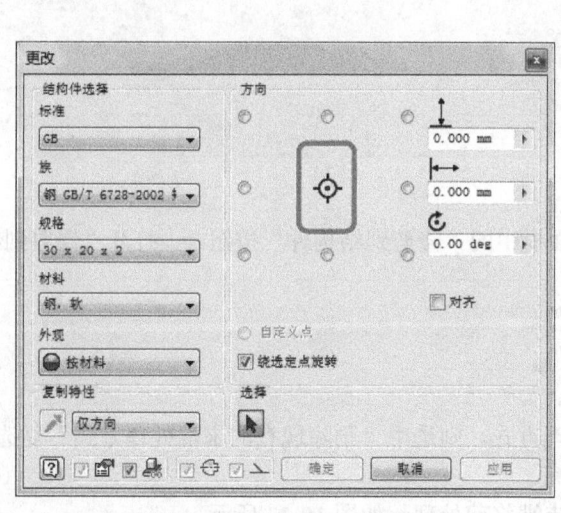

图 10-7　"更改"对话框　　　　　　　　　图 10-8　更改结构件

10.3.3 斜接

在结构件之间应用斜接切割作为末端处理方式。

更改结构件的步骤如下：

（1）单击"设计"选项卡"结构件"面板中的"斜接"按钮，打开"斜接"对话框，如图 10-9 所示。

（2）选择要斜切的第一个结构件。

（3）选择要斜切的第二个结构件。

（4）选择或输入斜接切口之间的距离。

（5）选择斜接类型，包括完整斜接和平分斜切。

（6）选择偏移类型，默认为对称偏移类型，也可以根据需要选择不对称偏移类型，如图 10-10 所示。

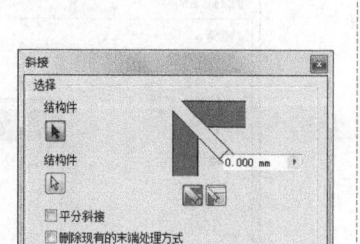

图 10-9　"斜接"对话框

（7）单击"确定"按钮，完成结构件末端斜接处理，如图 10-11 所示。

对称偏移类型　　　　　不对称偏移类型

图 10-10　平分斜接　　　　　　　　　　　　　图 10-11　斜接结构件

> 注意：对于每个末端各具有一个斜接的直结构件（例如，两个相对内拐角之间的斜梁），将根据选择自动计算正确的结构件长度。

10.3.4　修剪到结构件

在结构件末端修剪和延伸两个结构件。

修剪到结构件的步骤如下：

（1）单击"设计"选项卡"结构件"面板中的"修剪到结构件"按钮，打开"修剪到结构件"对话框，如图 10-12 所示。

（2）选择要修剪或延伸的第一个结构件。

（3）选择要修剪或延伸的第二个结构件。

（4）选择或输入斜接切口之间的距离。

（5）如果要用切割代替现有的末端处理方式，则选中"删除现有的末端处理方式"复选框。

（6）输入竖直偏移距离和水平偏移距离。

（7）单击"确定"按钮，完成结构件末端修剪处理，如图 10-13 所示。

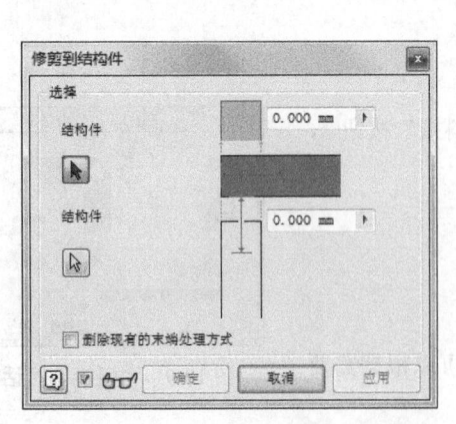

图 10-12　"修剪到结构件"对话框　　　　　　　图 10-13　修剪到结构件

10.3.5 修剪/延伸

使用模型表面修剪结构件或将结构件延伸到模型面。

修剪/延伸结构件的步骤如下：

（1）单击"设计"选项卡"结构件"面板中的"修剪/延伸"按钮，打开"修剪-延伸到面"对话框，如图 10-14 所示。

（2）选择要切割或延长的结构件。

（3）选择要用于切割或延伸的模型面。

（4）选择或输入结构件和模型面之间的偏移距离。

（5）如果要用切割代替现有的末端处理方式，则选中"删除现有的末端处理方式"复选框。

（6）单击"确定"按钮，完成结构件末端修剪处理，如图 10-15 所示。

图 10-14　"修剪-延伸到面"对话框　　　　图 10-15　修剪/延伸结构件

10.3.6 延长/缩短结构件

延伸或缩回一个或两个结构件末端。

延长/缩短结构件的步骤如下：

（1）单击"设计"选项卡"结构件"面板中的"延长/缩短"按钮，打开"延长/缩短"对话框，如图 10-16 所示。

（2）选择要延伸或收缩的结构件，将选取位置放置到要延伸或缩回的结构件的末端旁边。

（3）选择一种偏移类型：默认、翻转、对称、不对称。

（4）选择或输入结构件和模型面之间的偏移值。正数表示延伸；负数表示缩回。

（5）单击"确定"按钮，完成结构件的延长或伸缩，如图 10-17 所示。

图 10-16　"延长/缩短"对话框　　　　图 10-17　延长结构件

· 327 ·

10.3.7 开槽

在其末端修剪和延伸两个结构件。

开槽的步骤如下：

（1）单击"设计"选项卡"结构件"面板中的"端部"按钮，打开"槽"对话框，如图10-18所示。

（2）单击按钮，选择选择要开槽的结构件。

（3）单击按钮，选择表示开槽形状的结构件。

（4）选择草轮廓，有以下3种形式。

☑ 基本轮廓：用于设置开槽的单个偏移值。
☑ 自定义轮廓：用于使用资源中心族中的自定义槽轮廓。
☑ 自定义I模板：用于设置多个偏移值。

（5）选中"延伸槽轮廓"复选框可将轮廓延伸到交点。

（6）单击"确定"按钮，对选定的结构件进行开槽。

图10-18 "槽"对话框

10.3.8 删除末端处理方式

删除末端处理方式，将所选结构件恢复到初始创建状态。

删除末端处理方式的步骤如下：

（1）单击"设计"选项卡"结构件"面板中的"删除末端处理方式"按钮，打开"删除末端处理方式"对话框，如图10-19所示。

（2）选择要删除末端处理方式的结构件。

（3）单击"确定"按钮，删除末端处理方式的结构件。

图10-19 "删除末端处理方式"对话框

10.3.9 实例——相框

本例绘制相框，如图10-20所示。

操作步骤：

（1）新建文件。单击快速访问工具栏上的"新建"按钮，在打开的"新建文件"对话框中的Templates选项卡中的零件下拉列表中选择Standard.iam选项，单击"创建"按钮，新建一个装配体文件。

（2）进入焊接环境。单击"环境"选项卡"转换"面板中的"转换为焊接件"按钮，打开提示对话框，单击"是"按钮。打开"转换为焊接件"对话框，在对话框中选择GB标准，选择焊道材料并设置BOM表结构，单击"确定"按钮，进入焊接环境。

（3）创建三维草图。单击"装配"选项卡"零部件"面板中的"创建"按钮，打开"创建在位零部件"对话框，设置"新零部件名称"为"相框"，其他采用默认设置，单击"确定"按钮，系统提示"为基础特征选择草图平面"，选择XY平面为基础平面，激活零部件。单击"开始创建二维草图"按钮，进入二维草图绘制环境。绘制如图10-21所示的草图。单击"完成草图"按钮，单击"返回"按钮，退出草图环境，返回到装配环境。

（4）保存文件。选择主菜单下的"保存"命令，打开"另存为"对话框，输入文件名为"相框"，单击"保存"按钮，保存文件。

第 10 章　焊接设计

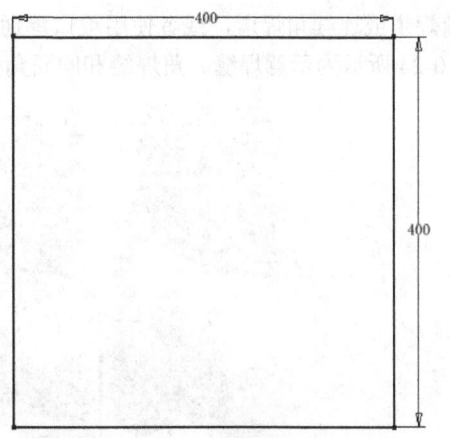

图 10-20　相框　　　　　　　　图 10-21　绘制三维草图

（5）创建结构件。单击"设计"选项卡"结构件"面板中的"插入结构件"按钮，打开"插入"对话框，设置 GB 标准，族为钢 GB/T 6728-2002 方形，规格为 40×40×4，材料为木材（枫木），外观为红，旋转角度为 45deg，如图 10-22 所示。依次选择绘制的二维图形，单击"确定"按钮，完成结构件的创建，结果如图 10-23 所示。

图 10-22　"插入"对话框　　　　　　图 10-23　创建结构件

（6）单击"设计"选项卡"结构件"面板中的"斜接"按钮，打开"斜接"对话框，选择类型为"完整斜切"，输入距离 0，连续选择相邻的结构件，单击"确定"按钮，完成两个结构件之间的斜接，继续对其他结构件进行斜接，结果如图 10-20 所示。

10.4　焊道特征类型

Autodesk Inventor 中的焊道特征包括示意焊缝、实体角焊和实体坡口焊。所有焊道类型均仅位于焊接特征组中。每种类型在浏览器中都有唯一的图标。

焊接将捕捉焊接说明，将其与选定的几何图元相关联并显示焊接符号。可以在工程视图中自动恢复和创建示意焊接符号及实体焊接符号，也可以为实体角焊自动生成焊接标注。

在焊接件部件中，使用焊接选项卡上的命令来创建角焊、坡口焊和示意焊缝。沿着选定面的长度创建间断角焊道或连续角焊道，或者使用坡口焊通过实体焊道连接两个面。

如图 10-24 所示为示意焊缝、角焊缝和间断角焊缝焊接件。

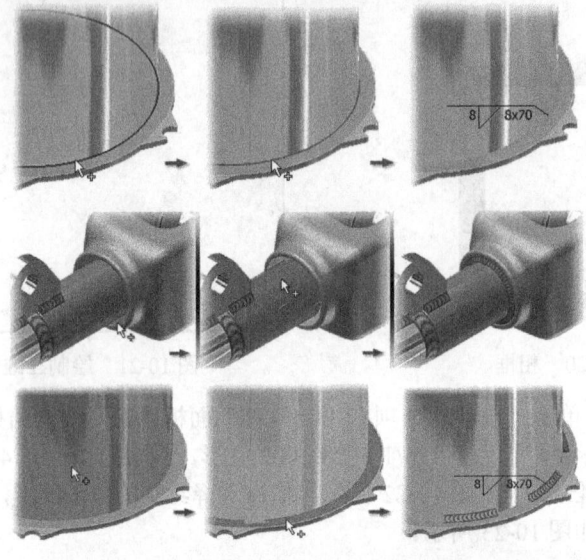

图 10-24 示意焊缝、角焊缝和间断角焊缝焊接件

焊道特征总会受到焊后加工特征的影响，但是不受焊接准备特征的影响。焊道特征也不包含在部件特征参与列表中。

可以在创建焊道时创建焊接符号，也可以通过单独操作来创建。

10.4.1 创建角焊缝特征

角焊缝操作通过在单个零件或多个零件的一个面或多个面之间添加材料来创建拐角。该焊接是部件中真实的三维特征。三维角焊缝在部件质量特性和干涉检查中计算。

创建角焊缝的步骤如下：

（1）在焊接件部件中，双击以激活浏览器中的焊缝，或单击"焊接"选项卡"过程"面板中的"焊接"按钮，激活焊接环境。

（2）单击"焊接"选项卡"焊接"面板中的"角焊"按钮，打开"角焊"对话框，如图 10-25 所示。

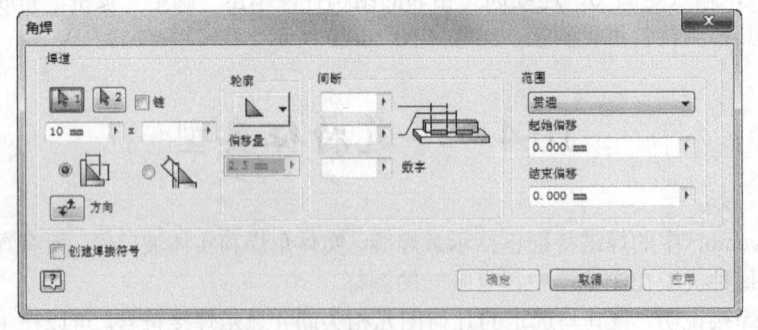

图 10-25 "角焊"对话框

（3）在图形窗口中，为第一个选择集选择一个或多个面。使用 Shift 键取消选择不需要的面。

（4）右击，在弹出的快捷菜单中选择"继续"命令，然后选择图形窗口中的第二个面集。

（5）如果必要，可选中"链"复选框将面链接在一起。

（6）选择焊道方向，然后输入焊缝边的相应值。

（7）单击下拉箭头，在弹出的下拉列表中选择焊缝轮廓。

（8）如果选择凸面符号或凹面符号，则偏移值可用。此值描述了曲线偏移于平面的数值，如图 10-26 所示，图形窗口中的预览将随着输入的值而更新。

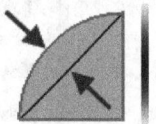

图 10-26　视图更新

（9）创建间断焊缝时，应根据激活的标准设置值。预览图像将显示应用值的位置。

（10）单击"应用"按钮以创建角焊道和焊接符号（如果设置时选择了焊接符号）。如果需要，可以继续创建焊缝，或者单击"取消"按钮关闭对话框。

"角道"对话框中的选项说明如下。

（1）焊道：指定用来构造角焊的参数。

☑　选择面：选择要定义角焊的面。选中"链"复选框，自动选择解除的连续面。

☑　测量边长度：根据边长度构造角焊，如果仅输入一个值，则边长相等。

☑　测量喉深：根据角焊的焊缝根部和面之间的距离构造角焊。

（2）轮廓：指定"平直""外凸""内凹"焊道工艺形状以及偏移距离。

（3）间断：指定角焊道的间断。ANSI 标准用于指定焊缝长度和焊缝中心之间的距离。ISO、BSI、DIN 和 GB 标准用于指定焊缝长度、焊缝间距和焊缝数。JIS 标准用于指定焊缝长度、焊缝中心之间的距离和焊缝数。

（4）范围：确定角焊起始或结束的方式。角焊可终止于工作平面、平面，也可以延伸穿过所有选定的几何图元，形成全螺纹焊接。

☑　从表面到表面：选择终止焊接特征的起始和终止面/平面。在焊接件中，面或平面可以位于其他零件，但必须平行。

☑　贯通：在指定方向上创建穿过所有选定几何图元的焊道。

☑　起始-长度：创建具有用户指定的偏移距离和固定长度的焊道。

（5）创建焊接符号：除非专门断开链接，否则角焊道将链接到焊接符号中的值。输入值以定义焊接符号的内容和外观。

10.4.2　创建坡口焊特征

在用实体焊道连接两个面集的焊接件部件中创建坡口焊特征。焊接符号可以与特征同时创建，也可以通过单独操作来创建。

坡口焊的创建步骤如下：

（1）在焊接件部件中，双击以激活浏览器中的焊缝组，或单击"焊接"选项卡"过程"面板中的"焊接"按钮，激活焊接环境。

（2）单击"焊接"选项卡"焊接"面板中的"坡口"按钮，弹出"坡口焊"对话框，如图 10-27 所示。

（3）如果需要，可选中"链选面"复选框来选择多个相切面。

（4）单击"面集 1"，然后在图形窗口中为第一个选择集选择一个或多个面。使用 Shift 键取消选择不需要的面。选定面与按钮表面的彩色线相匹配。

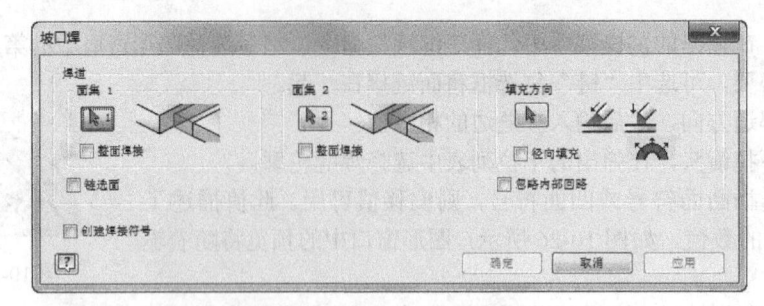

图 10-27 "坡口焊"对话框

（5）右击，在弹出的快捷菜单中选择"继续"命令，然后选择图形窗口中的第二组面。选定面与按钮表面的彩色线相匹配。选中"整面焊接"和"忽略内部回路"复选框，可指定第二个选择集的处理方式。

（6）单击"填充方向"按钮，在图形窗口中单击边或面以指明焊缝方向。

（7）如果不需要选择方向（例如孔中的圆柱体），应选中"径向填充"复选框来定义方向。

（8）单击"应用"按钮以创建坡口焊道和焊接符号（如果设置时选择了焊接符号）。如果需要，可以继续创建焊缝，或者单击"取消"按钮关闭对话框。

"坡口焊"对话框中的选项说明如下。

（1）面集 1/面集 2：选择要使用坡口焊道连接的两个面集，每个面集必须包含一个或多个连续零件面。

（2）整面焊接：指定焊道在两个面集中出现的方式。取消选中此复选框，指定在较小的面集范围内终止焊道。选中此复选框，指定延伸焊道以退化两个面集，如果面集 1 和面集 2 的长度不同，则焊道将延伸以配合这两个面集。

（3）链选面：选中此复选框，选择多个相切面。

（4）填充方向：设置使用坡口焊道连接坡口焊面集时，坡口焊面集的投影方向。

（5）径向填充：沿曲线投影焊道。

（6）忽略内部回路：确定选定面集是形成空心坡口焊还是实体焊缝，选中此复选框，指定焊道跨越内部回路覆盖整个面。取消选中此复选框，指定沿回路延伸焊道。

（7）创建焊接符号：输入值以定义焊接符号的内容和外观。

10.4.3 创建示意特征

焊接符号可以与特征同时创建，也可以通过单独操作来创建。在浏览器的焊接文件夹中，焊道和焊接符号是独立的特征。焊接符号与焊道特征不相关联，因此可以为任意焊道特征指定任意焊接符号值。示意焊道被焊接符号退化后，将变为焊接符号的一个子节点。对于示意焊缝不需要焊接准备。示意焊缝特征并不影响质量特性，也不是干涉检查时的考虑因素。

坡口焊的创建步骤如下：

（1）在焊接件部件中，双击以激活浏览器中的焊缝组。

（2）单击"焊接"选项卡"焊接"面板中的"示意"按钮，弹出"示意焊缝"对话框，如图 10-28 所示。

（3）指定选择模式，选择一条或多条边，或者选择连续边的链或封闭回路。

（4）在"范围"下拉列表框中选择示意焊道的终止方式。

（5）在面积中选择面积、测量或显示尺寸。

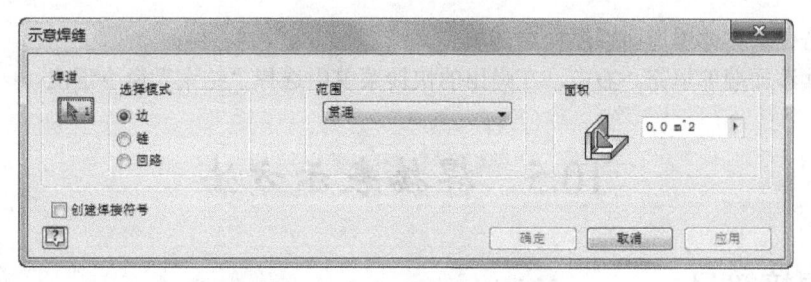

图 10-28 "示意焊缝"对话框

(6) 单击"应用"按钮以创建示意焊缝。

"示意焊缝"对话框中的选项说明如下。

(1) 选择模式：设置要应用示意焊道的区域的选择配置。

(2) 范围：确定终止示意焊缝的方式。示意焊缝可以在工作平面上终止，也可以延伸穿过所有选定的几何图元，形成全长焊接。

❶ 贯通：在指定方向上，在所有特征和草图上创建焊接。

❷ 从表面到表面：选择终止焊接特征的起始和终止面/平面。在焊接件中，面或平面可以位于其他零件上，但必须平行。

(3) 面积：设置示意焊道的截面积，以便计算示意焊道的物理特性。

(4) 创建焊接符号：选中此复选框，可同时创建焊接符号和示意焊道。

> **技巧**：(1) 示意焊缝与实体焊缝有何不同？
> 示意焊缝作为图形元素创建。这些图形元素改变模型边的外观，以表明它们被焊接。示意焊缝也创建包含焊接特征的完全描述的标准焊接符号。示意焊缝不创建实际的焊道几何图元，在计算质量特性时，提供一个近似质量。由于具有这些特征，示意焊缝可以轻松地代表许多焊接类型。
> 实体焊缝使用焊接说明为装配焊接件中的焊道和焊接符号创建三维表达。实体焊道向模型中添加将参与质量特性计算的材料。在需要考虑干涉检查或焊接对质量特性的影响的设计过程中，使用实体焊缝。
> 可以为示意焊缝的箭头侧和非箭头侧定义不同的焊接类型和值。实体焊缝的箭头侧和非箭头侧只能定义不同的值。
> (2) 示意焊缝与实体焊缝的工作流程有何不同？
> 所有焊接特征类型都具有完全控制焊接说明的能力。主要的区别在于：创建示意焊缝时要选择边，而创建实体焊缝时要选择面。
> 焊接准备对于实体焊缝是可选的，而对于示意焊缝是不需要的。示意焊缝符号包含对所选边所需的焊接准备的描述。

10.4.4 端部填充

可以添加模型中的焊接端部填充以表示用来表明焊道末端的填充区域。端部填充可以在工程视图中被恢复。端部填充会自动添加到角焊道中。

端部填充的创建步骤如下：

(1) 在焊接件部件中，双击以激活浏览器中的焊缝组。

(2) 单击"焊接"选项卡"焊接"面板中的"端部填充"按钮，高亮显示现有的端部填充。

（3）单击任意实体焊道面以添加端部填充。

（4）继续添加端部填充。右击，在弹出的快捷菜单中选择"结束"命令退出。

10.5 焊接表示方法

10.5.1 焊接符号

用户需要选择要使用的符号、符号布局，以及要包括在符号中的组成部分。

每个焊接符号均有两段：水平参考段和指引线段。水平参考段包含文本和焊接符号。指引线段一端附着到水平参考段上，另一端附着到模型边上。在"焊接符号"样式中指定焊接符号的外观。

如果焊接装配模型中创建了焊接符号，在工程图中手动添加与焊缝的边关联的焊接符号时，对话框中的默认值为模型焊接符号的值。

焊接符号的功能：即使模型中没有定义焊接件，用户也可以在工程视图中手动添加焊接标注。

但是手动添加的焊接符号和焊接标注与模型几何图元都不具有关联性，因此不会随标注的更改而自动更新。

工程图中焊接符号标注的流程如下：

（1）单击"标注"选项卡"符号"面板中的"焊接"按钮。

（2）在图形窗口中，拖动鼠标指针到要标注的焊缝，焊缝轮廓线亮显，单击亮显轮廓线以设置指引线的起点，并使指引线与焊缝关联。

（3）移动鼠标指针并单击来为指引线添加顶点。

（4）当符号指示器位于适当位置时，右击，然后在弹出的快捷菜单中选择"继续"命令以放置符号，并弹出"焊接符号"对话框。对话框中的选项由激活的制图标准确定。

（5）设置符号的属性和值。

（6）继续放置焊接符号，完成后，右击，并在弹出的快捷菜单中选择"取消"命令。

10.5.2 编辑模型上的焊接符号

可以在焊接件部件中添加和编辑焊接符号。可以为单个焊道特征创建焊接符号，也可以将焊接符号与多个特征关联。可以在创建焊道特征或使用"焊接符号"命令时添加焊接符号。模型中必须存在焊道特征，才能使用"焊接符号"命令。焊接符号将附着到焊道特征的边上。

可以编辑位置、更改值，以及向焊接符号的指引线添加顶点。可以使用夹点修改位置，使用右键快捷菜单编辑值或添加顶点。

10.5.3 添加模型焊接符号

可以在焊接件部件模型中创建焊接符号。

添加模型焊接符号的步骤如下：

（1）在焊接件部件中，双击以激活浏览器中的焊缝组。

（2）单击"焊接"选项卡"焊接"面板中的"符号"按钮，打开"焊接符号"对话框，如图10-29所示。

（3）选择符号要附着到的焊接特征。

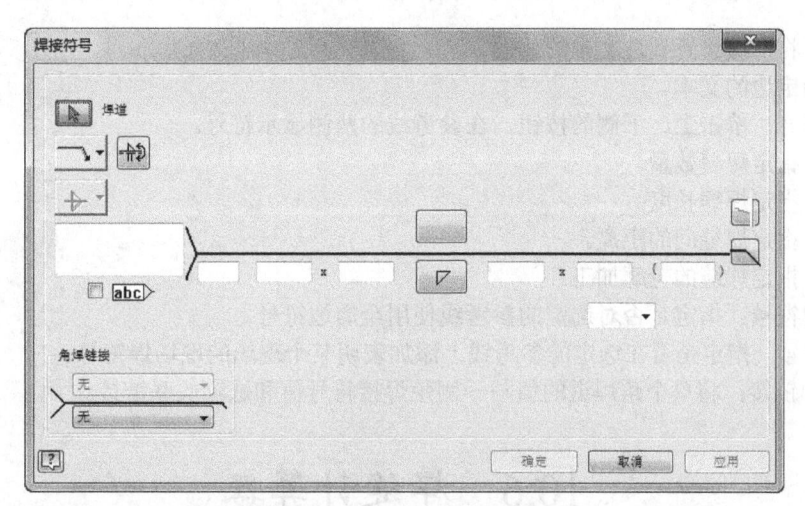

图 10-29 "焊接符号"对话框

（4）若要将该信息与角焊缝特征关联，可在"角焊链接"列表中选择该特征。

（5）在"焊接符号"对话框中输入值以定义符号的内容和外观。焊接符号将在图形窗口中进行预览。

（6）单击"应用"按钮创建焊接符号。如果需要，可以继续创建符号，或者单击"取消"按钮关闭对话框。

> 注意：若要在创建某焊道特征时添加焊接符号，应选中用来创建该焊道特征的对话框中的"创建焊接符号"。

"焊接符号"对话框中的选项说明如下。

（1）焊缝：选择一个或多个由焊接符号标注的示意焊道、角焊道和破口焊道。焊接符号将特征分组成由单个焊接符号标注的组合焊道中。焊接符号指引线将附着到一个标注的焊缝上，可以将指引线点拖到任意标注的焊缝上。

（2）识别线：单击此按钮，可以选择不放置基准线、将基准线放置在参考线上方或将基准线放置在参考线下方。

（3）交换箭头/其他符号：单击此按钮，以在参考线上方和下方之间切换箭头和符号。

（4）交错：对倒角的焊接符号进行交错设置，仅当圆角焊接符号对称设置在参考线两侧时才有效。

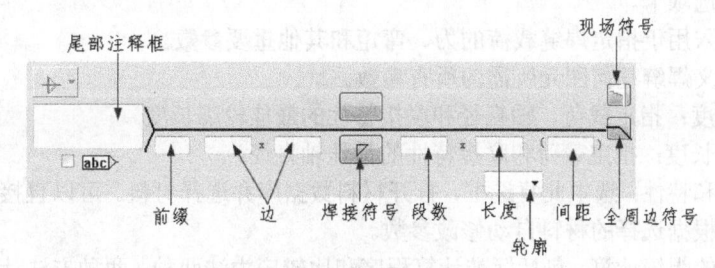

（5）符号参数，如图 10-30 所示。

图 10-30 符号参数

❶ 尾部注释框：将说明添加到所选的参考线上。
❷ abc：选中此复选框，以封闭框中的注释文本。

❸ 前缀：将前缀设置到边文本的前面。
❹ 边：指定边的文本。
❺ 焊接符号：单击上、下侧的按钮，在参考线的两侧显示符号。
❻ 段数：指定焊缝数量。
❼ 长度：指定焊缝长度。
❽ 间距：指定焊缝间的距离。
❾ 轮廓：指定焊缝的轮廓加工。
❿ 全周边符号：指定是否对选定的参考线使用全周边符号。
⓫ 现场符号：指定是否在选定的参考线上添加表明某个现场的现场焊符号。
（6）角焊链接：将单个角焊道的值与一侧角焊接符号值和选项关联链接。

10.6 焊缝计算器

焊缝计算器用于设计并校核对接焊缝、角焊缝、塞焊缝、坡口焊缝和点焊缝。可以校核承受不同类型载荷的所有典型焊缝。可以对静态载荷和疲劳载荷进行对接焊缝和角焊缝校核。可以选择所需的焊缝类型、焊缝的材料和尺寸、焊缝的设计几何参数，还可以执行强度校核。

> 注意：建议用户在疲劳载荷情况下不要使用塞焊缝、坡口焊缝和点焊缝。该连接计算不可用。
> 计算中不考虑突然脆裂的情况，以及由温度和残余应力影响引起的材料机械值的变化。该计算不适用于需要特殊标准的焊缝（如压力容器、起重机、升降机、管材等）。计算中仅指定了某部分特定载荷的额定应力。不考虑应力集中和内部应力。

10.6.1 计算对接焊缝

计算对接焊缝的步骤如下：
（1）单击"焊接"选项卡"焊接"面板中的"对接焊计算器"按钮，打开如图 10-31 所示的"对接焊缝计算器"对话框。
（2）选择"计算"选项卡，单击"更多"按钮，并选择计算方法。
（3）输入相应的输入参数。
（4）单击"确定"按钮，将焊缝计算插入 Autodesk Inventor。
"对接焊缝计算器"对话框中的选项说明如下。
（1）"计算"选项卡。
☑ 载荷：输入用于指定焊缝载荷的力、弯矩和其他重要参数。
☑ 尺寸：定义焊缝几何图元所需的所有参数。
  ➢ 板厚度：指定载荷、轴直径和联接特性的最佳轮廓长度。
  ➢ 焊缝长度：指定载荷和联接特性的最佳轴直径。
☑ 联接材料和特性：选中此复选框，打开材料数据库并选择材料。可以直接在对话框中更改参数，也会根据选择的材料自动修改参数。
☑ 静态加载的焊缝计算：包括标准计算程序和比较应力法两种，两种方法计算应力结果的方式类似，但是强度校核结果评估不同。
  ➢ 标准计算程序：使用标准计算过程，可以将计算的法向应力、剪切应力或结果约化与许用应力进行直接比较，以此来校核连接强度。

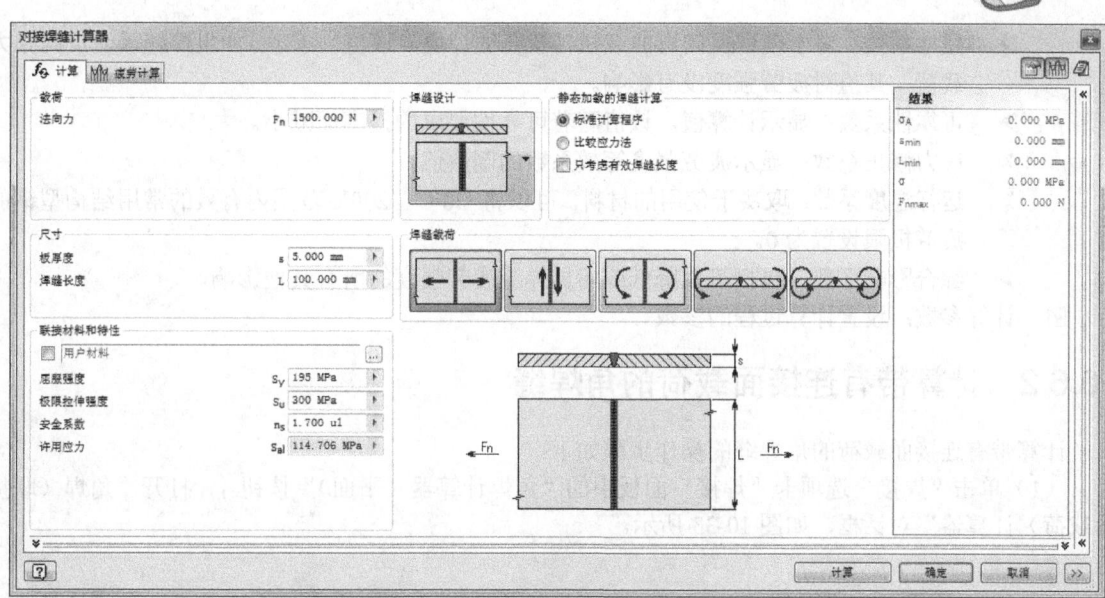

图 10-31 "对接焊缝计算器"对话框

- ➢ 比较应力法：将许用应力与辅助参考应力进行比较，后者是在使用此方法执行强度校核时，使用焊缝连接变换系数并根据计算出的局部应力确定的。
- ☑ 焊缝载荷：指定计算焊缝载荷的方法。
- ☑ 焊缝设计：指定计算焊缝设计的方法。
- ☑ 结果：显示计算值和焊缝强度校核。

（2）"疲劳计算"选项卡，如图 10-32 所示。

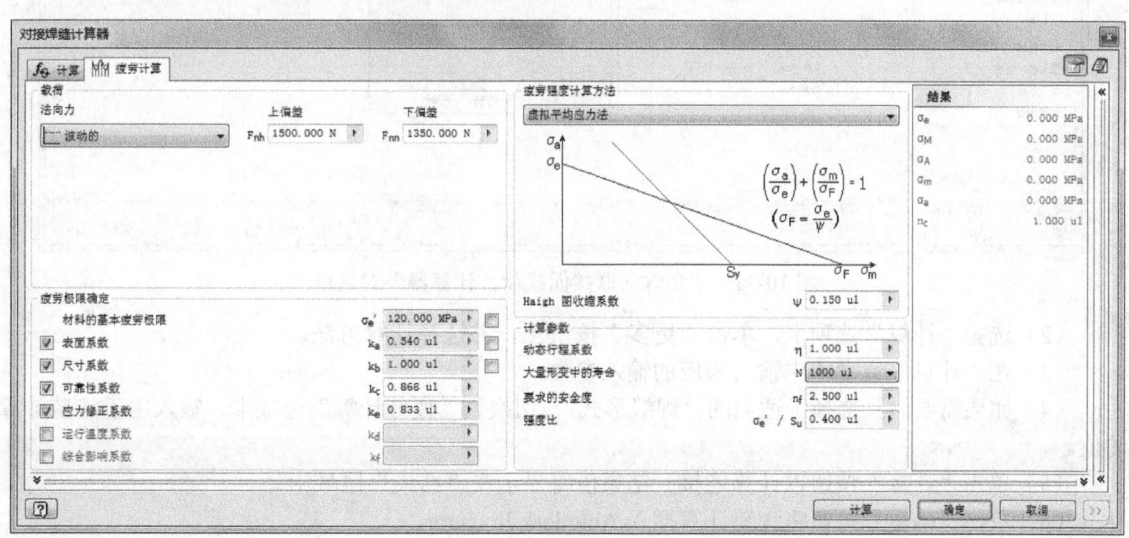

图 10-32 "疲劳计算"选项卡

- ☑ 载荷：输入载荷参数。
- ☑ 疲劳极限确定。
  - ➢ 材料的基本疲劳极限：使用预估值或根据材料测试结果输入一个值。
  - ➢ 表面系数：说明随着质量的提高疲劳强度也会增加。

· 337 ·

- 尺寸系数：对于使用反向弯曲或扭转载荷的焊缝，该值小于 1。如果焊缝承受反向张力载荷，其值对疲劳强度没有影响。
- 可靠性系数：显示计算值。该值随着可靠性要求的提高而减小。
- 应力修正系数：显示疲劳强度等效系数的倒数值。
- 运行温度系数：取决于使用的材料。可以将-20℃～200℃范围内有效的常用结构型钢的疲劳极限设置为 0。
- 综合影响系数：包括可以降低或增加焊缝疲劳强度的所有其他影响。

☑ 计算参数：设置计算过程的参数。

10.6.2 计算带有连接面载荷的角焊缝

计算带有连接面载荷的角焊缝的操作步骤如下：

（1）单击"焊接"选项卡"焊接"面板中的"角焊计算器（平面）"按钮，打开"角焊（联接面载荷）计算器"对话框，如图 10-33 所示。

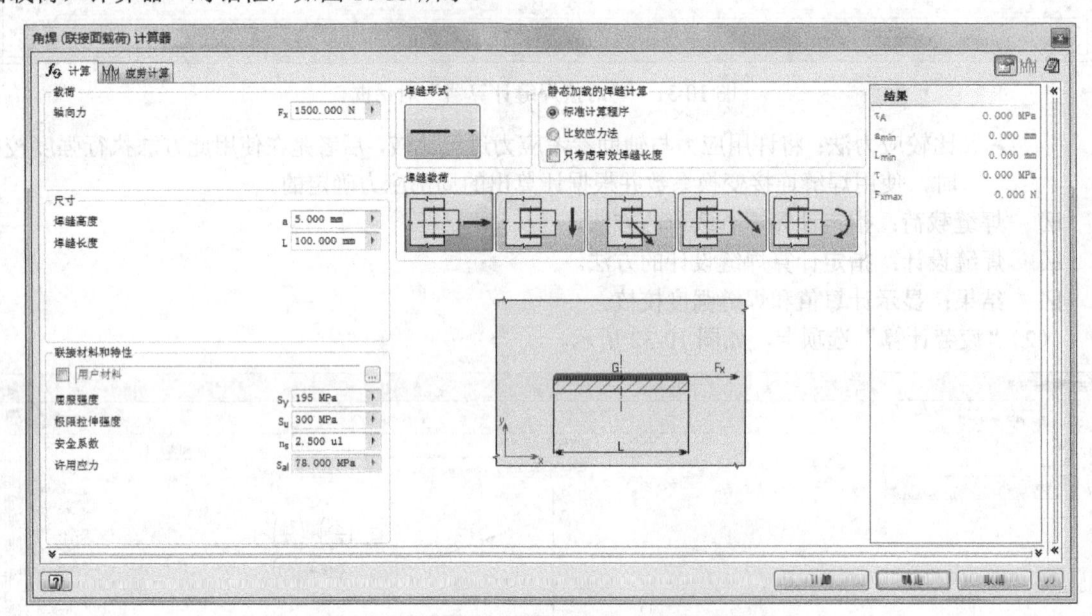

图 10-33 "角焊（联接面载荷）计算器"对话框

（2）选择"计算"选项卡，单击"更多"按钮，并选择计算方法。
（3）在"计算"选项卡中输入相应的输入参数。
（4）如果需要而且选择了适当的"焊缝形式"，切换到"疲劳计算"选项卡，输入用于疲劳计算的值。
（5）单击"计算"按钮以计算连接。结果值将显示在"结果"区域中。
（6）单击"确定"按钮将焊缝计算插入 Autodesk Inventor。

10.6.3 计算承受空间荷载的角焊缝

计算承受空间荷载的角焊缝的操作步骤如下：

（1）单击"焊接"选项卡"焊接"面板中的"角焊计算器（空间）"按钮，打开"角焊（空间载荷）计算器"对话框，如图 10-34 所示。

图 10-34 "角焊（空间载荷）计算器"对话框

（2）选择"计算"选项卡，单击"更多"按钮，并选择计算方法。

（3）在"计算"选项卡中输入相应的输入参数。

（4）如果需要而且选择了合适的"焊缝形式"，切换到"疲劳计算"选项卡，输入用于疲劳计算的值。

（5）单击"计算"按钮以计算连接。结果值将显示在"结果"区域中。

（6）单击"确定"按钮，将焊缝计算插入 Autodesk Inventor。

10.6.4　计算塞焊缝和坡口焊缝

计算塞焊缝和坡口焊缝的操作步骤如下：

（1）单击"焊接"选项卡"焊接"面板中的"塞焊/坡口焊计算器"按钮，打开"塞焊和坡口焊计算器"对话框，如图 10-35 所示。

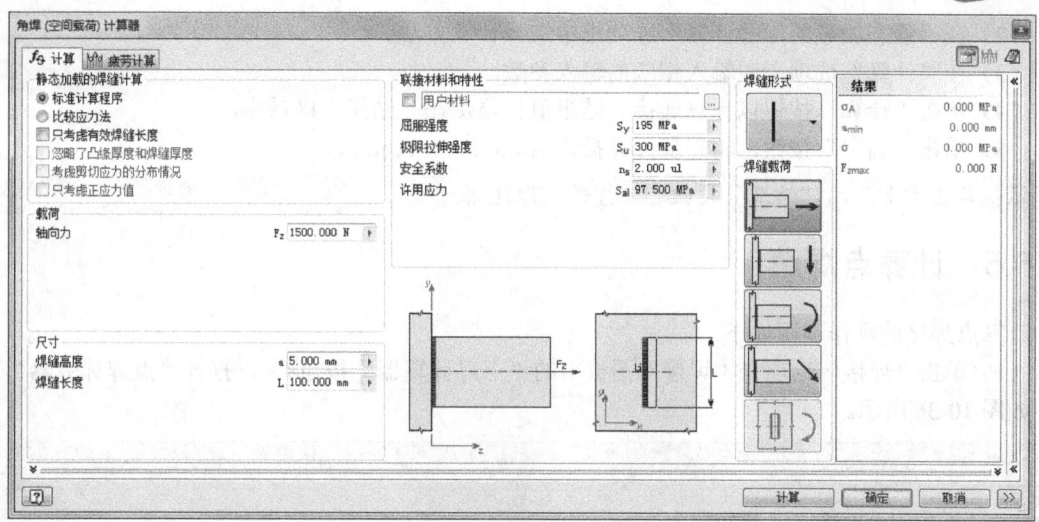

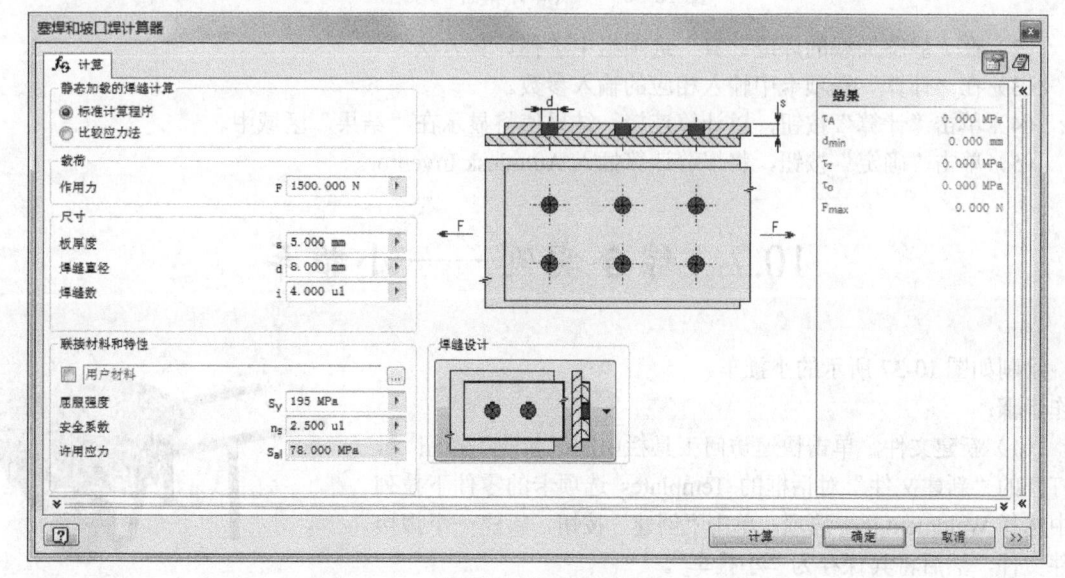

图 10-35 "塞焊和坡口焊计算器"对话框

（2）在"静态加载的焊缝计算"选项组中选择计算方法。
（3）在"计算"选项卡中输入相应的输入参数。
（4）单击"计算"按钮以计算连接。结果值将显示在"结果"区域中。
（5）单击"确定"按钮，将焊缝计算插入 Autodesk Inventor。

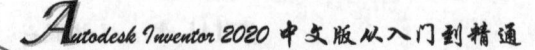

> **提示**：单击右上角的"结果"按钮以打开 HTML 报告。

10.6.5 计算点焊缝

计算点焊接的操作步骤如下：
（1）单击"焊接"选项卡"焊接"面板中的"点焊计算器"按钮，打开"点焊计算器"对话框，如图 10-36 所示。

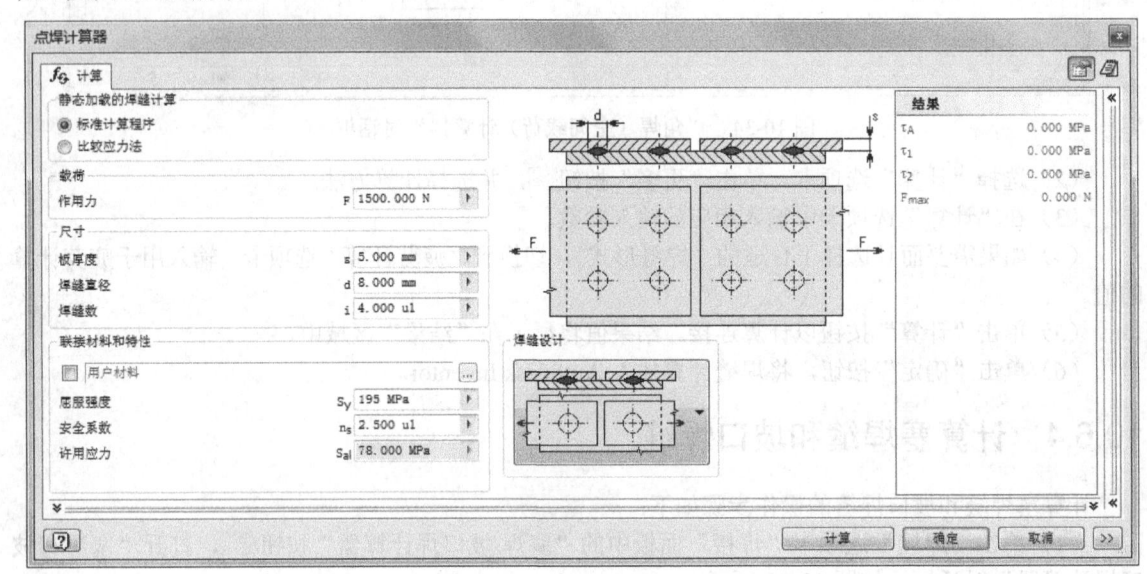

图 10-36 "点焊计算器"对话框

（2）在"静态加载的焊缝计算"选项组中选择计算方法。
（3）在"计算"选项卡中输入相应的输入参数。
（4）单击"计算"按钮，以计算连接。结果值将显示在"结果"区域中。
（5）单击"确定"按钮，将焊缝计算插入 Autodesk Inventor。

10.7 综合实例——小推车

绘制如图 10-37 所示的小推车。

操作步骤：
（1）新建文件。单击快速访问工具栏中的"新建"按钮，在打开的"新建文件"对话框的 Templates 选项卡的零件下拉列表中选择 Weldment.iam 选项，单击"创建"按钮，新建一个焊接部件文件，然后将其保存为"小推车"。

图 10-37 小推车

第10章 焊接设计

（2）创建车架。

❶ 新建零件。单击"装配"选项卡"零部件"面板中的"创建"按钮，打开"创建在位零部件"对话框，在"新零部件名称"文本框中输入"车架"，如图10-38所示，单击"确定"按钮，然后选择XY平面为草图平面，激活"车架"零件，此时装配模型树如图10-39所示。

图10-38 "创建在位零部件"对话框

图10-39 模型树

❷ 创建草图。单击"三维模型"选项卡"草图"面板中的"开始创建二维草图"按钮，选择"车架"零件的"原始坐标系"XY平面为草图绘制平面，进入草图绘制环境。单击"草图"选项卡"创建"面板中的"线"按钮和"圆角"按钮，绘制草图。单击"约束"面板中的"尺寸"按钮，标注尺寸如图10-40所示。单击"草图"选项卡中的"完成草图"按钮，退出草图环境。

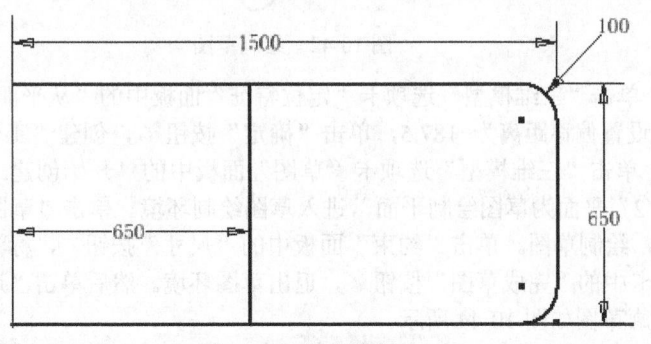

图10-40 绘制草图

❸ 创建草图。单击"三维模型"选项卡"草图"面板中的"开始创建二维草图"按钮，选择"车架"零件的"原始坐标系"XZ平面为草图绘制平面，进入草图绘制环境。单击"草图"选项卡"创建"面板中的"线"按钮和"圆角"按钮，绘制草图。单击"约束"面板中的"尺寸"按钮，标注尺寸如图10-41所示。单击"草图"选项卡的"完成草图"按钮，退出草图环境。

❹ 创建草图平面。单击"三维模型"选项卡"定位特征"面板中的"从平面偏移"按钮，选择XZ平面为参考平面，设置偏移距离为650，单击"确定"按钮，创建"工作平面1"。

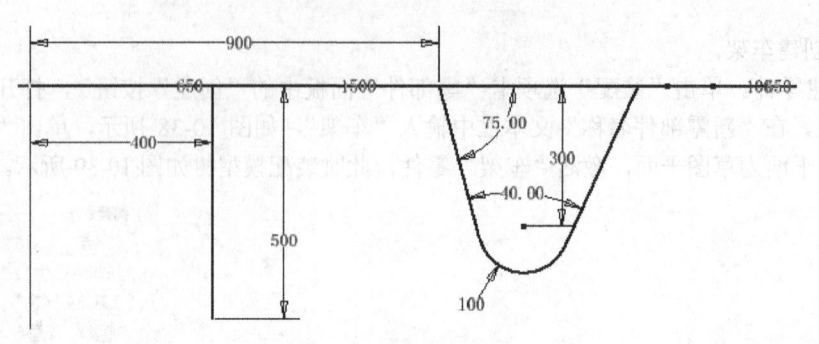

图 10-41 绘制草图

❺ 创建草图。单击"三维模型"选项卡"草图"面板中的"开始创建二维草图"按钮，选择创建的"工作平面1"平面为草图绘制平面，进入草图绘制环境。单击"草图"选项卡"创建"面板中的"线"按钮 和"圆角"按钮，绘制草图。单击"约束"面板中的"尺寸"按钮，标注尺寸如图 10-42 所示。单击"草图"选项卡中的"完成草图"按钮，退出草图环境。

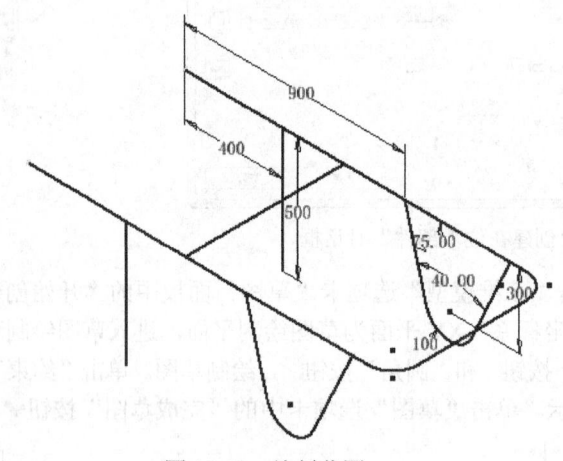

图 10-42 绘制草图

❻ 创建平面。单击"三维模型"选项卡"定位特征"面板中的"从平面偏移"按钮，选择 XZ 平面为参考平面，设置偏移距离为-187.5，单击"确定"按钮，创建"工作平面2"。

❼ 创建草图。单击"三维模型"选项卡"草图"面板中的"开始创建二维草图"按钮，选择创建的"工作平面2"平面为草图绘制平面，进入草图绘制环境。单击"草图"选项卡"创建"面板中的"线"按钮，绘制草图。单击"约束"面板中的"尺寸"按钮，标注尺寸如图 10-43 所示。单击"草图"选项卡中的"完成草图"按钮，退出草图环境。然后单击"返回"按钮，进入装配环境。绘制的车架轮廓草图如图 10-44 所示。

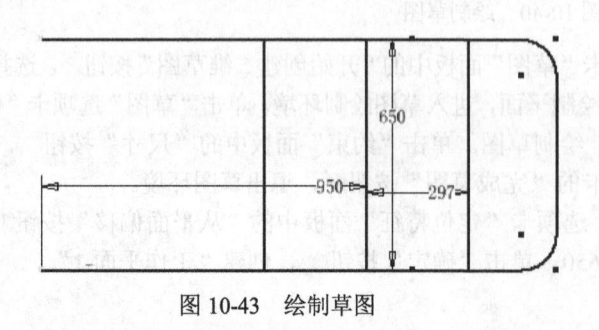

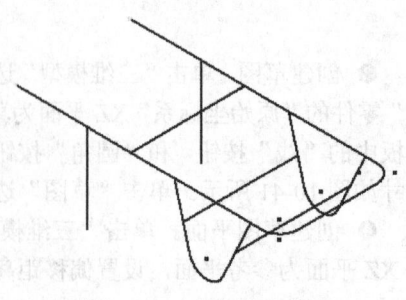

图 10-43 绘制草图　　　　　图 10-44 车架轮廓草图

❽ 插入结构件。单击"设计"选项卡"结构件"面板中的"插入结构件"按钮，打开"插入"对话框，选择标准为 GB；选择族为"矩形冷弯空心型钢"；选择规格为 50×25×2.5；外观设置为"红"；设置旋转角度为 90deg，如图 10-45 所示，然后依次选择车架轮廓草图，单击"确定"按钮，创建车架，如图 10-46 所示。

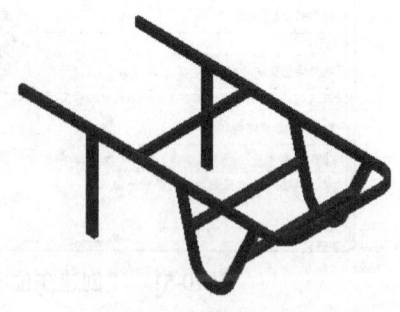

图 10-45 "插入"对话框   图 10-46 车架

❾ 编辑结构件。单击"设计"选项卡"结构件"面板中的"修剪/延伸"按钮，打开"修剪-延伸到面"对话框，如图 10-47 所示，选择如图 10-48 所示的车架的一条支腿为修剪结构件，选择如图 10-49 所示的车辕的下表面为修剪面，此时车架显示如图 10-50 所示，单击"确定"按钮，完成修剪。重复"修剪/延伸"按钮，修剪其他结构件。

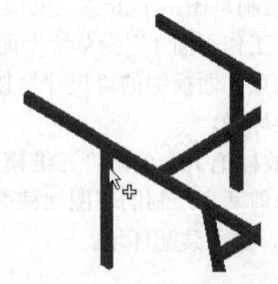

图 10-47 绘制草图   图 10-48 选择修剪结构件

图 10-49 选择修剪面   图 10-50 选择完毕

（3）创建把手。

❶ 新建零件。单击"装配"选项卡"零部件"面板中的"创建"按钮，打开"创建在位零部件"对话框，在"新零部件名称"文本框中输入"把手"，如图 10-51 所示，单击"确定"按钮，然后选择车辕的末端为草图平面，激活"把手"零件，此时装配模型树如图 10-52 所示。

图 10-51 "创建在位零部件"对话框　　　　图 10-52 模型树

❷ 绘制草图。单击"三维模型"选项卡"草图"面板中的"开始创建二维草图"按钮，选择把手的"原始坐标系"XY 平面为草绘平面，单击"草绘"选项卡中的"投影几何图元"按钮，将车辕的外轮廓面生成为草图轮廓，然后单击"完成草图"按钮，退出草绘环境。

❸ 创建草图平面。单击"三维模型"选项卡"定位特征"面板中的"从平面偏移"按钮，选择把手的 XY 平面为参考平面，设置偏移距离为 150，单击"确定"按钮，创建"工作平面 1"。

❹ 绘制草图。单击"三维模型"选项卡"草图"面板中的"开始创建二维草图"按钮，选择创建的"工作平面 1"为草绘平面，单击"草图"选项卡"创建"面板中的"中心点槽"按钮，单击"约束"面板中的"尺寸"按钮，标注尺寸如图 10-53 所示，然后单击"完成草图"按钮，退出草绘环境。

❺ 放样把手。单击"三维模型"选项卡"创建"面板中的"放样"按钮，打开"放样"对话框，选择前两步绘制的草图为截面草图，单击"确定"按钮，创建把手，如图 10-54 所示，单击返回按钮，进入装配环境。

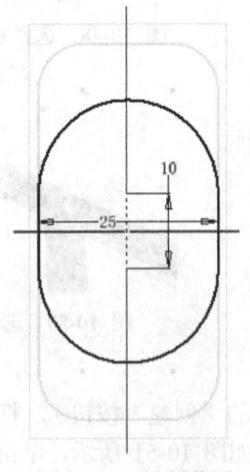

图 10-53 绘制草图　　　　图 10-54 绘制草图

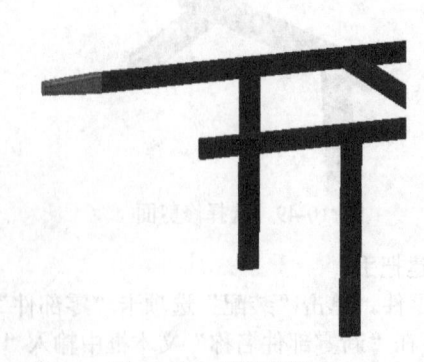

第10章 焊接设计

❻ 阵列把手。单击"装配"选项卡"阵列"面板中的"阵列"按钮，打开"阵列零部件"对话框，选择"把手"为要阵列的零部件，选择横杆为阵列方向，输入阵列距离为 650，如图 10-55 所示，单击"确定"按钮，结果如图 10-56 所示。

图 10-55 "阵列零部件"对话框

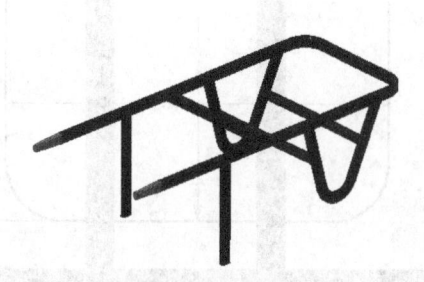

图 10-56 把手

（4）创建车斗。

❶ 新建零件。单击"装配"选项卡"零部件"面板中的"创建"按钮，打开"创建在位零部件"对话框，在"新零部件名称"文本框中输入"车斗"，如图 10-57 所示，单击"确定"按钮，然后图 10-58 所示的平面 1 为草图平面，激活"车斗"零件，此时装配模型树如图 10-59 所示。

图 10-57 "创建在位零部件"对话框

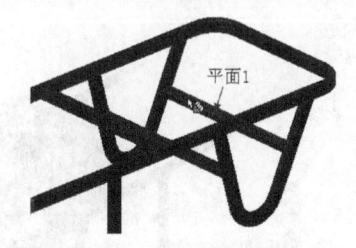

图 10-58 选择草图平面

图 10-59 模型树

❷ 创建草图。单击"三维模型"选项卡"草图"面板中的"开始创建二维草图"按钮，选择车斗的"原始坐标系"XY 平面为草图绘制平面，进入草图绘制环境。单击"草图"选项卡"创建"面板中的"矩形"按钮和"圆角"按钮，绘制草图。单击"约束"面板中的"尺寸"按钮，标注尺寸如图 10-60 所示。单击"草图"选项卡中的"完成草图"按钮，退出草图环境。

❸ 创建草图。单击"三维模型"选项卡"草图"面板中的"开始创建二维草图"按钮，选择车辕的上平面为草图绘制平面，进入草图绘制环境。单击"草图"选项卡"创建"面板中的"矩形"按钮和"圆角"按钮，绘制草图。单击"约束"面板中的"尺寸"按钮，标注尺寸如图 10-61

· 345 ·

所示。单击"草图"选项卡中的"完成草图"按钮✓，退出草图环境。

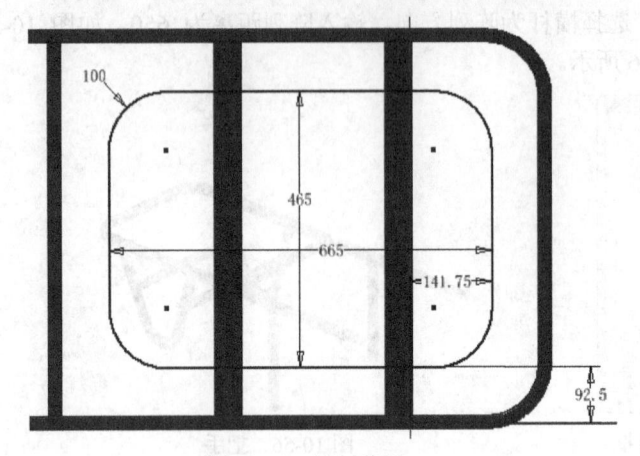

图 10-60　绘制草图

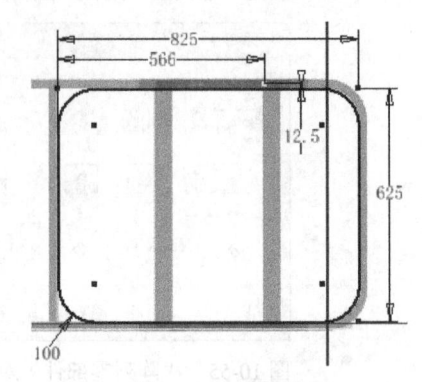

图 10-61　绘制草图

❹ 创建草图平面。单击"三维模型"选项卡"定位特征"面板中的"从平面偏移"按钮，选择车辕的上表面为参考平面，设置偏移距离为150，单击"确定"按钮✓，创建"工作平面2"。

❺ 创建草图。单击"三维模型"选项卡"草图"面板中的"开始创建二维草图"按钮，选择上步创建的"工作平面2"为草图绘制平面，进入草图绘制环境。单击"草图"选项卡"创建"面板中的"矩形"按钮和"圆角"按钮，绘制草图。单击"约束"面板中的"尺寸"按钮，标注尺寸，如图10-62所示。单击"草图"选项卡中的"完成草图"按钮✓，退出草图环境。

❻ 放样车斗。单击"三维模型"选项卡"创建"面板中的"放样"按钮，打开"放样"对话框，选择前几步绘制的草图为放样截面，单击"确定"按钮，生成车斗实体。

❼ 抽壳车斗。单击"三维模型"选项卡"修改"面板中的"抽壳"按钮，打开"抽壳"对话框，选择车斗放样实体的上表面为开口面，输入厚度为2，单击"确定"按钮，创建车斗，结果如图10-63所示，单击"返回"按钮，进入装配环境。

图 10-62　设置参数

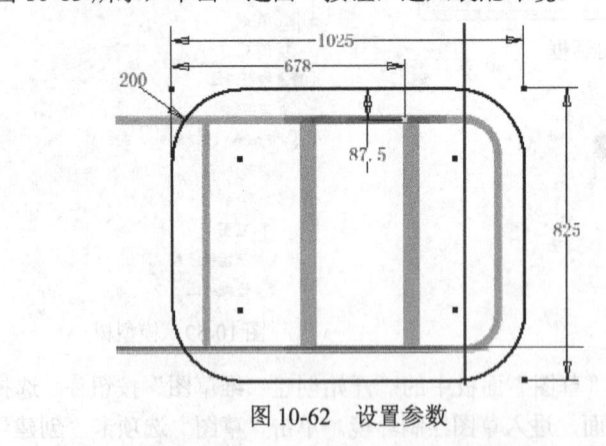

图 10-63　车斗

（5）创建车轮。

❶ 新建零件。单击"装配"选项卡"零部件"面板中的"创建"按钮，打开"创建在位零部件"对话框，在"新零部件名称"文本框中输入"车轮"，如图10-64所示，单击"确定"按钮，然后选择图10-65所示的面2为草图平面，激活"车轮"零件，此时装配模型树如图10-66所示。

· 346 ·

第 10 章 焊接设计

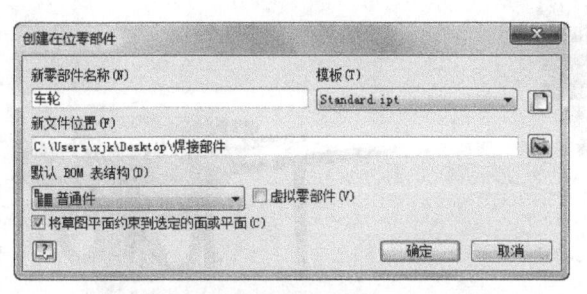

图 10-64 "创建在位零部件"对话框

图 10-65 选择草图平面

图 10-66 模型树

❷ 创建草图。单击"三维模型"选项卡"草图"面板中的"开始创建二维草图"按钮，选择车轮的"原始坐标系"XY 平面为草绘平面，进入草图绘制环境。单击"草图"选项卡"创建"面板中的"圆"按钮⊙绘制草图。单击"约束"面板中的"尺寸"按钮，标注尺寸如图 10-67 所示。单击"草图"选项卡中的"完成草图"按钮✓，退出草图环境。

❸ 创建拉伸。单击"三维模型"选项卡"创建"面板中的"拉伸"按钮，打开"拉伸"对话框，选择上步绘制的草图为截面轮廓，设置拉伸距离为 625，其余采用默认设置，单击"确定"按钮，结果如图 10-68 所示。

图 10-67 绘制草图

图 10-68 车轮轴

❹ 创建草图平面。单击"三维模型"选项卡"定位特征"面板中的"从平面偏移"按钮，选择 XY 平面为参考平面，设置偏移距离为 312.5，单击"确定"按钮✓，创建"工作平面 1"。

❺ 创建草图。单击"三维模型"选项卡"草图"面板中的"开始创建二维草图"按钮，选择上步创建的"工作平面 1"为草绘平面，进入草绘环境。单击"草图"选项卡"创建"面板中的"圆"按钮⊙绘制草图。单击"约束"面板中的"尺寸"按钮，标注尺寸如图 10-69 所示。单击"草图"选项卡中的"完成草图"按钮✓，退出草图环境。

❻ 创建拉伸。单击"三维模型"选项卡"创建"面板中的"拉伸"按钮，打开"拉伸"对话框，选取上一步绘制的草图为截面轮廓，设置拉伸距离为 80，拉伸方式为"对称"，单击"确定"按钮，生成车轮，如图 10-70 所示。

· 347 ·

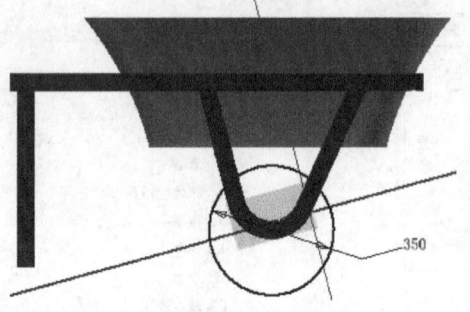

图 10-69　车轮草图

图 10-70　生成车轮

❼ 创建圆角。单击"三维模型"选项卡"修改"面板中的"圆角"按钮，打开"圆角"对话框，设置半径为 20，如图 10-71 所示，选择车轮的外边线为倒圆角边线，单击"确定"按钮，完成车轮的创建，如图 10-72 所示，单击"返回"按钮，进入装配环境。

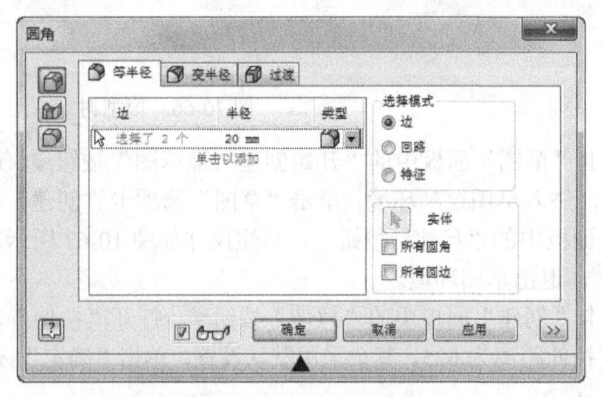

图 10-71　"圆角"对话框

图 10-72　车轮倒圆角

（6）调整外观。单击"工具"选项卡"材料和外观"面板中的"调整"按钮，打开"调整"小工具栏，更改车斗的颜色为"黄色"，如图 10-73 所示，单击"确定"按钮。重复"调整"命令，更改车轮和把手的颜色为黑色，最终结果如图 10-74 所示。

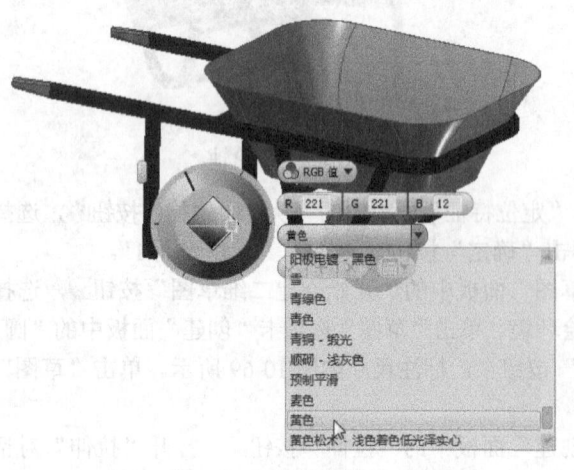

图 10-73　车斗颜色

图 10-74　小推车

· 348 ·

第 11 章 运动仿真

在产品设计完成之后，往往需要对其进行仿真以验证设计的正确性。本章主要介绍了 Inventor 运动仿真功能的使用方法，以及将 Inventor 模型及仿真结果输出到 FEA 软件中进行仿真的方法。

- ☑ AIP 2020 的运动仿真模块概述
- ☑ 仿真及结果的输出
- ☑ 构建仿真机构
- ☑ 综合实例

任务驱动&项目案例

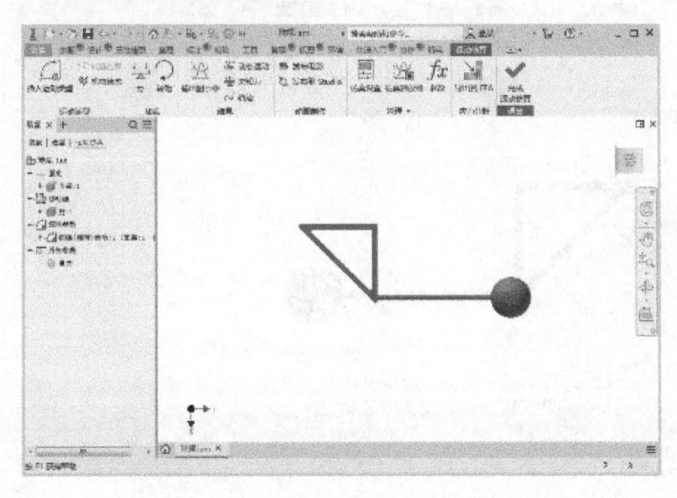

11.1　AIP 2020 的运动仿真模块概述

运动仿真包含广泛的功能并且适应多种工作流。本节主要介绍运动仿真的基础知识。在了解了运动仿真的主要形式和功能后，就可以开始探究其他功能，然后根据特定需求来使用运动仿真。

Inventor 作为一种辅助设计软件，能够帮助设计人员快速创建产品的三维模型，以及快速生成二维工程图等。但 Inventor 的功能如果仅限于此，那就远远没有发挥其价值。当前，辅助设计软件往往都能够和 CAE/CAM 软件结合使用，在最大程度上发挥这些软件的优势，从而提高工作效率，缩短产品开发周期，提高产品设计的质量和水平，为企业创造更大的效益。CAE（计算机辅助工程）是指利用计算机对工程和产品性能与安全可靠性进行分析，以模拟其工作状态和运行行为，以便于及时发现设计中的缺陷，同时达到设计的最优化目标。

可以使用运动仿真功能来仿真和分析装配在各种载荷条件下运动的运动特征。还可以将任何运动状态下的载荷条件输出到应力分析。在应力分析中，可以从结构的观点来查看零件如何响应装配在运动范围内任意点的动态载荷。

11.1.1　运动仿真的工作界面

打开一个部件文件后，单击"环境"选项卡"开始"面板中的"运动仿真"按钮，进入"运动仿真"界面，如图 11-1 所示。

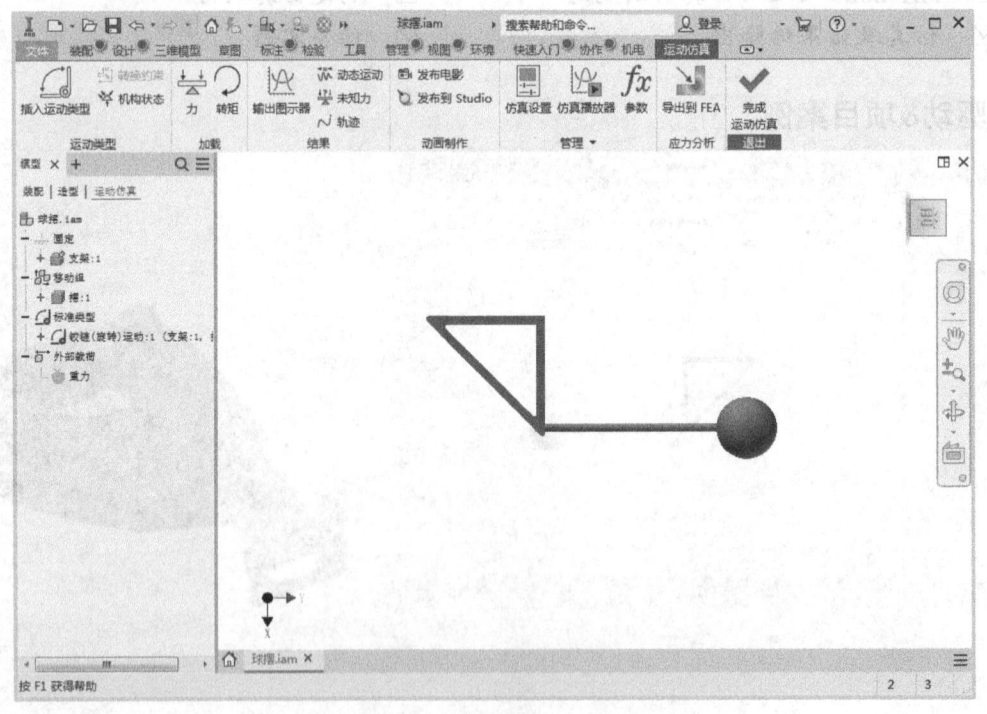

图 11-1　"运动仿真"界面

进入运动仿真环境后，可以看到操作界面主要由 ViewCube（绘图区右上部）、快速工具栏（上部）、功能区、浏览器和状态栏及绘图区域构成。

11.1.2 Inventor 运动仿真的特点

Inventor 2020 的仿真部分软件是完全整合于三维 CAD 的机构动态仿真软件，具有如下显著特点。

（1）使软件自动将配合约束和插入约束转换为标准连接（一次转换一个连接），同时可以手动创建连接。

（2）已经包含了仿真部分，把运动仿真真正整合到设计软件中，无须再安装其仿真部分。

（3）能够将零部件的复杂载荷情况输出到其他主流动力学、有限元分析软件如 Ansys 中进行进一步的强度和结果分析。

（4）更加易学易用，保证在建立运动模型时将 Inventor 环境下定义的装配约束可以直接转换为运动仿真环境下的运动约束；可以直接使用材料库，用户还可以按照自己的实际需要自行添加新材料。

11.2 构建仿真机构

在进行仿真之前，首先应该构建一个与实际情况相符合的运动机构，这样仿真结果才有意义。构建仿真机构除了需要在 Inventor 中创建基本的实体模型以外，还包括指定焊接零部件以创建刚性、统一的结构，添加运动和约束、添加作用力和力矩以及添加碰撞等。需要指出的是，要仿真部件的动态运动，需要定义两个零件之间的机构连接并在零件上添加力（内力或/和外力）。现在，部件是一个机构。

可以通过 3 种方式创建连接：在"分析设置"对话框中激活"自动转换对标准联接的约束"功能，使 Inventor 自动将合格的装配约束转换成标准连接；使用"插入运动类型"工具手动插入运动类型；使用"转换约束"工具手动将 Autodesk Inventor 装配约束转换成标准连接（每次只能转换一个连接）。

注意：当"自动转换对标准联接的约束"功能处于激活状态时，不能使用"插入运动类型"或"转换约束"工具来手动插入标准连接。

11.2.1 运动仿真设置

在任何部件中，任何一个零部件都不是自由运动的，需要受到一定的运动约束的限制。运动约束限定了零部件之间的连接方式和运动规则。通过使用 AIP 2012 版或更高版本创建的装配部件进入运动仿真环境时，如果未取消选择"分析设置"对话框中的"自动转换对标准联接的约束"，Inventor 将通过转换全局装配运动中包含的约束来自动创建所需的最少连接。同时，软件将自动删除多余约束。此功能在确定螺母、螺栓、垫圈和其他紧固件的自由度不会影响机构的移动时尤其好用，事实上，在仿真过程中这些紧固件通常是锁定的。添加约束时，此功能将立即更新受影响的连接。

单击"运动仿真"选项卡"管理"面板中的"仿真设置"按钮，打开"运动仿真设置"对话框，如图 11-2 所示。

- ☑ 自动将约束转换为标准联接：选中此复选框，将激活自动运动仿真转换器。这会将装配约束转换为标准连接。如果选中此复选框，就不能再选择手动插入标准连接，也不能再选择一次一个连接地转换约束。选中或取消此功能都会删除机构中的所有现有连接。
- ☑ 当机械装置被过约束时发出警告：此复选框默认是选中的，如果机构被过约束，Inventor 将会在自动转换所有配合前向用户发出警告并将约束插入标准连接。

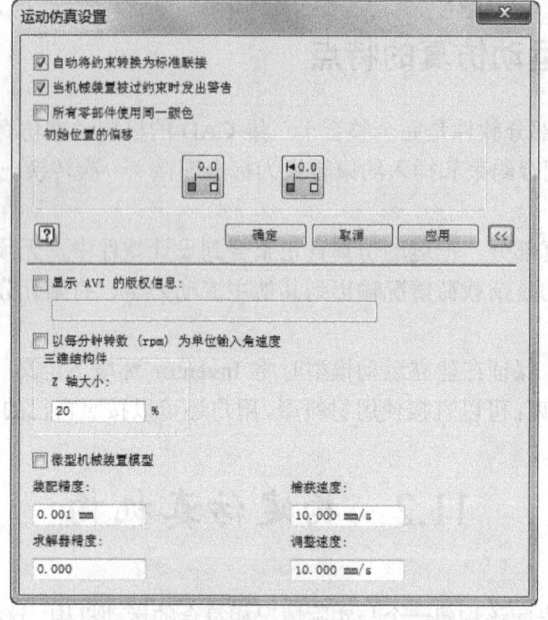

图 11-2 "运动仿真设置"对话框

- ☑ 所有零部件使用同一颜色：将预定义的颜色分配给各个移动组。固定组使用同一颜色。该工具有助于分析零部件关系。
- ☑ 初始位置的偏移。
  - ▶ ：将所有自由度的初始位置设置为 0，而不更改机构的实际位置。这对于查看输出图示器中以 0 开始的可变出图非常有用。
  - ▶ ：将所有自由度的初始位置重设置为在构造连接坐标系的过程中指定的初始位置。

11.2.2 插入运动类型

"插入运动类型"是完全手动的添加约束方法。使用"插入运动类型"可以添加标准、滚动、滑动、二维接触和力连接。前面已经介绍了对于标准连接，可选择自动地或一次一个连接地将装配约束转换成连接。而对于其他所有的连接类型，"插入运动类型"是添加连接的唯一方式。

在机构中插入运动类型的典型工作流程如下：

（1）确定所需连接的类型。考虑所具有的与所需的自由度数和类型，还要考虑力和接触。

（2）如果知道在两个零部件的其中一个上定义坐标系所需的任何几何图元，这时就需要返回装配模式下"部件和零件"添加所需图元。

（3）单击"运动仿真"选项卡"运动类型"面板中的"插入运动类型"按钮 ，打开如图 11-3 所示的"插入运动类型"对话框，其顶部的下拉列表中列出了各种可用的连接。该对话框的底部则提供了与选定连接类型相应的选择工具。默认情况下指定为"空间自由运动"，空间自由运动动画将连续循环播放。也可单击"连接类型"右侧的显示连接表工具 ，打开如图 11-4 所示的对话框，显示了每个连接类别和特定连接类型的视觉表达。单击图标来选择连接类型。选择连接类型后，可用的选项将立即根据连接类型变化。

对于所有连接（三维接触除外），利用"先拾取零件"工具 可以在选择几何图元前选择连接零部件。这使得选择图元（点、线或面）更加容易。

图 11-3 "插入运动类型"对话框　　　　图 11-4 "运动类型表"对话框

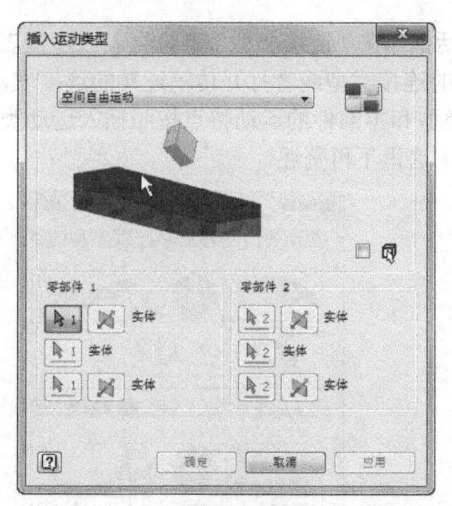

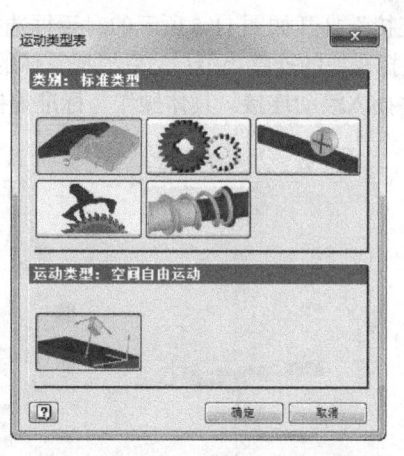

（4）从连接菜单或"连接表"选择所需连接类型。
（5）选择定义连接所需的其他任何选项。
（6）为两个零部件定义连接坐标系。
（7）单击"确定"或"应用"按钮，这两个操作均可以添加连接，而单击"确定"按钮还将关闭此对话框。

为了在创建约束时能够恰如其分地使用各种连接，下面详细介绍插入运动类型的几种类型。

1. 插入标准连接

利用"连接类型选择"选择标准连接类型添加至机构时，要考虑在两个零部件和两个连接坐标系的相对运动之间所需的自由度。插入运动类型时，将两个连接坐标系分别置于两个零部件上。应用连接时，将定位两个零部件，以便使它们的坐标系能够完全重合。然后，再根据连接类型，在两个坐标系之间进而在两个零部件之间创建自由度。

标准连接类型有旋转、平移、柱面运动、球面运动、平面运动、球面圆槽运动、线-面运动、点-面运动、空间自由运动和焊接等。读者可以根据零件的特点以及零部件间的运动形式选择相应的标准连接类型。

如果要编辑插入运动类型，可以在浏览器中选择标准连接项下刚刚添加的连接，右击，在弹出的快捷菜单中选择"编辑"命令，打开"修改连接"对话框，进行标准连接的修改。

2. 插入滚动连接

创建一个部件并添加一个或多个标准连接后，还可以在两个零部件（这两个零部件之间有一个或多个自由度）之间插入其他（滚动、滑动、二维接触和力）连接。但是必须手动插入这些连接；前面已经介绍这点与标准连接不同，滚动、滑动、二维接触和力等连接无法通过约束转换自动创建。

滚动连接可以封闭运动回路，并且除锥面连接外，可以用于彼此之间存在二维相对运动的零部件，可以仅在彼此之间存在相对运动的零部件之间创建滚动连接。因此，在包含滚动连接的两个零部件的机构中，必须至少有一个标准连接。滚动连接应用永久接触约束。滚动连接可以有以下两种不同的行为，具体取决于在连接创建期间所选的选项。

（1）滚动选项仅能确保齿轮的耦合转动。
（2）滚动和相切选项可以确保两个齿轮之间的相切以及齿轮的耦合转动。

打开零部件的运动仿真模式，单击"运动仿真"选项卡"运动类型"面板中的"插入运动类型"

按钮 ，打开如图 11-3 所示的"插入运动类型"对话框；在"连接类型"下拉列表或连接表中，选择"传动连接"，打开如图 11-5 所示的对话框选择相应的连接类型或者打开传动连接的连接表，如图 11-6 所示，选择需要的连接类型；然后根据具体的连接类型和零部件的运动特点按照插入运动类型的指示为零部件插入滚动连接。具体操作与标准连接类似，这里不再赘述。

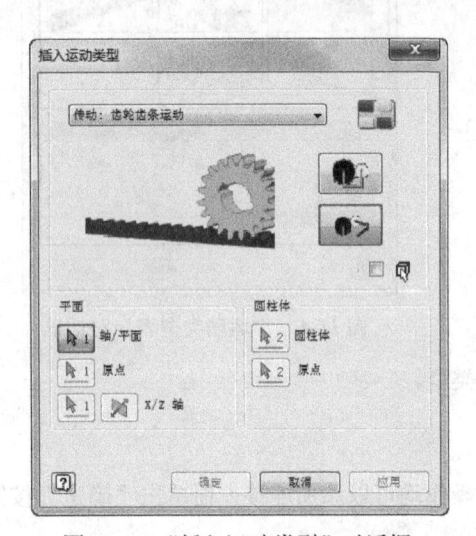

图 11-5 "插入运动类型"对话框 　　　　图 11-6 "运动类型表"对话框

3. 插入二维接触连接

二维接触连接和三维接触连接（力）同属于非永久连接。其他均属于永久连接。

插入二维接触连接操作如下：

（1）打开零部件的运动仿真模式，单击"运动仿真"选项卡"运动类型"面板中的"插入运动类型"按钮 ，打开如图 11-5 所示的"插入运动类型"对话框。

（2）在"连接类型"下拉列表或连接表中选择 2D Contact，打开如图 11-7 所示的对话框，选择相应的连接类型或者打开二维接触连接的连接表（见图 11-8）后选择确认。

图 11-7 选择 2D Contact 选项 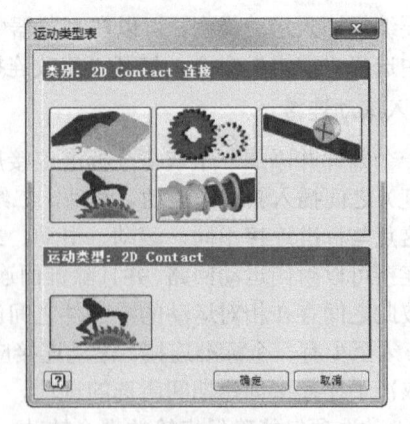　　　　图 11-8 二维接触连接的连接表

插入二维接触连接时需要选择零部件上的两个回路，这两个回路一般在同一平面上。

（3）创建连接后，需要将特性添加到二维接触连接。在浏览器上选择刚刚添加的接触连接下的二维接触连接，右击，在弹出的快捷菜单中选择"特性"命令，如图 11-9 所示。打开二维接触特性对话框。可以选择要显示的是作用力还是反作用力，以及要显示的力的类型（法向力、切向力或合力）。如果需要，可以对法向力、切向力和合力矢量进行缩放和/或着色，使查看更加容易。

4. 插入滑动连接

滑动连接与滚动连接类似，可以封闭运动回路，并且可以在具有二维相对运动的零部件之间工作。可以仅在具有二维相对运动的零部件之间创建滑动连接。连接坐标系将会被定位在接触点。连接运动处于由矢量 Z1（法线）和 X1（切线）定义的平面中。接触平面由矢量 Z1 和 Y1 定义。这些连接应用永久接触约束，且没有切向载荷。

滑动连接包括平面圆柱运动、圆柱-圆柱外滚动、圆柱-圆柱内滚动、凸轮-滚子运动、圆槽滚子运动等连接类型。其操作步骤与滚动连接类似，为节省篇幅，这里不再赘述。

5. 插入力连接

前面已经介绍，力连接（三维接触连接）和二维接触连接一样都为非永久性接触，而且可以使用三维接触连接模拟非永久穿透接触。力连接主要使用弹簧/阻尼器/千斤顶连接对作用/反作用力进行仿真。其具体操作与上述介绍的其他插入运动类型大致相同。现在简单介绍剪刀的三维接触连接的插入。这里为部件添加一个弹簧。

线性弹簧力就是弹簧的张力与其伸长或者缩短的长度成正比的力，且力的方向与弹簧的轴线方向一致。

两个接触零部件之间除外力的作用外，当它们发生相对运动时，零部件的接触面之间会存在一定的阻力，这个阻力的添加也是通过力连接来完成的。例如剪刀的上下刃的相对旋转接触面间就存在阻力，要添加这个阻力，首先在"连接类型"下拉列表或连接表中选择"力连接"中的 3D contact 选项，如图 11-10 所示。选择需要添加的零部件即可。

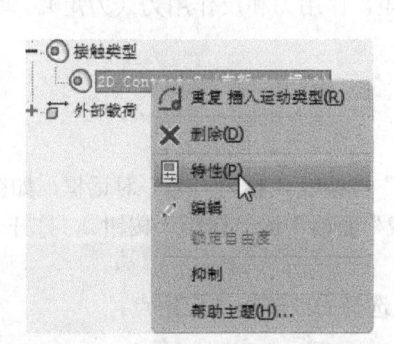

图 11-9　改变二维接触连接特性　　　　　图 11-10　选择 3D Contact 选项

要定义接触集合需要选择运动仿真浏览器中的"力铰链"目录，选择接触集合，右击，在弹出的快捷菜单中选择"特性"命令，则打开如图 11-10 所示的对话框。与弹簧连接类似，可以定义接触集合的刚度、阻尼、摩擦力和零件的接触点，然后单击"确定"按钮就添加了接触力。

11.2.3 定义重力

重力是外力的一种特殊情况，地球引力所产生的力，作用于整个机构。其设置步骤如下：

（1）在运动仿真浏览器中的"外部载荷"/"重力"上右击，在弹出的快捷菜单中选择"定义重力"命令，打开如图 11-11 所示的"重力"对话框。

（2）在图形窗口中，选择要定义重力的图元。该图元必须属于固定组。

（3）在选定的图元上会显示一个黄色箭头，如图 11-12 所示。单击"反向"按钮，可以更改重力箭头的方向。

图 11-11 "重力"对话框　　　　　图 11-12 重力方向

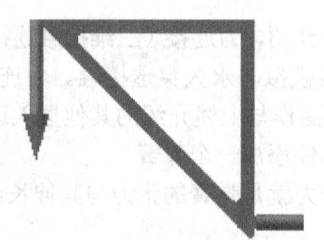

（4）如果需要，在"值"文本框中输入要为重力设置的值。

（5）单击"确定"按钮，完成重力设置。

11.2.4 添加力和力矩

力或者力矩都施加在零部件上，并且力或者力矩都不会限制运动，也就是说它们不会影响模型的自由度，但是力或者力矩能够对运动造成影响，如减缓运动速度或者改变运动方向等。作用力直接作用在物体上从而使其能够运动，包括单作用力和单作用力矩，作用力和反作用力（力矩）。单作用力（力矩）作用在刚体的某一个点上。

注意：软件不会计算任何反作用力（力矩）。

要添加单作用力，可以按如下步骤操作：

（1）单击"运动仿真"选项卡"加载"面板中的"力"按钮，打开"力"对话框，如图 11-13 所示。如果要添加转矩，则单击"运动仿真"选项卡"加载"面板中的"转矩"按钮，打开"转矩"对话框，如图 11-14 所示。

（2）单击"位置"按钮，然后在图形窗口中的分量上选择力或转矩的应用点。

注意：当力的应用点位于一条线或面上，无法捕捉时可以返回"部件"环境，绘制一个点，再回到运动仿真环境即可在选定位置插入力或转矩的应用点。

（3）单击"位置"按钮，在图形窗口中选择第二个点。选定的两个点可以定义力或转矩矢量的方向，其中，以选定的第一个点作为基点，选定的第二个点处的箭头作为提示。可以单击"反向"按钮将力或转矩矢量的方向反向。

图 11-13 "力"对话框　　　　　图 11-14 "转矩"对话框

（4）在"大小"文本框中，可以定义力或转矩大小的值。可以输入常数值，也可以输入在仿真过程中变化的值。单击文本框右侧的方向箭头打开数据类型菜单。从数据类型菜单中，可以选择"常量值"或"输入图示器"，如图 11-15 所示。

选择"输入图示器"，打开"大小"对话框，如图 11-16 所示。单击"大小"文本框中显示的图标，然后使用输入图示器定义一个在仿真过程中变化的值。

图 11-15 "转矩"对话框　　　　　图 11-16 "大小"对话框

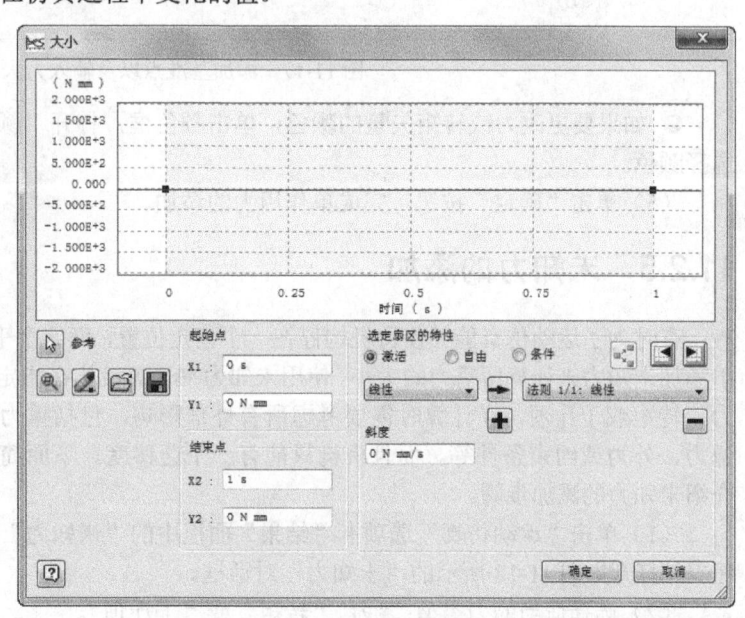

图形的垂直轴表示力或转矩载荷。水平轴表示时间。力或转矩绘制由红线表示。双击一个时间位置可以添加一个新的基准点，如图 11-17 所示。光标拖动蓝色的基准点可以输入力或转矩的大小。精确输入力或转矩时可以使用"起始点"和"结束点"来定义，X 输入时间点，Y 输入力或转矩的大小。

❶ 单击"固定载荷方向"按钮，以固定力或转矩在部件的绝对坐标系中的方向。

❷ 单击"关联载荷方向"按钮，将力或转矩的方向与包含力或转矩的分量关联起来。

❸ 为使力或转矩矢量显示在图形窗口中，单击"显示"按钮以使力或转矩矢量可见。

❹ 如果需要，可以更改力或转矩矢量的比例，从而使所有的矢量可见。该参数默认值为 0.01。

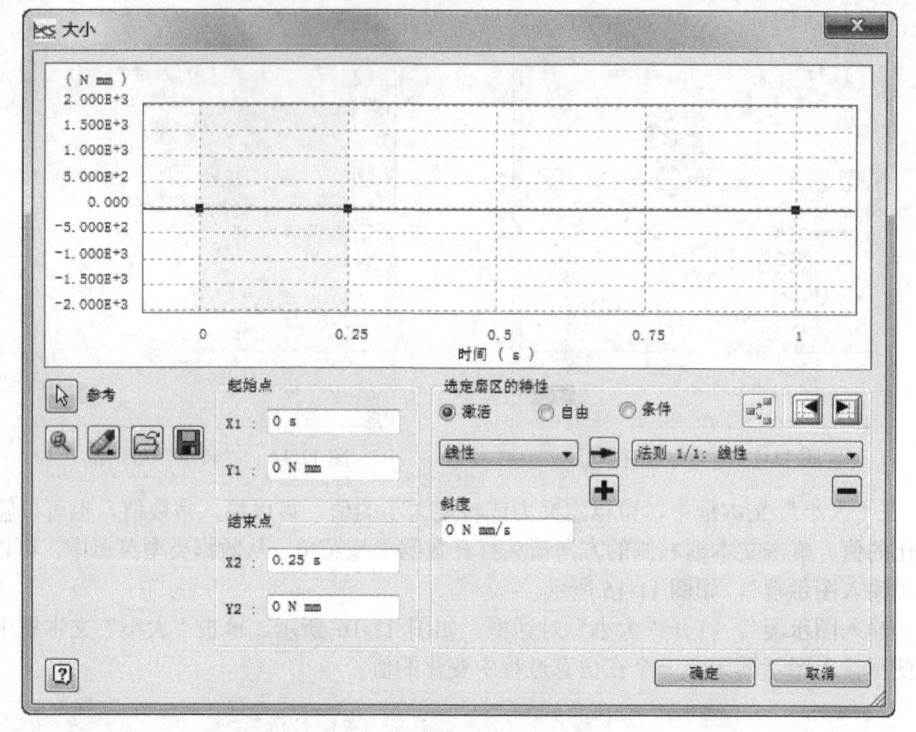

图 11-17　添加基准点以及输入力大小

❺ 如果要更改力或转矩矢量的颜色，单击颜色框，打开"颜色"对话框，然后为力或转矩矢量选择颜色。

（5）单击"确定"按钮，完成单作用力的添加。

11.2.5　未知力的添加

有时为了运动仿真能够使得机构停在一个指定位置，而这个平衡的力很难确定，这时就可以借助于添加未知力来计算所需力的大小。使用未知力来计算机构在指定的一组位置保持静态平衡时所需的力、转矩或千斤顶，在计算时需要考虑所有外部影响，包括重力、弹力、外力或约束条件等。而且机构只能有一个迁移度。下面简单介绍未知力的添加步骤。

（1）单击"运动仿真"选项卡"结果"面板中的"未知力"按钮，打开如图 11-18 所示的"未知力"对话框。

（2）选择适当的力类型："力""转矩"或"千斤顶"。

❶ 对于力或转矩：

☑ 单击"位置"按钮，在图形窗口中单击零件上一个点。

☑ 单击"方向"按钮，在图形窗口中单击第二个连接零部件上的可用图元，通过确定在图形窗口中绘制的矢量的方向来指定力或转矩的方向。选择可用的图元，例如线性边、圆柱面或草图直线。图形窗口中会显示一个黄色矢量来表明力或转矩的方向。在图形窗口中将确定矢量的方向。可以改变矢量方向并使其在整个计算期间保持不变。

图 11-18　"未知力"对话框

☑ 必要时单击"反向"按钮,将力或转矩的方向(黄色矢量的方向)反向。
☑ 单击"固定载荷方向"按钮,可以锁定力或转矩的方向。
☑ 此外,如果要将方向与有应用点的零件相关联,单击"关联载荷方向"按钮,然后使其可以移动。

❷ 对于千斤顶:
☑ 单击"位置1"按钮,在图形窗口中单击某个零件上的可用图元。
☑ 单击"位置2"按钮,在图形窗口中单击某个零件上的可用图元,以选择第二个应用点并指定力矢量的方向。直线P1-P2定义了千斤顶上未知力的方向。
☑ 图形窗口中会显示一个代表力的黄色矢量。

(3)在"运动类型"下拉列表中,选择机构的一个连接。
(4)如果选定的连接有两个或两个以上的自由度,则在"自由度"下拉列表框中选择受驱动的那个自由度。"初始位置"文本框将显示选定自由度的初始位置。
(5)在"最终位置"文本框中输入所需的最终位置。
(6)在"步长数"文本框中调整中间位置数。默认是100个步长。
(7)"更多"按钮显示与在图形窗口中显示力、转矩或千斤顶矢量相关的参数。
☑ 单击"显示"以在图形窗口中显示矢量并启用"缩放比例"和"颜色"字段。
☑ 要缩放力、转矩或千斤顶矢量,以便在图形窗口中看到整个矢量,可以在"缩放比例"字段中输入系数。系数默认值为0.01。
☑ 如果要选择矢量在图形窗口中的颜色,单击颜色框打开 Microsoft 的"颜色"对话框。

(8)单击"确定"按钮。输出图示器将自动打开,并在"未知力"目录下显示变量 fr'?' 或 mm'?'(针对搜索的力或转矩)。

11.2.6 动态零件运动

前面已经为要进行运动仿真的零部件插入了运动类型,建立了运动约束以及添加了相应的力和转矩,在运行仿真前要对机构进行一定的核查,以防止在仿真过程中出现不必要的错误。使用"动态运动"功能就是通过鼠标为运动部件添加驱动力驱动实体来测试机构的运动。可以利用鼠标左键选择运动部件,拖动此部件使其运动,查看运动情况是否与设计初衷相同,以及是否存在一些约束连接上的错误。鼠标左键选择运动部件上的点就是拖动时施力的着力点,拖动时,力的方向由零部件上的选择点和每一瞬间的光标位置之间的直线决定。根据这两点之间的距离系统会自己来计算力的大小,当然距离越大施加的力也越大。力在图形窗口中显示为一个黑色矢量,鼠标的操作产生了使实体移动的外力。当然这时对机构运动有影响的不只是添加的鼠标驱动力,系统也会将所有定义的动态作用如弹簧、连接、接触等考虑在内。"动态运动"功能是一种连续的仿真模式,但它只是执行计算而不保存计算,而且对于运动仿真没有时间结束的限制。这也是它与"仿真播放器"进行运动仿真的主要不同之处。

下面简单介绍动态零件运动的操控面板和操作步骤。

(1)单击"运动仿真"选项卡"结果"面板中的"动态运动"按钮,打开如图11-19所示的"零件运动"对话框。此时可以看到机构在已添加的力和约束下会运动。

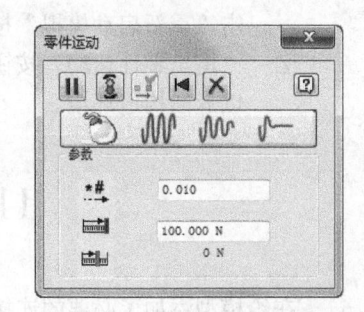

图11-19 "零件运动"对话框

(2)单击"暂停"按钮,可以停止由已经定义的动态参数产生的任何运动。单击"暂停"按钮▋后,"开始"按钮▶将代替"暂停"按钮。单击"开始"按钮▶后,将启动使用鼠标所施加的力产生的运动。

（3）在运动部件上,选择驱动力的着力点,同时按住鼠标左键并移动鼠标对部件施加驱动力。对零件施加的外力与零件上的点到鼠标光标位置之间的距离成正比,拖动方向为施加的力的方向。零件将根据此力移动,但只会以物理环境允许的方式移动。在移动过程中,参数项中"应用的力"显示框▭将显示鼠标仿真力的大小,该字段的值会随着鼠标的每次移动而发生更改。而且只能通过在图形窗口中移动鼠标来更改此字段的值。

当鼠标驱动力需要鼠标在很大位移才能驱动运动部件(或鼠标移动很小距离便产生很大的力)时,可以更改参数项中"放大鼠标移动的系数" 0.010 文本框中的值。这将增大或减小应用于零件上的点到光标位置之间距离的力的比例,比例系数增大时很小的鼠标位移可以产生很大的力,比例系数变小时相反。默认情况下,此因子值为 0.010。

当需要限制驱动力的大小时可以选择更改参数项中"最大力" 100.000 N 文本框中应用的力的最大值。当设定最大力后,无论力的应用点到鼠标光标之间的距离多大,所施加的力最大只能为设定值。默认力的最大值为 100 N。

下面介绍"零件运动"对话框中的其他几个按钮。

- ☑ "抑制驱动条件"按钮▣:此按钮可以在连接上的强制运动影响了零件的动作时停止此强制驱动造成的影响。默认情况下,强制运动在动态零件运动模式下不处于激活状态。此外,如果此连接上的强制运动受到了抑制,而要使此强制运动影响此零件的动作,选择"解除抑制驱动条件"▣。
- ☑ 阻尼类型：阻尼的大小对于机构的运动起到的影响不可小视,Inventor 2020 的"零件运动"提供了 4 种可添加给机构的阻尼类型。
  - ➢ 在计算时将机械装置阻尼考虑在内。
  - ➢ 在计算时忽略阻尼。
  - ➢ 在计算时考虑弱阻尼。
  - ➢ 在计算时考虑强阻尼。
- ☑ "将此位置记录为初始位置"按钮:有时为了仿真的需要,要保存图形窗口中的位置,作为机构的初始位置。此时必须先停止仿真,单击"将此位置记录为初始位置"按钮。然后,系统会退出仿真模式返回构造模式,使机构位于新的初始位置。此功能对于找出机构的平衡位置非常有用。
- ☑ "重新启动仿真"按钮◀:当需要使机构回到仿真开始时的位置并重新启动计算时,可以单击"重新启动模拟"按钮◀。此时会保留先前使用的选项如阻尼等。
- ☑ "退出零件运动"按钮✕:在完成了"零件运动"模拟后,单击"退出零件运动"按钮✕可以返回构造环境。

11.3 仿真及结果的输出

在给模型添加了必要的连接,指定了运动约束,并添加了与实际情况相符合的力、力矩及运动后,就构建了正确的仿真机构,此时可以进行机构的仿真以观察机构的运动情况,并输出各种形式的仿真结果。下面按照进行仿真的一般步骤对仿真过程及结果的分析做简要介绍。

11.3.1 运动仿真设置

在进行仿真之前,熟悉仿真的环境设置以及如何更改环境设置,对正确而有效地进行仿真还是很有帮助的。打开一个部件的运动仿真模式后,"仿真播放器"就自动开启,如图 11-20 所示,下面简单介绍"仿真播放器"的构造及使用。

1. 工具栏

单击"播放"▶按钮开始运行仿真;单击■按钮停止仿真;单击 按钮使仿真返回到构造模式,可以从中修改模型;单击◀ 按钮回放仿真;单击▶按钮直接移动到仿真结束;单击 按钮可以在仿真过程中取消激活屏幕刷新,仿真将运行,但是没有图形表达;单击 按钮循环播放仿真直到单击"停止"按钮。

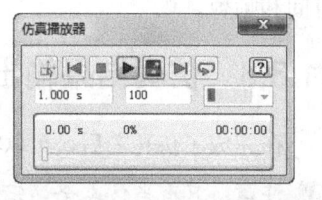

图 11-20 "仿真播放器"对话框

2. 最终时间

最终时间决定了仿真过程持续的时间,默认为 1s,仿真开始的时间永远为零。

3. 图像

这一栏显示仿真过程中要保存的图像数(帧),其数值大小与"最终时间"有关系。默认情况下,当"最终时间"为默认的 1.000s 时图像数为 100。最多为 500000 个图像。更改"最终时间"的值时,"图像"字段中的值也将自动更改以使其与新"最终时间"的比例保持不变。

帧的数目决定了仿真输出结果的表现细腻程度,帧的数目越多,则仿真的输出动画播放越平缓。相反如果机构运动较快,但是帧的数目又较少,则仿真的输出动画就会出现快速播放甚至跳跃的情况。这样就不容易仔细观察仿真的结果及其运动细节。

> **注意:** 这里的帧的数目是帧的总数目而非每秒的帧数。另外,不要混淆机构运动速度和帧的播放速度的概念,前者和机构中部件的运动速度有关,后者是仿真结果的播放速度,主要取决于用户计算机的硬件性能。计算机硬件性能越好,则能够达到的播放速度就越快,也就是说每秒能够播放的帧数就越多。

4. 过滤器

"过滤器"可以控制帧显示步幅。例如,如果"过滤器"为 1,则每隔 1 帧显示 1 个图像。如果为 5,则每隔 5 帧显示 1 个图像。只有仿真模式处于激活状态且未运行仿真时,才能使用该选项。默认为 1 个图像。

5. 模拟时间、百分比和计算实际时间

"模拟时间"值显示机械装置运动的持续时间;"百分比"显示仿真完成的百分比;"计算实际时间"值显示运行仿真实际所花的时间。

11.3.2 运行仿真实施

当仿真环境设置完毕以后,就可以进行仿真。参照 11.3.1 节介绍的运动仿真播放器控制仿真过程。需要注意的是,通过拖动滑动条的滑块位置,可以将仿真结果动画拖动到任何一帧处停止,以便于观察指定时间和位置处的仿真结果。

运行仿真的一般步骤如下:

(1) 设置好仿真的参数(参考"运动仿真设置"一节)。

(2）打开仿真面板，可以单击"播放"按钮▶开始运行仿真。

（3）仿真结束后，产生仿真结果。

（4）同时可以利用播放控制按钮来回放仿真动画。可以改变仿真方式，同时观察仿真过程中的时间和帧数。

11.3.3 仿真结果输出

在完成了仿真之后，可以将仿真结果以各种形式输出，以便于仿真结果的观察。

注意：只有当仿真全部完成之后才可以输出仿真结果。

1. 输出仿真结果为 AVI 文件

如果要将仿真的动画保存为视频文件，以便于在任何时候和地点方便地观看仿真过程，可以使用运动仿真的"发布电影"功能。具体的步骤如下：

（1）单击"运动仿真"选项卡"动画制作"面板中的"发布电影"按钮，打开"发布电影"对话框，如图11-21所示。

（2）通过"浏览"按钮可以选择 AVI 文件的保存路径和文件名。选择完毕后单击"保存"按钮，则打开"视频压缩"对话框，如图11-22所示。在"视频压缩"对话框中可以指定要使用的视频压缩编解码器。默认的视频压缩编解码器是 Microsoft Video 1。可以使用"压缩质量"字段中的指示栏来更改压缩质量。一般均采用默认设置。设置完毕后单击"确定"按钮。

图11-21 "发布电影"对话框　　　　图11-22 "视频压缩"对话框

（3）单击"运行"按钮▶开始或重放仿真。

（4）仿真结束时，再次单击"发布电影"按钮以停止记录。

2. 输出图示器

"输出图示器"可以用来分析仿真。在仿真过程中和仿真完成后，将显示仿真中所有输入和输出变量的图形和数值。"输出图示器"包含工具栏、浏览器、时间步长窗格和图形窗口。

单击"运动仿真"选项卡"结果"面板中的"输出图示器"按钮，打开如图11-23所示的"运动仿真-输出图示器"对话框。

多次单击"输出图示器"按钮，可以打开多个"输出图示器"对话框。

注意：与动态零件运动参数、输入图示器参数类似，在"参数"对话框中输出图示器参数不可用。

输出图示器中的变量含义如表11-1所示。

第11章 运动仿真

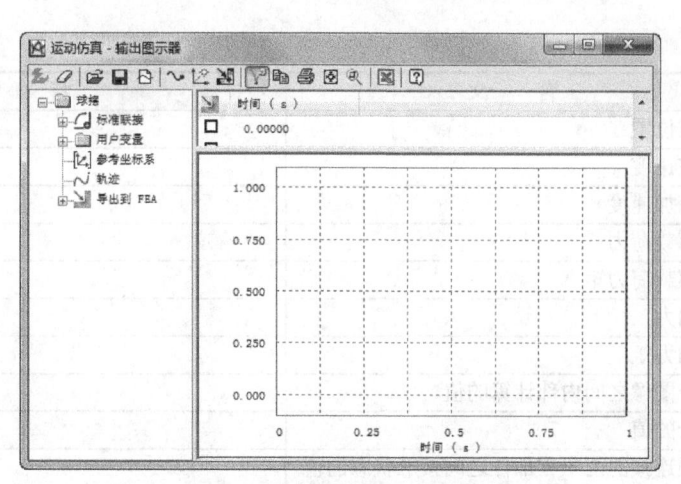

图 11-23 "运动仿真-输出图示器"对话框

表 11-1 变量含义

变 量	含 义	特 性
p	位置	
v	速度	
a	加速度	
U	关节动力	
Ukin	驱动力	
fr	力	
mm	力矩（转矩）	
frc	接触力	
status_ct	接触状态	对于无接触的情况，状态为 0；对于永久接触，状态为 1。当状态为 0.5 时，则表示存在碰撞后回弹
roll_ct	滑动状态	对于沿连接坐标系 X 轴的滑动，状态为 0；对于沿连接坐标系 –X 轴的滑动，状态为–1；而对于滚动（但是无滑动），状态为 1
frs	弹簧力	大于 0 的 frs 为牵引，小于 0 的 frs 为压缩
ls	弹簧长度	
vs	弹簧应变率	弹簧连接点的相对线速度
frl	滚动连接力和滑动连接力	
mml	滚动连接转矩和滑动连接转矩	
pen_max	三维接触连接的最大穿透边	
nb_cp	三维接触连接施加的最大力	
frcp_max	三维接触连接施加的最大力	
frcp1	三维接触连接对第一个零件施加的力	力作用在第一个零件上的 3 个分量以绝对框架表示
mmcp1	三维接触连接对第一个零件施加的力矩	对于第二个零件，第一个零件上的力（或力矩）的结果将显示在零件坐标系中
frcp2	三维接触连接对第二个零件施加的力	
mmcp2	三维接触连接对第二个零件施加的力矩	

续表

变量	含义	特性
p_ptr	跟踪位置	
v_ptr	跟踪速度	
a_ptr	跟踪加速度	
fr_ptr	外部载荷力	
mm_ptr	外部载荷力矩	
fr '?'	未知力	
mm '?'	未知力矩	
internal_step	两个图像之间内部计算的值	
hyperstatic	冗余的值	
shock	接触连接的两个零部件之间接触状态的值	

可以使用输出图示器进行如下操作：

- ☑ 显示任何仿真变量的图形。
- ☑ 对一个或多个仿真变量应用"快速傅立叶变换"。
- ☑ 保存仿真变量。
- ☑ 将当前变量与上次仿真时保存的变量相比较。
- ☑ 使用仿真变量从计算中导出变量。
- ☑ 准备 FEA 的仿真结果。
- ☑ 将仿真结果发送到 Excel 和文本文件中。

下面简要介绍输出图示器的工具栏。

- ☑ "清除"按钮：清除输出图示器中的所有仿真结果。
- ☑ "全部不选"按钮：用以取消所有变量的选择。
- ☑ "自动缩放"按钮：自动缩放图形窗口中显示的曲线，以便可以看到整条曲线。
- ☑ "将数据导出到 Excel"工具：将图形窗口中当前显示结果输出到 Microsoft Excel 表格中。

其余几个按钮和 Windows 窗口中的打开、保存、打印等几个工具的使用方法相同，这里不再赘述。

3. 将结果导出到 FEA

有限元分析（Finite Element Analysis，FEA）在固体力学领域、机械工程、土木工程、航空结构、热传导、电磁场、流体力学、流体动力学、地质力学、原子工程和生物医学工程等各个具有连续介质和场的领域中获得了越来越广泛的应用。

有限元分析法的基本思想就是把一个连续体人为地分割成有限个单元，即把一个结构看成由若干通过结点项链的单元组成的整体，先进行单元分析，然后再把这些单元组合起来代表原来的结构。这种先化整为零、再积零为整的方法就称为有限元分析法。

从数学的角度来看，有限元法是将一个偏微分方程化成一个代数方程组，利用计算机求解。由于有限元法是采用矩阵算法，借助计算机这个工具可以快速地算出结果。在运动仿真中可以将仿真过程中得到的力的信息按照一定的格式输出为其他有限元分析软件（如 SAP、NASTRAN、ANSYS 等）所兼容的文件。这样就可以借助这些有限元分析软件的强大功能来进一步分析所得到的仿真数据。

注意：在运动仿真中，要求零部件的力必须均匀分布在某个几何形状上，这样导出的数据才可以被其他有限元分析软件所利用。如果某个力作用在空间的一个三维点上，那么该力将无法被计算。运动仿真能够很好地支持零部件支撑面（或者边线）上的受力，包括作用力和反作用力。

可以在创建约束、力（力矩）、运动等元素时选择承载力的表面或者边线，也可以在将仿真数据结果导出到 FEA 时再选择。这些表面或者边线只需要定义一次，那么在以后的仿真或者数据导出中它们都会发挥作用。

> **注意**：在将仿真结果导出到 FEA 时，一次只能够导出某一个时刻的仿真结果数据，也就是说某一个时刻的仿真数据构成单独的一个文件，有限元软件只能够同时分析这一个时刻的数据。虽然运动仿真也能够将某一个时间段的数据一起导出，但也是导出到不同的文件中，与分别导出这些文件的结果没有任何区别，只是导出的效率提高了。

简要说明"导出到 FEA"的操作步骤。

（1）选择要输出到有限元分析（FEA）的零件。

（2）根据"分析设置"对话框中的设置，可以将必要的数据与相应的零件文件相关联以使用 Inventor 应力分析进行分析，或者将数据写入文本文件中以进行 ANSYS 模拟。

（3）进行 Inventor 分析时，单击"运动仿真"选项卡"应力分析"面板中的"导出到 FEA"按钮，打开如图 11-24 所示的"导出到 FEA"对话框。

（4）在图形窗口中，单击要进行分析的零件，作为 FEA 分析零件。

图 11-24　"导出到 FEA"对话框

可以选择多个零件。要取消选择某个零件，可在按住 Ctrl 键的同时单击该零件。按照给定的指示选择完零件和承载面后单击"确定"按钮。

11.4　综合实例——电锯运动仿真

对如图 11-25 所示的电锯进行运动仿真。

操作步骤：

（1）打开文件。单击"快速入门"选项卡"启动"面板上的"打开"按钮，打开"打开"对话框，选择 Reciprocating Saw.iam 装配文件，单击"打开"按钮，打开装配体。

（2）进入运动仿真环境。单击"环境"选项卡"开始"面板中的"运动仿真"按钮，进入运动仿真环境。

图 11-25　电锯

（3）编辑锥齿轮。在"运动仿真"树中展开"移动组"→motor:1 节点，右击 Bevel Gear（锥齿轮），在弹出的快捷菜单中选择"编辑"命令，进入零件编辑环境中，在浏览器中展开"曲面体"文件，右击 Srf1，在打开的快捷菜单中选择"可见性"命令，显示曲面以帮助定义锥齿轮关系，单击"返回"按钮返回到仿真环境。

（4）插入齿轮运动。单击"运动仿真"选项卡"运动类型"面板中的"插入运动类型"按钮，打开"插入运动类型"对话框，如图 11-26 所示，选择"传动：锥齿轮外啮合运动"类型，选择小锥齿轮上的曲面边线，如图 11-27 所示，然后选择大锥齿轮齿面，如图 11-28 所示，单击"确定"按钮。此时拖动小齿轮，大齿轮会跟着一起运动。隐藏锥齿轮上的曲面。

图 11-26　"插入运动类型"对话框 　　图 11-27　选择小锥齿轮曲面边线 　　图 11-28　选择大齿轮齿面

（5）插入接触运动。在"运动仿真"树中展开"移动组"→Welded group1 节点，右击 Follower Roller（推杆滚柱），在弹出的快捷菜单中选择"保留 DOF"命令，使滚柱保留其运动特性。单击"运动仿真"选项卡"运动类型"面板中的"插入运动类型"按钮，打开"插入运动类型"对话框，如图 11-29 所示，选择 2D Contact 类型，如图 11-30 所示，选择滚轮上曲线，然后选择凸轮的轮廓边线，如图 11-31 所示，单击"确定"按钮。

图 11-29　"插入运动类型"对话框 　　图 11-30　选择滚轮上的曲线 　　图 11-31　选择凸轮边线

（6）更改接触特性。在"运动仿真"树中展开"接触类型"节点，右击 2D Contact，在弹出的快捷菜单中选择"特性"命令，打开 2D Contact 对话框，设置恢复系数为 0，摩擦系数为 0.15，展开对话框，选中"法向力"复选框，输入比例为 0.003，如图 11-32 所示。单击"确定"按钮。

（7）插入弹簧。单击"运动仿真"选项卡"运动类型"面板中的"插入运动类型"按钮，打开"插入运动类型"对话框，如图 11-33 所示，选择"弹簧/阻尼器/千斤顶"类型，如图 11-34 所示，选择推杆上孔边线，然后选择圆盘边线，如图 11-35 所示，单击"确定"按钮，添加弹簧。

（8）更改弹簧特性。在"运动仿真"树中展开"受力类型"节点，右击"弹簧/阻尼器/千斤顶：10"，在弹出的快捷菜单中选择"特性"命令，打开"螺旋弹簧：弹簧/阻尼器/千斤顶：10"对话框，设置刚度为 2.5N/mm，自由长度为 42mm，半径为 5.2mm，匝数为 10，钢丝半径为 0.8mm，如图 11-36 所示。单击"确定"按钮，完成弹簧的更改，如图 11-37 所示。

第 11 章 运动仿真

图 11-32 2D Contact 对话框 　　图 11-33 "插入运动类型"对话框 　　图 11-34 选择孔边线

图 11-35 选择圆盘边线 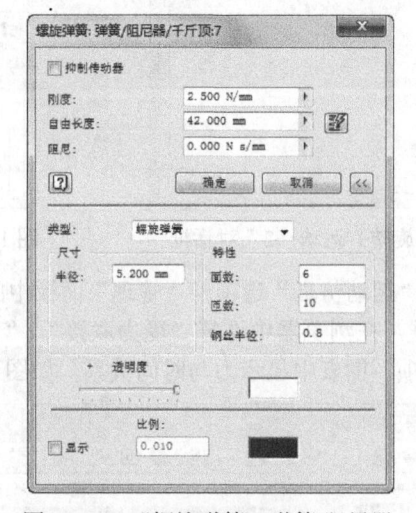　　图 11-36 "螺旋弹簧：弹簧/阻尼器/千斤顶：10"对话框 　　图 11-37 更改弹簧

（9）定义重力。在"运动仿真"树中展开"外部载荷"节点，右击"重力"，在弹出的快捷菜单中选择"定义重力"命令，打开如图 11-38 所示的"重力"对话框，选择如图 11-39 所示的边线添加重力，单击"确定"按钮，完成重力的添加。

图 11-38 "重力"对话框 　　图 11-39 选取边线

· 367 ·

（10）编辑驱动条件。在"运动仿真"树中展开"标准类型"节点，右击"铰链（旋转）运动：2"，在弹出的快捷菜单中选择"特性"命令，打开"铰链（旋转）运动：2"对话框，在"自由度1（R）"选项卡中单击"编辑驱动条件"按钮，选中"启用驱动条件"复选框，单击按钮，在打开的菜单中选择"常量"选项，输入10000deg/s，如图11-40所示，单击"确定"按钮，驱动条件的编辑。

（11）运动仿真。单击"运动仿真"选项卡"管理"面板中的"仿真播放器"按钮，打开如图11-41所示的"仿真播放器"对话框，输入最终时间为0.5s，图像为200，单击"运行"按钮，进行运动仿真，观察运动。

图11-40　"铰链（旋转）运动：2"对话框 　　　图11-41　"仿真播放器"对话框

（12）输出图示。单击"运动仿真"选项卡"管理"面板中的"输出图示器"按钮，打开"运动仿真-输出图示器"对话框，在浏览器中选择"受力联接"/"弹簧/阻尼器/千斤顶"/"力"，选择Extent_length和Extent_v选项，图表中显示力与时间关系，如图11-42所示。

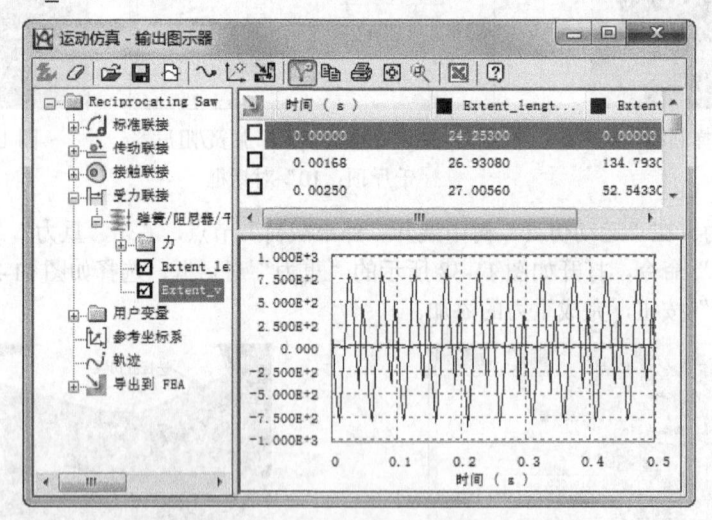

图11-42　"运动仿真-输出图示器"对话框

第12章 应力分析

应力分析模块是 Inventor 2008 专业版的一个重要的新增功能，Inventor 2020 对应力分析模块进行了更新。通过在零件和钣金环境下进行应力分析，可以使得设计者能够在设计的开始阶段就知道所设计的零件的材料和形状是否能够满足应力要求，变形是否在允许范围内等。

- ☑ Inventor 2020 应力分析模块概述
- ☑ 边界条件的创建
- ☑ 综合实例
- ☑ 网格划分
- ☑ 模型分析及结果处理

任务驱动&项目案例

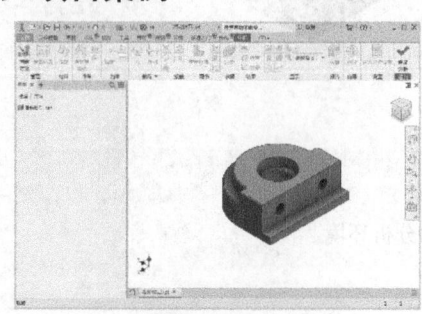

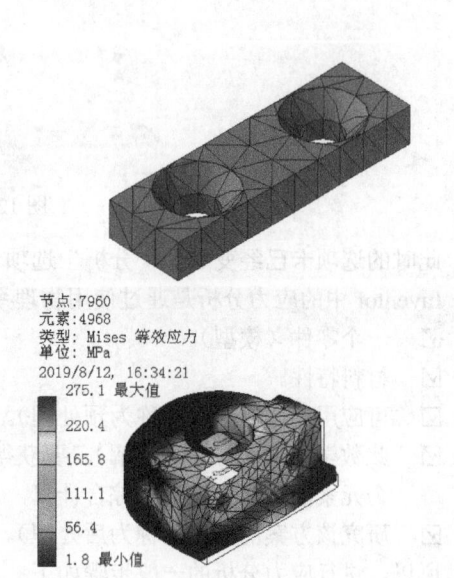

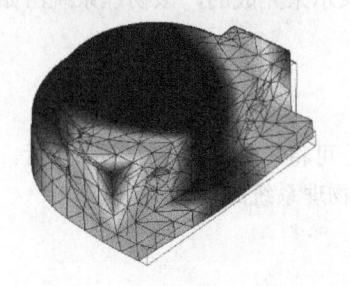

12.1 Inventor 2020 应力分析模块概述

Inventor 2020 完备了零件和钣金的应力分析环境，增加完善了新建抽壳元网格、多时间步长分析、特征抑制等新特性。新的应力分析模块能够使得用户计算零件的应力、变形、安全系数和共振频率模式。本章主要介绍如何在 Inventor 2020 中使用应力分析功能。

12.1.1 应力分析的一般方法

应力分析模块集成在 Inventor 中，运行 Inventor，进入零件或者钣金环境下，单击"环境"选项卡"开始"面板中的"应力分析"按钮，则进入应力分析环境下，如图 12-1 所示。

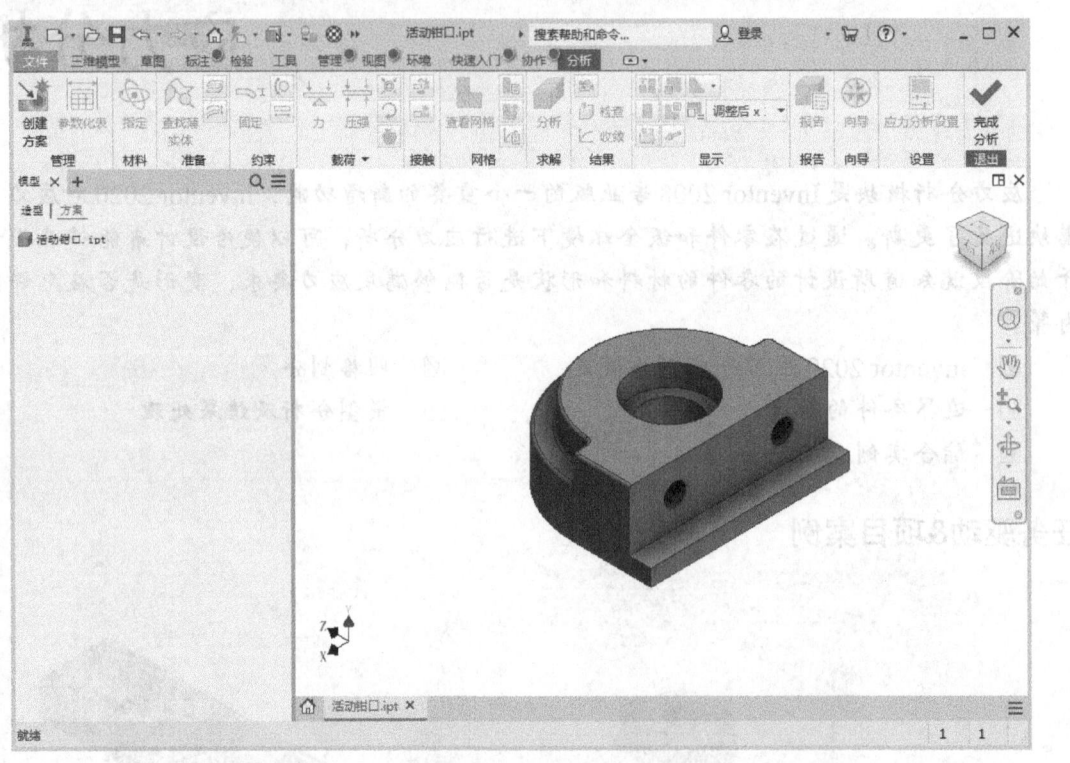

图 12-1 应力分析环境

此时的选项卡已经变成了"分析"选项卡。

Inventor 中的应力分析是通过使用物理系统的数学表示来完成的，该物理系统由如下内容组成：

- ☑ 一个零件（模型）。
- ☑ 材料特性。
- ☑ 可应用的边界条件（称为预处理）。
- ☑ 此数学表示的方案（求解）。要获得一种方案，可将零件分成若干个小元素。求解器会对各个元素的独立行为进行综合计算，以预测整个物理系统的行为。
- ☑ 研究该方案的结果（称为后处理）。

所以，进行应力分析的一般步骤如下：

(1) 创建要进行分析的零件模型。
(2) 指定该模型的材料特性。
(3) 添加必要的边界条件以便于与实际情况相符合。
(4) 进行分析设置。
(5) 划分有限元网格，运行分析，分析结果的输出和研究（后处理）。

使用 Inventor 做应力分析，必须了解一些必要的分析假设。

- ☑ 由 Autodesk Inventor Professional 提供的应力分析仅适用于线性材料特性。在这种材料特性中，应力和材料中的应变成正比例，即材料不会永久性地屈服。在弹性区域（作为弹性模量进行测量）中，材料的应力—应变曲线的斜率为常数时，便会得到线性行为。
- ☑ 假设与零件厚度相比，总变形很小。例如，如果研究梁的挠度，那么计算得出的位移必须远小于该梁的最小横截面。
- ☑ 结果与温度无关，即假设温度不影响材料特性。

如果上述 3 个条件中的某一个不符合时，则不能够保证分析结果的正确性。

12.1.2 应力分析的意义

使用应力分析工具，用户可以：
(1) 执行零件的应力分析或频率分析。
(2) 将力载荷、压力载荷、轴承载荷、力矩载荷或体积载荷应用到零件的顶点、表面或边。
(3) 将固定约束或非零位移约束应用到模型。
(4) 评估对多个参数设计进行更改所产生的影响。
(5) 根据等效应力、变形、安全系数或共振频率模式来查看分析结果。
(6) 添加特征（例如角撑板、圆角或加强筋），重新评估设计，然后更新方案。
(7) 生成可以保存为 HTML 格式的完整的自动工程设计报告。

在产品的最初设计阶段执行机械零件的分析可以帮助用户以更短的时间、设计出更好的产品投放到市场。Inventor 的应力分析可以帮助用户实现如下目标：

- ☑ 确定零件的坚固程度是否可以承受预期的载荷或振动，而不会出现不适当的断裂或变形。
- ☑ 在早期阶段便可获得全面的分析结果，这是有价值的（因为在早期阶段进行重新设计的成本较低）。
- ☑ 确定是否能以更节约成本的方式重新设计零件，并且在预期的使用中仍能达到满意的效果。

因此，应力分析工具可以帮助用户更好地了解设计在特定条件下的性能。即使是非常有经验的专家，也可能需要花费大量时间进行所谓的详细分析，才能获得考虑实际情况后得出的精确答案。在帮助进行预测和改进设计方面，通常较为有用的是从基本或基础分析中获得的趋势和行为信息，所以，在设计阶段执行应力分析可以充分地改进整个工程过程。

应力分析的一个使用样例如下：在设计托架系统或单个焊接件时，零件的变形可能会极大地影响关键零部件的对齐，从而产生会导致加速磨损的力。评估振动的影响时，几何结构是一个重要的因素，因为它对零件的共振频率起了关键的作用。是出现零件故障，还是获得预期的零件性能，一个重要的条件是能否避免关键的共振频率（在某些情况下是能否达到关键的共振频率）。利用 Inventor 的应力分析功能，可以得到零件在受力情况下的变形量，以及震动的情况等，这样可以为零件的实际设计提供有效的参考，大大地减少试验过程和设计周期。

12.2 网格划分

Inventor 的应力分析模块由世界上最大的有限元分析软件公司之一的美国 ANSYS 公司开发，所以 Inventor 的应力分析也是采取有限元分析（FEA）的基本理论和方法。有限元分析的基本方法是将物理模型的 CAD 表示分成小片断（想象一个三维迷宫），此过程称为网格化。

网格（有限元素集合）的质量越高，物理模型的数学表示就越好。使用方程组对各个元素的行为进行组合计算，便可以预测形状的行为。如果使用典型工程手册中的基本封闭形式计算，将无法理解这些形状的行为。图 12-2 所示为对零件模型进行有限元网格划分的示意图。

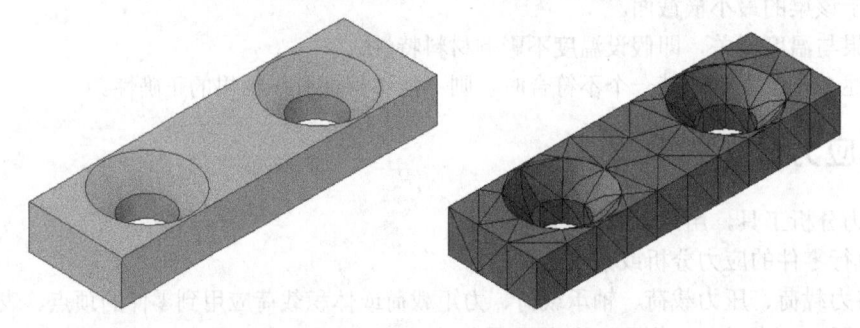

图 12-2 对零件模型进行有限元网格划分

12.2.1 查看网格

在运行分析之间，必须确保网格为当前网格，并相对于模型的几何特征来查看它。

单击"分析"选项卡"网格"面板中的"查看网格"按钮，网格在模型几何图元上作为覆盖层生成。

图 12-2 所示为对零件模型进行有限元网格划分的示意图。查看网格时，网格数目、节点和元素在图像显示的角落中显示。如果仿真结果也可见，则可通过颜色栏信息管理节点和元素数的可见性。也可以使用"查看网格"命令将网格覆盖在分析结果的上面，以相对于网格元素查看应力集中出现的位置。

12.2.2 网格设置

对于每个分析，都需要确立网格设置，并且网格设置在全局范围内适用于零部件。对于驱动尺寸仿真，一个网格设置将应用于所有参数范围。

（1）单击"分析"选项卡"网格"面板中的"网格设置"按钮，打开如图 12-3 所示的"网格设置"对话框。

（2）在对话框中设置网格的大小和粗略度。较小的网格元素需要分析的时间较长。

（3）在对话框中单击"确定"按钮，完成网格设置。

图 12-3 "网格设置"对话框

12.2.3 本地网格控制

有时，对于小型面或复杂的面，正常网格大小无法提供足够详细的结果。用户可以手动调整网格大小以改进局部或接触区域中的应力结果。

（1）单击"分析"选项卡"网格"面板中的"本地网格控制"按钮，打开如图 12-4 所示的"局部网格控制"对话框。

（2）选择要更改网格的面或边。

（3）输入网格元素大小。

（4）单击"确定"按钮，完成网格的调整。

图 12-4　"局部网格控制"对话框

12.3　边界条件的创建

模型实体和边界条件（如材料、载荷、力矩等）共同组成了一个可以进行应力分析的系统。

12.3.1 验证材料

当在零件或者钣金环境中进入应力分析环境中时，系统会首先检查当前激活的零件的材料是否可以用于应力分析。如果材料合适，将在"应力分析"浏览器中列出；如果不合适的话，将打开如图 12-5 所示的"指定材料"对话框，可以从下拉列表中为零件选择一种合适的材料，以用于应力分析。

图 12-5　"指定材料"对话框

如果不选择任何材料而取消此对话框，继续设置应力分析，当尝试更新应力分析时，将显示该对

· 373 ·

话框，以便于在运行分析之前选择一种有效的材料。

需要注意的是，当材料的屈服强度为零时，可以执行应力分析，但是"安全系数"将无法计算和显示。当材料密度为零时，同样可以执行应力分析，但无法执行共振频率（模式）分析。

12.3.2 力和压力

应力分析模块中提供力和压力两种形式的作用力载荷。力和压力的区别是力作用在一个点上，而压力作用在表面上，压力更加准确地名称应该是"压强"。下面以添加力为例，讲述如何在应力分析模块下为模型添加力。

（1）单击"应力分析"选项卡"载荷"面板中的"力"按钮，打开如图 12-6 所示的"力"对话框。

（2）单击"位置"按钮，选择零件上的某一点作用力的作用点。也可以在模型上单击，则鼠标指针所在的位置就作为力的作用点。

（3）通过单击"方向"按钮可以选择力的方向，如果选择了一个平面，则平面的法线方向被选择作为力的方向。单击"反向"按钮可以使力的作用方向相反。

（4）在"大小"文本框中指定力的大小。如果选中"使用矢量分量"复选框，还可以通过指定力的各个分量的值来确定力的大小和方向。既可以输入数值形式的力值，也可以输入已定义参数的方程式。

（5）单击"确定"按钮完成力的添加。

> **注意**：当使用分量形式的力时，"方向"按钮和"大小"文本框变为灰色不可用。因为此时力的大小和方向完全由各个分力来决定，不需要再单独指定力的这些参数。

要为零件模型添加压力，可以单击"分析"选项卡"载荷"面板中的"压强"按钮，打开如图 12-7 所示的"压强"对话框，单击"面"按钮指定压力作用的表面，然后在"大小"文本框中指定压力的大小。注意单位为 MPa（压强的单位）。压力的大小总取决于作用表面的面积。单击"确定"按钮完成压力的添加。

图 12-6 "力"对话框　　　　　　图 12-7 "压强"对话框

12.3.3 轴承载荷

轴承载荷顾名思义，仅可以应用到圆柱表面。默认情况下，应用的载荷平行于圆柱的轴。载荷的方向可以是平面的方向，也可以是边的方向。

为零件添加轴承载荷的步骤如下：

（1）单击"应力分析"选项卡"载荷"面板中的"轴承载荷"按钮，打开如图12-8所示的"轴承载荷"对话框。

图12-8　"轴承载荷"对话框

（2）选择轴承载荷的作用表面，注意应该选择一个圆柱面。

（3）选择轴承载荷的作用方向，可以选择一个平面，则平面的法线方向将作为轴承载荷的方向；如果选择一个圆柱面，则圆柱面的轴向方向将作为轴承载荷的方向；如果选择一条边，则该边的矢量方向将作为轴承载荷的方向。

（4）在"大小"文本框中可以指定轴承载荷的大小。对于轴承载荷来说，也可以通过分力来决定合力，需要选中"使用矢量分量"复选框，然后指定各个分力的大小即可。

（5）单击"确定"按钮，完成轴承载荷的添加。

12.3.4　力矩

力矩仅可以应用到表面，其方向可以由平面、直边、两个顶点和轴来定义。

为零件添加力矩的步骤如下：

（1）单击"应力分析"选项卡"载荷"面板中的"力矩"按钮，打开如图12-9所示的"力矩"对话框。

（2）单击"位置"按钮以选择力矩的作用表面。

（3）单击"方向"按钮选择力矩的方向，可以选择一个平面，或者选择一条直线边，或者两个顶点以及轴，则平面的法线方向、直线的矢量方向、两个顶点构成的直线方向以及轴的方向将分别作为力矩的方向。同样可以使用分力矩合成总力矩的方法来创建力矩，选中"使用矢量分量"复选框即可。

（4）单击"确定"按钮，完成力矩的添加。

图12-9　"力矩"对话框

12.3.5　体载荷

体载荷包括零件的重力，以及由于零件自身的加速度和速度而受到的力、惯性力。由于在应力分析模块中无法使得模型运动，所以增加了体载荷的概念，以模仿零件在运动时的受力。

为零件添加体载荷的步骤如下：

（1）单击"应力分析"选项卡"载荷"面板中的"体"按钮，打开如图 12-10 所示的"体载荷"对话框。

（2）在"线性"选项卡中，可以选择线性载荷的重力方向。

（3）在"大小"文本框中输入线性载荷大小。

（4）在"角度"选项卡的"加速度"和"速度"文本框中，用户可以指定是否启用旋转速度和加速度，以及旋转速度和加速度的方向和大小，这里不再赘述。

（5）单击"确定"按钮，完成体积载荷的添加。

图 12-10　"体载荷"对话框

12.3.6　固定约束

将固定约束应用到表面、边或顶点上以使得零件的一些自由度被限制，如在一个正方体零件的一个顶点上添加固定约束则约束该零件的 3 个平动自由度。除限制零件的运动外，固定约束还可以使得零件在一定的运动范围内运动。

添加固定约束的步骤如下：

（1）单击"应力分析"选项卡"约束"面板中的"固定约束"按钮，打开如图 12-11 所示的"固定约束"对话框。

（2）单击"位置"按钮以选择要添加固定约束的位置，可以选择一个表面、一条直线或者一个点。

（3）如果要设置零件在一定范围内运动，则可以选中"使用矢量分量"复选框，然后分别指定零件在 X、Y、Z 轴的运动范围的值，单位为毫米（mm）。

（4）单击"确定"按钮，完成固定约束的添加。

图 12-11　"固定约束"对话框

12.3.7　销约束

可以向一个圆柱面或者其他曲面上添加销约束。当添加了一个销约束以后，物体在某个方向上就不能够平动、转动和发生变形。

要添加销约束，可以单击"应力分析"选项卡"约束"面板中的"销约束"按钮，则弹出如图 12-12 所示的"孔销连接"对话框。可以看到有 3 个选项，即"固定径向""固定轴向""固定切向"。当选中"固定径向"复选框后，则该圆柱面不能够在圆柱的径向方向上平动、转动或者变形。对于其他两个选项，有类似的约定。

图 12-12　"孔销连接"对话框

12.3.8 无摩擦约束

利用无摩擦约束工具，可以在一个表面上添加无摩擦约束。添加无摩擦约束以后，则物体不能够在垂直于该表面的方向上运动或者变形，但可以在与无摩擦约束相切方向上运动或者变形。

要为一个表面添加无摩擦约束，可以单击"应力分析"选项卡"约束"面板中的"无摩擦约束"按钮，弹出如图12-13所示的"无摩擦约束"对话框，选择一个表面以后，单击"确定"按钮，即完成无摩擦约束的添加。

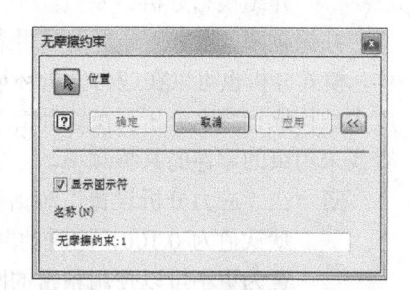

图 12-13 "无摩擦约束"对话框

12.4 模型分析及结果处理

在为模型添加了必要的边界条件以后，就可以进行应力分析了，本节讲述如何进行应力分析以及分析结果的处理。

12.4.1 应力分析设置

在进行正式的应力分析之前，有必要对应力分析的类型和有限元网格的相关性进行设置。单击"应力分析"选项卡"设置"面板中的"应力分析设置"按钮，打开如图12-14所示的"应力分析设置"对话框。

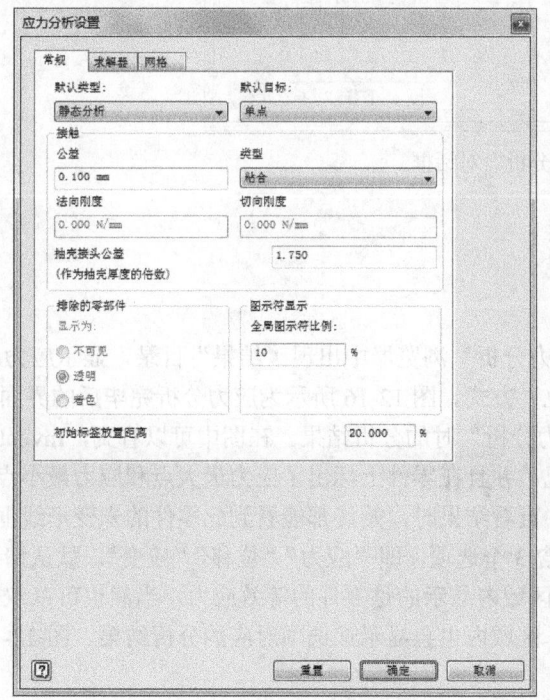

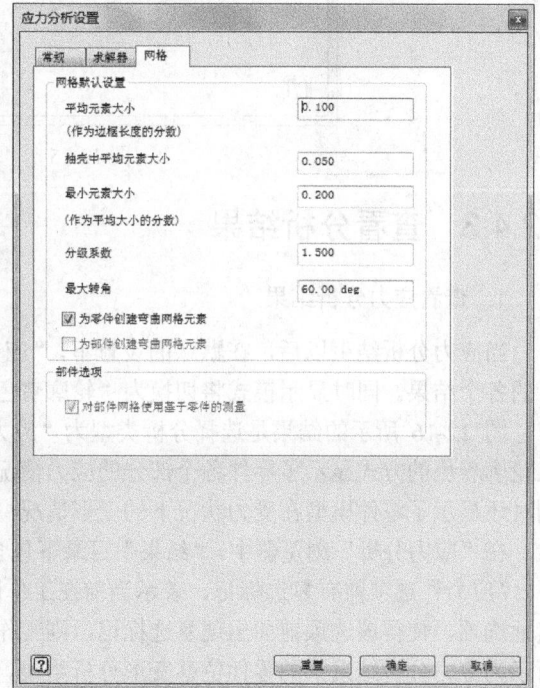

图 12-14 "应力分析设置"对话框

☑ 在分析类型中，可以选择分析类型：静态分析、模态分析。静态分析这里不多做解释，着重介绍模态分析。

共振频率（模态）分析主要用来查找零件振动的频率，以及在这些频率下的振形。与应力分析一样，模式分析也可以在应力分析环境中使用。共振频率分析可以独立于应力分析进行，用户可以对预应力结构执行频率分析，在这种情况下，可以于执行分析之前定义零件上的载荷。除此之外，还可以查找未约束的零件的共振频率。

☑ 在"应力分析设置"对话框的"网格"选项卡中，可以设置网格的大小。"平均元素"大小默认值为 0.100，这时的网格所产生的求解时间和结果的精确程度处于平均水平。将数值设置为更小可以使用精密的网格，这种网格提供了高度精确的结果，但求解时间较长。将滑块设置为更大可以使用粗略的网格，这种网格求解较快，但可能包含明显不精确的结果。

12.4.2 运行分析

当所有的设置都已经符合要求，则"应力分析"选项卡"求解"面板中的"分析"按钮将处于可用状态，单击该按钮开始更新应力分析。如果以前没有做过应力分析，单击该按钮则开始进行应力分析。单击该按钮后，打开"分析"对话框，如图 12-15 所示，指示当前分析的进度情况。如果在分析过程中单击"取消"按钮，则分析会中止，不会产生任何分析结果。

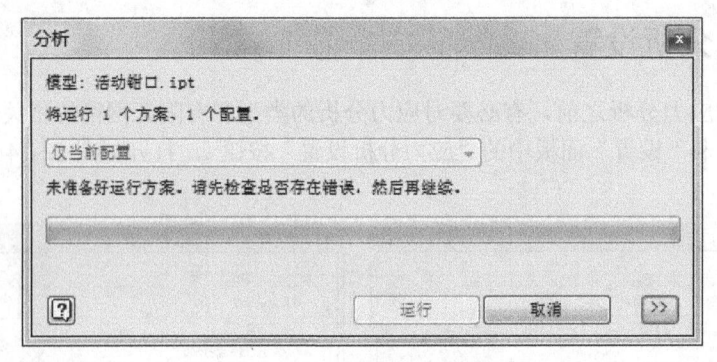

图 12-15 "分析"对话框

12.4.3 查看分析结果

1. 查看应力分析结果

当应力分析结束以后，在默认的设置下，"应力分析"浏览器中出现"结果"目录，显示应力分析的各个结果。同时显示模式将切换为"轮廓着色"方式。图 12-16 所示为应力分析完毕后的界面。

图 12-16 所示的结果是选择分析类型为"应力分析"时的分析结果。在图中可以看到，Inventor 以轮廓着色的方式显示了零件各个部分的应力情况，并且在零件上标出了应力最大点和应力最小点。同时还显示了零件模型在受力状况下的变形情况。查看结果时，始终都能看到此零件的未变形线框。

在"应力分析"浏览器中，"结果"目录下包含 3 个选项，即"应力""位移""应变"，默认情况下，"应力"选项前有复选标记，表示当前在工作区域内显示的是零件的等效应力。当然也可以双击其他选项，使得该选项前面出现复选标记，则工作区域内也会显示该选项对应的分析结果。图 12-17 所示为应力分析结果中的零件位移变形分析结果。

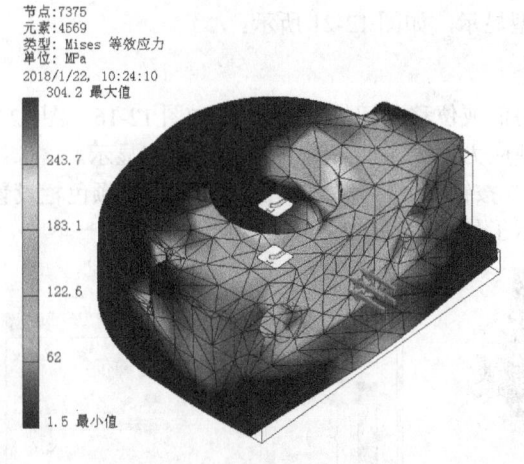

第12章 应力分析

图12-16 分析完毕后的界面 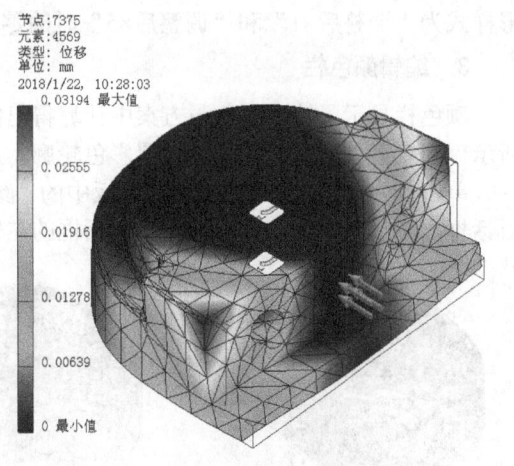　　　　　　图12-17 零件位移变形分析结果

2. 结果可视化

如果要改变分析后零件的显示模式，可以在"显示"面板中选择无着色、轮廓着色和平滑着色，3种显示模式下零件模型的外观区别如图12-18所示。

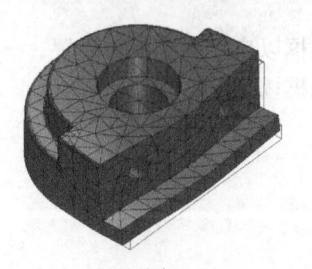

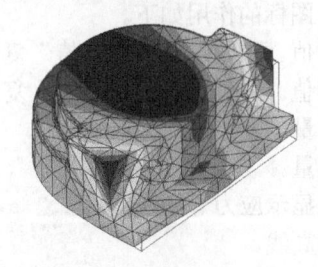

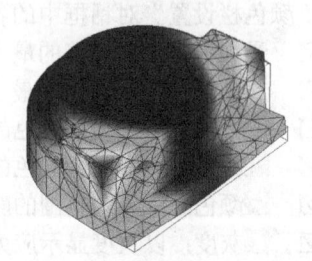

无着色　　　　　　　　轮廓着色　　　　　　　　平滑着色

图12-18 3种显示模式下零件模型的外观

另外，在"显示"面板中还提供了一些关于分析结果可视化的选项，包括"边界条件"、"最大值"、"最小值"和"调整位移显示"。

（1）单击"边界条件"按钮，显示零件上的载荷符号。

（2）单击"最大值"按钮，显示零件模型上结果为最大值的点，如图12-19所示。

（3）单击"最小值"按钮，显示零件模型上结果为最小值的点，如图12-20所示。

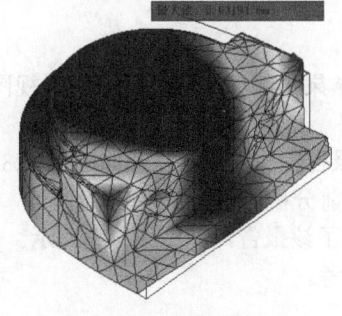

图12-19 显示最大值 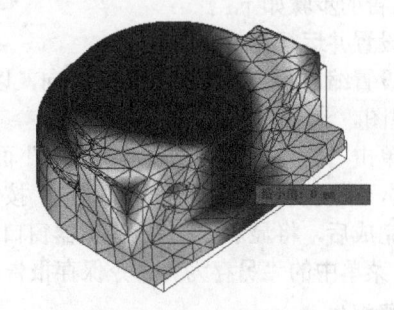　　　　　　图12-20 显示最小值

（4）单击"调整位移显示"按钮，从下拉列表中可以选择不同的变形样式，其中，变

· 379 ·

形样式为"调整后×1"和"调整后×5"时的零件模型显示，如图12-21所示。

3．编辑颜色栏

颜色栏显示了轮廓颜色与方案中计算得出的应力值或位移之间的对应关系，如图12-16～图12-18所示。用户可以编辑颜色栏以设置彩色轮廓，从而使应力/位移按照用户的理解方式来显示。

单击"分析"选项卡"显示"面板中的"颜色栏"按钮，打开如图12-22所示的"颜色栏设置"对话框，将显示默认的颜色设置。对话框的左侧显示了最小值/最大值。

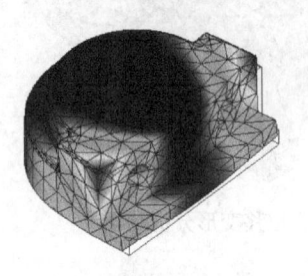

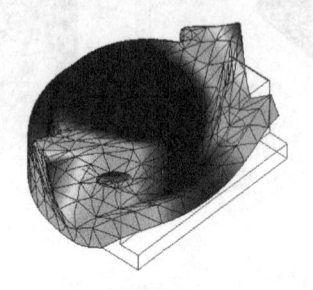

调整后×1	调整后×5	
图12-21 调整位移显示	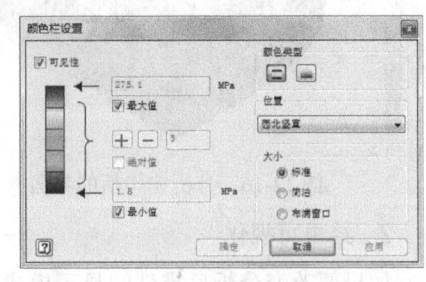	图12-22 "颜色栏设置"对话框

"颜色栏设置"对话框中的各个图标的作用如下：
- ☑ 最大值：显示计算的最大阈值。取消选中"最大值"复选框以启用手动阈值设置。
- ☑ 最小值：显示计算的最小阈值。取消选中"最小值"复选框以启用手动阈值设置。
- ☑ ➕增加颜色：增加间色的数量。
- ☑ ➖减少颜色：减少间色的数量。
- ☑ ▤颜色：以某个范围的颜色显示应力等高线。
- ☑ ▤灰度：以灰度显示应力等高线。

12.4.4 生成分析报告

对零件运行分析之后，用户可以生成分析报告，分析报告提供了分析环境和结果的书面记录。本节介绍了如何生成分析报告、如何解释报告，以及如何保存和分发报告。

1．生成和保存报告

对零件运行应力分析之后，用户可以保存该分析的详细信息，供日后参考。使用"报告"命令可以将所有的分析条件和结果保存为HTML格式的文件，以便查看和存储。

生成报告的步骤如下：

（1）设置并运行零件分析。

（2）设置缩放和当前零件的视图方向，以显示分析结果的最佳图示。此处所选视图就是在报告中使用的视图。

（3）单击"应力分析"选项卡"报告"面板中的"报告"按钮，打开如图12-23所示的"报告"对话框，采用默认设置，单击"确定"按钮，创建当前分析的报告。

（4）完成后，将显示一个IE浏览器窗口，其中包含了该报告，如图12-23所示。使用IE浏览器"文件"菜单中的"另存为"命令保存报告，供日后参考。

2．解释报告

报告由概要、简介、场景和附录组成。其中：

☑ 概要部分包含用于分析的文件、分析条件和分析结果的概述。
☑ 简介部分说明了报告的内容，以及如何使用这些内容来解释分析。
☑ 场景部分给出了有关各种分析条件的详细信息：几何图形和网格，包含网格相关性、节点数量和元素数量的说明；材料数据部分包含密度、强度等的说明；载荷条件和约束方案包含载荷和约束定义、约束反作用力。
☑ 附录部分包含如下几个部分：

场景图形部分带有标签的图形，这些图形显示了不同结果集的轮廓，例如等效应力、最大主应力、最小主应力、变形和安全系数，如图 12-24 所示。

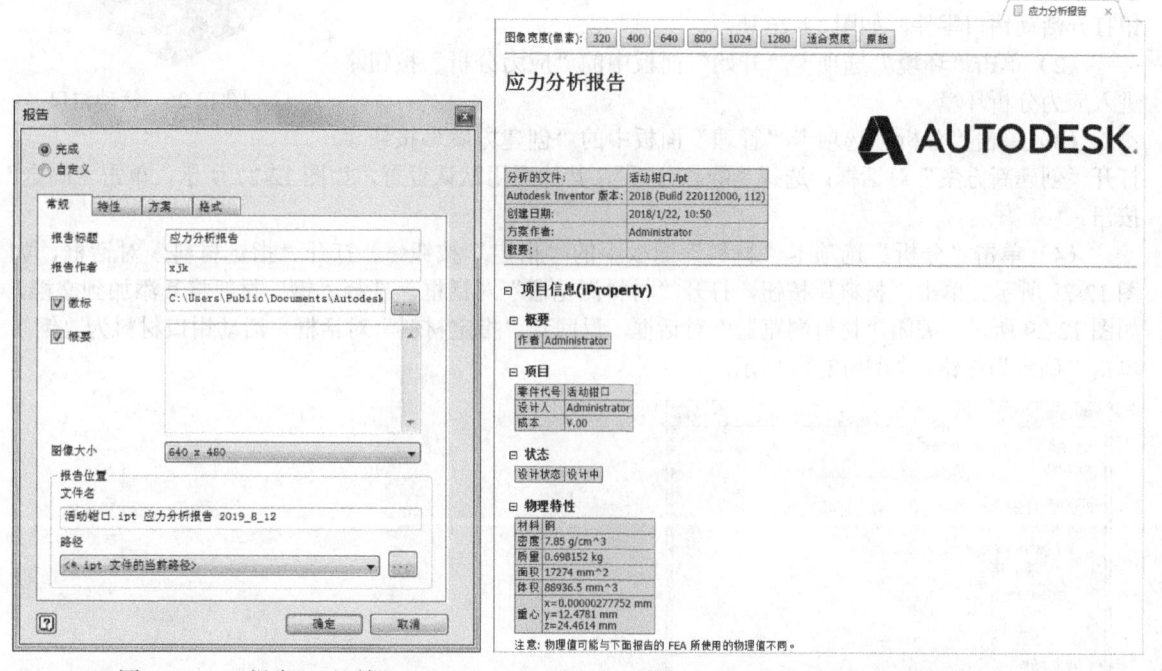

图 12-23 "报告"对话框　　　　图 12-24 包含报告的浏览器窗口

材料特性部分用于分析的材料的特性和应力极限。

12.4.5 生成动画

Inventor 2020 应力分析的增强功能就是可以生成仿真的动画，使用"动画结果"工具，可以在各种阶段的变形中使零件可视化。还可以制作不同频率下应力、安全系数及变形的动画。这样，使得仿真结果能够形象和直观地表达出来。

可以单击"结果"面板中的"动画结果"按钮来启动动画工具，打开如图 12-25 所示的"结果动画制作"对话框，可以通过"播放""暂停""停止"按钮来控制动画的播放；可以通过"记录"按钮来将动画以 AVI 格式保存成文件。

图 12-25 "结果动画制作"对话框

在"速度"下拉列表框中，可以选择动画播放的速度，如选择播放速度为"正常""最快""慢""最慢"等，这样可以根据具体的需要来调节动画播放速度的快慢，以便于更加方便地观察结果。

12.5 综合实例——活动钳口应力分析

对如图12-26所示的活动钳口进行应力分析。

操作步骤：

（1）打开文件。单击"快速入门"选项卡"启动"面板上的"打开"按钮，打开"打开"对话框，选择"活动钳口"零件，单击"打开"按钮打开活动钳口零件，如图12-26所示。

（2）单击"环境"选项卡"开始"面板中的"应力分析"按钮，进入应力分析环境。

图12-26 活动钳口

（3）单击"分析"选项卡"管理"面板中的"创建方案"按钮，打开"创建新方案"对话框，选择"静态分析"，其他采用默认设置，如图12-27所示，单击"确定"按钮。

（4）单击"分析"选项卡"材料"面板中的"指定"按钮，打开"指定材料"对话框，如图12-28所示。单击"材料"按钮，打开"材料浏览器"对话框，选择"钢"材料将其添加到文档，如图12-29所示。关闭"材料浏览器"对话框，返回到"指定材料"对话框，活动钳口材料为"钢"，单击"确定"按钮，如图12-30所示。

图12-27 "创建新方案"对话框　　　　图12-28 "指定材料"对话框

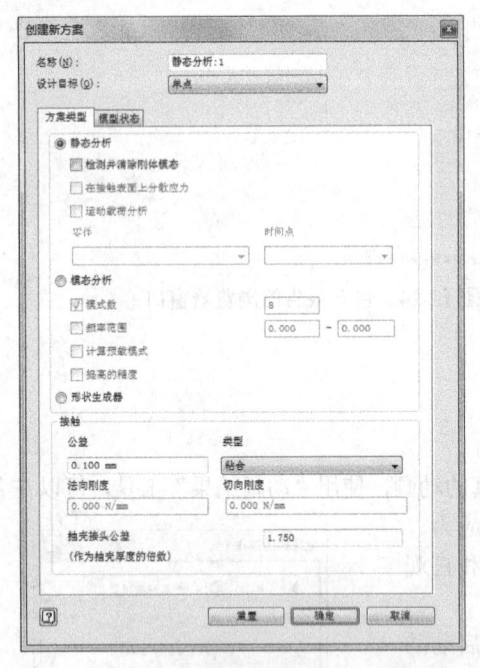

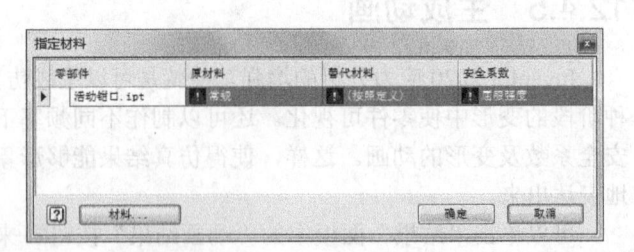

（5）单击"分析"选项卡"约束"面板中的"固定"按钮，打开"固定约束"对话框，如图12-31所示。选择如图12-32所示的面为固定面，单击"确定"按钮。

（6）单击"分析"选项卡"载荷"面板中的"压强"按钮，打开"压强"对话框，输入力大小为100MPa，如图12-33所示，选择如图12-34所示的面为受力面，单击"确定"按钮。

（7）单击"分析"选项卡"网格"面板中的"查看网格"按钮，观察轴网格，如图12-35所示。

第 12 章 应力分析

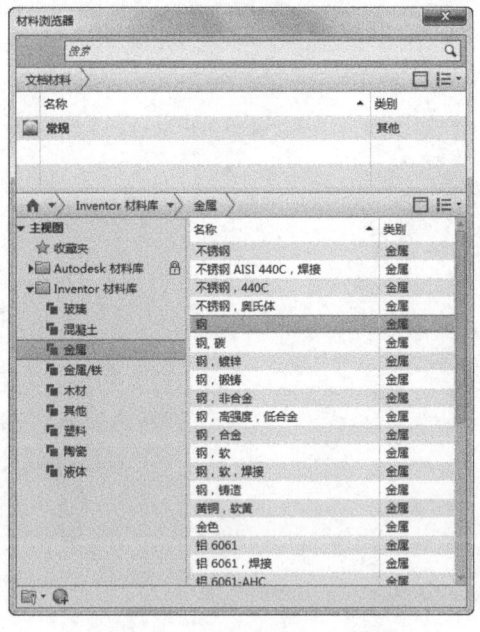

图 12-29 "材料浏览器"对话框

图 12-30 指定材料的活动钳口

图 12-31 "固定约束"对话框

图 12-32 选择固定面

图 12-33 "压强"对话框 　　图 12-34 选择受力面 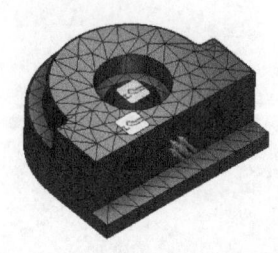　　图 12-35 活动钳口的网格划分

（8）单击"分析"选项卡"求解"面板中的"分析"按钮，打开"分析"对话框，如图 12-36 所示。单击"运行"按钮，进行应力分析，分析结果如图 12-37 所示。

图 12-36 "分析"对话框

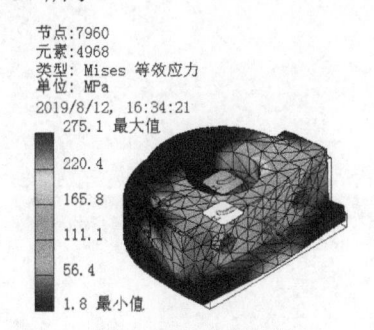

图 12-37 应力分析

• 383 •

Inventor 2020 模拟试题

一、选择题（每题 2 分，共 40 分）

1. 要改变 Inventor 颜色背景，需要（   ）。
   A. 在空白处右键菜单选择更改背景
   B. 在"视图"选项卡中选择"对象可见性"，然后选择颜色
   C. 在"模型"选项卡中选择"更改背景"
   D. 在"工具"选项卡中选择"应用程序选项"，然后选择"颜色"选项卡更改

2. Inventor 创建新文件的"默认模板"存放在（   ）文件夹中。
   A. Templates   B. Design Data
   C. Samples ContentCenter   D. 当前文件夹

3. 下面有关项目文件的说法错位的是（   ）。
   A. 项目文件指定到项目中包含文件的文件夹的路径
   B. 项目文件是格式为.xml 且带有.ipj 扩展名的文本文件
   C. 仅可以使用唯一的项目来管理工作项目文件（.ipj）
   D. 位置是在创建项目时在项目向导中指定的

4. 可以通过下列那种方式，创建工作平面。（   ）
   A. 三点工作平面   B. 工作平面过边与面相切
   C. 工作平面与圆柱体相切   D. 以上皆非

5. 以下关于草图说法正确的是（   ）。
   A. 草图定义了截面轮廓、路径和孔位置的大小和形状
   B. 创建特征时，截面轮廓、路径和孔中心不会被退化
   C. 使用"草图"工具栏上的工具，只能在零件文件中创建草图
   D. 用户只能在要使用的工作平面上创建草图

6. 下列（   ）图元不能应用"等长"约束。
   A. 直线   B. 圆   C. 样条曲线   D. 圆弧

7. 选择"创建二维草图"命令后，再到浏览器中选择已有的草图，结果（   ）。
   A. 在该草图所在的平面创建一个新的草图
   B. 删除该草图
   C. 编辑该草图
   D. 重命名该草图

8. 关于拉伸特征下列说法错误的是（   ）。
   A. 拉伸的截面轮廓只能选择闭合的截面轮廓回路
   B. 可以指定拉伸与其他特征是添加、切割还是求交
   C. 可以指定拉伸的特征是实体还是曲面
   D. 拉伸特征可以终止到工作平面、构造曲面或零件面

9. 下面元素不能作为旋转工具的旋转轴的是（   ）。
   A. 草图中创建的直线   B. 草图中创建的样条曲线

C．工作轴　　　　　　　　　　　　D．直线构造线
10．以下不属于抽壳工具中方向的是（　　）。
A．向内　　　B．向外　　　C．双向　　　D．反向
11．下列（　　）面或特征不能用于创建螺纹特征。
A．圆柱或圆锥孔面
B．圆柱或圆锥轴面
C．截面轮廓为圆弧或样条曲线所创建的的旋转曲面
D．不完整的圆柱或圆锥面
12．曲面不能进行以下（　　）操作。
A．创建实体　　　　　　　　　　　B．分割实体
C．分割面　　　　　　　　　　　　D．作为凸雕特征的放置面
13．在钣金零件中插入冲压工具时，插入点必须是（　　）。
A．工作点　　　　　　　　　　　　B．几何模型的圆心
C．未退化草图的中心点　　　　　　D．模型的几何顶点
14．如果需要一次性地检查装配中所有零部件之间的干涉，以下做法错误的是（　　）。
A．选择集1、选择集2中同时选择所有零部件
B．选择集2中选择所有零部件，选择集1不选择任何零部件
C．选择集1、选择集2均不选择任何零部件
D．选择集1中选择所有零部件，选择集2不选择任何零部件
15．编辑装配约束不能编辑（　　）。
A．约束类型　　B．偏移　　　C．约束数量　　D．所选零部
16．局部视图中，有（　　）种切断形状。
A．1　　　　　B．2　　　　　C．3　　　　　D．4
17．创建（　　）视图必须包含带有封闭截面轮廓的草图。
A．剖视图　　　　　　　　　　　　B．剖切视图
C．局部剖视图　　　　　　　　　　D．打断视图
18．使用投影视图工具，不能直接创建（　　）视图。
A．所选视图的左视图　　　　　　　B．所选视图的上视图
C．所选视图的后视图　　　　　　　D．轴侧图
19．部件的设计视图表达不可以用于（　　）操作。
A．创建表达视图　　　　　　　　　B．创建工程图
C．装入部件　　　　　　　　　　　D．输出STEP模型
20．使用"灌注"工具，所选面需要满足（　　）条件才能创建实体。
A．所选的面必须有一个封闭的空间
B．所选的面不能有工作平面
C．所选的面不能超过5个
D．所选的面不能有放样曲面

二、操作题（每题30分，共60分）

1．壳体三维建模
根据所给零件的视图和尺寸，运用Autodesk Inventor 2020软件，完成壳体零件的三维建模。

要求：

(1) 零件特征正确，无缺失。

(2) 严格按尺寸建模。

2．轴三维建模

根据所给零件的视图和尺寸，运用 Inventor 2020 完成轴零件的三维建模。

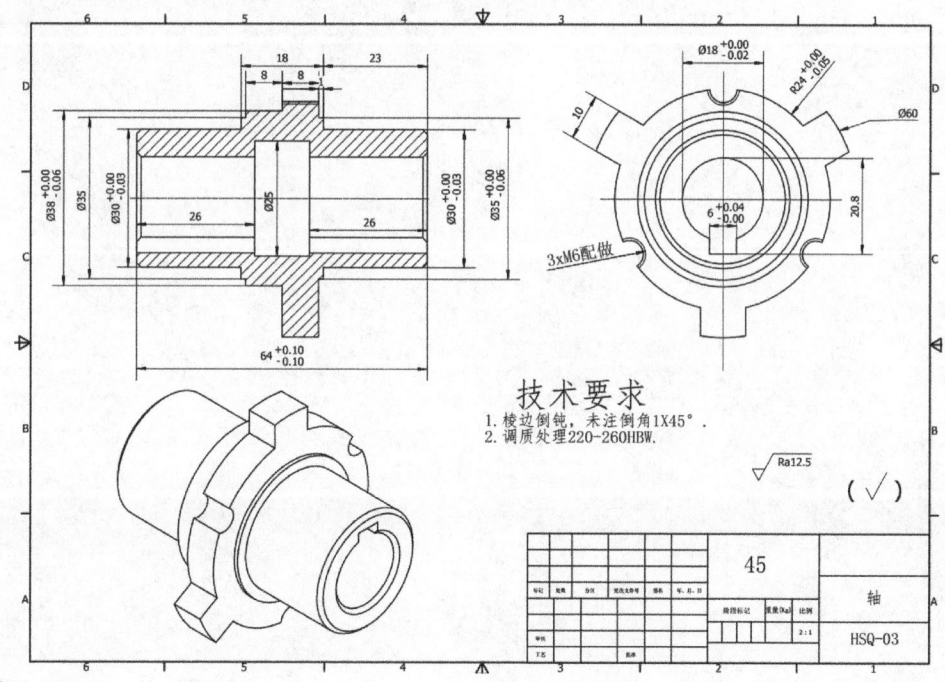

要求：

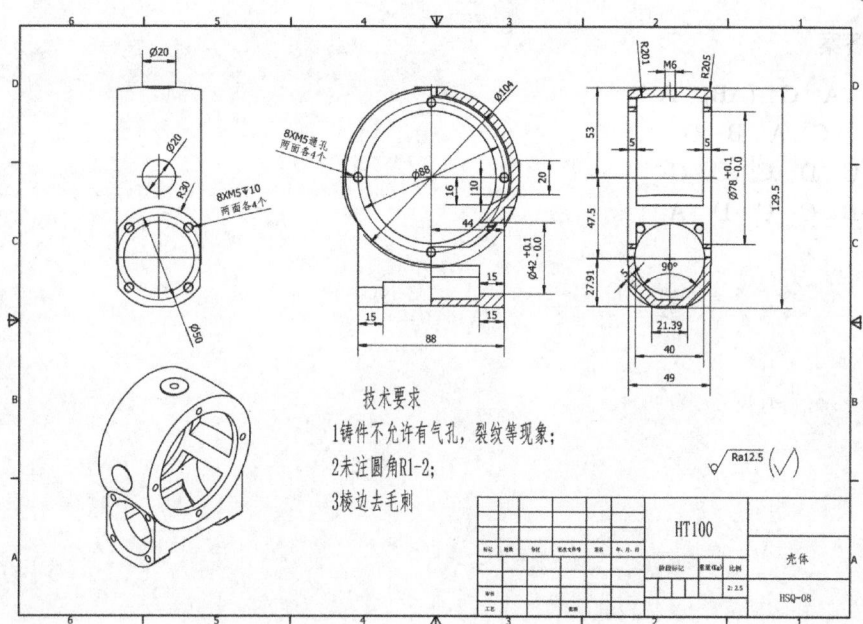

(1) 零件特征正确，无缺失。

(2) 严格按尺寸建模。

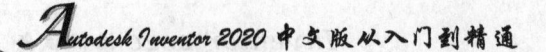

选择题答案

1-5　D　A　C　(AB)　A
6-10　C　C　A　B　D
11-15　C　D　C　C　C
16-20　B　C　C　D　A